openEuler
操作系统
项目实战教程

粟圣森 邹圣林 ◎ 主编

人民邮电出版社

北 京

图书在版编目（CIP）数据

openEuler 操作系统项目实战教程 / 粟圣森，邹圣林
主编. -- 北京 : 人民邮电出版社, 2025. -- ISBN 978
-7-115-67298-8

Ⅰ. TP316.85

中国国家版本馆 CIP 数据核字第 2025NJ4679 号

内 容 提 要

本书从 openEuler 的基础开始讲解，系统介绍 openEuler 的相关知识，以帮助读者快速掌握 openEuler 的相关操作。本书共 8 章，第 1 章介绍 openEuler 前世今生；第 2 章介绍探索 Linux 命令行；第 3 章介绍必知必会的运维技能；第 4 章介绍服务、进程与内核管理初探；第 5 章介绍使用 Shell 自动化运维；第 6 章介绍面向企业的生产案例——网络服务；第 7 章介绍面向企业的生产案例——存储服务；第 8 章介绍面向企业的生产案例——网站服务。

本书适合希望通过 openEuler 职业认证考试的读者学习，也适合作为高等学校计算机类专业理论和实践一体化教材，还适合作为从事 Linux 操作系统管理和网络管理人员的自学参考书。

◆ 主　　编　粟圣森　邹圣林
　　责任编辑　王梓灵
　　责任印制　马振武

◆ 人民邮电出版社出版发行　　北京市丰台区成寿寺路 11 号
　　邮编　100164　　电子邮件　315@ptpress.com.cn
　　网址　https://www.ptpress.com.cn
　　北京隆昌伟业印刷有限公司印刷

◆ 开本：787×1092　1/16
　　印张：21　　　　　　　　　　　2025 年 9 月第 1 版
　　字数：485 千字　　　　　　　　2025 年 9 月北京第 1 次印刷

定价：89.80 元

读者服务热线：(010)53913866　印装质量热线：(010)81055316
反盗版热线：(010)81055315

前　言

　　openEuler 职业认证是华为公司推出的技能认证，共分 3 个级别，分别是 HCIA-openEuler（欧拉工程师）、HCIP-openEuler（欧拉高级工程师）和 HCIE-openEuler（欧拉专家），旨在培养与认证具备企业数据中心核心操作系统基础操作和管理能力的工程师。编者遵循人才职业素养养成和专业技能积累规律，将职业能力、职业素养和工匠精神融入本书的设计与编写中，以实现"课证融通"。

　　本书积极落实党的二十大和二十届三中全会精神，做到专业教育和习近平新时代中国特色社会主义思想有机融合，以更好地培养造就大批爱党报国、敬业奉献、德才兼备的高素质技术技能型大国工匠。本书以 openEuler 职业认证内容为编写大纲，以 openEuler 操作系统为平台，以面向企业的生产案例项目为依托，从操作系统国产化的实际需求出发组织全部内容。本书的特色如下。

　　（1）在编写思路上，本书遵循 Linux 技能人才的成长规律，采用操作系统知识讲授、技能积累及职业素养增强多重并举的方式，内容介绍从 openEuler 的发展历程开始，到相应知识点的应用，再到项目案例设计和实施的完整过程，使读者既能充分掌握 openEuler 操作系统的相应知识与操作技能，又能积累项目经验，最终达到学习知识和培养能力的目的，为适应相应的工作岗位奠定坚实的理论和技能基础。

　　（2）在目标设计上，本书以 openEuler 职业认证和信创实际需求为导向，以培养读者具备基于 openEuler 操作系统为企业级应用运行所需的基础环境搭建、管理和调测等能力，以及分析问题能力、解决问题能力和创新能力为目标，讲求实用。

　　（3）在内容选取上，本书以 openEuler 职业认证考试大纲为编写依据，融合先进性、科学性和实用性，尽可能覆盖最新和最实用的国产化操作系统相应知识技能。

　　（4）在内容编排上，本书融合课程思政，在注重 openEuler 相关理论知识讲解的同时，结合真实工作案例帮助读者建立积极的职业目标，培养良好的职业素养，并树立正确的道德观和价值观，最终实现育人和育才并行的教学目标。

　　（5）在内容表现形式上，本书以简洁的语言从基础知识开始讲解，渐进式地加大内容深度，详细讲解 openEuler 操作系统各知识点的理论基础、各种服务的工作原理和配置步骤；通过具体的工程项目实例，循序渐进地讲解和开展实验；结合操作系统的实际服务应用助力读者巩固理论知识并提升操作技能。

本书由粟圣森、陈阳、邓江荣、莫洪武，以及武汉誉天互联科技有限责任公司的邹圣林、王世刚撰写。武汉誉天互联科技有限责任公司为本书的编写提供了技术支持，并审校全书，粟圣森负责统稿。由于编者水平和经验有限，书中难免存在不妥及疏漏之处，恳请读者批评指正。

为了便于学习和使用，我们提供了本书的配套资源。读者可以扫描下方的二维码关注"信通社区"公众号，回复数字 67298 获得配套资源。

"信通社区"二维码

编者

2025 年 5 月

目　录

第 **1** 章

openEuler 前世今生

openEuler 是一个开源操作系统，旨在提供安全、稳定、灵活的解决方案，适用于各种场景和应用。它由华为公司主导，并得到了全球开源社区的广泛参与以及为该系统作出的贡献。

首先，从国产化的角度来看，openEuler 为中国的信息技术产业提供了一个重要的国产操作系统选择。它基于开源的技术和开放的开发模式，使中国企业和机构可以更好地掌握和定制自己的操作系统。这有助于降低对国外操作系统的依赖程度，提升信息技术产业的自主创新能力，以及确保国家信息安全。

其次，openEuler 的开源性使它成为一个开放、透明、合作的操作系统。开源软件的基本原则是源代码的可访问性和可修改性，这为用户提供了更高的透明度和更强的定制能力。对于中国企业和开发者而言，openEuler 的开源性使用户能够参与到操作系统的开发和维护中，共同推动其功能和性能的改进，得到更好的用户体验。

通过本章，我们希望能够为读者提供全面的概述，介绍基于 Linux 内核的国产操作系统 openEuler。无论是初次接触 openEuler 者，还是已经有一定经验的用户，都会在此得到有价值的信息和指导。

1.1 openEuler 的发展历程和特点

1.1.1 openEuler 的发展历程

简而言之，openEuler 是一个基于 Linux 内核的国产化操作系统发行版。所以聊起 openEuler 时，Linux 是一个绕不开的话题。下面梳理一下 Linux 的由来。

1. 兼容分时系统（CTSS）

20 世纪 40 年代，最初的计算机体积庞大，重量超过 30 吨，需要占用大量的空间和资源，普通人很难接触到，一般只有从事军事研究、高科技研究的研究者或者是学术单位从事前瞻性研究的研究者，才可以接触到计算机。而后随着硬件与操作系统的改进，计算机体积开始逐渐缩小，成本也逐渐降低，有些已经可以用于计算机专业的学生学习使用。

最初，一所学校通常只有一台计算机，在多人使用时，只有一个人能实际操作，其他学生只能等待。为了解决这个问题，20 世纪 60 年代初期，麻省理工学院发布了兼容分时系统，允许多个用户共享同一台计算机，实现多程序分时共享硬件和软件资源。这一系统的出现大大提高了计算机的利用率，促进了计算机在教育和研究领域的普及和应用。兼容分时系统拓扑如图 1-1 所示。

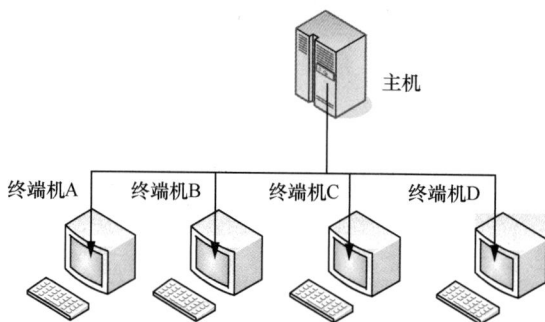

图 1-1 兼容分时系统拓扑

2．Multics 计划

兼容分时系统诞生后解决了一部分问题，无论主机在哪里，只需要在终端机上进行输入和输出的作业，就可以使用主机上的功能了。但是在当时，即便是比较先进的主机也只能供不到 30 个终端机同时使用。为了增强其能力，也就是让更多的人能够同时使用同一台主机，Multics（多路传输信息和计算业务）计划应运而生。

1964 年(一说 1965 年)，贝尔实验室、麻省理工学院和通用电气公司共同启动了 Multics 计划，旨在开发一套能够在大型主机上运行的多用户、多任务的分时操作系统。该计划的目标是实现 300 个以上的终端机同时连接到同一台主机上。然而，到了 1969 年，因 Multics 计划进展缓慢、研究出的计算机性能不佳、资金短缺，贝尔实验室最终退出了该项目的研究工作。

注意：据 Multics 官方网站介绍，该项目后续还有发展，终止于 2000 年。Multics 计划虽然反响平平，但是这个计划培养出了相当多的优秀人才。

3．UNIX 在 Multics 废墟上延续

UNIX 于 1969 年诞生于贝尔实验室计算机科学家汤普森的头脑中。汤普森曾经是 Multics 项目的研究人员，热爱游戏编程。在开发 Multics 项目期间，他编写了一款名为 *StarTravel*（星际旅行）的游戏，但该游戏在 Multics 系统上运行缓慢且代价昂贵。1969 年退出 Multics 计划后，汤普森找到一台无人使用的 PDP-7 主机，但由于缺乏适合的操作系统，该游戏无法运行。因此，他决定开发一个小型操作系统来满足自己的需求。

恰逢汤普森的妻子和孩子外出探亲，他有一个月的时间实现他的梦想。在丹尼斯·里奇的帮助下，汤普森使用汇编语言编写了一组核心程序和一个小型文件系统，成功运行了游戏，这就是 UNIX 的雏形。汤普森和里奇在此基础上进一步完善和添加新功能，于 1970 年正式将这款多用户、多任务操作系统命名为 UNIX。UNIX 的设计理念"一切皆文件""小而功能单一的应用程序"对后来的 Linux 的发展产生了重要影响。

4．学术界和实验室的互相成就

1974 年，汤普森和丹尼斯·里奇在 *CACM* 期刊上正式撰文介绍了 UNIX 系统，描述了其前所未有的简洁设计，并报告了 600 多例 UNIX 应用实例。这篇论文的发布引发了学术界和一些实验室对 UNIX 系统的浓厚兴趣。汤普森将 UNIX 的磁带和磁盘寄给了相关机构。由于此时的 UNIX 是用 C 语言编写的，具有高可读性和可移植性，因此很容易被移植到不同的主机上。

此后，UNIX 的开发工作开始与学术界合作，许多大学为此作出了贡献。对于 UNIX 开发者而言，那是一段激情和兴奋的荣耀岁月。

1979 年，贝尔实验室发布了 UNIX-V7 版本，综合了许多高校的创意，并提升了运算性能，使 UNIX 系统更强大。

5．学术界的迎头痛击——版权宣告

UNIX-V7 版本的发布，标志着 UNIX 产业初现端倪。由于 UNIX 具有良好的可移植性和强大的性能优势，再加上当时没有版权纠纷，许多商业公司开始了 UNIX 操作系统的开发。例如，AT&T 公司推出了 System V，IBM 公司推出了 AIX，HP 等公司也推出了自己的主机并配备自家的 UNIX 操作系统。然而，早期的计算机硬件并没有统一的标准，不同硬件厂商生产的硬件各不相同，这导致需要为不同硬件开发适配的 UNIX 系统才能使用。因此，在早期并没有支持个人计算机的 UNIX 操作系统。

1979 年，AT&T 公司（贝尔实验室的母公司）启动 UNIX 商业化，声明要收回 UNIX 的版权。在后来的版本中特别规定了"不得向学生提供源代码"。这引发了 UNIX 业界的紧张气氛，同时也导致了许多商业纠纷的爆发。

6．教授的反击：Minix 系统

限制使用对教授 UNIX 内核源代码课程的老师造成了巨大影响，因为他们无法再向学生提供 UNIX 内核源代码，给教学带来了极大的挑战。在这样的困境下，安德鲁·斯图尔特·塔能鲍姆教授站了出来，手写了 Minix 内核用于替代。为了避免版权纠纷，他在开发过程中完全没有参考 UNIX 核心源代码。

Minix 在学术界受到了广泛欢迎，许多人希望进一步完善这个系统。然而，Minix 的开发者仅有塔能鲍姆教授一个人，而且他始终坚持 Minix 仅用于教育目的，没有其他打算。尽管有人感到遗憾，但 Minix 在那个时候只能止步于此。

7．一则简讯：开启了新时代浪潮

1991 年，芬兰的赫尔辛基大学的林纳斯·本纳第克特·托瓦兹购买了自己的第一台计算机，却找不到好用、廉价或者免费的操作系统。虽然网络社区中有一些免费且开源的系统，但要么兼容性差，要么缺少软件，总之存在各种问题。

正巧，林纳斯正在阅读塔能鲍姆教授出版的《操作系统：设计与实现》一书。该书提到，购买这本书就能免费获得一份 Minix 源代码。然而，Minix 仅用于教学，塔能鲍姆教授拒绝向其中添加复杂功能，因此如果要日常使用，就需要添加或修改许多东西。基于这一背景，林纳斯开始编写自己的操作系统。

林纳斯在网络论坛（BBS）上发布消息，宣称他使用了 Bash、GCC 等 GNU 工具编写了一个玩具内核，并将源代码直接发布到了网上。他从一开始就不断在网络论坛上发布

自己的开发进展，吸引了许多人加入开发队伍。这一系统被命名为
Linux。在这个阶段，林纳斯通过邮件接收每个人的代码，并手动
合并，对 Linux 进行维护和更新。随着时间的推移，Linux 系统逐
渐成形。TUX Linux 图标如图 1-2 所示。

图 1-2　TUX Linux 图标

8.　无偿捐赠：打造中国操作系统根社区

华为公司（以后简称华为）早在 2010 年就开始研发 Euler 系
统。此后，Euler 系统经历了华为内部私有云以及 ICT 产品的大规
模商用，成为面向企业级的通用服务器架构平台。而在 2019 年 9 月，
华为宣布 Euler 系统开源并推出开源社区。

在过去几十年中，各种各样的操作系统在不同领域、不同时期应运而生。从大型机、
小型机到服务器，从个人计算机到智能手机，再到物联网时代的各种通信设备和嵌入式设
备，甚至公有云平台，操作系统多样性的趋势愈发显著。然而，多样性也带来了碎片化和
封闭性的特点，导致出现生态系统割裂、应用重复开发以及难以有效协同等挑战。

操作系统随着发展演进，呈现以下趋势。在 PC 互联网时代，终端设备相对强大，而
云端的能力相对较弱。而在移动互联网时代，终端设备变得相对较弱，云端的能力得到了
提升。然而，随着泛人工智能时代的到来，终端设备和云端逐渐融为一体，形成了端云一
体的模式。在这种模式下，终端设备的多样性和算力的多样性变得显著，分布式计算成为
关键。分布式计算不仅对性能和时延有着极高的要求，还需要实现跨终端的协同工作。因
此，操作系统在这个时代的发展需要更注重分布式计算的能力和跨终端的协同性。

正是因为看到了这样的趋势，华为认为未来的数字社会需要实现端、边、云全场景的
协同，使一个应用程序能够适配多个场景。华为希望 openEuler 成为支持包括服务器、云
计算和边缘计算等各种数字基础设施的操作系统，实现不同操作系统之间的互通。这样，
开发人员可以更灵活地开发应用程序，并且能够在不同的场景中无缝运行。通过 openEuler
的支持，华为希望为数字社会的发展提供一种统一、高效的操作系统解决方案，推动数字
基础设施的整合和互操作性的提升。

openEuler 的定位就是做全场景，用一套操作系统架构、一种操作系统生态、一个操
作系统体系来覆盖原来众多的垂直场景。

而后经过数年的沉淀，开放原子开源基金会及社区各类人员对 openEuler 进行了各方
面的升级，使其面向更广泛的数字基础设施领域。简单来说，升级后的 openEuler 将覆盖
更丰富的场景，并支持更多种类的设备，同时更开放。华为希望通过 openEuler 构建一个
支持多样性设备的统一架构，使应用程序能够进行一次开发即可适配不同设备。此外，华
为还希望它能进一步与鸿蒙系统进行深度整合，实现更紧密的协同工作。这样，开发者能
够更方便地开发和部署应用程序，用户也能够享受到更一致、更流畅的数字化体验。

1.1.2　openEuler 的特点

1.　免费使用且自由传播

openEuler 是一个开源的操作系统，这意味着用户可以自由地查看、修改和分发它的
源代码。开源性带来了更高的透明度、安全性和可定制性，使用户能够自由地根据自己的

需求进行定制和优化。

2．稳定性和可靠性

Linux 以其出色的稳定性和可靠性而闻名，经过全球广泛测试和持续改进，被广泛用于关键任务和高负载环境，如服务器和超级计算机。Linux 的稳定性使它成为许多企业和组织首选的操作系统。而 openEuler 作为其发行版之一，自然继承了这个优势。

3．强大的社区支持

华为将 openEuler 无偿捐赠给开放原子开源基金会是一个令人欣喜的举措。通过这一举措，openEuler 系统成为开放原子开源基金会旗下的一个重要项目。得益于该基金会强大的社区资源，openEuler 获得了更广泛的支持、更多的文档和解决方案。

这个社区为 openEuler 的用户提供了丰富多样的帮助和支持，用户可以在社区中交流和分享系统的使用经验，并获得社区成员的专业指导。社区的活跃度和多样性也为用户提供了更多选择，使他们能够找到适合自己需求的解决方案。

4．跨平台兼容性

openEuler 的定位就是做全场景，用一套操作系统架构、一种操作系统生态、一个操作系统体系来覆盖原来众多的垂直场景。正是因为这一理念，openEuler 具有很好的跨平台兼容性。它可以在各种硬件架构上运行，包括 x86、ARM 和 PowerPC 等。这使 openEuler 成为一种灵活的选择，可在不同的设备和环境中使用。

5．国产化浪潮

openEuler 是一个国产化的开源操作系统，由华为主导开发并得到了国内外众多企业和社区的支持。其主要目标是构建一个开放、安全、可靠、灵活的操作系统，满足不同领域的需求。

在国产化方面，openEuler 致力于减少对国外技术的依赖，推动国内操作系统的发展和创新。它提供了一个自主可控的技术平台，符合我国在信息安全和自主研发方面的需求。openEuler 的开放性和透明度使开发者能够参与其中，共同推进国内操作系统的发展，并形成一个繁荣的国产化生态系统。

1.2　openEuler 社区

在当今数字化时代，开源技术的崛起正以惊人的速度改变着整个科技行业的面貌。开源软件和开源项目已经成为推动创新、促进合作和实现可持续发展的重要力量。无论是企业、开发者还是用户，都在逐渐认识到开源的价值和潜力，并积极参与其中。

1.2.1　开源与闭源

开源是一种基于开放、共享理念的创新协作模式，其核心在于软件、硬件或其他类型的创造物的设计、源代码或蓝图可自由地被查看、使用、修改和分发。开源的概念基于合作、透明度和共享的价值观，旨在促进创新、协作和社区参与。

在传统的商业软件模式中，软件的源代码通常是封闭的，只有软件提供商能够访问和修改它。然而，开源软件打破了这种封闭性，将源代码公开并授予用户特定的自由。这意味着任何人都可以查看、修改和分发开源软件的源代码，以满足自己的需求。

简单来说，开源软件即软件源代码开放，任何人都可以查看源代码；而闭源软件就是软件源代码不开放，只有开发者或者开发厂商可以查看。开源软件与闭源软件的优势对比见表 1-1。

表 1-1　开源软件与闭源软件的优势对比

开源软件的优势	闭源软件的优势
自由和灵活性：开源软件赋予用户自由使用、修改和分发软件的权利，用户可以根据自己的需求进行定制和修改，以适应特定环境和需求	商业模式和盈利机会：闭源软件通常由公司或组织开发和控制，可以采用许可证模式进行商业销售
安全性和可靠性：开源软件的源代码会被很多人审查，有助于发现和纠正潜在的安全漏洞和错误	知识产权保护：闭源软件的源代码不公开，只有软件提供商有权访问和修改。这种保护措施可以防止他人对源代码的盗用、复制或未经授权的修改，有助于维护软件的独特性和商业竞争优势
技术创新和共享：开源软件促进了全球范围内的协作和共同创造	商业支持和服务：闭源软件通常提供由软件提供商或第三方提供的商业支持和服务，可以满足企业和用户对高质量支持的需求
社区支持和生态系统：开源软件通常有一个活跃的社区，提供技术支持、文档、教程和问题解答	安全控制和保密性：闭源软件的源代码不公开，可以对安全措施进行更严格的控制，保护客户数据的机密性
成本效益和可持续性：开源软件通常是免费提供的，可以大大降低软件的采购和许可费用	成熟和稳定性：闭源软件通常经过严格的测试、开发和优化，具有较高的稳定性和成熟度

开源并不意味着一定优于闭源，每种模式都有适用的场景和条件。闭源软件在某些情况下可能提供更专业、定制化的解决方案，以及商业支持和保证。在选择软件模式时，需要综合考虑项目的需求、商业模式、安全性和开发资源等因素。

而开源的优势在于自由、灵活、安全、创新和社区支持等方面，它推动了技术的进步和社区的合作，为用户和开发者带来了丰富的选择和机遇。同样，开源也是计算机世界的潮流。

1.2.2　开源许可协议

前文介绍了开源与闭源之间的对比，其中主要突出了开源的两个特点：开放与免费。对此，很多人可能会想既然是免费，能否将别人的源码直接拿过来，加上自己的支付接口然后开始商用赚钱呢？

实际情况显然并非如此，因为在开源中，免费是有条件的。那这个条件是什么？就是下面要介绍的开源许可证。

开源许可证是一种法律协议，规定了开源软件的使用、复制、修改和分发等方面的条件。它确保了开源软件的自由和开放性，鼓励开发者共享和合作。

开源许可证的历史可以追溯到 20 世纪 80 年代至 90 年代的自由软件运动。自由软件运动的先驱者理查德·斯托曼创建了 GNU 计划，旨在开发一个完全自由的操作系统。为了保护软件的自由和用户权益，斯托曼编写了 GNU 通用公共许可证（GPL）。GPL 也是第一个被广泛接受和采用的开源许可证。随着互联网的发展和开源运动的兴起，越来越多的开源许可证出现了。著名的开源许可证包括 MIT 许可证、Apache 许可证、BSD 许可证等。每个许可证都有其独特的条款和限制，但它们的共同目标是鼓励软件的自由使用和共享。

常见的 GPL 许可协议是一种"强制性的"开源许可证，要求使用或修改已签署 GPL 许可的软件的衍生作品也必须继续遵循 GPL 许可。简单来说，只要软件代码中包含了遵循 GPL 许可开源的代码，哪怕只有一行，该软件也必须继续使用 GPL 许可开源，所以其不适用于商用软件。

MIT 许可证是一种非常宽松的开源许可证，允许自由使用、修改、分发源代码和二进制文件。MIT 许可证要求在使用 MIT 许可的代码时保留版权和许可声明等信息，但对于其衍生作品使用其他许可证没有限制。因此，它在开源代码进行商用中得到了广泛应用。

我国也有自己的开源许可证，其中，木兰开源许可证便是其中使用最广泛的一个。木兰开源许可证是一种开源软件许可证，旨在促进和保护中国开源软件的发展。该许可证以中国传统的木兰文化为背景命名，提倡自由、公正和平等的原则。它是一种基于 Apache 许可证的修改版许可证。它在保留 Apache 许可证的核心原则和条款的基础上增加了一些特定的要求和限制，这些修改主要是出于对中国开源软件生态系统和开发者利益的考虑。

1.2.3 开源社区

开源社区是一个由志同道合的开发者、用户和贡献者组成的社群，他们共同致力于开发、维护和推广开源软件项目。开源社区是一个开放的环境，任何人都可以自由地参与其中，提供代码、解决问题、提出建议或贡献其他形式的资源。

开源社区的核心价值在于透明、协作和共享。开源项目的源代码是公开的，任何人都可以查看、分析和修改。开发者通过协作，分享知识和经验，共同推动项目的发展和改进。开源社区还鼓励资源的共享和再利用，使更多人可以受益并参与其中。

开源社区通常以在线平台和工具为基础，如代码托管平台（如 GitHub、GitLab）、讨论论坛、邮件列表和聊天平台。这些平台提供了一个便捷的交流和合作环境，使开发者和用户可以互相交流想法、解决问题，共同推动项目的发展。

参与开源社区可以带来许多好处，包括学习新技术、扩展人际网络、提升个人声誉等。同时，开源社区也为用户提供了更可靠、更安全和更灵活的软件选择。

总之，开源社区是一个充满活力和创造力的社群，通过开放的合作和共享精神推动软件领域的创新和进步。

1.2.4 openEuler 社区

EulerOS 是一个面向服务器和云环境的 Linux 发行版，由华为主导开发，openEuler 则是该发行版的开源社区项目，致力于构建一个开放、协作和创新的 EulerOS 操作系统。

openEuler 社区采用开放的开发模式,鼓励社区成员参与贡献和决策,推动该操作系统的持续发展和创新。openEuler 开源社区界面如图 1-3 所示。

图 1-3　openEuler 开源社区界面

在 openEuler 社区中,我们可以获取资源、产品手册、帮助文档以及各类帮助。

1.3　openEuler 的安装和配置方法

经过对 openEuler 的历史和发展过程的了解,许多读者可能迫不及待地想在自己的计算机上安装 openEuler 系统了。甚至可能有一些勇敢的读者在阅读本章之前就已经开始尝试了。无论是新手还是经验丰富的用户,让我们一同踏上 openEuler 系统学习之旅,探索 openEuler 的安装和配置方法,了解其特点和功能。无论是成功还是遇到挑战,这将是一个充满乐趣和发现的过程。

1.3.1　安装前的准备工作

在安装该操作系统之前,我们需要做一些准备工作,或解决一些问题,例如从哪里获取 openEuler?安装新系统是否会移除原有的 Windows?对计算机硬件有什么要求?下面将会对这些问题进行一一解答。

1. 获取 openEuler 的方式

openEuler 是一个开源项目,所以使用它时,并不需要进行付费。我们可以在许多地方找到 openEuler 的下载地址,但优先推荐前往 openEuler 项目官网,获取 openEuler 的 ISO 镜像文件,因为这样会更安全。

如图 1-4 所示,openEuler 主要分为两个版本,一个称为长期支持版本(LTS 版本),另一个是社区创新版本。LTS 版本默认生命周期为 4 年,在到期之前,可以申请延长至 6

年；其补充版本有 SP 版和 sp 版。sp 版 6 个月更新一次，SP 版 12 个月更新一次（数据来源于 openEuler 官网）。社区创新版本的版本更新速度较快，并且可以使用到新版本的内核、软件相关的新特性。

图 1-4 openEuler 的两个版本

软件的生命周期是指一个软件产品从开发到终止使用的整个过程，其中包括开发阶段、全面支持阶段和扩展支持阶段。如果是大规模的使用，推荐使用生命周期较长的 LTS 版本的 SP 版，系统会更稳定，社区维护时间更长；若是想要体验内核、软件的新版本特性，可以使用社区创新版本，当然使用过程可能会有一些缺陷，需要掌握一定的修复能力。

注意：ISO 文件是光盘的镜像副本，它是一种常用的文件格式，用于创建光盘、备份和分发操作系统等软件。在安装 openEuler 或其他操作系统时，使用 ISO 文件可以方便地创建启动介质，进行系统安装。

2．安装虚拟化软件

安装 openEuler 有以下 3 种方法。

① 直接将计算机安装成 openEuler 系统。

② 将计算机做成双系统。

③ 安装虚拟机 openEuler 系统。

本书针对第 3 种方法在 Windows 环境下安装虚拟机 openEuler 系统进行讲解。

虚拟化是一种技术，通过它可以将计算机资源（如处理器、内存、外存和网络）进行逻辑上的划分，使一台物理计算机可以同时运行多个虚拟计算机，每个虚拟计算机都具有自己的操作系统和应用程序。简单来说，一款软件安装在一个操作系统内，然后可以通过这个软件去安装另一个操作系统，对原本的操作系统没有影响。那么对于这两个操作系统，前者可称为宿主机，后者可称为客户机，如图 1-5 所示。

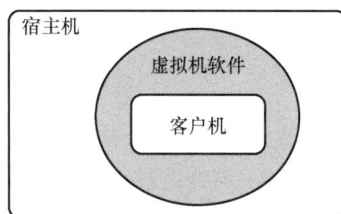

图 1-5 虚拟机架构

虚拟化有非常多的优点，例如资源隔离，使不同的虚拟机之间实现资源的隔离，每个虚拟机拥有自己独立的资源，可以防止一个虚拟机的故障或负载过重影响其他虚拟机的稳定性和性能；再如灵活性和可移植性强，通过虚拟化，可以轻松创建、复制、迁移和删除虚拟机，这为应用程序的部署和管理提供了更大的灵活性和可移植性。虚拟化技术被广泛应用于服务器虚拟化、桌面虚拟化、网络虚拟化和存储虚拟化等领域。它在提高资源利用率、降低成本、简化管理和提供灵活性方面发挥着重要的作用，为企业和个人用户带来了许多好处。

对于虚拟化软件，有许多可供选择的厂商，例如微软公司的 Hyper-V、红帽公司的 KVM。本书会使用到 VMware 厂商所提供的虚拟化软件 VMware Workstation。

从 VMware 的官网下载相应的软件包，双击该软件即可进行安装，安装界面如图 1-6 所示。然后按照指令设置 VMware Workstation，单击"下一步"按钮，一步步进行操作，即可正常安装，如图 1-7 所示。

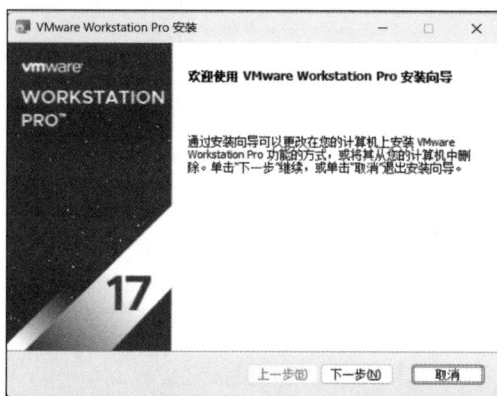

图 1-6　VMware Workstation 安装界面　　　　图 1-7　设置 VMware Workstation

在安装完成后，VMware Workstation 会要求用户重启计算机以适应新组件。重启后，用户即可通过软件对其进行管理，如图 1-8 所示。

图 1-8　VMware Workstation 软件界面

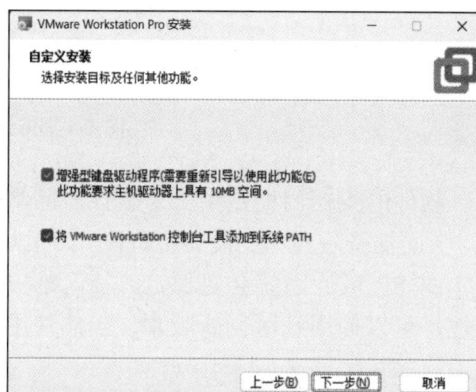

讲解 VMware Workstation 如何使用是一个非常漫长的过程，这对于一本介绍 openEuler 系统的图书来说，未免太过于喧宾夺主了。所以本章仅介绍如何新建虚拟机的操作，至于其他的功能，读者不妨自己摸索，若是需要用到相关高级功能，请阅读官方手册。

3．硬件要求

对于硬件要求，openEuler 官网已经给出明确的答案，不低于 2 个 CPU，不小于 4 GB（建议不小于 8 GB）的内存，不小于 32 GB（建议不小于 120 GB）的硬盘空间，即可流畅运行 openEuler 系统，如图 1-9 所示。

图 1-9　openEuler 最低配置要求

1.3.2　安装 openEuler 系统

准备工作全部完成后，就可以安装 openEuler 系统了。如今，系统安装的过程非常简单，我们只需要使用鼠标，在屏幕上轻点几下，就可以完成整个系统的安装。

尽管如此，为了能让大家详细了解系统安装过程中的每一步，所以本小节仍会对安装过程进行详细讲解。

1. 新建虚拟机

（1）打开 VMware Workstation 软件

打开 VMware Workstation 软件后，选择"创建新的虚拟机"选项，如图 1-10 所示。

图 1-10　创建新的虚拟机

（2）选择"自定义（高级）"选项

在"新建虚拟机向导"界面中，选择"自定义（高级）"选项，如图 1-11 所示。"典型"配置有太多的步骤被省去了，不利于学习如何创建系统。

（3）选择"虚拟机硬件兼容性"

选择"虚拟机硬件兼容性"，如图 1-12 所示。此处对版本的选择没有强制要求。可以将选择虚拟机硬件兼容性理解为是在选择计算机的"主板"硬件，更好的主板，意味着计算机的上限越高，也就是最大性能越高。但其中也存在问题，例如选择了高版本兼容性的虚拟机，是无法在低版本 VMware Workstation 中运行的。所以大家可以根据自己的需求进行兼容性的选择。

图 1-11　选择"自定义（高级）"选项

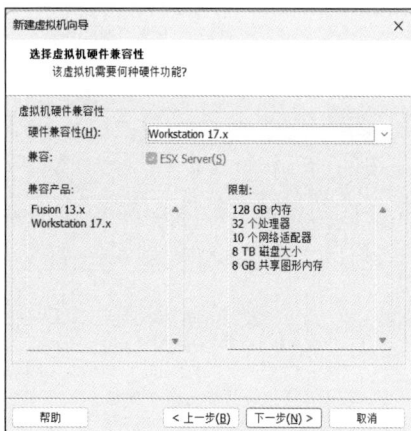

图 1-12　兼容性选择

（4）安装客户机操作系统

安装客户机操作系统，如图 1-13 所示。在如今的大部分计算机上，光驱组件已经被移除了，所以如果没有外置光驱，就无法选择第一个选项；若选择第二个选项，直接在此处指定 ISO 文件，那么后续的安装会根据 ISO 版本进行一些个性化选项设置，增添了一些没有意义的步骤；所以，此处选择"稍后安装操作系统"。

（5）选择操作系统版本

选择操作系统版本，如图 1-14 所示。openEuler 是国产化的 Linux 操作系统，所以在此处应选择"Linux"作为操作系统。由于 VMware Workstation 还未进行更新适配，所以在下方的版本中，还未加入 openEuler 操作系统，需要选择"其他 Linux 5.x 内核 64 位"选项。

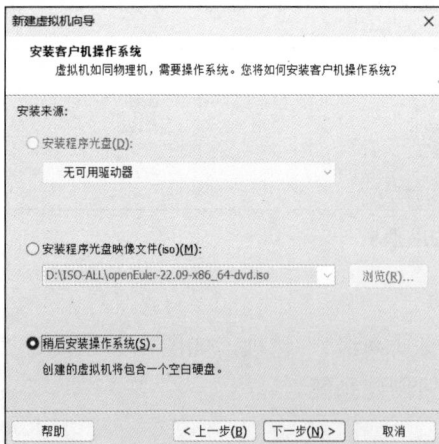

图 1-13　选择"稍后安装操作系统"选项

图 1-14　选择操作系统版本

（6）命名虚拟机并指定文件存储位置

命名虚拟机并指定文件存储位置，如图 1-15 所示。虽然虚拟机的名称可以自己定义，但不推荐在其中加入中文或者特殊字符，否则将有可能导致 Windows 系统无法识别该虚拟机。虚拟机在宿主机上以文件形式存在，所以需要指定一个文件夹作为它的存放路径。同样，也不推荐在该文件夹的名称中加入中文或者特殊字符。推荐将虚拟机存放在 C 盘之外的固态磁盘上，这将有效提升虚拟机的运行速度。

（7）指定 CPU 数量

指定 CPU 数量，如图 1-16 所示。openEuler 发行版推荐 CPU 数量不低于 2 个，没有上限。若用户的计算机性能允许，推荐指定更多的 CPU 数量以提升虚拟机的性能。不过，指定的数量不能超过宿主机的 CPU 数量的 80%，超出会导致宿主机运行卡顿以及虚拟机可能会无法开机。

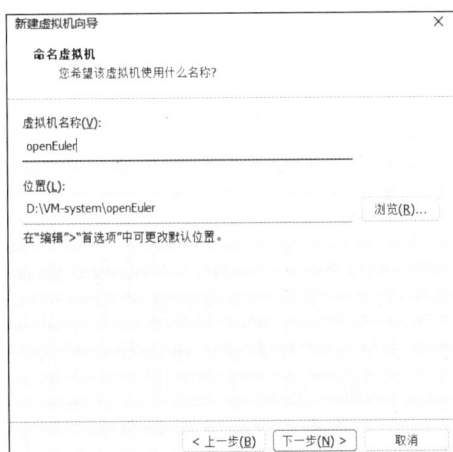

图 1-15　命名虚拟机并指定文件存储位置

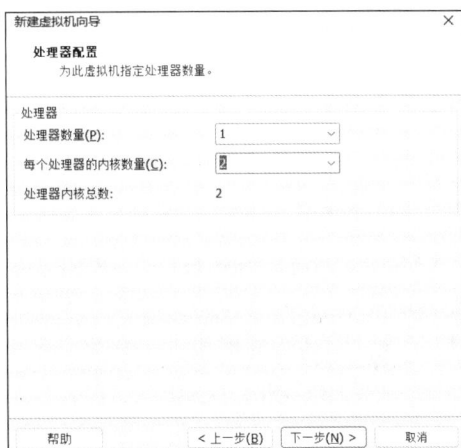

图 1-16　指定 CPU 数量

（8）选择内存数量

选择内存数量，如图 1-17 所示。推荐使用 4 GB 内存。该方式并不会直接占用 4GB 的运行内存，而是表示该虚拟机最多能占用宿主机的 4 GB 内存空间。若性能允许，可以给虚拟机更多的内存空间，它将有效提升虚拟机性能；若性能不足，推荐的最低值是 2 GB 的运行内存，若是更低则会导致虚拟机卡顿或无法运行。

（9）选择网络模式

选择"使用网络地址转换（NAT）"选项，如图 1-18 所示。VMware Workstation 提供 3 种网络模式：桥接、NAT 和仅主机。关于它们三者的区别，后续将会进行详细的讲解。此处选择默认的 NAT 模式作为虚拟机的网络连接模式。

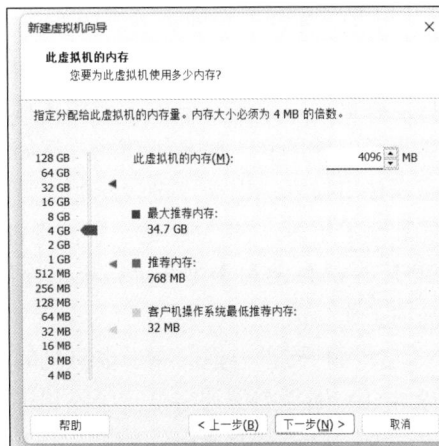

图 1-17　选择内存数量

（10）选择 I/O 控制器类型

选择 I/O 控制器类型，如图 1-19 所示。这里选择的 I/O（输入/输出）控制器指的是在虚拟机中模拟的硬件设备，用于处理虚拟机与物理设备之间的输入和输出操作。I/O 控制器决定了虚拟机如何与其虚拟化的硬件设备进行通信，常见的有 IDE 控制器、SCSI 控制器、NVME 控制器及 SATA 控制器等。

| 图 1-18　选择网络模式 | 图 1-19　选择 I/O 控制器类型 |

VMware Workstation 仅提供 SCSI 控制器，主要包括 4 种不同类型：BusLogic 控制器仅提供最基本的 SCSI 功能，在新版本中一般都不适用了；LSI Logic SAS 控制器适用于需要使用 SAS 驱动器的虚拟机，它提供了与 SAS 硬件的更好的兼容性；准虚拟化 SCSI 控制器是一种与虚拟机操作系统进行协作的虚拟 SCSI 控制器，它可以提供更好的性能和效率；LSI Logic 是最常用和推荐的 SCSI 控制器类型，它提供了较好的性能和功能，它支持更多的设备和功能，例如热添加（热替换）、命令队列和 SCSI 总线重置等。所以推荐选择"LSI Logic"。

（11）选择磁盘类型

选择磁盘类型，如图 1-20 所示，VMware Workstation 提供了 4 种磁盘类型，分别是 IDE、SCSI、SATA 及 NVMe。IDE 是一种传统的磁盘接口技术，适用于连接较旧的硬盘驱动器，但性能较低，通常用于兼容旧操作系统或应用程序的需求。SCSI 是一种通用的高性能磁盘接口技术，适用于连接各种硬盘驱动器和外部设备。使用 SCSI 磁盘类型可以提供更高的性能和一些高级功能，例如热添加（热替换）和命令队列。SATA 是一种较新的磁盘接口技术，用于连接较新的硬盘驱动器。SATA 磁盘类型在虚拟机中提供了更好的性能和可扩展性。NVMe 是一种高性能、低延迟的磁盘接口技术，用于固态硬盘驱动器（SSD）。NVMe 磁盘类型在虚拟机中提供了最高的性能和吞吐量，适用于对存储性能要求较高的工作负载。

选择何种磁盘类型取决于虚拟机的需求和性能要求。对于大多数常规用途的虚拟机，选择 SATA 磁盘类型通常是一个不错的选择。如果需要更高的性能，可以考虑使用 SCSI 磁盘类型。对于需要极高性能的工作负载，例如大规模数据库或高性能计算，可以选择 NVMe 磁盘类型。IDE 磁盘类型在现代虚拟机环境中很少使用，除非有特殊需求。

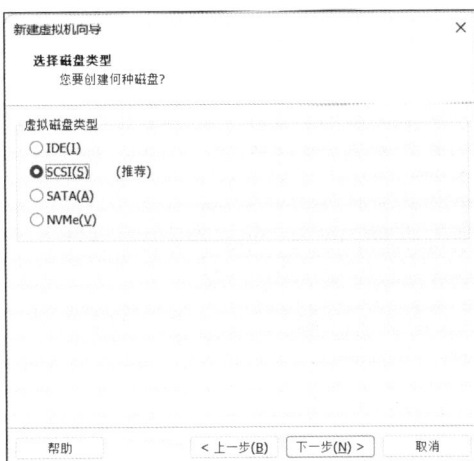

图 1-20　选择磁盘类型

（12）创建新的虚拟磁盘

创建新的虚拟磁盘，如图 1-21 所示。选择"创建新虚拟磁盘"选项表示直接新建磁盘文件，也就是空磁盘。在有些情况下，会对虚拟机的磁盘进行迁移操作，也就是第二个选项"使用现有虚拟磁盘"。一些高级用户为了更好地释放虚拟机的性能，会将物理磁盘进行分区操作，将其中一个分区直接给虚拟机使用，也就是使用物理磁盘，此时就应选第三个选项。

（13）指定磁盘容量及磁盘存储方式

openEuler 推荐使用 32 GB 磁盘空间，若有更大需求，可以自行添加，推荐最低不低于 20 GB 磁盘空间，如图 1-22 所示。

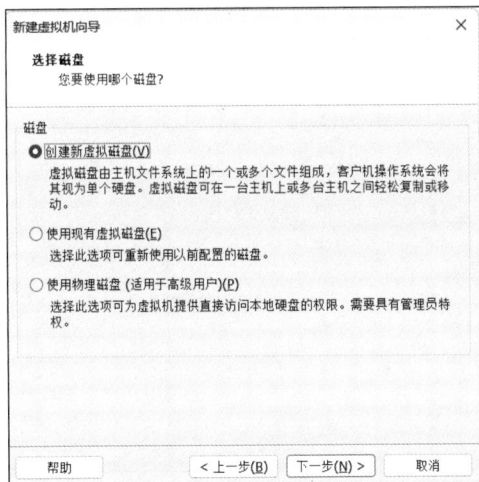

图 1-21　选择磁盘

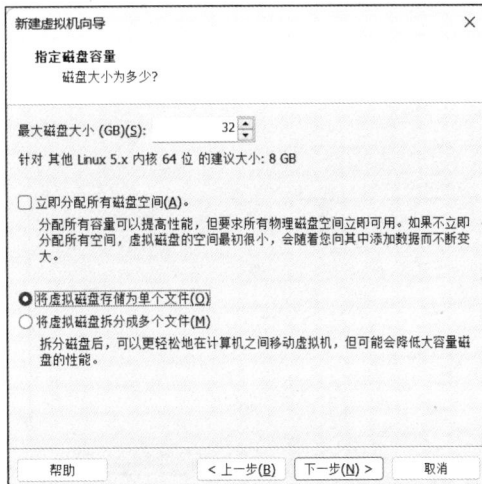

图 1-22　指定磁盘容量及存储方式

① 立即分配所有磁盘空间：虚拟机磁盘以文件形式存储在物理机上，该文件以 VMDK 为后缀。不勾选此选项，虚拟机在安装后，不会直接占用 32 GB 空间，而是最大

能占用 32GB 空间；勾选后，虚拟机将会直接占用宿主机的 32GB 空间，但是会有效提升虚拟机性能。可以根据实际情况自行选择。

② 存储为单个文件：单个文件存储是将整个虚拟机磁盘（VMDK）存储为单个文件。这个文件包含了虚拟机的所有磁盘数据，包括操作系统、应用程序和文件系统等。通常情况下，单个文件存储是默认的磁盘存储方式。它的优点是管理起来相对简单，可以轻松地迁移、复制或备份整个虚拟机磁盘。然而，当虚拟机磁盘较大时，单个文件可能会变得庞大，可能会对存储系统和备份操作产生一定的压力。

③ 存储为多个文件：多个文件存储是将虚拟机磁盘拆分为多个文件，通常是拆分为主文件（.vmdk）和描述文件（.vmdk.descriptor）。主文件包含虚拟机的实际磁盘数据，而描述文件则包含了有关主文件的元数据信息。使用多个文件存储时，主文件通常会被分割为多个小文件，每个文件的大小可以根据需求进行调整。这种方式的优点是可以更好地管理大型虚拟机磁盘，避免出现单个文件过大的问题。此外，多个文件存储还允许更灵活地管理和备份虚拟机磁盘的不同部分。然而，管理多个文件可能会稍微复杂一些，需要确保所有相关文件的完整性和一致性。

选择单个文件存储方式还是多个文件存储方式取决于需求和偏好。对于大多数一般用途的虚拟机，单个文件存储方式是简单且有效的选择；对于较大的虚拟机磁盘或需要更细粒度管理的情况，多个文件存储方式可能更合适。

（14）指定磁盘文件

指定磁盘文件，如图 1-23 所示。磁盘文件名默认为虚拟机名称，不推荐在其中加入中文或者特殊字符，否则将有可能导致虚拟机出现问题。

（15）配置虚拟机 ISO 位置

在"新建虚拟机向导"界面中单击"自定义硬件"按钮，如图 1-24 所示。

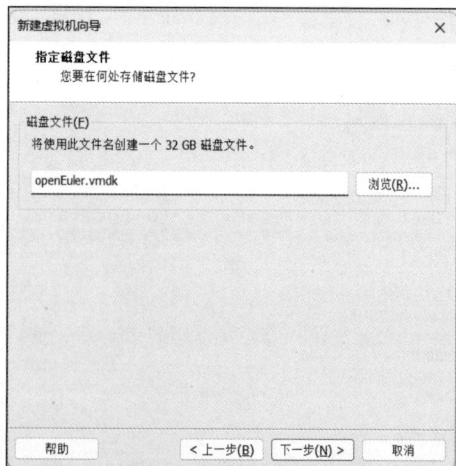

图 1-23　指定磁盘文件

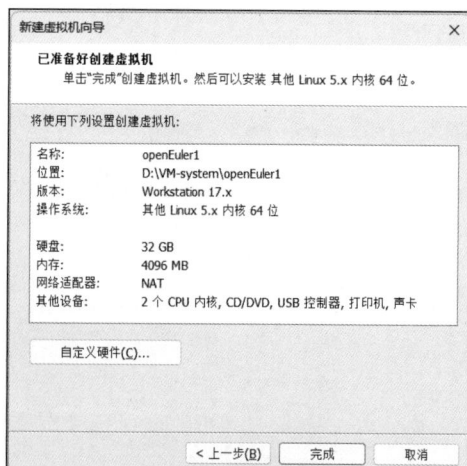

图 1-24　自定义硬件

在弹出的"硬件"窗口中，选择"新 CD/DVD"中的"使用 ISO 映像文件"，单击"浏览"找到之前下载的 ISO 文件，确定后保存配置，如图 1-25 所示。

图 1-25　指定 ISO 存储路径

虚拟机新建完成的效果如图 1-26 所示。

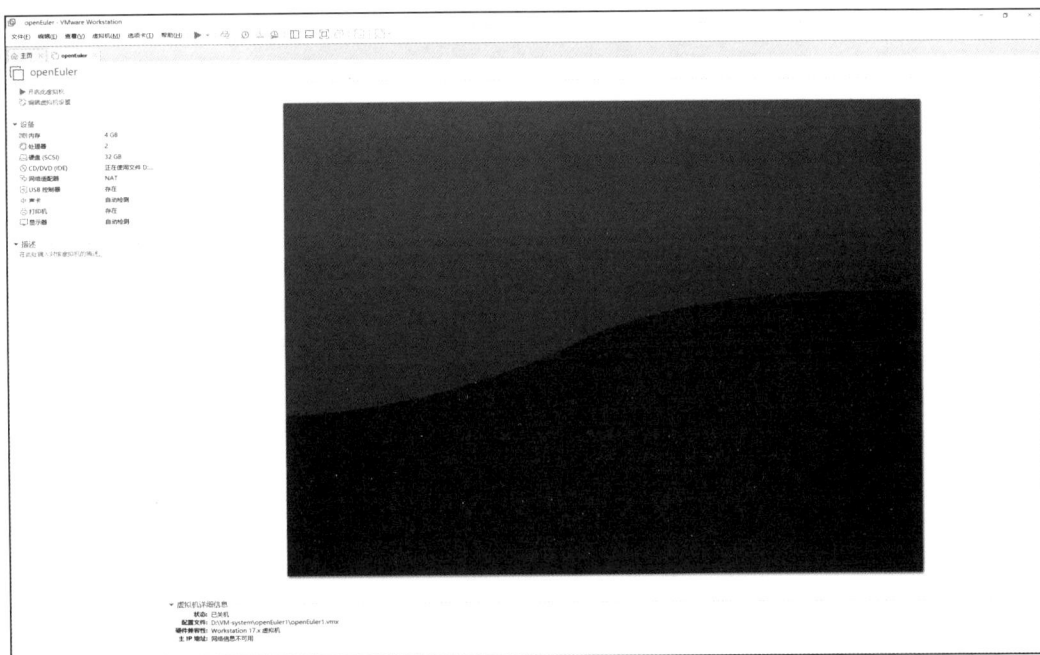

图 1-26　虚拟机新建完成

2. 安装系统

已经成功虚拟出一套硬件系统后，开始安装操作系统。

（1）启动虚拟机

单击"开启此虚拟机"，启动虚拟机，如图 1-27 所示。

图 1-27　启动虚拟机

（2）选择安装方式

开启虚拟机后，默认选项为第二个（白色高亮），如图 1-28 所示。

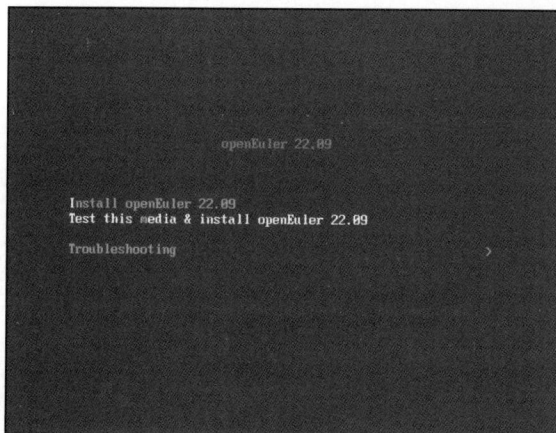

图 1-28　选择启动方式

第一个选项为直接安装系统，不校验镜像文件；第二个选项为校验镜像文件，若镜像文件没有问题，则安装系统，有问题则不安装；第三个选项为故障排除模式，也就是用来修复系统使用的。

此处推荐大家选择第二个选项进行安装，因为安装系统时间比较长，若镜像文件有损坏，在安装到最后时刻，突然报错导致无法安装，那未免有点得不偿失。

（3）安装界面语言的选择

安装界面语言的选择如图 1-29 所示，此处选择的语言为安装界面中显示的语言。单击"Continue"按钮进入图 1-30 所示的系统安装主界面，后续需要对界面中相应的项目进行配置或修改。

图 1-29　安装界面语言的选择

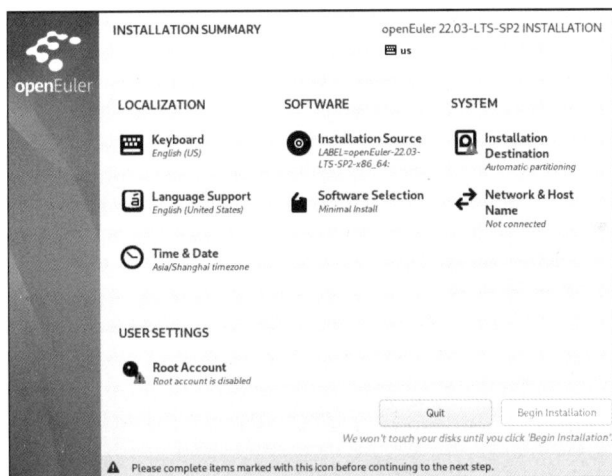

图 1-30　系统安装主界面

（4）修改分区，选择"Installation Destination"

在系统安装主界面修改分区，选择"Installation Destination"，打开图 1-31 所示界面。硬盘分区是整个安装过程中最为棘手的一个环节，这一操作包含了非常多的概念与技巧，对于初学者而言，很难彻底明晰。所以分区界面有一个选项为"Automatic"，选择这个选项后单击"Done"按钮，系统会自动分区，无须进行操作。

但是存在一些有特定要求的场景，需要进行手动分区，这个时候需要选择"Custom"选项，然后单击"Done"按钮进行手动分区操作。

如图 1-32 所示，"AVAILABLE SPACE"为可用空间，"TOTAL SPACE"为总空间，可以单击"＋"按钮进行新增分区，单击"－"按钮对分区进行删除，也可以单击"C"按钮恢复初始配置。

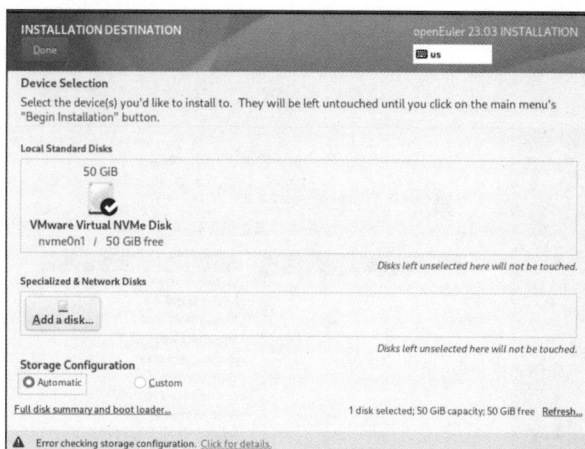

图 1-31　硬盘分区

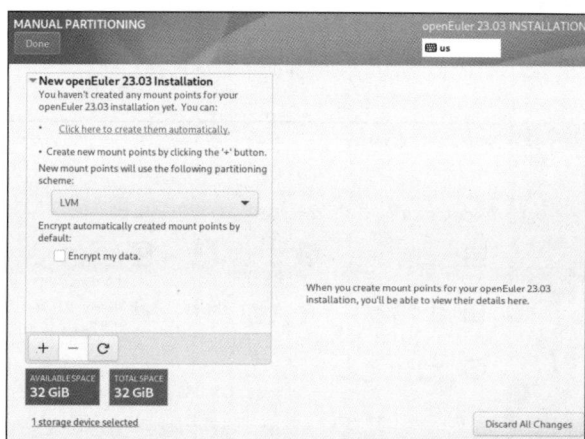

图 1-32　手动进行硬盘分区

　　单击"＋"按钮后，出现图 1-33 所示界面。第一个选项用于选择需要分区的挂载点，第二个选项用于选择容量（若不指定大小，则是将所有可用空间全部给予该分区），将光标悬停于相应位置可以查看帮助。配置后单击"Add mount point"按钮即可保存配置。

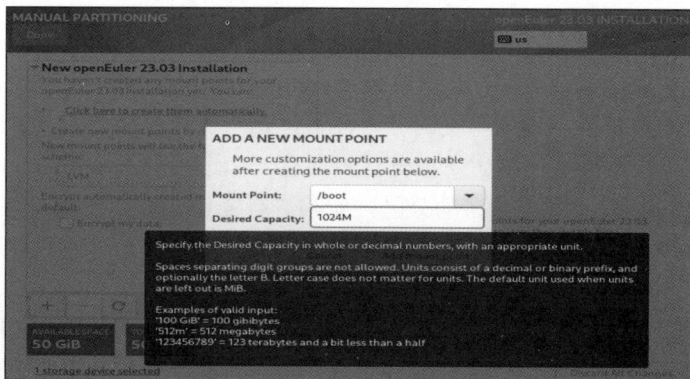

图 1-33　新增硬盘分区

分区完成后,单击分区即可出现分区配置,如图 1-34 所示,可以在此处重新配置分区大小、设备类型、分区文件系统等。

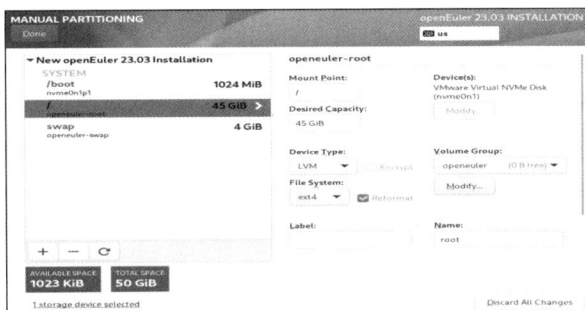

图 1-34 分区配置

全部配置完成,单击"Done"按钮,再单击图 1-35 所示的"Accept Changes"按钮即可保存配置。

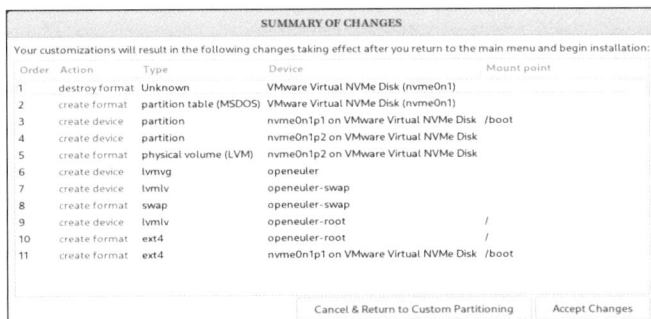

图 1-35 保存分区配置

(5)选择"Network & Host Name"进入网络配置

在系统安装主界面选择"Network & Host Name"进入网络配置,如图 1-36 所示,打开按钮开关,即可开启网络连接,默认为 DHCP 自动获取相关配置,当然也可以手动进行配置,单击下方的"Configure"按钮即可。

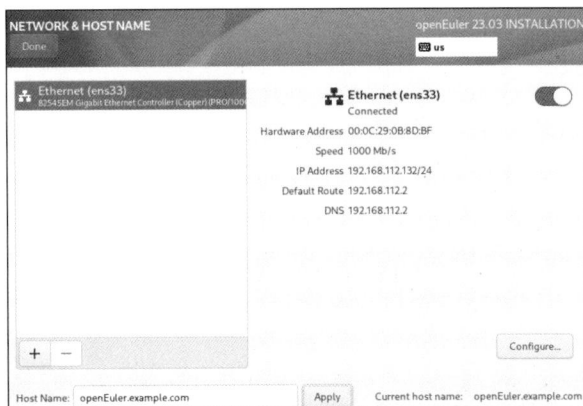

图 1-36 网络配置

最下方的"Host Name"可以用于配置主机名，配置完成后单击"Apply"按钮即可生效。

（6）用户配置

在系统安装主界面选择"Root Account"，弹出图 1-37 所示界面，可对管理员用户进行密码配置。openEuler 系统为了安全性考虑，默认禁止管理员用户，若需要使用则需要设置"Enable root account"进行启用，并在下方配置密码。此处密码有长度要求，必须大于 8 个字符。

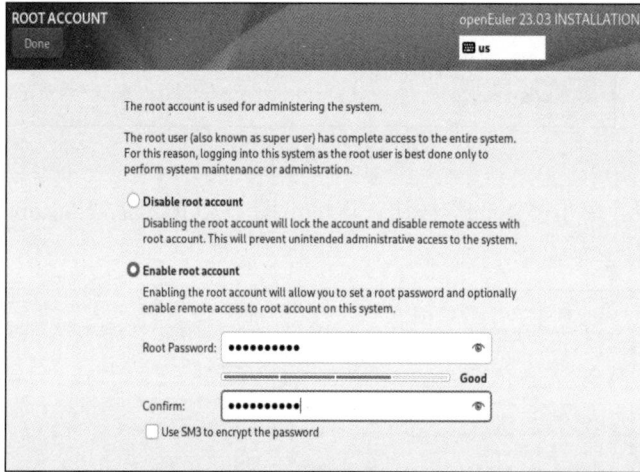

图 1-37　管理员用户配置

向下拖动图 1-30 右侧隐藏的滚动条，选择"Create User"可进行普通用户创建，界面如图 1-38 所示，配置好用户名及密码，单击"Done"按钮即可完成配置。

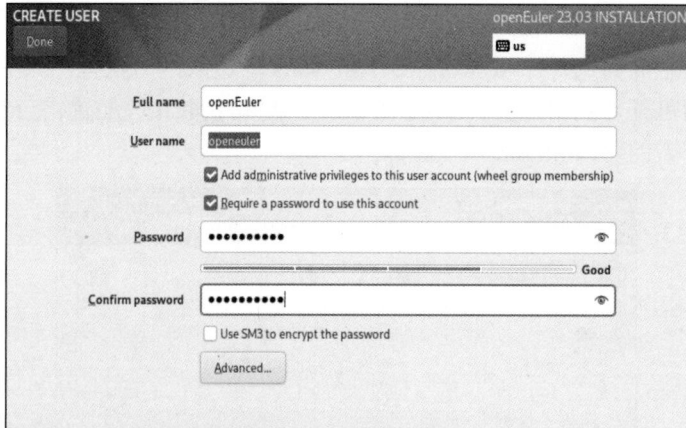

图 1-38　普通用户配置

（7）其他配置

① 在系统安装主界面选择"Time & Date"，进入时区配置，如图 1-39 所示。

② 在系统安装主界面选择"Keyboard"，进入键盘配置，如图 1-40 所示。

图 1-39　时区配置

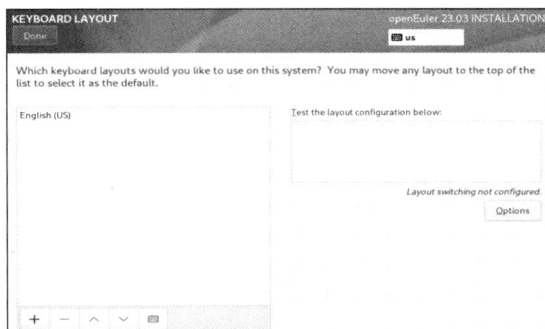

图 1-40　键盘配置

③ 在系统安装主界面选择"Language Support",进入系统语言设置,如图 1-41 所示。

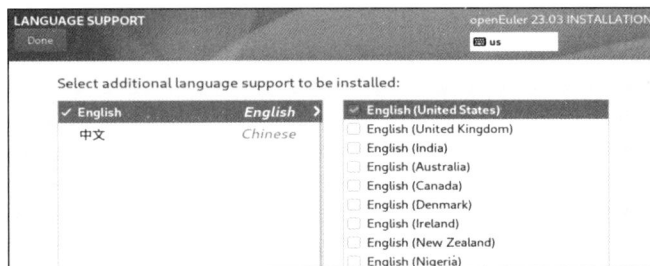

图 1-41　系统语言配置

④ 在系统安装主界面选择"Installation Source",进入系统安装源配置界面,如图 1-42 所示。

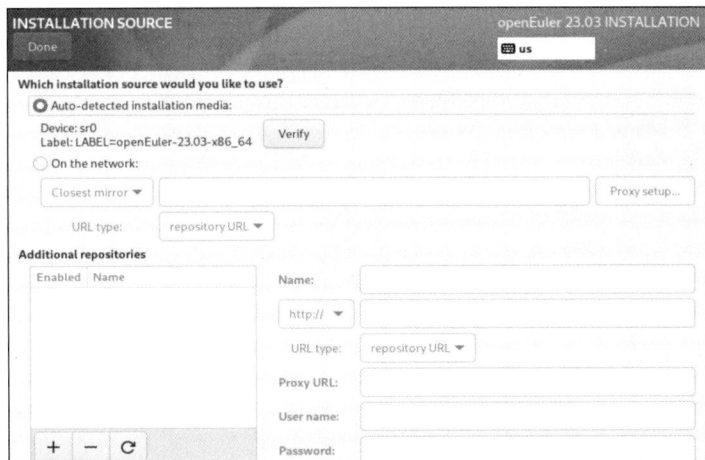

图 1-42　安装源配置

默认使用本地光驱,也就是本地的 ISO 镜像,可以单击"Verify"按钮进行校验;当然也可以从网络上直接下载,但是无论是校验还是下载,都不推荐大家使用,因为 ISO 文件较大,会耗费很长时间。

⑤ 在系统安装主界面选择"Software Selection"，进入软件包选择界面，如图 1-43 所示。

在此处，屏幕左侧可以选择该虚拟机的安装方式，包括最小化安装（Minimal Install）服务器安装（Server）及虚拟主机安装（Virtualization Host）。屏幕右侧列出了一些常用软件，可以在此处勾选，系统安装时会自动安装指定软件，也可以在系统安装完成后再进行安装。

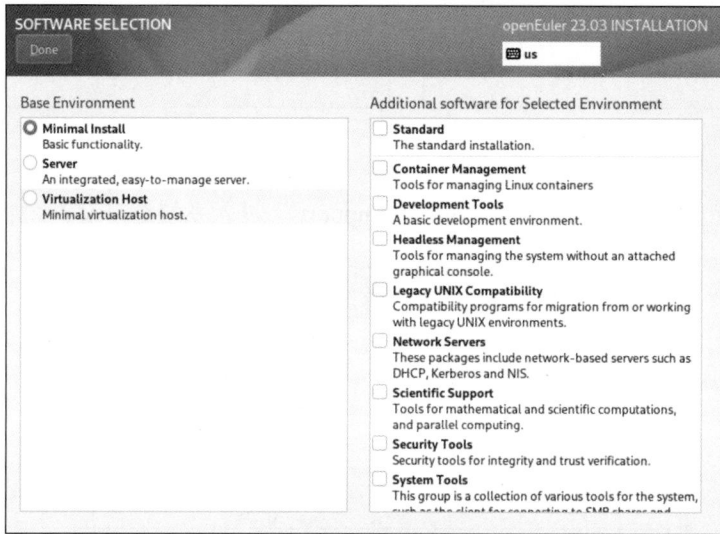

图 1-43　软件包选择

（8）开始安装

配置完成后，可以单击"Begin Installation"按钮开始安装系统，如图 1-44 所示。接下来，进入系统安装过程，如图 1-45 所示，屏幕中间的进度条可显示安装进度，等待系统安装完成即可。

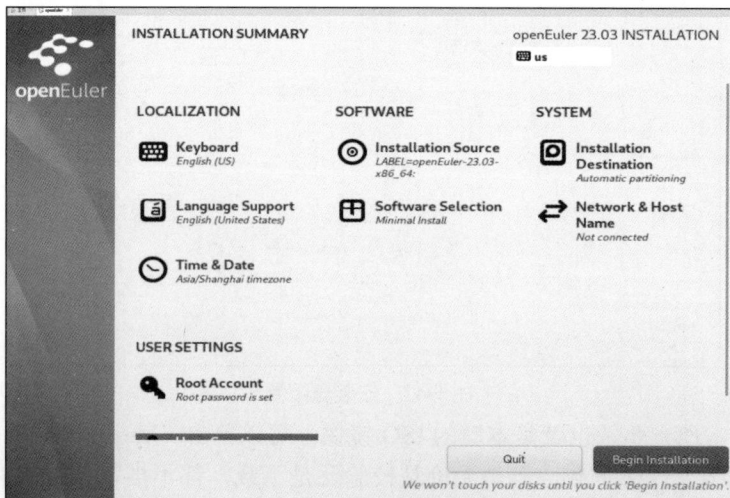

图 1-44　开始安装

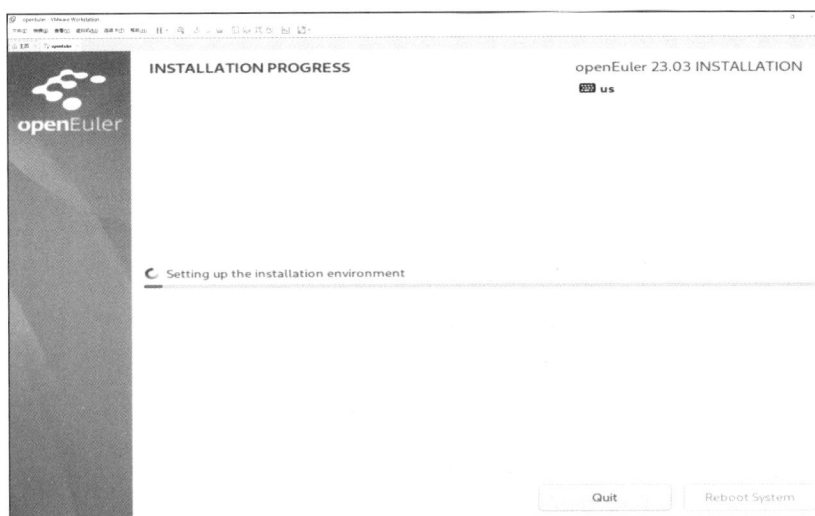

图 1-45　安装进度条

（9）重启系统

系统安装完成后，单击"Reboot System"按钮重启系统，如图 1-46 所示。进入系统，如图 1-47 所示。

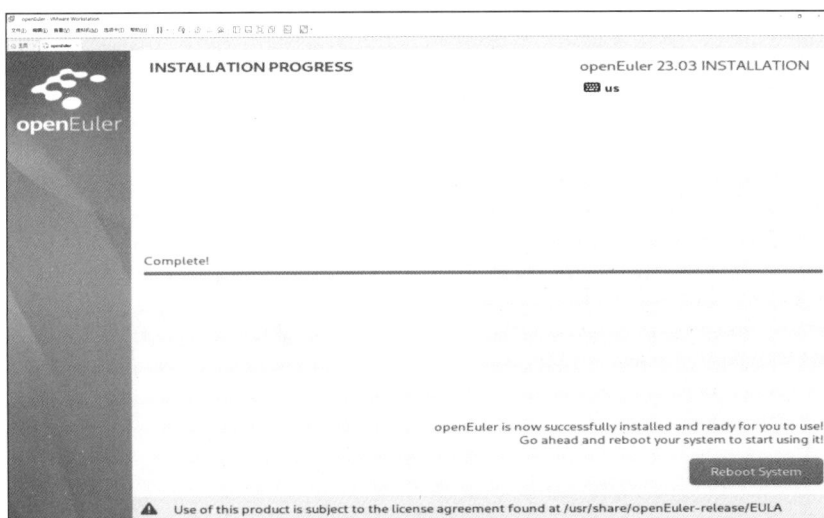

图 1-46　安装结束

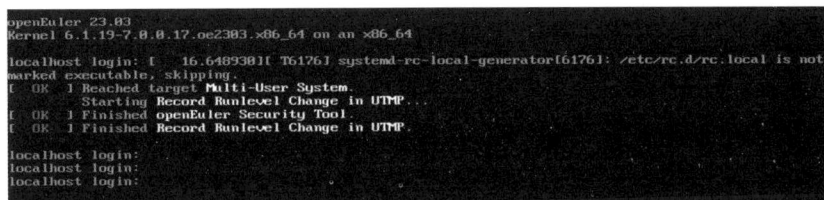

图 1-47　进入系统

1.3.3　简单命令介绍

现在，openEuler 已成功安装到计算机上了，可以使用账号及密码登录系统进行操作，如图 1-48 所示。

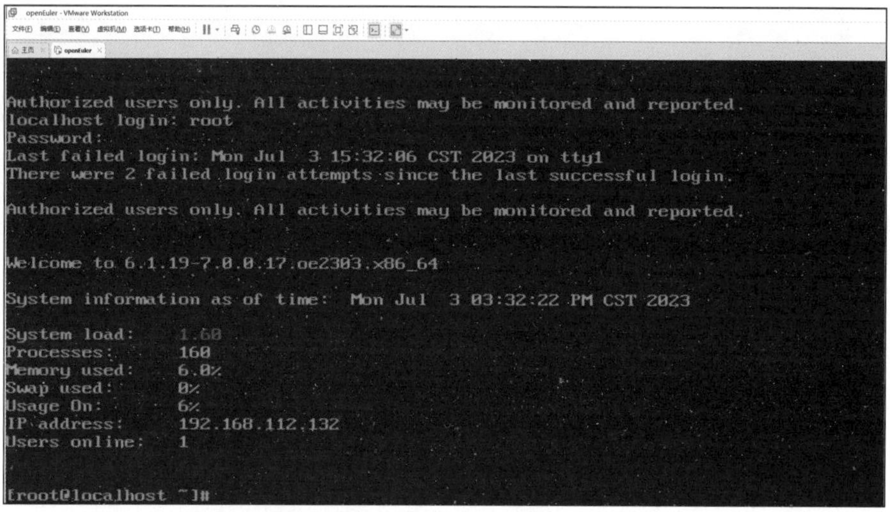

图 1-48　登录系统

可以输入一些简单的命令使用 openEuler 系统。例如，输入"cal"可以查看当前日期，如图 1-49 所示；输入"date"可以查看系统时间，如图 1-50 所示。

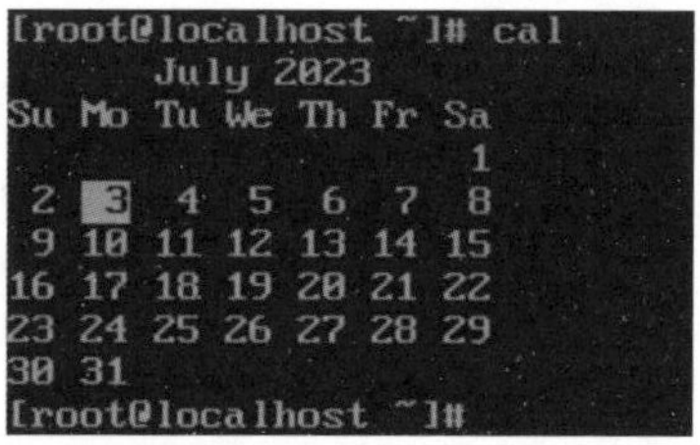

图 1-49　查看日期

图 1-50　查看系统时间

输入其他相应命令还可以查看系统的版本，如图 1-51 所示；查看内核版本，如图 1-52 所示。

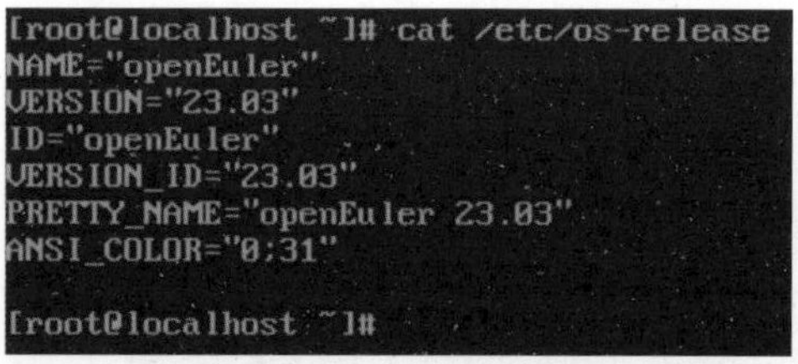

图 1-51　查看系统版本

图 1-52　查看内核版本

1.4　初识 openEuler 操作系统

前文深入探究了 openEuler 的发展历程，同时也引导读者逐步构建了一个属于自己的 openEuler 系统。下面将走进系统，深度体验国产 Linux 操作系统。

1.4.1　Linux 目录结构

前文提过，openEuler 是一款国产 Linux 操作系统，而 Linux 操作系统是一个开源的 UNIX-like 操作系统，以其精心组织的目录和文件系统结构而闻名。理解 Linux 的目录结构对于系统管理和开发至关重要。下面将深入探讨 Linux 文件系统的层次结构，它是 Linux 操作系统的基石。

与 DOS 等操作系统不同，Linux 不使用驱动器号或名称（如 A:或 C:）来标识不同的文件系统。它采用一种更灵活的方法，将独立的文件系统组织成一个层次化的树形结构，并使用挂载的方式将它们整合在一起，形成一个统一的整体。这是 Linux 操作系统的特性，它支持多种不同类型的文件系统。

下面将详细介绍 Linux 文件系统的结构与各个层级，以及解释常用目录的用途。

1. 文件系统的结构

在 Linux 中，文件和目录组成了一个树形结构，构建了整个文件系统层次结构，如图 1-53 所示。这个层次结构是从根目录开始的。根目录在整个结构的顶部，而目录和子目录则向下延伸，形成了树形结构。

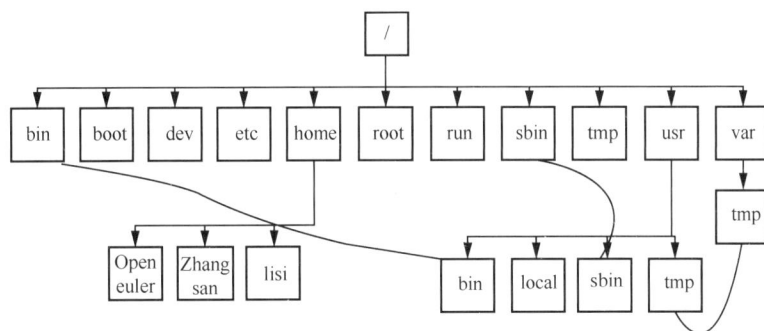

图 1-53　文件系统的层次结构

根目录用斜杠字符"/"表示，位于文件系统层次结构的最顶层。此外，斜杠字符也充当文件名中的目录分隔符。举例来说，如果有一个名为"/etc"的子目录位于根目录下，可以使用"/etc"的路径来引用该目录。同样，如果"/etc"目录中有一个名为"issue"的文件，可以使用"/etc/issue"的路径来引用该文件。这种路径表示方式有助于准确定位和访问文件系统中的特定目录和文件。

根目录的子目录按照标准命名和用途进行组织，以便根据文件类型和用途进行组织、查找。这种组织方式有助于用户快速定位文件和数据，提高了文件系统的可管理性。

这种文件系统层次结构的设计使 Linux 系统更容易管理和维护，同时也使用户能够清晰地组织和访问其文件和数据。这是 Linux 操作系统的一个核心特性，为用户提供了有效的文件组织和管理工具。

注意：如果想表示根目录下的"etc"目录，不应该是"//etc"吗？即第一个"/"表示根目录，第二个"/"表示分隔符，为什么现在用的是"/etc"呢？其实两种方式都可以，只是后来为了简化路径表示和提高用户友好性，通常情况下会省略重复的斜杠字符，所以现在使用的是"/etc"。

2. 常用目录

如图 1-54 所示，在 Linux 的根目录下，有许多目录，其中一些是日常使用频率极高的。这些常用目录的功能和用途如下。

① **/boot**：该目录承担着关键的系统引导任务，它包含了启动加载程序所需的重要文件，其中包括内核映像文件和引导配置文件。在系统启动的过程中，系统会依赖/boot 目录下的这些文件来引导操作系统。

② **/dev**：此目录包含设备文件，这些文件用于与系统中的各种硬件设备进行交互。在 Linux 中，一切都被视为文件，因此设备文件起着关键作用，允许用户访问和控制硬件设备，例如磁盘、键盘、鼠标等。这个目录在 Linux 系统中扮演着桥梁的角色，连接了软件和硬件，使系统能够与各种设备进行通信。

③ **/etc**：此目录承载了系统的各种配置文件。这些配置文件用于定义和设置系统的各种参数和选项，包括网络配置、用户账户配置、服务配置等。可以说，/etc 目录中的文件是系统正常运行的关键组成部分。通过编辑这些配置文件，管理员可以根据需要自定义和调整系统的行为，使其适应特定的用途和需求。这个目录的重要性不言而喻，因为它存储了系统的设置和策略，直接影响系统的性能和行为。

④ **/home**：此目录是用户的主目录。每个用户都会在/home 目录下拥有一个与其用户名相对应的子目录。这个主目录是用户的私人空间，用于存储个人文件、文档和配置文件。用户可以在自己的主目录中自由地组织和管理文件，以满足其个人需求和偏好。/home 目录的设计使多用户环境变得更有序和安全，同时提供了便捷的访问和管理方式，确保用户的数据和设置得到妥善保管。这个目录对用户来说非常重要，因为它是用户的个人工作和存储空间。

⑤ **/root**：此目录是超级用户（root 用户）的主目录，与普通用户的主目录（/home）不同。在 Linux 系统中，只有 root 用户可以访问和操作/root 目录。这个目录是系统管理员的专属空间，用于管理系统的各个方面，包括配置、维护和管理。/root 目录的权限受到严格的控制，以确保只有授权的用户能够访问和修改其中的内容，这有助于维护系统的安全性和稳定性。

⑥ **/tmp**：该目录是专门用于存储临时文件的地方。这个目录中的文件通常在系统重新启动后会被自动删除。然而，为了确保系统不会因临时文件堆积而占用过多的磁盘空间，定期清理/tmp 目录是非常重要的。这可以通过设置定期清理任务或手动清理来完成，以确保/tmp 目录保持干净和高效。清理/tmp 目录有助于维护系统的性能和可用磁盘空间，确保系统正常运行。

⑦ /var：此目录用于存储各种可变数据，包括但不限于日志文件、缓存文件和临时文件。这些数据通常在系统运行时会频繁变化，因此/var 目录承担了动态数据存储的任务。这个目录中的数据对于系统的正常运行和维护至关重要，同时也为系统管理员提供了有关系统状态和活动的重要信息。

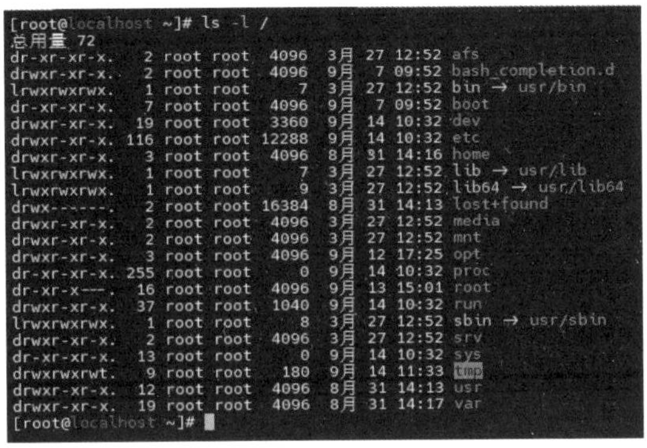

图 1-54　根目录内容

1.4.2　UKUI 桌面应用

读者可能会发现，这个系统的界面与平时熟悉的 Windows 图形界面存在不同。读者可能因此产生一些疑问：为何这个系统的界面只呈现出黑色背景上的白色字体？为何无法使用鼠标进行操作？我们熟悉的桌面界面又去哪了？这个全新的界面究竟是什么？

其实这种黑底白字的界面，是命令行界面（CLI），也被称作终端界面。它是一种纯文本的界面，提供了一种非常高效的方式来与计算机进行交互。虽然没有了鼠标的操作，但使用者能通过键盘输入各种命令，实现对系统的控制与操作。这种界面通常被技术专业人士广泛使用，因为它可以直接执行系统命令，进行各种管理和配置操作。

相较于常见的图形化界面，这种终端界面更注重效率和灵活性，适用于需要深入系统内部进行操作的场景。而我们熟知的桌面界面，在这个系统中并不默认存在。

如果希望在 openEuler 系统中继续使用图形化桌面界面，可以手动安装 UI，例如常见的 UKUI 或 DDE 这些国产图形化组件，从而获得更熟悉的界面和操作方式。

那什么是 UI 呢？UI（用户界面）是指人与计算机系统之间进行交互和沟通的部分，它是用户与计算机之间的桥梁。UI 的主要目标是使用户能够轻松地使用计算机系统，以实现各种任务和操作。

用户界面可以分为以下两种主要类型。

一是图形用户界面（GUI）。这是最常见的用户界面形式。它通过图形元素（如图标、按钮、窗口等）和鼠标操作来与计算机交互。GUI 使用户能够通过直观的方式进行操作，无须记忆复杂的命令。常见的操作系统和应用程序界面都采用 GUI，例如 Windows、macOS 以及各种移动设备的界面。

二是命令行界面。这是一种通过键盘输入文本命令与计算机系统进行交互的界面形式。它通常提供更高级的控制和配置能力，适合技术专业人士。用户需要输入特定的命令和参数来执行操作，因此对命令的熟悉程度很重要。虽然 CLI 在外观上较为简单，但它具有高度的灵活性和效率。

UI 设计旨在提供直观、易用和用户友好的界面，以确保用户能够轻松地完成任务，同时也关注界面的美观性和用户体验。随着技术的发展，人机交互的方式也在不断演进，涌现出越来越多创新的 UI 设计理念和技术。

1. UKUI 初识

UKUI 是"优麒麟用户界面"的缩写，是优麒麟的官方桌面环境。优麒麟是中国的一个 Linux 发行版，基于 Ubuntu 定制和本地化，以适应中国用户需求。2013 年，优麒麟通过 Ubuntu 技术委员会评审，成为官方认可的衍生版，并发布了优麒麟 13.04，默认搭载 UKUI 1.0。

2017 年，优麒麟 17.04 发布，推出全新开发的 UKUI 2.0，设计贴合 Windows 用户需求，降低了切换到 Linux 的学习成本。UKUI 2.0 发布后，迅速引起国内外广泛关注，成为国际主流期刊报道的焦点，展示了其在国际舞台上的影响力。

2017 年，UKUI 进入主流 Linux 发行版 Debian 的官方软件仓库，成为第一款由中国团队主导开发并成功进入两大国际主流社区的桌面环境。此举标志着 UKUI 在国际 Linux 社区的认可和影响力，使其在全球范围内受到更多关注。

如今，UKUI 和为其配套开发的优客系列应用软件成功移植到多个平台，openEuler 社区也成立了 UKUI SIG（UKUI 桌面环境特别兴趣小组），进一步彰显其国际影响力和开源社区合作精神。UKUI 已成功支持多个国际主流 Linux 发行版，如 Ubuntu、Debian、Arch、openEuler 和 Fedora，体现了其通用性和可定制性。

UKUI 在不断发展壮大的过程中，不仅在国内取得了显著成就，也在国际上获得了广泛认可。它的国际化特色和开源精神，让其成为连接中国和全球开源社区的桥梁，为用户创造了更丰富多样的 Linux 桌面环境。

2. 为 openEuler 系统安装 UKUI

对 UKUI 的历史有了初步了解后，接下来我们将在 openEuler 系统上安装这款桌面用户界面。安装 UKUI 桌面环境不仅为用户的 openEuler 系统带来新的外观和功能，还有助于让用户更完整地体验这一国产化操作系统。

下面介绍 openEuler 操作系统安装 UKUI 的详细步骤，以确保读者能够顺利完成图形化界面的部署。通过这一部分学习，读者将为后续更深入地学习 openEuler 打下基础，确保能够顺利体验这款国产 Linux 操作系统的全部功能。

（1）安装图形化组件

在 Linux 中，安装软件并不像在 Windows 中一般，双击软件包安装即可，而是需要使用专门的软件包管理工具，如 RPM、DNF、APT 等，以帮助用户对软件包进行管理。此处仅介绍一个命令的基础用法，即 openEuler 的软件包管理器——DNF，语法格式如下。

```
#在openEuler中，一般会使用dnf命令管理软件包，该命令需依赖软件仓库运行，openEuler默认无须配置，在安装时已经默认配置完成，所以直接安装即可

#安装UKUI组件
    [root@localhost ~]#dnf install ukui -y
        #执行dnf命令，调用安装（install）功能，指定软件包名（ukui），-y表示无须确认
        #当执行后出现"Complete!"字样时，表示已安装完成
```

```
#额外扩展
    列出仓库中所有的安装包：[root@localhost ~]#dnf list
    卸载指定软件包：[root@localhost ~]#dnf remove PACKAGE -y
```

安装 UKUI 组件成功的界面如图 1-55 所示。

图 1-55　安装成功

（2）设置启动级别

安装 UKUI 组件后，使用 systemctl 命令切换启动目标。启动目标就是系统启动时所进入的运行级别或目标状态。不同运行级别对应了不同的服务组，其中包含一系列指定的服务。openEuler 默认处于字符级别，也就是看到的 CLI-UI 字符界面，想要切换到图形化级别需要进行以下修改。

```
#获取当前默认运行级别
    [root@localhost ~]#systemctl get-default
        multi-user.target
#修改运行级别为图形化级别
    [root@localhost ~]#systemctl set-default  graphical.target
    Removed /etc/systemd/system/default.target.
    Created symlink /etc/systemd/system/default.target → /usr/lib/systemd/system/
graphical.target.
```

修改运行级别为图形化级别的结果如图 1-56 所示。

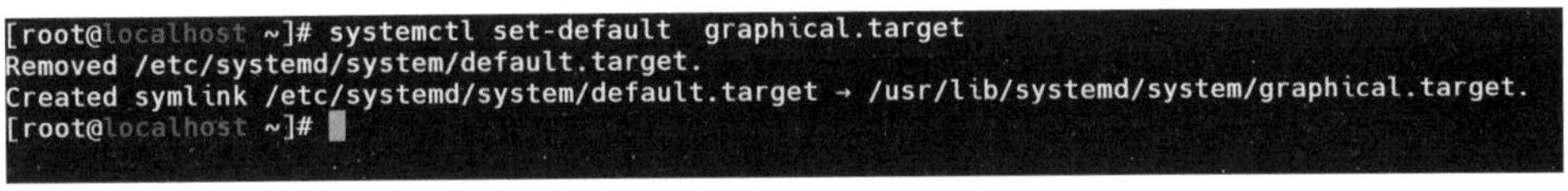

图 1-56　修改运行级别为图形化级别

重启后即可进入图形化登录界面，如图 1-57 所示。

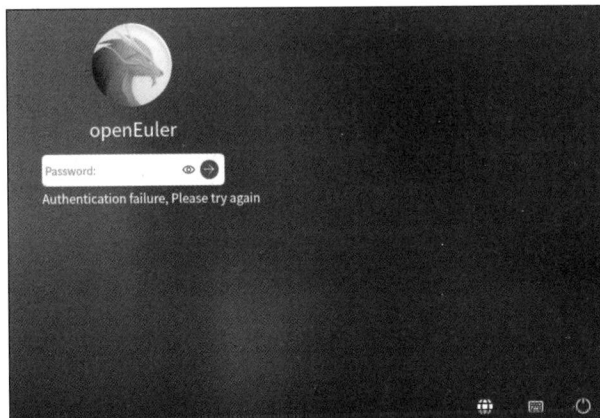

图 1-57　图形化登录界面

3．UKUI 的基础使用

（1）允许 root 用户登录

UKUI 桌面用户界面在默认情况下是不允许 root 用户进行图形化登录的，但可以进行简单的设置，使其允许 root 用户登录。

使用普通用户登录系统，如图 1-58 所示。打开终端，如图 1-59 所示。

图 1-58　输入密码登录

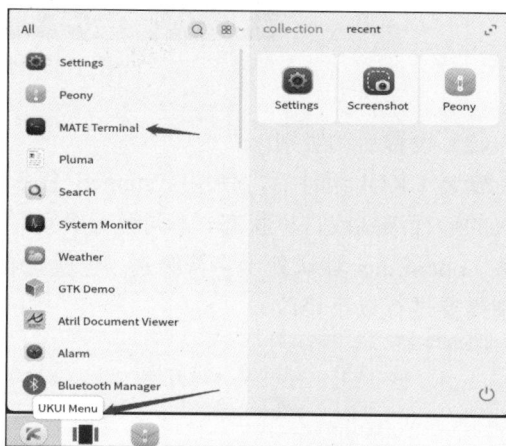

图 1-59　打开终端

在终端登录 root 用户，如图 1-60 所示。

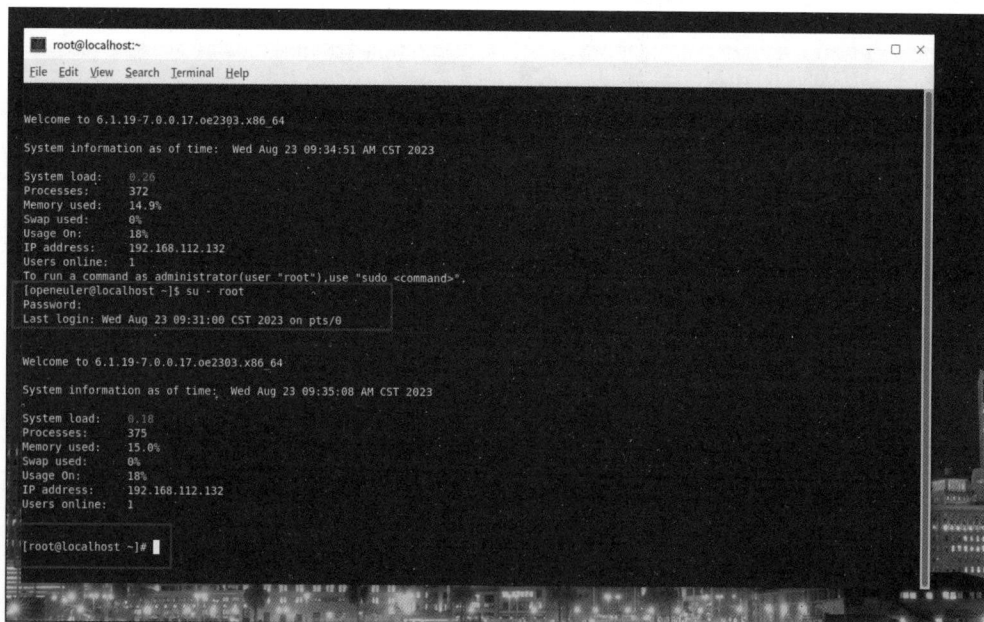

图 1-60　在终端登录 root 用户

修改配置文件，如图 1-61 所示。

```
[root@localhost ~]#
[root@localhost ~]# echo -e "greeter-show-manual-login=true\nall-guest=false" >> /usr/share/lightdm/lightdm.conf.d/95-ukui-greeter.conf
[root@localhost ~]#
```

图 1-61　修改配置文件

重启系统，如图 1-62 所示。

图 1-62　重启系统

选择 Login 即可使用 root 用户登录，如图 1-63～图 1-65 所示。
使用 root 用户登录系统，登录成功后如图 1-66 所示。

图 1-63　使用 root 用户登录

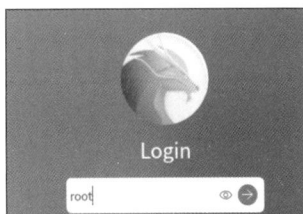

图 1-64　输入 root 用户名

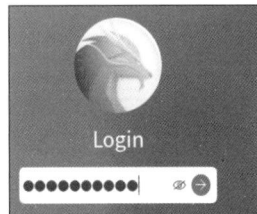

图 1-65　输入 root 密码

图 1-66　登录成功

（2）设置中文

如果初始安装时选择了英语，那么在图形界面中默认显示英文，可能导致使用不便的情况。下面介绍将系统语言切换为中文的方式。

① 打开终端，如图 1-67 所示。

② 编辑字库文件，其命令语法如下。

```
[root@localhost ~]# echo LANG="zh_CN.utf8" > /etc/locale.conf
[root@localhost ~]#
```

重启系统使字库生效，其命令语法如下。

```
[root@localhost ~]# echo LANG="zh_CN.utf8" > /etc/locale.conf
[root@localhost ~]# reboot
```

修改为中文的界面如图 1-68 所示。

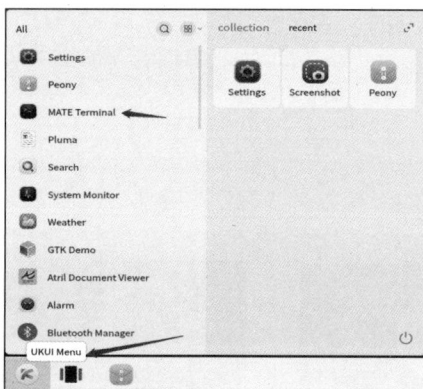

图 1-67　打开终端

图 1-68　修改为中文的界面

（3）添加中文输入法

添加输入法的操作如图 1-69～图 1-75 所示。

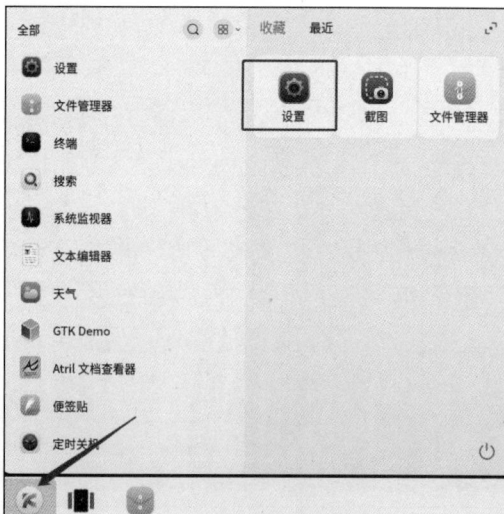

图 1-69　打开设置

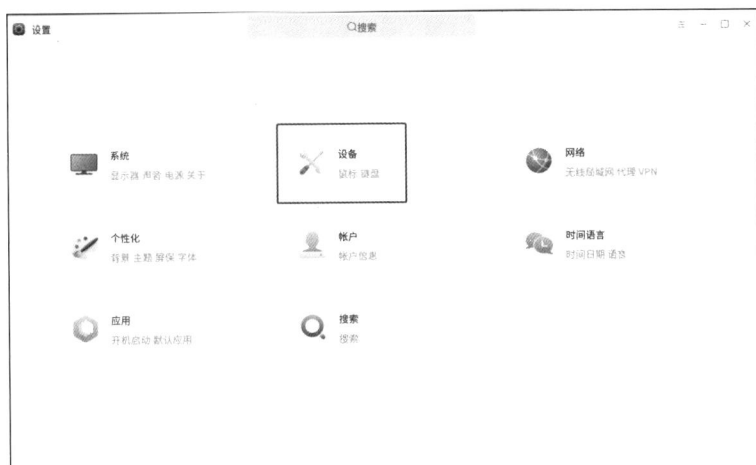

图 1-70　选择设备

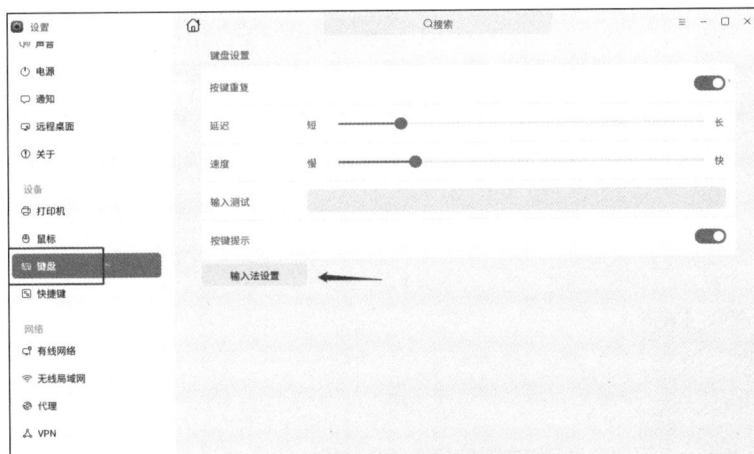

图 1-71　键盘、输入法的设置

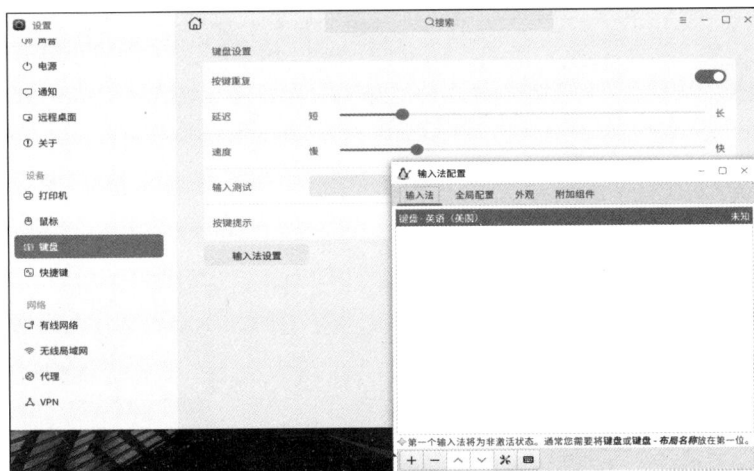

图 1-72　选择新增输入法

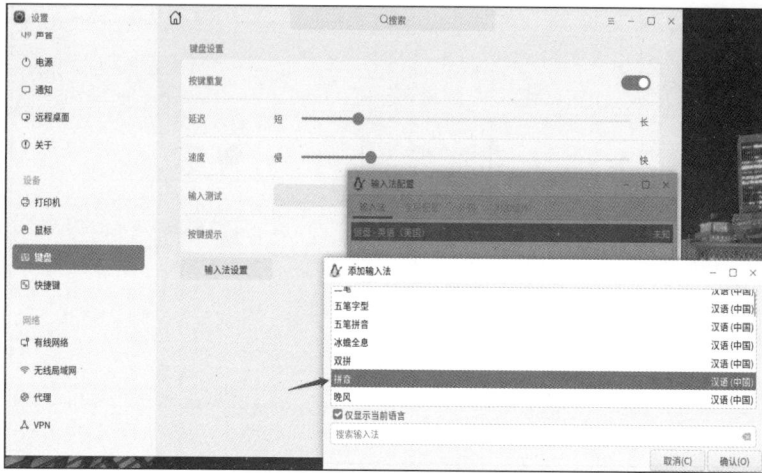

图 1-73　选择输入法并确认

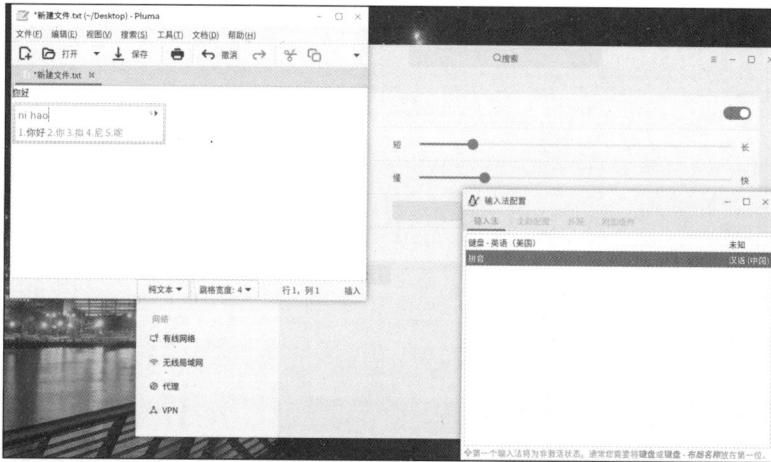

图 1-74　单击右下角的输入法图标即可切换

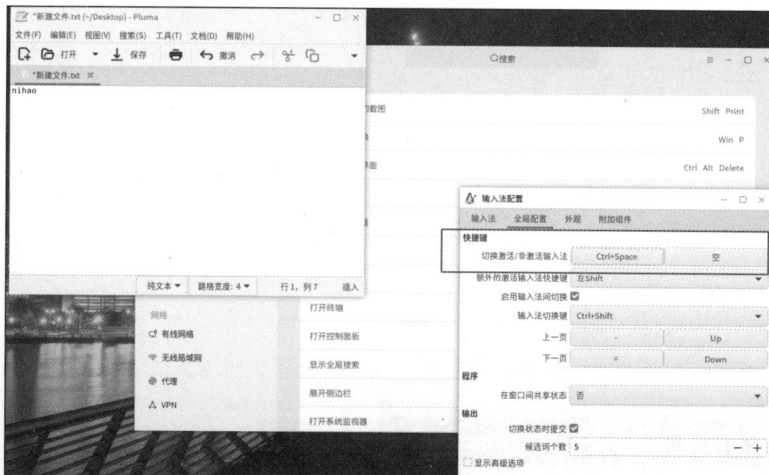

图 1-75　输入法切换组合键

使用 UKUI 图形化桌面后，用户可能已经发现了一个有趣的事实：UKUI 与 Windows 操作系统非常相似。没错，UKUI 的最大特点就是与 Windows 操作类似。UKUI 的出现为那些已经习惯使用 Windows 的用户提供了平滑过渡到 Linux 世界的机会，使 Linux 系统变得更亲切和可靠。

这种相似性的设计让用户在切换到 UKUI 时，能够更迅速地适应新环境，降低了学习难度。其任务栏、开始菜单、窗口管理等功能，都与 Windows 的操作习惯相契合，让用户在使用 UKUI 时感到熟悉。无论是拖放文件、打开应用程序，还是进行设置，都呈现出一种可信赖的感觉，为用户提供了更顺畅的操作体验。

通过 UKUI，用户可以更自信地尝试使用 Linux 系统，而无须放弃已经熟悉的操作方式。这种友好的过渡使 Linux 变得更亲近，为用户创造了一个稳定、高效的桌面环境。同时，UKUI 的国产化特色也让用户感受到中华文化的魅力，使整个桌面环境充满了独特的韵味。

小　结

本章首先介绍从 Multics 到 Linux 操作系统的历史背景、发展过程、应用领域和核心特性，介绍了 Linux 作为开源操作系统，对全球的软件开发和 IT 产业产生了深远影响，然后详细介绍了 openEuler 的特点和优势，介绍了其产生背景、主要特性、应用场景以及安装步骤，使读者对其有了初步的了解。

为了帮助读者更好地理解和使用 openEuler，本章还深入探讨了其文件系统的结构、用户界面设计以及系统配置等方面的知识。此外还介绍了如何登录和使用 openEuler 操作系统，便于读者实践操作。

通过阅读和理解本章的内容，读者能够对 openEuler 操作系统有一个全面的认识，并为其后续在 openEuler 操作系统上的运维和管理打下坚实的基础。

第 2 章

探索 Linux 命令行

GUI 是计算机用户界面的常见选择，它通过可视化元素，如图标、按钮和窗口，使用户能够轻松地与计算机互动。然而，计算机用户界面并非仅有图形化工具，这个世界非常广阔，其中一个强大而深奥的领域就是 CLI（命令行界面）。

CLI 是计算机人机交互技术发展历程中的重要里程碑，它为用户提供了一种通过键入文本命令与计算机进行交互的方式。这种文本界面的计算机人机交互技术的起源可以追溯到早期的计算机系统。在当今的计算环境中，CLI 仍然是一个强大而灵活的工具，可用于执行各种任务，从文件操作到系统管理，甚至是编程和自动化。

CLI 的概念最早出现在计算机科学的早期阶段，当时计算机系统非常有限，用户只能通过输入文本命令来控制计算机的操作。这些命令通常是简短的文本字符串，用户必须精确地输入它们才能执行所需的操作。这些早期的 CLI 没有图形元素，仅依赖于文本和光标位置。

随着计算机技术的发展，GUI 变得越来越流行，因为它们提供了更直观和友好的方式让用户与计算机进行互动。然而，CLI 在许多领域仍然不可或缺。例如，在服务器管理、软件开发和数据分析等领域，CLI 仍然是专业人员的首选工具，因为它通常更高效、更强大，并且可以通过脚本和自动化工具进行扩展。

本章将深入探讨 CLI，包括如何使用参数和选项来自定义命令的行为，如何编写脚本来自动化任务，以及如何通过 CLI 进行系统管理和配置。学习 CLI，不仅可以提高计算机技能，还可以深入了解计算机操作系统的运作方式，体验到计算机科学的深度和魅力。不要忽视 CLI，它可能成为你在数字世界中的强大助手。

2.1 理解 Linux 命令行语法

2.1.1 登录 openEuler 系统

openEuler 系统提供了 3 种不同的控制台登录方式，每种方式适合不同类型的用户使用，具有各自的特点和用途。

1. 图形控制台

图形控制台是最常见的用户界面，如图 2-1 所示。它提供了直观的 GUI，包括桌面环境、窗口管理器和各种图形应用程序。这种登录方式适合那些更喜欢使用图形界面进行操作的用户，尤其是桌面用户和一般办公用户。图形控制台提供了易于使用的图形化工具，用于执行各种任务，如文件管理、应用程序启动、网络设置等。用户可以通过鼠标和键盘与系统进行交互，这使它特别适合那些不熟悉命令行的用户。目前，UKUI 桌面环境正逐步向 Wayland 显示协议迁移，但仍需依赖 X11 协议保障兼容性。

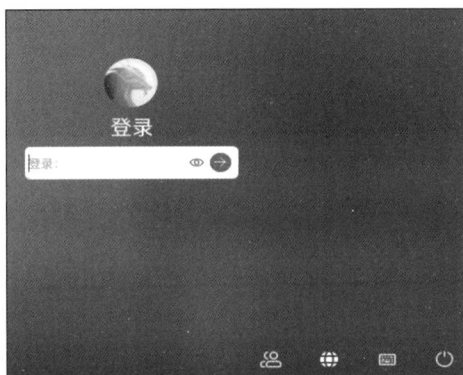

图 2-1　图形控制台

2. 虚拟控制台

虚拟控制台是一种 CLI，如图 2-2 所示，通常通过 Terminal（终端）或控制台访问。这种登录方式适合那些习惯使用命令行工具进行系统管理、编程和开发任务的用户。虚拟控制台提供了更多的控制权和自定义选项，用户可以使用各种命令来执行任务，例如文件操作、软件安装、系统配置等。它也是系统管理员和开发人员的首选工具，因为它提供了更直接和强大的方式来管理系统和进行编程工作。

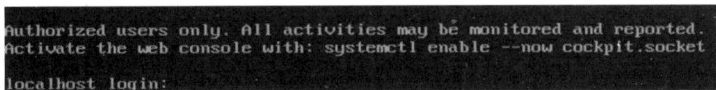

图 2-2　虚拟控制台

3. Web 控制台

Web 控制台是一种通过 Web 浏览器访问的用户界面，通常用于本地及远程管理服务器或云实例。这种登录方式更适合那些需要在远程位置管理系统的用户，或者需要访问云基础设施的管理员。Web 控制台提供了通过 Web 界面执行系统管理任务的能力，例如虚拟机管理、容器管理、云资源监控等。它通常具有用户友好的界面和图形化工具，使远程管理更方便。

（1）启动 Web 控制台

启动 Web 控制台的语法如下。

```
#安装并打开 Web 控制台服务
    [root@localhost ~]#dnf -y install cockpit
    [root@localhost ~]#systemctl enable --now cockpit.socket
        Created symlink/etc/systemd/system/sockets.target.wants/cockpit.socket →
/usr/lib/systemd/system/cockpit.socket.
```

（2）打开火狐浏览器访问 127.0.0.1:9090

打开火狐浏览器访问 127.0.0.1:9090，如图 2-3～图 2-5 所示。

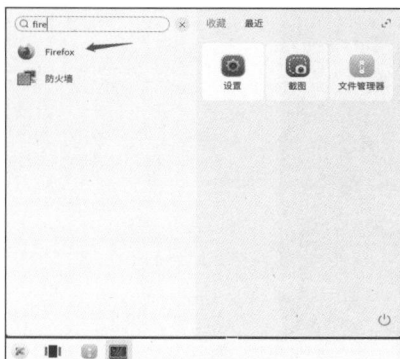

图 2-3　打开火狐浏览器

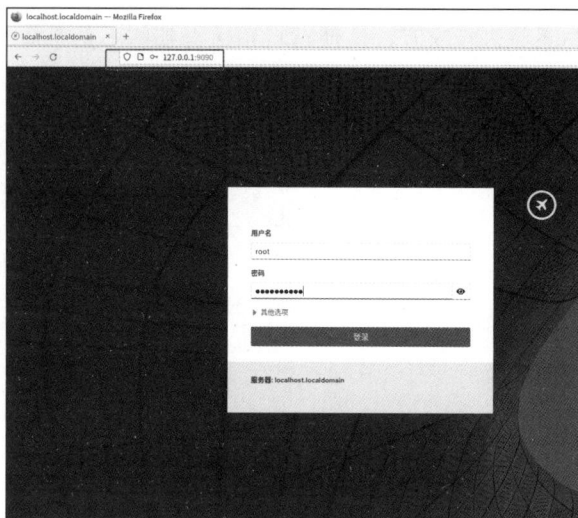

图 2-4　登录 Web 控制台

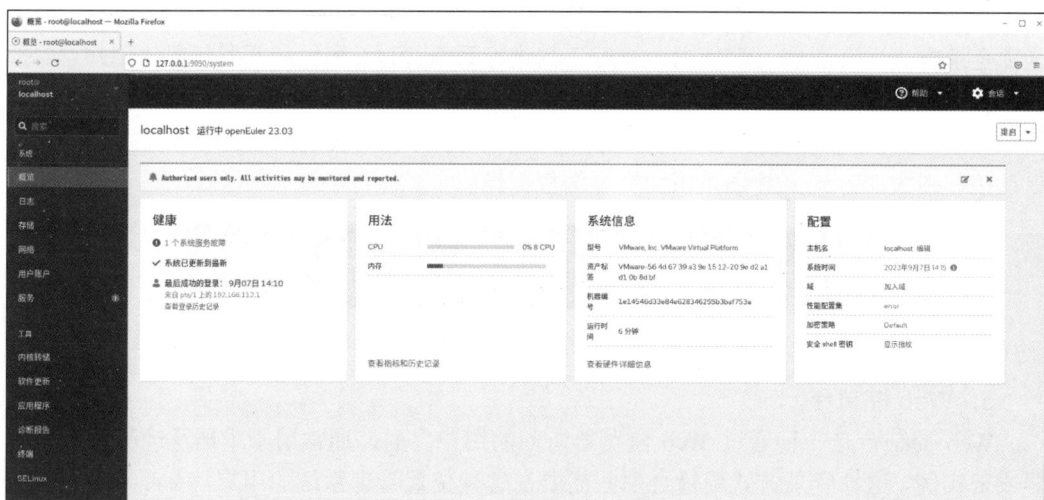

图 2-5　Web 控制台界面

2.1.2　虚拟控制台和图形环境的切换

UKUI 提供了 1 个图形控制台和 5 个虚拟控制台。

① 使用"Ctrl+Alt+F1"组合键可进入图形控制台。

② 使用"Ctrl+Alt+F[2～6]"组合键可切换不同虚拟控制台，如图 2-6 所示。在虚拟控制台执行"systemctl isolate graphical.target"可以运行图形化界面，前提是已经安装 GUI 组件。

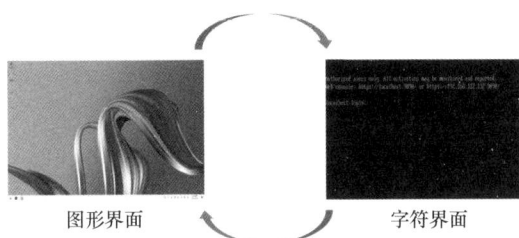

图形界面 　　　　　　　　　　 字符界面

图 2-6　图形控制台与虚拟控制台切换

2.1.3　UKUI 常用组合键

桌面环境通常会设定一些适用于该桌面环境的组合键和主题配置以提供更好的用户体验，UKUI 也不例外。表 2-1 所示是一些 UKUI 常用组合键，以实现终端的快速使用。

表 2-1　UKUI 常用组合键

组合键	作用
Ctrl+Shift+t	创建标签页
Ctrl+PgUp/PgDn	在标签页之间按顺序切换
Alt+[123…]	切换到指定标签页
Ctrl+Shift+c	复制已选内容
Ctrl+Shift+v	粘贴已选内容
Shift+PgUp/PgDn	在标签页上下滚动
Ctrl+l	清屏

2.1.4　初步了解 root 用户

当进行 Linux 系统管理和维护时，root 用户是一个关键概念。root 用户是 Linux 操作系统中的一个非常特殊的用户，拥有系统中最高级别的权限。它可以执行任何操作，包括对系统文件的更改、安装和删除软件、创建和管理用户账户以及对系统进行配置和维护。

root 用户被授予超级用户权限，这意味着它可以绕过系统的安全措施执行任何操作，这让 root 用户非常强大的同时，也非常危险，因为错误的操作可能导致系统损坏或数据丢失。

root 用户在 Linux 系统中扮演着至关重要的角色，但需要谨慎使用以确保系统的稳定性和安全性。

由于 root 用户的强大权限，所以在使用时要特别谨慎，最好仅在需要进行系统级别配置、维护或修复时使用 root 用户。同时，要避免在 root 用户下执行不受信任的命令或访问不安全的网站，以确保系统的安全性。

2.1.5　命令的语法

1．命令行简介

命令行是基于文本的界面，可用于向计算机系统输入指令。在 Linux 的世界中，命令行是一种强大的工具，它允许用户通过文本命令与计算机系统进行互动。这个 CLI 是由一种名为 Shell 的程序提供的，而 Linux 系统支持多种不同的 Shell。不过，大多数用户倾向于使用系统默认的设置。

在 Linux 系统中，默认的 Shell 是 GNU Bourne-Again Shell，简称 Bash 或 Bash Shell。

当用户与 Shell 进行交互时，它会等待输入命令，并在等待期间显示一个特殊的字符串，这个字符串称为 Shell 提示符。对于普通用户而言，提示符通常以"$"字符结尾，其语法如下。

```
[openEuler@localhost ~]$
```

超级用户（root）的提示符则以"#"字符结尾，这可以更显著地表明这是超级用户 Shell，以此来时刻提示管理员，语法如下。

```
[root@localhost ~]#
```

Bash Shell 不仅仅是一个命令解释器，还是一门强大的脚本语言，用于自动化任务执行。此外，它还通过其他工具，简化系统管理和配置流程。

用户通过 Bash Shell 以及其他 Shell，可以定制命令行。这包括美化提示符的外观，设置命令别名，配置环境变量，编写自定义脚本等。这些定制选项可以让 CLI 更高效和吸引人。

注意：Bash Shell 在概念上与 Microsoft Windows 命令行解释程序 cmd.exe 相似，但 Bash Shell 在功能上更强大，提供了更复杂的脚本语言支持。此外，它与 Windows PowerShell 有一些相似之处。对于使用 Apple macOS 的管理员来说，如果他们习惯使用终端实用工具，那么他们会高兴地发现，Bash Shell 是 macOS 中的默认 Shell。这意味着他们可以在 macOS 上使用与 Linux 系统相似的命令和脚本，从而更容易地进行系统管理和自动化任务。

2．访问命令行

想要运行 Shell，就需要进入终端界面，这是一种以文本形式与计算机系统互动的方式，可以通过它输入命令并查看计算机系统的响应。

（1）在图形化界面打开终端

终端图标如图 2-7 所示，单击后进入的终端界面如图 2-8 所示。

图 2-7　终端图标

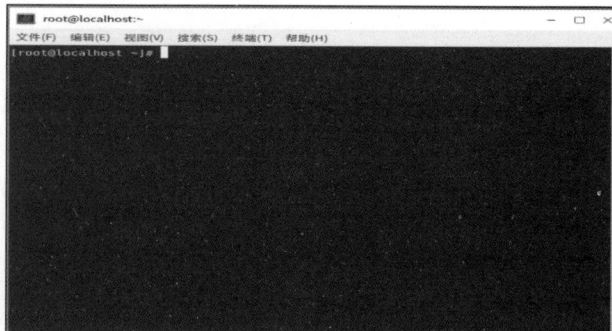

图 2-8　终端界面

（2）虚拟控制台

前文所讲的虚拟控制台也是最为常用的终端之一。特别是在众多企业中，基本是不会给服务器安装图形化界面的，他们更倾向于将更多的资源释放给服务使用。虚拟控制台终端如图 2-9 所示。

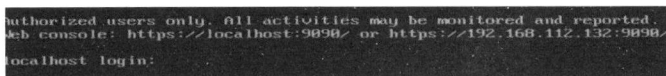

图 2-9　虚拟控制台终端

（3）Web 控制台终端

除了上面两种最常见的终端，前文所说的 Web 控制台中也有一个终端——Web 控制台终端，如图 2-10 所示。

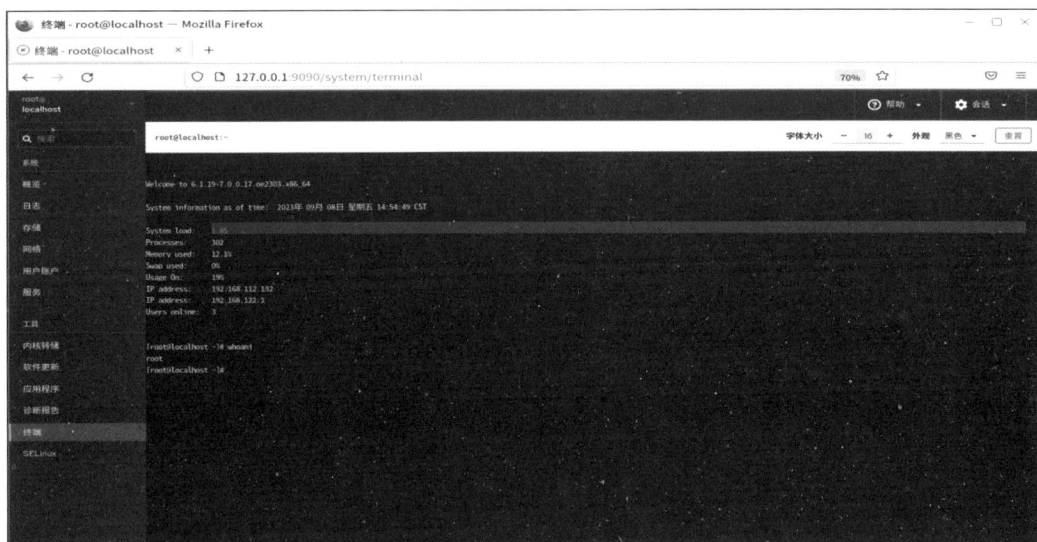

图 2-10　Web 控制台终端

3．Bash 命令

Bash 命令的语法通常遵循以下结构。

```
command [options] [arguments]
```

以下是对这个结构的解释。

① command：命令。这是要执行的命令的名称，它告诉 Bash 要执行哪个程序或操作。

② options：选项。这是用于调整命令行为的选项，选项用于自定义命令的行为。选项通常是可选的，可以根据需要省略。选项长短被分为两种，一种是长选项，另一种是短选项。

- 短选项：形如-a的选项，单个字母并以一个"-"开头的，称为短选项，并且多个选项可以结合使用，例如"-a-b-c"或者直接写成"-abc"。

- 长选项：形如--help 的选项，单词并以两个"-"开头的，称为长选项，例如"--almost-all" 或 "--all"。

③ arguments：对象。这是命令的参数或操作数，用于指定命令要操作的对象。参数通常是命令的必需部分，它们可能是文件名、目录名、文本字符串等，具体取决于命令的用途。

④ 需要注意命令中的各个项之间是以空格作为分隔符的。因此，命令应该写成"ls -l /etc"形式，而不应该写成"ls-l/etc"形式。

注意：某些命令的选项也会需要值，例如"useradd -u 2000 student"。此时"2000"并不是对象，而是将"-u 2000"这个整体作为选项。当然，也可以说"2000"是选项"-u"的值，"student"才是这句命令中的对象。

2.2 Linux 的帮助系统

学习 openEuler 系统的使用，主要是掌握对各种命令的运用。然而，在 Linux 系统中，存在数以千计的命令，要想理解每一个命令的用途和使用方法，无疑是一项艰巨的任务。因此，我们需要了解如何获取命令的相关帮助信息。

2.2.1 whatis 帮助

"whatis"命令其实非常容易理解，即"是什么"。它是一个基于数据库的查询，会提供命令的简短描述，用以说明某个命令的基本功能，但不会列出命令的用法和可用选项。

"whatis"命令的使用方法极其简单，只需要在 whatis 后面补充想要执行的命令，语法如下。

```
#查询 ls 命令描述
[root@localhost ~]#whatis ls
ls      (1)              - list directory contents
命令    man 章           命令的作用
```

从上面的命令语法可以看出，"whatis"命令仅对这个命令的作用进行了简短的介绍，让用户明白什么时候使用该命令。例如"ls"就是列出目录内容，如图 2-11 所示。

图 2-11 whatis 帮助

2.2.2 --help 帮助

与"whatis"命令的简洁帮助信息相比，使用"--help"选项将得到更详尽的指南，包括命令的功能描述、语法示例以及常用参数的详细说明，为用户提供更全面的支持与指导。

大部分的命令都支持该选项。help 特殊符号见表 2-2。--help 帮助的运行结果如图 2-12 所示。

表 2-2 help 特殊符号

示例来源	特殊符号	含义	具体说明
ls --help 语法格式: ls [OPTION]... [FILE]...	[ ]	在[ ]中的参数是可选项	以 ls 为例，可以直接使用 ls，也可以使用 ls -a 或是 ls -a/etc
ls --help 语法格式: ls [OPTION]... [FILE]...	...	文本后面跟随...表示这是一个列表	以 ls 为例，可以使用 ls -a/etc，同样也可以使用 ls –a -l/etc/ /mnt
passwd --help 语法格式: passwd [OPTION]...<accountName>	<>	参数大写或者在<>中都表示变量	以 passwd 为例，可以使用 passwd user1，也可以使用 passwd user2，用户名是一个变量，可以是任意值
ps --help 或 ps --help <s|l|o|t|m|a>	|	x|y|z 表示 x 或者 y 或者 z	以 ps 为例，可以使用 ps --help s，也可以使用 ps --help o
ls --help 如果没有-cftuvSUX 这些选项，则按字母顺序对条目排序	-abc	-abc 表示-a、-b、-c 3 个选项的组合	以 ls 为例，可以使用 ls -l -d –a，也可以直接使用 ls -ldi，两者的作用是一样的

```
[root@localhost ~]# passwd --help
Usage: passwd [OPTION...] <accountName>
  -k, --keep-tokens       keep non-expired authentication tokens
  -d, --delete            delete the password for the named account (root only)
  -l, --lock              lock the password for the named account (root only)
  -u, --unlock            unlock the password for the named account (root only)
  -e, --expire            expire the password for the named account (root only)
  -f, --force             force operation
  -x, --maximum=DAYS      maximum password lifetime (root only)
  -n, --minimum=DAYS      minimum password lifetime (root only)
  -w, --warning=DAYS      number of days warning users receives before password expiration
                          (root only)
  -i, --inactive=DAYS     number of days after password expiration when an account becomes
                          disabled (root only)
  -S, --status            report password status on the named account (root only)
      --stdin             read new tokens from stdin (root only)

Help options:
  -?, --help              Show this help message
      --usage             Display brief usage message
[root@localhost ~]#
```

图 2-12 --help 帮助的运行结果

2.2.3 man 帮助

whatis 帮助信息十分简短，但是不够全面；而--help 命令直接将所有帮助内容全部输出到屏幕，如果是在虚拟控制台，则不太方便找到帮助信息前几行的内容。

而 man 帮助，完美地解决了这个问题。man 帮助很像一本书，可以从前往后一页一页地翻，直到找到需要的帮助。

```
基本用法: 在man后跟上想要查询的命令即可。
        Usage: man [章节信息] 命令或者配置文件
示例:
#查询 passwd 命令的帮助。
        [root@localhost ~]#man passwd

#查询setenforce 命令的帮助。
        [root@localhost ~]#man 8 setenforce

#以 passwd 关键字查询帮助章节。
        [root@localhost ~]#man -k passwd
```

图 2-13 man 帮助的示例

1. man 帮助的使用方法

man 帮助的示例如图 2-13 所示。

在 man 帮助信息中，可以使用多种按键进行操作。常用的按键操作见表 2-3。

表 2-3 man 帮助信息常用按键操作

操作	结果
空格键	向下翻页
PageUP/PageDOWN	向上/向下翻页
向上、向下箭头，回车键	向上/向下滚动一行
g/G	回到开头/末尾
/string	搜索 string 关键字
n/N	在关键词之间向下/向上查找
q	退出 man 帮助界面

2. man 帮助手册的结构说明

man ls 示例如图 2-14 所示。

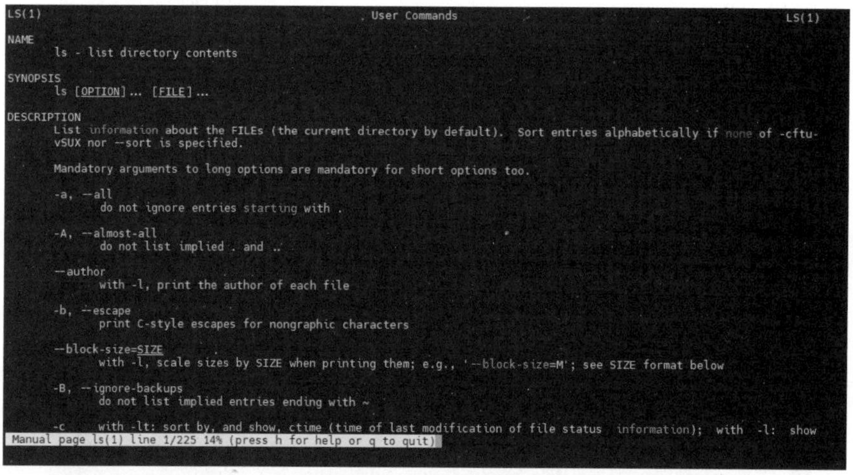

图 2-14 man ls 示例

可以先看一下几个页面的直观内容。

① LS(1)：LS 指这个帮助的哪一个命令，此处查询的是 ls 命令；后面的(1)则是表明这是 man 帮助手册的第 1 章。

② User Commands：这是手册的章名称。

③ Manual page ls(1) line 1/225 14% (press h for help or q to quit)：各部分具体内容如下。

• Manual page ls(1)：表示此为 man 帮助手册 ls 的第 1 章内容。

• line 1/225：表示当前行数及整个帮助的行数。

• 14%：表示当前页面占据整个帮助的百分比。

• (press h for help or q to quit)：输入"h"获取帮助或输入"q"退出。

正如之前所说的，man 帮助手册就像是一本书，每个部分都有对应的标题以区分，而在命令的帮助中，一般分为以下几个部分。

① NAME：名称及简要说明。

② SYNOPSIS：格式和使用方法说明。

③ DESCRIPTION：详细的描述信息说明。

④ OPTIONS：可用选项及其介绍说明。

⑤ EXAMPLES：示例（附带简单说明）。

⑥ FILES：相关的文件。

⑦ ENVIRONMENT：环境变量。

⑧ SEE ALSO：其他相关帮助参考。

3．man 帮助手册

通过之前对"LS(1)"的解释，精准定位到 man 帮助手册同样是有章的区分的。可以使用 man man 命令来获取 man 帮助手册，其中就对每章做了一定的解释，解释对应的是什么类型的帮助信息。其语法如下。

```
#获取 man 帮助手册
[root@localhost ~]#man man
     1   Executable programs or shell commands
     2   System calls (functions provided by the kernel)
     3   Library calls (functions within program libraries)
     4   Special files (usually found in /dev)
     5   File formats and conventions, e.g. /etc/passwd
     6   Games
     7   Miscellaneous  (including  macro  packages  and  conventions)=
     8   System administration commands (usually only for root)
     9   Kernel routines [Non standard]
```

查询后可知，man 帮助手册共有以下 9 章。

1：可执行程序或 Shell 命令。这些是用户可以直接运行的命令，如 ls、cd 等。

2：系统调用，也就是由内核提供的函数。这些函数通常由 C 程序员使用，用于与操作系统内核进行交互。

3：库函数调用，也就是调用程序库中提供的函数。这些函数由开发人员用于编写应用程序。

4：特殊文件，通常位于/dev 目录中。这些文件代表设备和设备驱动程序，如硬盘分区、串口设备等。

5：文件格式和约定，例如/etc/passwd 文件。本章包含有关文件格式和配置的信息。

6：游戏。本章包含有关 Linux 上可用游戏的信息和文档。

7：杂项，包括宏包和约定。本章包含各种其他信息，如宏包和特定约定。

8：系统管理命令，通常仅供管理员使用。这些命令用于系统管理任务，例如系统启动、网络配置等。

9：内核例程，通常是非标准的。包含有关 Linux 内核的非标准例程和函数的文档。

乍一看，这个帮助分类有很多，其实平常使用比较多的只有 3 个，分别是可执行程序或 Shell 命令、文件格式和系统管理命令。

4．基于数据库的查询

"whatis"和"man"都是基于数据库的查询工具，这意味着它们使用特定的数据存储结构，以便快速检索和提供相关信息。这些数据库通常包含了系统中可用命令和帮助页面的索引信息。

　　基于数据库的查询指的是这两个工具通过预先构建的数据结构查找信息，而不是在需要时实时扫描文件或执行复杂的计算来获取结果。这有助于提高查询速度和效率，特别是在系统中存在大量命令和帮助文档的情况下，其命令语法如下。帮助文档及索引文件示例如图 2-15 所示。

```
#生成 man 帮助文档的索引数据库
    [root@localhost man]#mandb
```

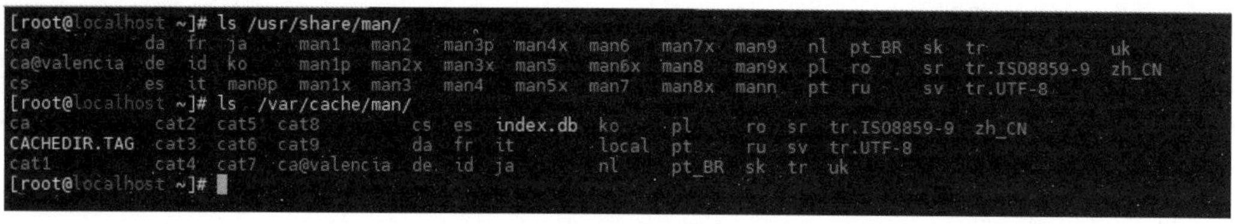

图 2-15　帮助文档及索引文件示例

　　注意：假如系统中有 10000 个命令，也就是有 10000 个帮助文档，如果直接扫描所有的文件去查询一个命令的帮助，那效率会非常低。所以通常会将所有帮助文档的名字做一个清单（索引），需要查找时仅需查看清单而不是扫描所有文件就可以了，效率因此得到了提升。

5. openEuler 的特殊性

　　openEuler 系统采用了一项创新性的策略，以精简系统的大小并减轻存储负担。与传统系统通常在安装命令时会自动包含命令的帮助文档不同，openEuler 系统采用了一种分离的方法，即命令和帮助文档是独立的，可以在需要时单独安装帮助文档，从而避免不必要的存储开销。

　　这种创新方法带来了以下好处。

　　① 节省存储空间：通过将命令和帮助文档分开，系统避免了自动包含大量文档的情况，从而减少了系统的存储需求，特别是对于那些只需使用命令而不需要查看文档的用户来说。

　　② 定制化：用户可以根据自己的需求选择是否安装命令的帮助文档。这使系统更灵活，用户可以根据实际需求配置系统。

　　③ 提高性能：由于减少了系统上不必要的文档数量，openEuler 系统可以更快地启动和运行命令，提高了系统的性能和响应速度。

　　openEuler 系统将命令和帮助文档分离的创新方法，为用户提供了更灵活、高效和环保的系统体验，减轻了存储压力，同时保持了命令和文档的可用性。下面以 ls 命令为例讲解帮助的安装方法。

```
#安装帮助（以 ls 举例）
  #查询命令软件包
    [root@localhost ~]#yum provides ls
    Last metadata expiration check: 0:04:59 ago on 2023 年 09 月 13 日 星期三 10 时 54 分
14 秒.
    coreutils-9.0-7.oe2303.x86_64 : A set of basic GNU tools commonly used in shell
scripts
    Repo       : @System
    Matched from:
    Filename   : /usr/bin/ls
```

```
    Provide    : /bin/ls
#得到这个命令来自 coreutils-9.0-7.oe2303.x86_64 软件包
#安装命令帮助软件包（仅需要在软件包后接上 -help 即可）
  [root@localhost ~]#dnf -y install coreutils-help
#更新数据库
  [root@localhost ~]#mandb
#现在就可以查询 ls 的帮助了
  [root@localhost ~]#man ls
```

2.3　文件系统简介

在 Linux 操作系统中，有一个极其重要的定义——一切皆文件，意为在 Linux 系统中一切都是文件，包括硬件设备。Linux 将所有设备视为文件，通过文件系统统一管理，使用户可以像操作普通文件一样对硬件设备进行操作。这种设计简化了系统管理和设备交互的复杂性。例如，可以使用 ls 命令查看所有设备文件，使用 cat 命令查看设备属性，使用 echo 命令向设备发送数据等。这种设计使 Linux 系统更灵活，更易于管理和使用。

第 1 章介绍了 Linux 系统的目录结构及常用目录，下面将介绍 Linux 更多的基础知识以及广泛应用的文件相关命令，为用户完成日常任务和进行系统管理提供更多助力。

2.3.1　目录及文件的命名规范

在 Linux 文件系统中，文件名和目录名的长度存在一定的限制，通常不应超过 255 个字符。这个限制的制定考虑了多个因素，包括性能、可读性以及易用性等。实际上，极少情况下才会使用长的文件名或目录名。

此外，在文件名和目录名中，字符的选择也至关重要。强烈建议避免使用特殊字符，如引号或空格等。如果确实需要在文件名或目录名中包含特殊字符，最好使用引号来保护它们（例如：touch'a b'）。在 Linux 系统中，字符是敏感的，大小写字母被视为不同的字符，例如文件 abc 与文件 ABC 代表两个不同的文件，这与 Windows 系统中的规则不同。

注意：在给文件名或者目录名命名时，一定不要出现斜杠字符（/）。

2.3.2　绝对路径与相对路径

在日常系统管理中，经常需要指定文件或目录的路径以执行各种操作，例如查看目录内容或编辑文件内容等。在 Linux 系统中，有两种常见的方式指定文件或目录的路径：绝对路径和相对路径。

绝对路径是文件或目录的完整路径，从根目录（/）开始，一直到目标文件或目录的路径都要包括。它提供了文件或目录的确切位置，不受当前工作目录的影响。绝对路径通常以斜杠（/）开头，例如"/home/user/documents/file.txt"。

相对路径是文件或目录相对于当前工作目录的路径。它指定了文件或目录相对于当前位置的位置。相对路径通常不需要从根目录开始，而是从当前目录开始，使用相对的路径结构。例如，如果当前工作目录是/home/user，则相对路径"documents/file.txt"将指向

"/home/user/documents/file.txt"。

要正确指定文件或目录的路径,需要理解当前工作目录的位置以及如何使用绝对路径和相对路径来访问目标。绝对路径提供了确切的位置信息,适用于任何情况。相对路径则更适合在当前工作目录已知的情况下使用。

在使用路径时,先确保了解当前工作目录的位置,再选择使用绝对路径或相对路径来满足需求,这将有助于正确访问文件和目录。

注意:无论是哪一种场景,绝对路径都适用。

2.3.3 文件目录管理命令

1. 导航路径

当用户打开命令行窗口时,终端的初始目录一般都是当前用户的主目录。系统的进程也是一样的,它们也有自己的初始目录。用户和进程会根据自己的需要,进入其他目录。此时会使用"工作目录"或"当前工作目录"来指代它们当前所在的位置。系统的提示符也会给出一些工作目录的提示,如图 2-16 所示。

```
[root@localhost ~]# cd /usr/share/
[root@localhost share]#
```

图 2-16　提示符内容

但提示符中一般只有当前工作目录的最后一个层级,也就是之前所说的相对路径。可以使用 pwd 命令查看当前目录的绝对路径。使用方法也极其简单,其命令语法如下。

```
#打印当前目录的绝对路径
    [root@localhost ~]#pwd
        /root
```

2. 切换目录

在 Linux 系统中,虽然推荐使用绝对路径,但在某些仅需要在单个目录下操作的场景中,持续使用绝对路径效率低下。在这种情况下,通过改变当前工作目录,使用相对路径可以更高效。

cd 命令正是用来完成这个任务的工具。cd 命令能够改变当前 Shell 的工作目录,后接绝对路径或相对路径,以更改工作目录。在下面的示例中,cd 命令展示了如何使用绝对路径和相对路径来改变 Shell 的工作目录,其命令语法如下。

```
#打印当前工作目录
    [root@localhost ~]#pwd
        /root
#引用相对路径
    [root@localhost ~]#cd Documents/
    [root@localhost Documents]#pwd
        /root/Documents
#引用绝对路径
    [root@localhost Documents]#cd /root/Video/
    [root@localhost Video]#pwd
        /root/Video
```

除了这种使用绝对路径与相对路径的方法外,cd 命令还支持一些特殊的符号,用于快速处理改变工作目录的需求，其命令语法如下。

```
#改变到上层目录（..）
    [root@localhost Video]#pwd
        /root/Video
    [root@localhost Video]#cd ..
    [root@localhost ~]#pwd
        /root

#改变目录到上一个工作目录（-）
    [root@localhost ~]#pwd
        /root
    [root@localhost ~]#cd /tmp/back/
    [root@localhost back]#pwd
        /tmp/back
    [root@localhost back]#cd -
        /root
    [root@localhost ~]#pwd
        /root

#改变到当前用户的主目录(空或者~)
    [root@localhost ~]#cd /opt/
    [root@localhost opt]#pwd
        /opt
    [root@localhost opt]#cd
    [root@localhost ~]#pwd
        /root
    [root@localhost ~]#cd /opt/
    [root@localhost opt]#pwd
        /opt
    [root@localhost opt]#cd ~
    [root@localhost ~]#pwd
        /root

#改变到某个用户的主目录(~username)
    [root@localhost ~]#pwd
        /root
    [root@localhost ~]#cd ~openEuler/
    [root@localhost openEuler]#pwd
        /home/openEuler
```

3．查看目录内容

学习了如何确定当前所在位置以及如何切换到其他目录后，一旦到达新的目录，可能需要查看该目录中有哪些文件和子目录。这相当于在计算机系统中，需要查看特定目录的内容。为此，可以使用 ls 命令。ls 命令用于列出指定目录的内容，如果没有指定目录，则会显示当前工作目录下的内容，其命令语法如下。

```
#语法:    ls [options] [files or dirs]
```

最基本的使用是在其后面跟上绝对路径、相对路径。若是后面空无一物，ls 则会列出工作目录的内容，其命令语法如下。

```
#列出目录内容（从上至下：未指定目录、绝对路径、相对路径）
    [root@localhost ~]#pwd
        /root
```

```
[root@localhost ~]#ls
   Desktop  Documents  Downloads  Music  Pictures  Public  Templates  Video
[root@localhost ~]#ls /root/Pictures/
   Linux.png  openEuler.png
[root@localhost ~]#ls Video/
   Linux.mp4  openEuler.mp4
```

除了上面介绍的基本使用方法外，在语法中也能看到，ls 命令是支持选项的。ls 的选项很多，例如查看隐藏文件、递归查看、查看长信息等。下面摘取部分常用选项作为示例，其代码如下。

```
#-l: 显示扩展信息（权限、大小等相关信息后续会单独讲解）
        [root@localhost ~]#ls /root/Pictures/
           Linux.png  openEuler.png
        [root@localhost ~]#ls -l /root/Pictures/
           -rw-r--r--. 1 root root 0  9月 18 11:08 Linux.png
           -rw-r--r--. 1 root root 0  9月 18 11:08 openEuler.png
#-a: 显示隐藏文件（在 Linux 中，以.开头的文件是隐藏文件）
        [root@localhost ~]#ls /root/Pictures/
           Linux.png  openEuler.png
        [root@localhost ~]#ls -a /root/Pictures/
           .  ..  .hide.png  Linux.png  openEuler.png
#-R: 递归所有目录
        [root@localhost ~]#ls /root/a/
           b
        [root@localhost ~]#ls -R /root/a/
           /root/a/:
           b
           /root/a/b:
           c
           /root/a/b/c:
           d
           /root/a/b/c/d:
           e
           /root/a/b/c/d/e:
#-d: 显示目录本身，而不显示目录下的内容
        [root@localhost ~]#ls -l /root/Pictures/
           -rw-r--r--. 1 root root 0  9月 18 11:08 Linux.png
           -rw-r--r--. 1 root root 0  9月 18 11:08 openEuler.png
        [root@localhost ~]#ls -ld /root/Pictures/
           drwxr-xr-x. 2 root root 4096  9月 18 11:37 /root/Pictures/
```

注意：每个目录下都存在两个特殊目录，即当前目录(.)和父目录(..)。例如/root/Videos 下的"."表示/root/Videos，".."表示/root。

4. 目录的创建

mkdir 命令是在 UNIX 和类 UNIX 操作系统中用于创建一个新的目录的命令，可以帮助用户创建一个或多个目录，以及层级的目录结构，其命令语法如下。

```
#语法:  mkdir [options] dir...
#创建目录:（绝对路径、相对路径、多个目录）
        [root@localhost ~]#pwd
           /root
        [root@localhost ~]#ls
        [root@localhost ~]#mkdir /root/openEuler
```

```
[root@localhost ~]#ls -l
    drwxr-xr-x. 2 root root 4096   9月 18 14:40 openEuler
[root@localhost ~]#mkdir Linux
[root@localhost ~]#ls -l
    drwxr-xr-x. 2 root root 4096   9月 18 14:40 Linux
    drwxr-xr-x. 2 root root 4096   9月 18 14:40 openEuler
[root@localhost ~]#mkdir Cloud Ceph
[root@localhost ~]#ls -l
    drwxr-xr-x. 2 root root 4096   9月 18 14:42 Ceph
    drwxr-xr-x. 2 root root 4096   9月 18 14:42 Cloud
    drwxr-xr-x. 2 root root 4096   9月 18 14:40 Linux
    drwxr-xr-x. 2 root root 4096   9月 18 14:40 openEuler
```

如果想要创建的目录已存在，或者想在一个不存在的目录中创建子目录，那 mkdir 命令将会失败并且报错，如图 2-17 所示。有一个选项可以帮我们解决这个问题，那就是-p 选项，其命令语法如下。

```
#-p:递归创建目录且无须检查目录是否存在
#简单来说，它允许直接在不存在的目录中创建子目录，系统会自动将不存在的目录一并创建出来，所以一般会
使用其来创建层级结构目录（如 /a/b/c/d/e），并且即使目录已存在也不会报错
    [root@localhost ~]#ls
        test
    [root@localhost ~]#mkdir -p test
    [root@localhost ~]#ls
        test
    [root@localhost ~]#mkdir -p Videos/dir
    [root@localhost ~]#tree /root/
        /root/
        ├── test
        └── Videos
            └── dir
#但是推荐大家谨慎使用 mkdir -p 命令，因为一旦拼写错误，它将会创建出非预期的目录，并且不会报出任
何出错信息
```

```
[root@localhost ~]# ls -l
total 4
drwxr-xr-x. 2 root root 4096 Sep 19 10:24 test
[root@localhost ~]# mkdir test
mkdir: cannot create directory 'test': File exists
[root@localhost ~]# mkdir Videos/file
mkdir: cannot create directory 'Videos/file': No such file or directory
[root@localhost ~]#
```

图 2-17　mkdir 命令失败并报错

除此之外，还有一个选项-m 在平时用得也非常多，它可以帮助我们在创建目录时指定该目录的权限，以免后期再修改，其命令语法如下。

```
#-m: 指定新创建目录的权限模式。可以使用八进制数字来表示权限，例如 -m 755
#mkdir -m 命令可以帮助我们在创建目录时一并指定目录权限
    [root@localhost ~]#mkdir -m 444 test
    [root@localhost ~]#ls -l
        dr--r--r--. 2 root root 4096   9月 18 16:24 test
```

5. 创建文件

在 Linux 中，创建文件是必不可少的一项任务。有一个常用的命令 touch，它的作用是在文件系统中创建一个新的、空白的文件。因此，当需要在 Linux 中创建一个文件时，

touch 命令就是首选工具，其语法如下。

```
#语法：  touch [OPTION] FILE...
#新建一个空文件
    [root@localhost ~]#ls
    [root@localhost ~]#touch openEuler.txt
    [root@localhost ~]#ls -l
      -rw-r--r--. 1 root root 0  9月 19 09:49 openEuler.txt
    [root@localhost ~]#cat openEuler.txt
    [root@localhost ~]#
```

除此之外，touch 还有一个更有用的功能，就是更新或修改时间戳信息。touch 与 mkdir 的区别如下。

```
#此时 /root 目录下存在 openEuler.txt 文件，向其中写入内容 123
    [root@localhost ~]#ls
      openEuler.txt
    [root@localhost ~]#echo 123 > openEuler.txt
    [root@localhost ~]#cat openEuler.txt
      123
#touch 一个已存在的文件不会报错，且不会覆盖已有的文件
    [root@localhost ~]#touch openEuler.txt
    [root@localhost ~]#cat openEuler.txt
      123
```

在上例中可以看到，touch 命令与 mkdir 命令存在不同，对一个已存在的文件使用 touch 命令并不会报错，那此时 touch 命令产生了什么作用呢？

此时要引入一个新的概念——时间戳。时间戳是与文件或目录相关联的时间信息，它记录了特定事件发生的时间，例如什么时候创建的这个文件，什么时候对这个文件进行过修改等。在 Linux 系统中，通常会有以下 4 种时间戳信息。

① Access Time（atime）：atime 表示文件或目录的"访问时间"。它记录了文件或目录最后一次被读取（访问）的时间。每当文件被读取或执行时，atime 将被更新。这个时间戳主要用于跟踪文件的访问活动。

② Modify Time（mtime）：mtime 表示文件或目录的"修改时间"。它记录了文件或目录最后一次被修改的时间。这包括文件内容的更改，例如添加、编辑或删除文件内容。mtime 通常用于检查文件是否已被更改。

③ Change Time（ctime）：ctime 表示文件或目录的"更改时间"。它记录文件或目录的元数据（如权限、所有者、所属组等）最后一次被更改的时间。ctime 可用于跟踪文件属性的更改。

④ Birth Time（btime）：btime 表示文件或目录的"创建时间"，也称为"inode 创建时间"或"生日时间"。它记录了文件或目录最初被创建的时间。btime 对于确定文件的创建日期非常有用。但请注意，不是所有文件系统都支持记录 btime，并且在某些文件系统上，这个时间戳可能不可用。

stat 命令可以帮助我们查看时间戳的信息。stat 命令用于显示文件或目录的详细信息，包括文件的权限、所有者、大小、时间戳以及与文件关联的其他元数据。其语法如下。

```
#语法：  stat [OPTION]... FILE...
    [root@localhost ~]#stat  openEuler.txt
      File: openEuler.txt
```

```
        Size: 4              Blocks: 8         IO Block: 4096   regular file
      Device: 253,0   Inode: 2388527    Links: 1
      Access: (0644/-rw-r--r--)  Uid: (    0/    root)  Gid: (    0/    root)
     Context: unconfined_u:object_r:admin_home_t:s0
      Access: 2023-09-20 10:00:22.020136059 +0800
      Modify: 2023-09-20 10:00:22.020136059 +0800
      Change: 2023-09-20 10:00:22.020136059 +0800
       Birth: 2023-09-20 10:00:22.020136059 +0800
#执行结果解析
   #文件名：File: openEuler.txt
   #文件大小（单位默认为字节）: Size: 4
   #文件所占文件系统块数：Blocks: 8
   #文件系统用于磁盘 I/O 操作的块大小（单位为字节）：IO Block: 4096
   #文件类型：regular file
   #文件所在设备编号：Device: 253,0
   #文件标识 Inode 号：Inode: 2388527
   #链接数量：Links: 1
   #文件权限：Access: (0644/-rw-r--r--)  Uid: (    0/    root)  Gid:
(    0/    root)
   #文件安全上下文标签：Context: unconfined_u:object_r:admin_home_t:s0
   #4 种时间戳信息：
      Access: 2023-09-20 10:00:22.020136059 +0800
      Modify: 2023-09-20 10:00:22.020136059 +0800
      Change: 2023-09-20 10:00:22.020136059 +0800
       Birth: 2023-09-20 10:00:22.020136059 +0800
```

可以看到，stat 命令能够查看非常详细的元数据，得到有关文件或目录的各种属性的信息，有助于更好地了解文件系统中的对象。

如果使用 touch 命令操作一个已存在的文件，那么就不再是创建空文件了，而是更新文件的时间戳，语法如下。

```
#touch 一个已存在的文件或目录，会更新这个文件的 atime、mtime 及 ctime
      [root@localhost ~]#stat openEuler.txt
      ......
      Access: 2023-09-20 10:00:22.020136059 +0800
      Modify: 2023-09-20 10:00:22.020136059 +0800
      Change: 2023-09-20 10:00:22.020136059 +0800
       Birth: 2023-09-20 10:00:22.020136059 +0800
      [root@localhost ~]#touch openEuler.txt
      [root@localhost ~]#stat openEuler.txt
      ......
      Access: 2023-09-20 10:20:35.414338860 +0800
      Modify: 2023-09-20 10:20:35.414338860 +0800
      Change: 2023-09-20 10:20:35.414338860 +0800
       Birth: 2023-09-20 10:00:22.020136059 +0800
```

从上述案例可以发现，对一个已存在的文件使用 touch 命令时，文件的 atime、mtime 及 ctime 会被直接更新到当前时间，这就是更新时间戳。touch 也有一些选项，可以帮助我们修改时间戳到想要的时间节点。

```
-a：该选项用于设置文件的"访问时间"（atime）。使用 -a 选项，可以单独更新 atime
      [root@localhost ~]#touch -a openEuler.txt

-m：该选项用于设置文件的"修改时间"（mtime）。使用 -m 选项，可以单独更新 mtime
      [root@localhost ~]#touch -m openEuler.txt
```

```
-d:  该选项可以指定时间日志以用于修改时间戳信息，接收格式为 "CCYY-MM-DD HH:mm:ss"
        [root@localhost ~]#touch -ad "2023-11-11 11:11:11" openEuler.txt
        [root@localhost ~]#touch -md "2023-11-11 11:11:11" openEuler.txt
        [root@localhost ~]#touch -amd "2023-11-11 11:11:11" openEuler.txt

-t:  该选项可以指定时间日志以用于修改时间戳信息，接收格式为 "[CCYYMMDDhhmm[.ss]"
        [root@localhost ~]#touch -at "202311111111.11" openEuler.txt
        [root@localhost ~]#touch -mt "202311111111.11" openEuler.txt
        [root@localhost ~]#touch -amt "202311111111.11" openEuler.txt
```

6. 复制文件

在 Linux 系统中，cp 命令可以帮助我们实现复制操作，例如将一个文件复制到另一个目录下，或者覆盖另一个已存在的文件等。这样可以轻松地在系统中复制和管理文件，语法如下。

```
#语法:
        cp [OPTION]...  SOURCE DEST
        cp [OPTION]...  SOURCE1  SOURCE2  DEST


#其中 SOURCE 称为源地址，DEST 称为目标地址
#举例，如果想将 /etc/passwd 文件复制到 /root 目录中，此时 /etc/passwd 为源地址， /root 为
目标地址
        [root@localhost ~]#cp /etc/passwd /root/
        [root@localhost ~]#ls
          passwd
#同样，也可以同时复制多个文件到一个目录
        [root@localhost ~]#cp /etc/shadow /etc/group /root/
        [root@localhost ~]#ls
          group  passwd  shadow
```

但在使用 cp 命令时，针对不同的目标地址会有几种不同的情况，不同的情况会产生不同的效果，语法如下。

```
#在系统中，目标地址会存在以下 3 种情况:
        不存在的文件
        已存在的文件
        已存在的目录
#下面以一些简单的实验供读者理解（此时源地址皆为文件）
#前置准备: /root 目录下存在多个文件及一个目录，一个文件内容为 123，另一个文件内容为空，目录为空
        [root@localhost ~]#ls
          openEuler.txt  student demo.txt
        [root@localhost ~]#cat openEuler.txt
          123
        [root@localhost ~]#cat demo.txt
        [root@localhost ~]#
        [root@localhost ~]#ls student/
        [root@localhost ~]#

#当目标地址是一个不存在的文件时，系统会复制文件并将文件重命名为目标地址
        [root@localhost ~]#cp openEuler.txt student.txt
        [root@localhost ~]#ls
          demo.txt openEuler.txt  student  student.txt
        [root@localhost ~]#cat student.txt
          123
```

```
    [root@localhost ~]#
```

#当目标地址是一个已存在的文件时，系统会询问是否覆盖目标地址文件，y表示确定
```
    [root@localhost ~]#cp openEuler.txt demo.txt
      cp: overwrite 'demo.txt'? y
    [root@localhost ~]#cat demo.txt
      123
```

#当目标地址是一个已存在的目录时，系统会将文件复制到这个目录下
```
    [root@localhost ~]#cp openEuler.txt student
    [root@localhost ~]#ls student
      openEuler.txt
```

cp 命令也有非常多的选项，下面介绍一些平时用得比较多的选项，语法如下。至于其他选项，大家可以通过帮助信息查看。

#-a：归档模式，复制文件时保持文件属性（包括权限、所有者、组等）和时间戳
```
    [root@localhost ~]#stat openEuler.txt
      File: openEuler.txt
      Size: 4              Blocks: 8           IO Block: 4096   regular file
    Device: 253,0   Inode: 2359303    Links: 1
    Access: (0777/-rwxrwxrwx) Uid: ( 1000/openEuler)  Gid: ( 1000/openEuler)
    Context: unconfined_u:object_r:admin_home_t:s0
    Access: 2001-01-01 15:20:10.000000000 +0800
    Modify: 2001-01-01 15:20:10.000000000 +0800
    Change: 2023-09-21 10:03:50.135964411 +0800
    Birth: 2023-09-21 10:03:10.336413636 +0800
    [root@localhost ~]#cp openEuler.txt test.txt
    [root@localhost ~]#stat test.txt
      File: test.txt
      Size: 4              Blocks: 8           IO Block: 4096   regular file
    Device: 253,0   Inode: 2388527    Links: 1
    Access: (0755/-rwxr-xr-x) Uid: (    0/   root)  Gid: (    0/   root)
    Context: unconfined_u:object_r:admin_home_t:s0
    Access: 2023-09-21 10:07:26.140045944 +0800
    Modify: 2023-09-21 10:07:26.140045944 +0800
    Change: 2023-09-21 10:07:26.140045944 +0800
    Birth: 2023-09-21 10:07:26.140045944 +0800
    [root@localhost ~]#cp -a openEuler.txt demo.txt
    [root@localhost ~]#stat demo.txt
      File: demo.txt
      Size: 4              Blocks: 8           IO Block: 4096   regular file
    Device: 253,0   Inode: 2388529    Links: 1
    Access: (0777/-rwxrwxrwx) Uid: ( 1000/openEuler)  Gid: ( 1000/openEuler)
    Context: unconfined_u:object_r:admin_home_t:s0
    Access: 2023-09-21 10:07:26.140045944 +0800
    Modify: 2001-01-01 15:20:10.000000000 +0800
    Change: 2023-09-21 10:08:48.022275424 +0800
    Birth: 2023-09-21 10:08:48.021275408 +0800
```
#默认情况下，cp 命令会复制文件的内容，也会更改文件的权限、所有者和时间戳等元数据
#用-a 选项，cp 命令会尽可能地保持文件的原始属性，包括权限、所有者、时间戳等。这是一种"归档"模式，通常用于备份和迁移文件，以确保文件在复制后保持与原始文件相同的状态

#-r：递归复制目录，包括其下的所有子目录和文件
```
    [root@localhost ~]#ls -l
```

```
        total 8
        drwxr-xr-x. 2 root root 4096 Sep 21 10:19 demo
        drwxr-xr-x. 2 root root 4096 Sep 21 10:19 test
[root@localhost ~]#tree
.
├── demo
└── test
[root@localhost ~]#cp demo/ test/
    cp: -r not specified; omitting directory 'demo/'
[root@localhost ~]#cp -r demo/ test/
[root@localhost ~]#tree
.
├── demo
└── test
    └── demo
#cp 命令默认情况下可以复制文件和目录, 但对于目录, 需要使用-r 选项来进行递归复制
#如果没有使用-r 选项, 并且源是一个目录, cp 命令会报错
```

注意: cp 命令的选项还有-l、-u、-s 等。

7. 移动文件

mv 命令是 Linux 中的一个重要工具, 用于移动文件或者给文件重命名。通过 mv 命令, 用户可以将文件从一个位置移动到另一个位置, 也可以在同一位置对文件进行重命名。这一功能对于文件的组织和管理至关重要, 能够帮助用户更有效地管理文件系统中的文件。

mv 命令与 cp 命令的区别是, mv 命令在移动后其源文件是不存在的, 而 cp 命令的源文件是存在的。mv 命令语法如下。

```
#语法:
        mv [OPTION]...   SOURCE DEST
        mv [OPTION]...   SOURCE1   SOURCE2   DEST
#基本的用法与 cp 命令是一致的, 对于目标地址的不同情况也是一致, 不再赘述
#移动一个文件到指定目录下
        [root@localhost ~]#ls
            passwd
        [root@localhost ~]#ls /mnt/
        [root@localhost ~]#mv /root/passwd  /mnt/
        [root@localhost ~]#ls
        [root@localhost ~]#ls /mnt/
            passwd
#移动多个文件到指定目录下
        [root@localhost ~]#ls /root/
            fstab  group  passwd  shadow
        [root@localhost ~]#ls /mnt/
        [root@localhost ~]#mv fstab group passwd shadow  /mnt/
        [root@localhost ~]#ls
        [root@localhost ~]#ls /mnt/
            fstab  group  passwd  shadow
```

注意: 使用 mv 命令还可以对文件进行重命名, 语法如下。

```
mv 旧文件名 新文件名
```

8. 文件的删除

rm 命令是用于删除文件或目录的常用命令, 其中 "rm" 代表 "remove", 即删除的意思。它可以一次性删除多个文件, 也可以递归删除目录及其内的所有子文件。需要注意的

是，rm 命令属于需要格外慎重的重要操作，一不小心可能导致重要文件被误删，因此在使用时务必谨慎，尤其是对于新手用户来说更是如此。其语法如下。

```
#基础语法：rm [OPTION]... [FILE]...
#例如需要删除某个文件，可以在 rm 后接上文件的路径信息
    [root@localhost ~]#cp /etc/passwd .
    [root@localhost ~]#ls
        anaconda-ks.cfg  passwd
    [root@localhost ~]#rm passwd
        rm: remove regular file 'passwd'? y
    [root@localhost ~]#ls
        anaconda-ks.cfg
```

使用 rm 命令时，系统会以交互的方式来询问是否确定要删除相关文件，以此降低文件被误删的概率。遇到删除大量文件时，若每一个文件都需要手动确认就会非常烦琐，所以，在确定该文件要被删除的情况下，可以使用-f 选项来强制删除。其语法如下。

```
#使用 -f 选项来强制删除
    [root@localhost ~]#ls
        anaconda-ks.cfg
    [root@localhost ~]#rm -f anaconda-ks.cfg
    [root@localhost ~]#ls
    [root@localhost ~]#
```

需要注意的是，rm 命令用于删除文件，使用这个命令无法直接删除目录，会出现报错提示，如图 2-18 所示。

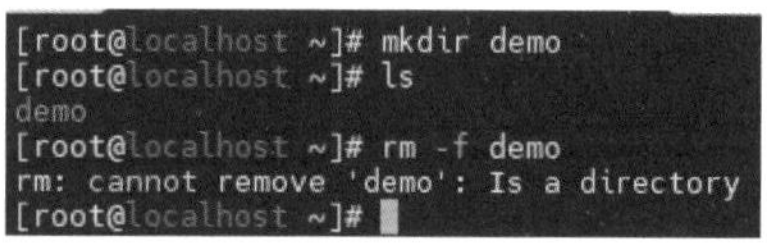

对于一个空目录，可以使用 rmdir 命令进行删除，但如果该目录下存在文件，可以先用 rm 命令

图 2-18　删除目录报错

删除其下所有文件，然后再使用 rmdir 命令删除目录。但这种方法较为复杂，故可以直接使用 rm 命令的-r 选项递归删除目录，如图 2-19 所示。

图 2-19　删除目录

注意：在日常的运维管理中，不推荐直接使用 rm 命令删除文件，而是使用 mv 命令将文件移动至/tmp 目录，7 天后自动删除。

9. 检测文件类型

想要判断某个文件的类型时，在 Windows 操作系统中，可以通过文件名后缀了解该

文件的类型，如.docx、.pptx、.txt 等；在 Linux 系统中，文件名后缀对于文件类型来说是没有任何意义的，例如下面查看结果。

```
#当前 /root 目录有一个 TXT 文件，文件内容为 123。
        [root@localhost ~]#echo 123 > openEuler.txt
        [root@localhost ~]#ls
          openEuler.txt
        [root@localhost ~]#cat openEuler.txt
          123
#通过 file 命令查看，结果为这是一个文本文件
        [root@localhost ~]#file openEuler.txt
          openEuler.txt: ASCII text
#将其改名为以压缩包为后缀的文件
        [root@localhost ~]#mv openEuler.txt openEuler.tar.gz
        [root@localhost ~]#ls
          openEuler.tar.gz
#但是 file 命令得到的结果依然是文本文件
        [root@localhost ~]#file openEuler.tar.gz
          openEuler.tar.gz: ASCII text
```

通过这个小实验可以发现，在 Linux 系统中，文件名后缀对于文件类型而言是没有任何意义的。需要的话，可以通过 file 命令鉴定文件类型。file 命令可以通过查看文件的魔术数字来实现文件类型的鉴定。

"魔法数字"是计算机科学中的一个概念，它是一个特定的字节序列，通常位于文件的开头，用于标识文件的类型或格式。魔法数字通常是一个固定的字节序列，对于特定文件类型或格式而言是唯一的。它的存在允许计算机程序识别文件的类型，而不依赖于文件的扩展名或其他元数据。并且魔法数字是文件类型的唯一标识，每种文件类型或格式都有其特定的魔法数字，这些数字通常是与该格式相关的唯一标识。例如，JPEG 图像文件的魔法数字是 FF D8，而 ZIP 压缩文件的魔法数字是 50 4B。

魔法数字是一种强大的文件标识，它允许计算机程序在处理文件时快速准确地确定文件的类型，提高了文件的可移植性和兼容性。有非常多的文件类型识别工具都是依靠魔法数字来进行工作的，file 命令正是其中之一。

file 命令的使用相对来说比较简单，只需要在 file 后面添加一个文件名，语法如下。

```
#语法：file filename
        [root@localhost ~]#file openEuler.txt
          openEuler.txt: ASCII text
```

2.3.4 打包与压缩

很多人都使用过一些专业工具压缩某些文件或者目录，像 Windows 上的 WinRAR 等压缩软件。此处提出一个新的概念——打包。那么，打包与压缩有什么关系呢？

压缩是针对文件的，无法对一个目录进行压缩；打包则是针对目录的，将整个目录打包成一个文件。此时有读者应该开始质疑了：我在 Windows 上明明可以直接压缩目录？这就是 Windows 的资源管理器和其他压缩工具所提供的功能，它们将两个步骤在表面上合为一体，但实际上，仍然是先将目录打包后再进行压缩的。下面介绍如何在 Linux 中压缩文件和打包目录。

1．压缩文件

大多数 Linux 发行版会自带 3 种压缩工具，分别处理 xz 格式、bzip2 格式、gzip 格式的压缩文件。3 种压缩工具各有优劣，例如 gzip 格式压缩工具的压缩和解压的速度通常比较快，xz 格式压缩工具提供了更高的压缩率等。但使用它们的方法是一样的，所以这里只演示一种格式压缩工具的用法，其语法如下。

```
#bzip2 格式压缩工具：压缩使用 bzip2 命令，解压使用 bunzip2 命令，压缩文件的后缀为 bz2
#gzip 格式压缩工具：压缩使用 gzip 命令，解压使用 gunzip 命令，压缩文件的后缀为 gz
#xz 格式压缩工具：压缩使用 xz 命令，解压使用 unxz 命令，压缩文件的后缀为 xz
#下面以 xz 格式压缩工具来讲解其使用方法
#创建文件用来压缩
        [root@node1 ~]#dd if=/dev/zero  of=file bs=10M count=10
        [root@node1 ~]#dd if=/dev/zero  of=file2 bs=10M count=10
        [root@node1 ~]#ls -lh
          -rw-r--r--. 1 root root 100M 10 月 18 18:45 file
          -rw-r--r--. 1 root root 100M 10 月 18 18:45 file2
#压缩文件：unxz [option...]  [file...]
        [root@node1 ~]#xz file
        [root@node1 ~]#ls
            file2  file.xz
#解压文件：unxz [option...]  [file...]
        [root@node1 ~]#ls
            file2  file.xz
        [root@node1 ~]#unxz file.xz
        [root@node1 ~]#ls
            file  file2
#压缩工具在操作后都会删除源文件，我们可以使用-k 选项保留源文件（3 种压缩工具均如此）
        [root@node1 ~]#xz -k file2
        [root@node1 ~]#ls
            file2  file2.xz  file
```

2．打包目录

上面介绍的是对文件的压缩方法。在 Linux 系统中，对目录压缩的方法是先对目录打包再压缩：使用 tar 命令对目录进行打包，并且 tar 命令可以直接调用指定压缩格式工具进行压缩。但 tar 命令并没有被安装，需要先执行安装指令，其语法如下。后续会进行安装操作更详细的讲解。

```
[root@node1 ~]#yum -y install tar
```

进行打包的命令语法如下。

```
#语法: tar [OPTION]... TARFILENAME DIRECTORY
#tar 命令离不开选项的使用，先来看看 tar 的一些选项，具体使用过程中还会介绍其他选项
  -v: 显示所有过程，会列出涉及的所有文件
  -c: 建立归档 (打包也被称为归档)
  -f: 指定归档文件名
```

打包目录及其压缩方法如下。

```
#打包/opt 目录为 /root/demo.tar
        [root@node1 ~]#tar -cvf /root/demo.tar /opt/
            tar: Removing leading '/' from member names
            /opt/
            /opt/demo.txt
        [root@node1 ~]#ls
            demo.tar
```

```
-t: 列出归档内容
        [root@node1 ~]#tar -tf /root/demo.tar
          opt/
          opt/demo.txt
-x: 解压
  #解压归档
        [root@node1 ~]#ls
          demo.tar
        [root@node1 ~]#tar -xvf demo.tar
          opt/
          opt/demo.txt
        [root@node1 ~]#ls
          demo.tar   opt
        [root@node1 ~]#ls opt/
          demo.txt
-z: 调用 gzip 压缩工具，进行归档并压缩
-j: 调用 bzip2 压缩工具，进行归档并压缩
-J: 调用 xz 压缩工具，进行归档并压缩
#三者用法一致，仅演示其中一种
        [root@node1 ~]#tar -zcvf /root/test.tar.gz /opt/
          tar: Removing leading '/' from member names
          /opt/
          /opt/demo.txt
        [root@node1 ~]#ls
          demo.tar   opt   test.tar.gz
-C: 将文件解压到指定目录下
        [root@node1 ~]#rm -rf /tmp/*
        [root@node1 ~]#ls /tmp/
        [root@node1 ~]#tar -xvf test.tar.gz -C /tmp/
          opt/
          opt/demo.txt
        [root@node1 ~]#ls /tmp/
          opt
        [root@node1 ~]#ls /tmp/opt/
          demo.txt
```

注意："tar: Removing leading '/' from member names"是报错吗？这是 tar 命令的默认行为，它通常会将文件名前面的斜杠"/"移除，以确保文件在解压缩时被提取到当前工作目录而不是根目录。

本节涉及的命令及作用见表 2-4。

表2-4　2.3节命令总结

命令	作用
pwd	确认当前工作目录的绝对路径
cd	切换工作目录
ls	查看目录内容
mkdir	创建目录
touch	创建文件或修改时间戳信息
stat	查看文件元数据信息

续表

命令	作用
cp	复制文件
mv	移动文件
rm	删除文件
rmdir	删除空目录
bzip2	以 bz2 格式压缩文件
gzip	以 gz 格式压缩文件
xz	以 xz 格式压缩文件
tar	打包目录
file	查看文件类型

2.4　Linux 用户及用户组

本节将详细介绍 openEuler 系统中非常重要的概念——用户和用户组。

2.4.1　用户及用户组的概念

当谈到计算机操作系统中的用户和用户组时，这两个概念可能看起来有点陌生，但如果将它们以更常见的名称——"账户"来理解，那它们就会变得非常熟悉。账户在日常生活中无处不在，例如平时使用的腾讯 QQ、微信、各种电子邮箱以及各种网站，都需要使用账户，输入用户名和密码登录，以解锁并访问各种功能和资源。

在计算机世界中，用户账户也是一样的概念。不论是在 Windows 还是在 Linux 操作系统中，我们都需要创建和使用用户账户来登录系统，并访问系统的各种功能和资源。用户账户可以被看作是一个数字化的身份，它允许用户访问文件、程序、网络资源等。

用户账户管理在计算机系统中是至关重要的，它包括创建、配置、删除用户账户，管理用户的权限和访问控制，以及确保系统的安全性。管理员可以为每个用户分配不同的权限和访问级别，以确保系统的稳定性和安全性。

因此，尽管名称可能不同，但用户账户的概念在计算机和日常生活中都非常常见，是系统和应用程序正常运行的关键要素之一。

除了用户账户，用户组（或称为群组）也是计算机操作系统中的一个重要概念。用户组是一种组织用户的方式，将一组相关联的用户放在一个群组中。这对于权限管理和资源访问控制非常有用。

在操作系统中，每个用户都可以属于一个或多个用户组。用户组可以用于权限管理、资源共享等。在 Linux 系统中，用户组的概念同样非常重要。

2.4.2　用户与用户组的安全机制

1．用户安全机制

首先，需要了解以下几点用户安全机制。

① 任何用户都会被分配一个独特的用户 ID 号（UID）。

② UID 0 标识 root 用户。

③ 普通用户通常从 UID 1000 开始。

④ 用户名和 UID 信息通常存储在/etc/passwd 文件中。

⑤ 当用户登录时它被分配一个主目录并且运行一个程序（通常是一个 Shell 程序）。

⑥ 没有权限许可的用户不能读取、写或执行其他用户的文件。

下面我们详细剖析上述条目。用于唯一标识实体、对象或数据的标识符被称为"唯一标识符"，UID 就是一种唯一标识符。在系统中，每一个用户都会被分配一个号码，称为 User_ID，也就是 UID。在默认情况下，每个用户都有自己独特的 UID，供系统分辨用户的身份。

UID 除了能标识用户外，还有另一个作用，就是对不同身份的用户进行分类。openEuler 系统将所有用户大致分为 3 类：系统超级管理员、系统用户及普通用户。

系统超级管理员通常就是之前所说的"root"账户，它的 UID（用户 ID）被固定为 0。这意味着 root 账户拥有系统最高权限，可以执行任何操作，包括对系统核心的修改。

系统用户通常用于运行系统服务和各种进程。虽然系统用户的 UID 范围通常被定义为从 201 到 999，但实际上，系统中可能会有一些初始的系统用户，占用了 1～200 这个范围的 UID。因此，可以说系统用户的 UID 范围是 1～999。

从 UID 1000 开始的范围通常是为普通用户保留的。普通用户的 UID 号码是根据创建顺序依次递增的，每个新用户会被分配一个唯一的 UID。普通用户的 UID 通常用于完成系统的日常管理任务和个人工作。

总结起来，UID 为 0 的 root 账户是系统的超级管理员，UID 1～UID 999 通常用于系统用户，而从 UID 1000 开始的范围是为普通用户分配的。这种分配方式有助于管理系统中不同角色的用户和权限。

据此可知，每个用户都有自己的用户名和系统分配的 UID，我们平常根据用户名来判断这是哪一个用户，而系统则是凭借 UID 来进行判断。很明显，用户名和 UID 之间肯定有着某种映射关系，这种映射关系就存储在/etc/passwd 这个文件中。

Linux 系统是一个多用户的网络操作系统，会有很多个不同的用户，所以系统也对其做了一些限制，在没有权限许可的情况下，用户无法读取、写入及执行其他用户的文件。

2．/etc/passwd 文件详解

/etc/passwd 文件是一个非常重要的系统文件，里面包含了用户账户的各种信息，如图 2-20 所示。

使用 VIM 命令打开/etc/passwd 文件后，可以看到每一行都代表一个用户的基本信息，所以如果想知道系统存在多少个用户，只需要查看这个文件有多少行。

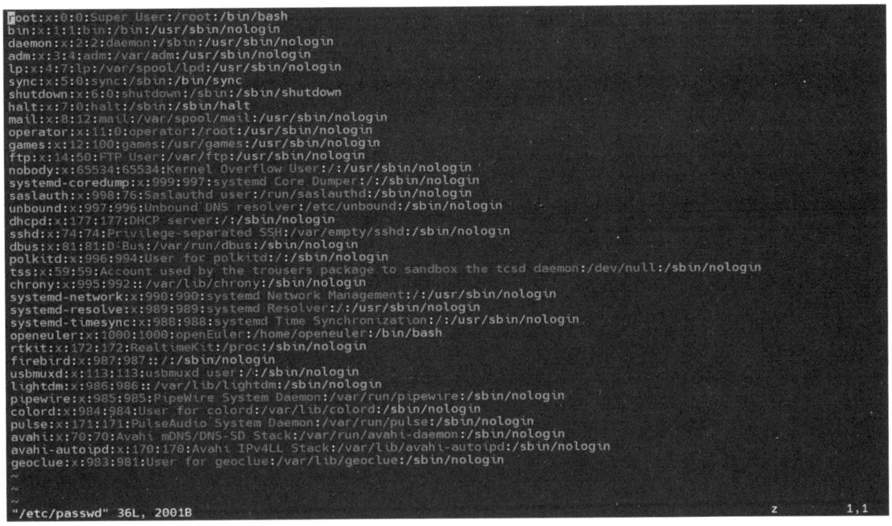

```
root:x:0:0:Super User:/root:/bin/bash
bin:x:1:1:bin:/bin:/usr/sbin/nologin
daemon:x:2:2:daemon:/sbin:/usr/sbin/nologin
adm:x:3:4:adm:/var/adm:/usr/sbin/nologin
lp:x:4:7:lp:/var/spool/lpd:/usr/sbin/nologin
sync:x:5:0:sync:/sbin:/bin/sync
shutdown:x:6:0:shutdown:/sbin:/sbin/shutdown
halt:x:7:0:halt:/sbin:/sbin/halt
mail:x:8:12:mail:/var/spool/mail:/usr/sbin/nologin
operator:x:11:0:operator:/root:/usr/sbin/nologin
games:x:12:100:games:/usr/games:/usr/sbin/nologin
ftp:x:14:50:FTP User:/var/ftp:/usr/sbin/nologin
nobody:x:65534:65534:Kernel Overflow User:/:/usr/sbin/nologin
systemd-coredump:x:999:997:systemd Core Dumper:/:/sbin/nologin
saslauth:x:998:76:Saslauthd user:/run/saslauthd:/sbin/nologin
unbound:x:997:996:Unbound DNS resolver:/etc/unbound:/sbin/nologin
dhcpd:x:177:177:DHCP server:/:/sbin/nologin
sshd:x:74:74:Privilege-separated SSH:/var/empty/sshd:/sbin/nologin
dbus:x:81:81:D-Bus:/var/run/dbus:/sbin/nologin
polkitd:x:996:994:User for polkitd:/:/sbin/nologin
tss:x:59:59:Account used by the trousers package to sandbox the tcsd daemon:/dev/null:/sbin/nologin
chrony:x:995:992::/var/lib/chrony:/sbin/nologin
systemd-network:x:990:990:systemd Network Management:/:/usr/sbin/nologin
systemd-resolve:x:989:989:systemd Resolver:/:/usr/sbin/nologin
systemd-timesync:x:988:988:systemd Time Synchronization:/:/usr/sbin/nologin
openeuler:x:1000:1000:openEuler:/home/openeuler:/bin/bash
rtkit:x:172:172:RealtimeKit:/proc:/sbin/nologin
firebird:x:987:987::/:/sbin/nologin
usbmuxd:x:113:113:usbmuxd user:/:/sbin/nologin
lightdm:x:986:986::/var/lib/lightdm:/sbin/nologin
pipewire:x:985:985:PipeWire System Daemon:/var/run/pipewire:/sbin/nologin
colord:x:984:984:User for colord:/var/lib/colord:/sbin/nologin
pulse:x:171:171:PulseAudio System Daemon:/var/run/pulse:/sbin/nologin
avahi:x:70:70:Avahi mDNS/DNS-SD Stack:/var/run/avahi-daemon:/sbin/nologin
avahi-autoipd:x:170:170:Avahi IPv4LL Stack:/var/lib/avahi-autoipd:/sbin/nologin
geoclue:x:983:981:User for geoclue:/var/lib/geoclue:/sbin/nologin
~
~
~
"/etc/passwd" 36L, 2001B                                  z          1,1
```

图 2-20　/etc/passwd 文件

从列出发可以发现，每一列以“:”作为分隔符，共分成 7 列，每一列代表的含义如下。

```
#示例：root:x:0:0:Super User:/root:/bin/bash
root：用户名称
x：密码占位符，表示该用户在登录时需要进行密码验证，删除该字段，表示在登录时无须输入密码（此操作仅对root 有效）
0：用户 UID，表示用户的 User_ID
0：用户 GID，表示用户的 Group_ID
Super User：用户描述信息，描述该用户的作用。在图形化登录界面显示的是描述信息而不是用户名，且描述信息仅能在本地登录使用，无法进行远程登录
/root：用户主目录，表示用户的家目录，存储自己私有文件，也是登录后默认的工作目录
/bin/bash：用户登录 Shell，用户在登录系统后运行的第一个程序。Shell 文件被分为两类，登录 Shell与非登录 Shell。/bin/bash 是可以登录并执行命令的 Shell 程序。还有类似于/sbin/nologin 这种无法登录的 Shell 程序。无法登录的 Shell 仅可登录服务，无法登录系统，这样可以提升安全性
```

描述信息使用场景如下。

假设将服务器托管到某个共用机房，别人打开屏幕就可以直接看到用户名，回去后即可直接对该用户名进行“密码爆破”，若“字典”足够强大，服务器将遭受入侵威胁。此时可以修改描述信息在登录界面形成一个虚假的用户名，那么别人即使有包含正确密码的“字典”也无法“爆破”成功，这一操作提升了系统安全性。

非登录 Shell 使用场景如下。

假设现在我们拥有一台服务器，在上面运行 Apache、MySQL、FTP 向外提供服务。这 3 类用户默认都是非登录 Shell。如果此时 FTP 服务出现漏洞，不法分子获取了 FTP 用户的所有权限，那么不法分子仅能删除 FTP 空间的文件，对其他服务则没有任何影响。但如果 FTP 用户是登录 Shell，可以登录系统，那不法分子就可以通过各种组件进行提权操作获得 root 权限。这种情况的危害性倍增，对整个服务器都是毁灭性的打击。

3. 用户组安全机制

用户组安全机制如下。

① 用户必须属于一个组。

② 每一个组被分配一个独特的组 ID（GID）。

③ GID 信息保存在/etc/group 中。

④ 每一个用户都有自己的私有组。

⑤ 可以将用户添加到别的组，该组被称为用户的附加组。

⑥ 同一个组中的所有用户能共享属于这个组的文件。

在 Linux 系统中，每个用户都必须属于至少一个用户组。用户组有助于将用户组织起来，以便更好地管理文件和资源的访问权限。与每个用户有唯一的用户 ID（UID）一样，每个用户组也有唯一的组 ID（GID），GID 用于在系统中唯一标识一个用户组，组名和对应的 GID，则是保存在/etc/group 文件中。

对于用户而言，组被分为两类。一类是主组，也称私有组。一个用户有且只有一个私有组。当创建一个用户时，系统通常会自动创建一个与用户同名的私有组。这个私有组的 GID 与用户的 UID 相同。另一类叫作附加组。用户可以添加到其他组，该组被称为用户的附加组。这些附加组允许用户与其他用户共享资源。用户可以在不同的组之间切换，以获得不同资源的访问权限。用户可以有 0 个也可以有无数个附加组。

同一个组中的所有用户能共享属于这个组的文件，并具有相应的访问权限。

4．/etc/group 文件详解

/etc/group 文件如图 2-21 所示。

```
root:x:0:
bin:x:1:
daemon:x:2:
sys:x:3:
adm:x:4:
tty:x:5:
disk:x:6:
lp:x:7:
mem:x:8:
kmem:x:9:
wheel:x:10:openeuler
cdrom:x:11:
mail:x:12:
man:x:15:
dialout:x:18:
floppy:x:19:
games:x:20:
tape:x:33:
video:x:39:
ftp:x:50:
lock:x:54:
audio:x:63:
users:x:100:
nobody:x:65534:
utmp:x:22:
utempter:x:35:
input:x:999:
kvm:x:36:
"/etc/group" 66L, 935B                                  1,1           Top
```

图 2-21　/etc/group 文件

/etc/group 文件的每一行都代表一个用户组的基本信息，每一列是以:作为分隔符，共分成 4 列，具体内容如下。

```
#示例：wheel:x:10:openEuler
wheel：用户组名称
x：密码占位符。该密码占位符与用户的密码占位符类似，也用于判断在登录用户组时是否需要进行密码验证
10：GID。用户组的 Group_ID
openEuler：组内的附加成员。一个用户被添加到一个组内，这个组对于用户来说属于附加组，而用户对于这个组来说就是附加成员
```

5．密码安全机制

在系统中，通常都会给用户设置一个密码，以此来加强系统的安全性，那系统是如何

知道用户输入的密码是否正确呢？这是因为系统其实将用户密码存放到了一个叫作 /etc/shadow 的文件中，当然，肯定不是用明文存放的，存放的是密码加密后的字符串。openEuler 系统默认采用 SHA512 的方式对密码进行加密处理，原因是它拥有强大的安全性，并且还具有抵抗“彩虹表”的攻击等优势，安全性较高。

注意： 新建用户后，这个用户并不是没有密码，而是处于密码锁定状态。

6. /etc/shadow 文件详解

/etc/shadow 文件如图 2-22 所示。

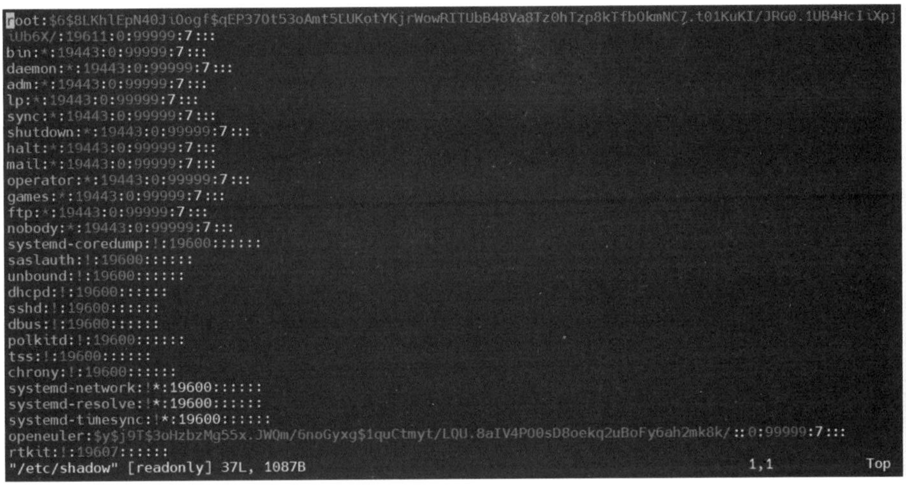

```
root:$6$8LKhlEpN40Ji0ogf$qEP370t53oAmt5LUKotYKjrWowRITUbB48Va8Tz0hTzp8kTfbOkmNC7.t01KuKI/JRG0.1UB4HcIiXpj
iUb6X/:19611:0:99999:7:::
bin:*:19443:0:99999:7:::
daemon:*:19443:0:99999:7:::
adm:*:19443:0:99999:7:::
lp:*:19443:0:99999:7:::
sync:*:19443:0:99999:7:::
shutdown:*:19443:0:99999:7:::
halt:*:19443:0:99999:7:::
mail:*:19443:0:99999:7:::
operator:*:19443:0:99999:7:::
games:*:19443:0:99999:7:::
ftp:*:19443:0:99999:7:::
nobody:*:19443:0:99999:7:::
systemd-coredump:!:19600::::::
saslauth:!:19600::::::
unbound:!:19600::::::
dhcpd:!:19600::::::
sshd:!:19600::::::
dbus:!:19600::::::
polkitd:!:19600::::::
tss:!:19600::::::
chrony:!:19600::::::
systemd-network:!*:19600::::::
systemd-resolve:!*:19600::::::
systemd-timesync:!*:19600::::::
openeuler:$y$j9T$3oHzbzMg55x.JWQm/6noGyxg$1quCtmyt/LQU.8aIV4P00sD8oekq2uBoFy6ah2mk8k/::0:99999:7:::
rtkit:!:19607::::::
"/etc/shadow" [readonly] 37L, 1087B                                    1,1           Top
```

图 2-22　/etc/shadow 文件

在图 2-22 中，每一行代表一个用户的密码信息。下面将文件拆分成 9 列，具体内容如下。

```
#示例：test:$6$vdqN……kFf1:19623:0:90:7:14:18545:　（省略了部分加密字符串）
test：用户名
$6$vdqN……kFf1：加密后的密码密文，默认通过 SHA512 方式进行加密
        “!”表示禁用用户密码，这意味着用户是存在的，但无法使用密码进行身份验证登录系统
        “*” 表示没有实际的密码哈希值。这个占位符的含义是禁止用户使用密码进行身份验证
19623：最近一次修改密码的时间，表示从 1970.01.01 至今的天数。这个值通常用于确定密码的更改频率
0：最短期限，密码的最短使用天数。默认值为 0，表示没有要求。该值用于指定用户必须保持密码不变的最短天数。如果用户在这段时间内更改密码，系统会拒绝
90：最长期限，密码的最长有效天数，默认值为 99999，超过这个期限，用户将需要更改密码
7：警告周期，密码即将到期警告天数，默认值为 7。该值用于表示在密码到期之前，系统会提前多少天向用户发送警告通知，提示用户更改密码
14：失效期限，在密码过期后账号保持活动的天数。指定天数后账号被锁定，成为无效。该值用于表示用户在密码过期后保持活动的额外天数。一旦超过这个期限，用户将被锁定，用户无法登录
18545：过期时间，用户失效时间，默认值为空，以距 1970.01.01 的天数表示。这个字段通常为空，表示用户永久有效。若设置一个特定的失效日期，账号会在特定日期后无效
第九字段：保留字段（未使用）
```

注意： 1970 年 1 月 1 日通常被称为 UNIX 时间戳，它是 UNIX 和类 UNIX 操作系统中用于表示日期和时间的标准起始点。这个日期被选择为 UNIX 时间戳的起始点主要基于历史原因，以及对计算机系统中的时间表示进行统一和简化。计算方法如下。

```
[root@localhost ~]#date  +%F  -d '1970-01-01 19623days'   2023-09-23
```

2.4.3 管理用户、用户组及密码

1. 基础命令

在系统中，查看登录的用户信息，语法如下。

```
#提示符中有相关信息可以帮助我们分辨自己是哪一个用户
        [root@localhost ~]#
#在提示符的第一个字段，就是我们当前使用的用户，例如现在使用的是 root 用户
#而有时，提示符并不会体现这部分信息
        [root@localhost ~]#/bin/sh
        sh-5.1#
#所以，有时也需要使用 whoami 命令打印出当前的登录用户
        [root@localhost ~]#whoami
            Root
```

查看 UID、GID 等信息，语法如下。

```
#平常我们只能看到用户的用户名，只有打开/etc/passwd 才能看到用户的 UID、GID 信息，id 命令可以帮
我们打印用户的基本信息
#语法: id [OPTION]... [USER]...
        [root@localhost ~]#id
            uid=0(root) gid=0(root) groups=0(root) context=……
        [root@localhost ~]#id openEuler
            uid=1000(openEuler) gid=1000(openEuler) groups=1000(openEuler),10(wheel)
#id 命令可以打印出 UID、GID、附加组及 SELinux 的安全上下文
#常用选项
-u: 打印用户 ID
        [root@localhost ~]#id -u
            0
-g: 打印私有组 ID
-G: 打印附加组 ID
-n: 以名称形式显示
        [root@localhost ~]#id -un
            root
-Z: 打印安全上下文
        [root@localhost ~]#id -Z
            unconfined_u:unconfined_r:unconfined_t:s0-s0:c0.c1023
```

切换用户的语法如下。

```
#su 命令可以在终端切换用户
#语法: su [OPTIONS] - USERNAME
        [root@localhost ~]#whoami
            root
        [root@localhost ~]#su - openEuler
        [openEuler@localhost ~]$ whoami
            openEuler
#选项
-s: 在切换用户时指定登录 Shell
        [root@localhost ~]#su -s /bin/bash - ftp
        [ftp@localhost ~]$ whoami
            ftp
#关于 su 命令，在 openEuler 系统中，出于对系统的安全考虑，普通用户是无法通过 su 命令切换到其他用
户的，只有系统管理员或者属于 wheel 组的用户才可以使用 su 命令登录其他用户
```

登录其他用户组的语法如下。

```
#使用 newgrp 命令登录到其他的用户组，完成后可用 exit 命令退出
```

```
#语法: newgrp - groupname
      [root@localhost ~]#id -gn
         root
      [root@localhost ~]#newgrp - openEuler
      [root@localhost ~]#id -gn
         openEuler
      [root@localhost ~]#exit
         logout
      [root@localhost ~]#id -gn
         Root
```

注意：root 用户切换到任何用户及用户组都不需要进行密码验证，因为 root 用户可以管理密码。

2．新增用户

Linux 系统是一个性能稳定的多用户网络操作系统，在系统中，有很多不同的用户。那为什么需要多用户呢？单个用户不能完成所有的操作吗？

其实原因很简单，在系统中需要进行权限的划分，就像现实中的公司一样，不能让普通员工能直接看到财务部门的数据，要让每一个用户各司其职，才能妥善管理好整个系统。并且除此之外，每个用户可以去干不同的事情，执行不同的程序来完成不同的任务，这样才能达到管理这个系统的一个目的。

Linux 系统默认是没有多个用户的，并且默认创建的用户也不能完成个性化需求，时常要进行新用户的创建。useradd 命令可以用于创建用户，语法如下。

```
#语法: useradd [options] USERNAME
#创建用户的 student
      [root@localhost ~]#id student
         id: 'student': no such user
      [root@localhost ~]#useradd student
      [root@localhost ~]#id student
         uid=1001(student) gid=1003(student) groups=1003(student)
```

创建用户后，系统上会有几处位置发生改变，如图 2-23 所示。首先就是/etc/passwd、/etc/group 文件和/etc/shadow 文件，都多出了 student 用户信息这一行内容。除此之外，系统还会给 student 用户创建邮箱文件与家目录。家目录是在/home 目录下与用户名相同的目录，例如 student 用户的家目录就是/home/student。邮箱文件存放在/var/mail 目录下，同样也是与用户名相同的文件。

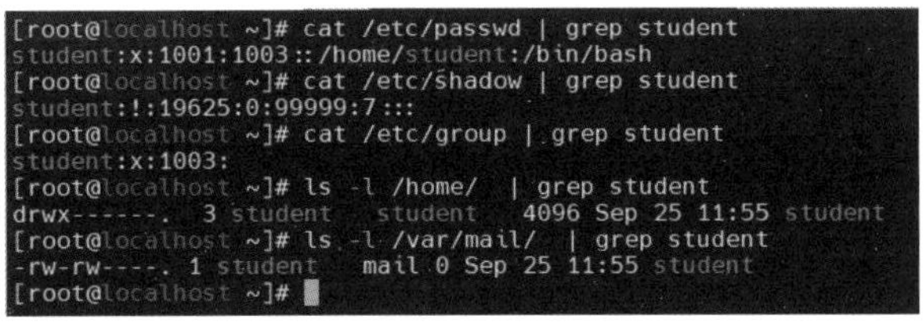

图 2-23　用户相关文件

如果想给某个用户指定一个 UID，或者想给它指定一个登录 Shell，应该如何完成？useradd 命令除了最基本的用法，还提供了很多选项用于满足自定义场景需求的用户。

将-u 与-o 结合，就可以在新建用户时指定 UID 信息，其命令语法如下。

```
-u: 该选项可以指定值作为创建用户的 UID

#在默认情况下，新建用户的 UID 都会依次往后递增
        [root@localhost ~]#useradd student
        [root@localhost ~]#id openEuler
           uid=1000(openEuler) gid=1000(openEuler) groups=1000(openEuler),10(wheel)
        [root@localhost ~]#id student
           uid=1001(student) gid=1003(student) groups=1003(student)

#-u 选项可以指定一个 UID 给新用户使用
        [root@localhost ~]#useradd  -u 2000 student1
        [root@localhost ~]#id student1
           uid=2000(student1) gid=2000(student1) groups=2000(student1)
-o: 该选项会为新用户分配一个非唯一的 UID，也就是允许同一个 UID 被多个用户使用
#UID 作为用户的唯一标识符，每一个用户都是不同的 UID，但在某些情况下，可能需要允许多个用户共享相
同的 UID。例如在某些网络文件系统（NFS）环境中，其中的用户在不同的服务器上具有相同的 UID
        [root@localhost ~]#id student1
           uid=2000(student1) gid=2000(student1) groups=2000(student1)
        [root@localhost ~]#useradd  -u 2000 student2
           useradd: UID 2000 is not unique
        [root@localhost ~]#useradd  -ou 2000 student2
        [root@localhost ~]#cat /etc/passwd | grep student2
           student2:x:2000:1004::/home/student2:/bin/bash
```

除了 UID，也可以指定用户的私有组与附加组，但需要注意，指定的组必须事先存在，语法如下。

```
-g: 指定用户私有组
#创建用户时，会默认创建一个同名的组作为这个用户的私有组，但有时也会直接指定新用户的私有组
        [root@localhost ~]#useradd -g root student3
        [root@localhost ~]#id student3
           uid=1002(student3) gid=0(root) groups=0(root)

-G: 指定用户附加组
#同样地，有时也会直接指定附加组
        [root@localhost ~]#useradd -G root student4
        [root@localhost ~]#id student4
           uid=1003(student4) gid=1005(student4) groups=1005(student4),0(root)
```

给用户加一个描述信息，或是把这个用户的主目录放到指定目录，或是给新用户安排一个指定的 Shell 程序，可以使用-c 等选项进行个性化的新建用户，语法如下。

```
-c: 指定用户描述信息
#在系统中创建用户时，默认的描述信息为空，可以直接指定，但注意，如果描述信息内有特殊符号，需要使用引号
进行包裹
        [root@localhost ~]#useradd  student5
        [root@localhost ~]#cat /etc/passwd | grep student5
           student5:x:1004:1006::/home/student5:/bin/bash
        [root@localhost ~]#useradd  -c "test user" student6
        [root@localhost ~]#cat /etc/passwd | grep student6
           student6:x:1005:1007:test user:/home/student6:/bin/bash

-d: 指定用户家目录
#用户默认的家目录会在/home 目录下创建，但有时会直接指定一个目录作为该用户的家目录
        [root@localhost ~]#useradd  -d  /test student7
        [root@localhost ~]#cat /etc/passwd  | grep student7
```

```
            student7:x:1006:1008::/test:/bin/bash
      [root@localhost ~]#ls -ld /test/
            drwx------. 3 student7 student7 4096 Sep 25 13:29 /test/
```
#但是需要注意，指定的目录最好是一个不存在的目录，如果是已存在的目录，请注意权限相关问题，否则会导致该用户无法使用自己的家目录

```
 -s: 指定用户登录 Shell
      [root@localhost ~]#useradd -s /sbin/nologin student8
      [root@localhost ~]#cat /etc/passwd | grep student8
            student8:x:1007:1009::/home/student8:/sbin/nologin
```

3. 删除用户

useradd 命令可以用于新建用户，将其中的 add 修改为 delete 的缩写 del，即 userdel，就可以删除用户，语法如下。

```
#语法: userdel [options] USERNAME
      [root@localhost ~]#id student7
            uid=1006(student7) gid=1008(student7) groups=1008(student7)
      [root@localhost ~]#userdel student7
      [root@localhost ~]#id student7
            id: 'student7': no such user
```

但是如果直接使用这种方法删除用户，下一次想创建"student7"用户时，系统就会报错，例如下面的示例。

```
#student8 用户存在，家目录，邮箱文件正常
      [root@localhost ~]#cat /etc/passwd | grep student8
            student8:x:1007:1009::/home/student8:/sbin/nologin
      [root@localhost ~]#ls -l /home/ | grep student8
            drwx------. 3 student8  student8  4096 Sep 25 13:31 student8
      [root@localhost ~]#ls -l /var/mail/ | grep student8
            -rw-rw----. 1 student8  mail 0 Sep 25 13:31 student8
#删除 student8 用户
      [root@localhost ~]#userdel student8
#只有/etc/passwd中关于该用户的信息被删除了，但是它的家目录及邮箱文件依然存在
      [root@localhost ~]#cat /etc/passwd | grep student8
      [root@localhost ~]#ls -l /home/ | grep student8
            drwx------. 3     1007       1009 4096 Sep 25 13:31 student8
      [root@localhost ~]#ls -l /var/mail/ | grep student8
            -rw-rw----. 1      1007 mail 0 Sep 25 13:31 student8
#当再次创建 student8 时，系统就会出现错误信息
      [root@localhost ~]#useradd student8
            useradd: warning: the home directory /home/student8 already exists.
            Useradd: Not copying any file from skel directory into it.
            Creating mailbox file: File exists
```

从上面的示例可以发现，使用 userdel 删除用户，好像仅将该用户从/etc/passwd 文件中删除了。实际上的确如此，当使用此法删除用户时，系统会将/etc/passwd 文件中该用户的相关信息删除，但是不会删除用户的家目录与邮箱文件，那么此时再去创建同名账户时就会出现错误信息。因为虽然用户仍能被创建，但是这个用户的家目录与邮箱文件都会存在问题。

那应该如何正确地删除用户呢？很简单，使用-r 选项。-r 选项用于连带删除用户的家目录与邮箱文件，也就是递归删除，语法如下。

-r: 删除用户时连带删除用户的家目录与邮箱文件

```
[root@localhost ~]#userdel -r student1
[root@localhost ~]#ls -l /home/ | grep student1
[root@localhost ~]#ls -l /var/mail | grep student1
[root@localhost ~]#useradd  student1
[root@localhost ~]#id student1
    uid=1007(student1) gid=1009(student1) groups=1009(student1)
```

注意： 没有用-r选项删除的用户怎么办？很简单，删除家目录和邮箱文件即可。

4. 管理用户

　　useradd 命令在创建用户时给出了很多选项来自定义需求，但那仅限于创建不存在的用户，如果想修改已存在的用户，就需要使用 usermod 命令编辑已存在用户的基本信息，语法如下。

```
#语法: usermod [options] USERNAME
#这个命令全部依靠于选项，毕竟是编辑已存在的信息，所以下面直接开始常用选项的讲解
#常用选项
-u: 修改 UID
-o: 让 UID 可以被公用
        [root@localhost ~]#id 1000
            uid=1000(openEuler) gid=1000(openEuler) groups=1000(openEuler),10(wheel)
        [root@localhost ~]#id 1002
            uid=1002(student3) gid=0(root) groups=0(root)
        [root@localhost ~]#usermod -ou 1000 student3
        [root@localhost ~]#cat /etc/passwd | grep student3
            student3:x:1000:0::/home/student3:/bin/bash
-g: 修改私有组
        [root@localhost ~]#id student4
            uid=1003(student4) gid=1005(student4) groups=1005(student4),0(root)
        [root@localhost ~]#usermod -g root student4
        [root@localhost ~]#id student4
            uid=1003(student4) gid=0(root) groups=0(root)
-G: 修改附加组
        [root@localhost ~]#id student6  -Gn
            student6 root
        [root@localhost ~]#usermod -G openEuler student6
        [root@localhost ~]#id student6  -Gn
            student6 openEuler
-aG: 添加附加组,使用-G选项指定附加组,会覆盖原有的附加组,而-aG则是在原来基础上进行添加
        [root@localhost ~]#id student6  -Gn
            student6 openEuler
        [root@localhost ~]#usermod -aG root student6
        [root@localhost ~]#id student6  -Gn
            student6 root openEuler
-c: 修改描述信息
        [root@localhost ~]#cat /etc/passwd | grep student6
            student6:x:1005:1007:test user:/home/student6:/bin/bash
        [root@localhost ~]#usermod -c "apache_user" student6
        [root@localhost ~]#cat /etc/passwd | grep student6
            student6:x:1005:1007:apache_user:/home/student6:/bin/bash
-d: 修改家目录,不移动旧家目录下文件
        [root@localhost ~]#ls /home/student6/
            demo  test.txt
        [root@localhost ~]#usermod -d /test student6
        [root@localhost ~]#cat /etc/passwd | grep student6
```

```
            student6:x:1005:1007:apache_user:/test:/bin/bash
        [root@localhost ~]#ls /test/
        [root@localhost ~]#
 -m: 在修改家目录的同时移动原有家目录下的文件至新家目录
        [root@localhost ~]#cat /etc/passwd | grep student1
            student1:x:1007:1009::/home/student1:/bin/bash
        [root@localhost ~]#ls /home/student1/
            demo.txt   test
        [root@localhost ~]#usermod  -md /student1 student1
        [root@localhost ~]#ls -l /student1/
            -rw-r--r--. 1 student1 student1    0 Sep 25 14:24 demo.txt
            drwxr-xr-x. 2 student1 student1 4096 Sep 25 14:24 test
        [root@localhost ~]#cat /etc/passwd | grep student1
            student1:x:1007:1009::/student1:/bin/bash
 -s: 修改登录 Shell
        [root@localhost ~]#cat /etc/passwd | grep student1
            student1:x:1007:1009::/student1:/bin/bash
        [root@localhost ~]#usermod  -s /sbin/nologin student1
        [root@localhost ~]#cat /etc/passwd | grep student1
            student1:x:1007:1009::/student1:/sbin/nologin
 -l: 修改用户名
        [root@localhost ~]#id 1003
            uid=1003(student4) gid=0(root) groups=0(root)
        [root@localhost ~]#usermod -l test_user student4
        [root@localhost ~]#id 1003
            uid=1003(test_user) gid=0(root) groups=0(root)
```

usermod 除了可以进行基础信息的管理，还可以用于锁定某个用户，语法如下。

```
#准备两个用户，来看看密码锁定。此时 harry 用户密码为123，正常可以通过密码登录
        [root@localhost ~]#useradd harry ; echo 123 | passwd --stdin harry
            Changing password for user harry.
            passwd: all authentication tokens updated successfully.
        [root@localhost ~]# useradd -G wheel natasha
        [root@localhost ~]#su - natasha
        [natasha@localhost ~]$ su - harry
            Password: 123          #此处看不到密码，仅供演示
        [harry@localhost ~]$
 -L: 锁定用户登录
        [root@localhost ~]#usermod -L harry
        [root@localhost ~]#su - natasha
        [natasha@localhost ~]$ su - harry
            Password: 123          #此处看不到密码，仅供演示
            su: Permission denied
        [natasha@localhost ~]$
 -U: 解锁用户登录
        [root@localhost ~]#usermod -U harry
        [root@localhost ~]#su - natasha
        [natasha@localhost ~]$ su - harry
            Password: 123          #此处看不到密码，仅供演示
        [harry@localhost ~]$
```

注意：锁定的原理就是在/etc/shadow 文件中的密码字段前加上一个"!"，此时再进行密码验证就会失败，而 root 登录其他用户不会受影响，因为 root 登录到任何用户都不需要进行密码验证。解锁则是删除"!"。

5．用户组管理

用户组管理的语法如下。

```
#groupadd命令，新建一个用户组
#语法： groupadd [OPTIONS] NEWGROUP
        [root@localhost ~]#groupadd demo
        [root@localhost ~]#getent group demo
            demo:x:1006:
-g：该选项用于指定 GID（-o 同样适用，含义一致）
        [root@localhost ~]#groupadd  -g 2000 test
        [root@localhost ~]#getent group test
            test:x:2000:
=====================================================================
#groupdel命令：删除一个用户组，新建用户组并没有家目录与邮箱文件，所以直接删除即可
        [root@localhost ~]#getent group test
            test:x:2000:
        [root@localhost ~]#groupdel test
        [root@localhost ~]#getent group test
        [root@localhost ~]#
=====================================================================
#groupmod命令： 修改用户组的信息
-n：修改用户组组名
        [root@localhost ~]#getent group 1006
            demo:x:1006:
        [root@localhost ~]#groupmod -n test demo
        [root@localhost ~]#getent group 1006
            test:x:1006:
-g： 修改 GID
        [root@localhost ~]#getent group 1006
            test:x:1006:
        [root@localhost ~]#groupmod -g 2000 test
        [root@localhost ~]#getent group test
            test:x:2000:
```

6．用户组成员管理

对于用户组的管理，重点在对其成员进行管理。groupmems 命令可以对用户组成员进行精确管控，语法如下。

```
#语法: groupmems -a user_name | -d user_name | [-g group_name] | -l | -p
#语法看起来有一点复杂，其实使用起来非常简单
#-g：这个选项非常重要，用于指定操作对象用户组，也就是针对哪一个用户组进行操作。如果不使用-g选项
指定，系统默认采取当前登录用户的私有组作为操作对象
#操作选项
-l：列出组内的附加成员
        [root@localhost ~]#groupmems -g root -l
            natasha openEuler
        [root@localhost ~]#id natasha
            uid=1002(natasha) gid=2002(natasha) groups=2002(natasha),0(root)
-a： 新增用户
        [root@localhost ~]#groupmems -g root -a harry
        [root@localhost ~]#groupmems -g root -l
            natasha  harry  openEuler
-d： 删除用户
        [root@localhost ~]#groupmems -g root -d harry
        [root@localhost ~]#groupmems -g root -l
```

```
                natasha  openEuler
-p: 清空附加成员
        [root@localhost ~]#groupmems -g root -p
        [root@localhost ~]#groupmems -g root -l
        [root@localhost ~]#
```

7．密码管理

（1）用户密码管理

使用 passwd 命令可对用户的密码进行管理，语法如下。

```
#想要修改自己的密码时，直接输入 passwd 命令即可
        [harry@localhost ~]$ passwd
        Changing password for user harry.
        Changing password for harry.
        Current password: 123        #输入旧密码，不可见
        New password: Huawei12#$     #输入新密码，不可见
        Retype new password: Huawei12#$    #再次输入新密码，不可见
        passwd: all authentication tokens updated successfully.
#普通用户修改自己的密码，需要输入旧密码，并且有密码强度限制，需要包含至少 3 种不同类别的字符且密
码长度大于 8 个字符

#而对于 root 用户而言，没有任何限制，并且 root 用户还可以直接修改其他用户的密码
        [root@localhost ~]#passwd harry
        Changing password for user harry.
        New password: 123       #输入新密码，不可见
        BAD PASSWORD: The password is shorter than 8 characters
        Retype new password: 123      #再次输入新密码，不可见
        passwd: all authentication tokens updated successfully.

#但这种方式，我们无法看见自己的密码，并且需要进行多次与系统的交互，不利于自动化脚本运行，所以一般
会利用另一种方法，结合管道及标准输入
#语法: echo PASSWORD | passwd USERNAME -stdin
#例如，将 harry 用户密码修改为 abc
        [root@localhost ~]#echo abc | passwd harry --stdin
        Changing password for user harry.
        passwd: all authentication tokens updated successfully.
```

（2）用户组密码管理

用户组同样是有密码的，其密码存放在/etc/gshadow 文件中。

```
#语法: gpasswd [option] group
#给 test 组设置一个密码为 123
        [root@localhost ~]#gpasswd test
        Changing the password for group test
        New Password:123      #输入新密码，不可见
        Re-enter new password: 123        #输入新密码，不可见
        [root@localhost ~]#
#接下来就可以使用 newgrp 命令与密码登录 test 用户组了
```

（3）密码策略管理

前文已经详细解释了/etc/shadow 文件中各个字段的含义，其中包括一系列密码策略配置项，例如最长期限和警告周期。这些配置项被称为密码策略，用于管理用户密码以保证其安全性和有效性。在修改密码策略时，通常有两种方法可供选择，但强烈建议避免采用直接编辑/ctc/shadow 文件的方式。首先，这个文件是只读的。其次，有更安全、更便于维护的方法可供使用，即使用 chage 命令修改密码策略，语法如下。

```
#语法：chage [options] LOGIN
-l：列出用户的密码策略
        [root@localhost ~]#chage -l harry
        Last password change                            : Sep 25, 2023
        Password expires                                : Dec 24, 2023
        Password inactive                               : Jan 07, 2024
        Account expires                                 : Dec 31, 2024
        Minimum number of days between password change  : 3
        Maximum number of days between password change  : 90
        Number of days of warning before password expires : 7
#从上至下分别是密码修改时间、密码过期时间、密码失效时间、账户过期时间、最短期限、最长期限、警告周期
-m：修改密码的最短期限
-M：修改密码的最长期限
-W：修改警告周期
-I：修改失效期限
        [root@localhost ~]#chage -m3 -M90 -W7 -I14 harry
            #修改 harry 用户最短期限为 3 天，最长期限为 90 天，警告周期为 7 天，失效期限为 14 天
-E：指定过期时间
        [root@localhost ~]#chage -E 2024-12-31 harry
            #指定 harry 用户的过期时间为 2024 年 12 月 31 日
-d：指定修改密码的最后期限
        [root@localhost ~]#chage -d 0 harry
            #强制要求 harry 用户在下一次登录必须修改密码
        [root@localhost ~]#chage -d 2023-09-30 harry
            #强制要求 harry 用户在 2023 年 9 月 30 日时修改密码
```

本节涉及的命令及作用见表 2-5。

表 2-5　2.4 节命令总结

命令	作用
whoami	查看当前登录用户
id	查看用户 id 信息
su	切换用户
newgrp	切换用户组
useradd	新增用户
userdel	删除用户
usermod	修改用户信息、锁定用户
groupadd	新建用户组
groupdel	删除用户组
groupmod	修改用户组信息
groupmems	管理组内成员
passwd	修改密码
chage	修改密码策略

2.5 权限管理

2.5.1 UGO 权限控制

1. 权限理论

在系统中，设定各种各样的用户，其本质就是为了进行权限的划分。在安全领域，要遵循最低原则，即仅赋予一个用户在完成任务时所需要的最低权限，以此来提升系统的安全性。

在 Linux 系统中，每个文件都有一个 UID 和 GID，用户在访问它们时，其实也就是开启了一个进程，而进程同样也拥有 UID 和 GID，进程的 UID 和 GID 取决于是哪一个用户在执行这个进程。例如，student 用户执行了这个进程，那么此进程的 UID 和 GID 就是 student 用户的 UID 和 GID。

在这种情况下，对文件的访问就被分成以下 3 种类型。

① 运行的进程和文件有着同样的 UID，此为 UID 访问。

② 运行的进程和文件有着同样的 GID，此为 GID 访问。

③ 运行的进程和文件的 UID 和 GID 都不同，此为 other 访问。

优先级为 UID->GID->other。

注意：我们也将这种权限称为 UGO 权限。

2. 查看文件权限

使用 "ls -l" 命令查看文件的详细信息，其中就包含权限信息与文件的 UID 和 GID，语法如下。

```
[root@localhost ~]#ls -l openEuler.txt
 -rw-r--r--. 1 root root 4 Sep 21 14:13 openEuler.txt
#执行结果解析
 -：文件类型，有以下几种选项
       -：代表普通文件
       d：目录
       l：链接文件
       b 和 c 分别代表块设备和字符设备，还有其他特殊的文件 p 和文件 s
rw-r--r--：UGO 权限，三个为一组，分别是 UID 权限、GID 权限、other 权限，空位为-
.：acl 权限符，.表示未设置 acl 权限，+表示已设置
1：文件的链接数
root root：文件的 UID 和 GID
4：文件大小，单位为字节
Sep 21 14:13：m-time，内容修改时间
openEuler.txt：文件名
```

在系统中，基础权限被分为 3 类：R（read）、W（write）、X（execute）。这 3 种权限针对文件而言，就是读、写、执行。但针对目录，X 权限不再是执行，而是能否进入目录，R 权限指能否读取目录下的文件权限等信息，W 权限则是指能否在目录下新建文件、删除文件及重命名文件。但是拥有 R 和 W 权限操作的前提是拥有 X 权限。所以对于目录而

言，X 是基础的权限，一切操作都建立在 X 权限的基础上。

3. 修改文件权限

可以使用 chmod 命令对文件权限进行修改。一共有 3 种方法。

第一种方法是使用"="，强制指定 U、G、O 三者的权限，但会覆盖原有权限，语法如下。

```
#语法: chmod [OPTION]... MODE... FILE...
=方法：u、g、o（命令中用小写）分别代表 UID、GID、other 权限
#单独修改 UID 权限
        [root@localhost ~]#ls -l
          -rw-r--r--. 1 root root 4 Sep 21 14:13 openEuler.txt
        [root@localhost ~]#chmod u=rwx openEuler.txt
        [root@localhost ~]#ls -l
          -rwxr--r--. 1 root root 4 Sep 21 14:13 openEuler.txt
#一起修改 GID 和 other 权限
        [root@localhost ~]#ls -l
          -rwxr--r--. 1 root root 4 Sep 21 14:13 openEuler.txt
        [root@localhost ~]#chmod g=wx,o=rwx openEuler.txt
        [root@localhost ~]#ls -l
          -rwx-wxrwx. 1 root root 4 Sep 21 14:13 openEuler.txt
```

第二种方法是使用"+""－"两种符号，在原有权限的基础上继续新增权限或是删除某项权限，语法如下。

```
+-法：在原有的基础上进行增加或减少权限
#单独修改 UID 权限
        [root@localhost ~]#ls -l openEuler.txt
          -rwx-wxrwx. 1 root root 4 Sep 21 14:13 openEuler.txt
        [root@localhost ~]#chmod u-wx openEuler.txt
        [root@localhost ~]#ls -l openEuler.txt
          -r---wxrwx. 1 root root 4 Sep 21 14:13 openEuler.txt
#一起修改 GID 和 other 权限
        [root@localhost ~]#ls -l openEuler.txt
          -r---wxrwx. 1 root root 4 Sep 21 14:13 openEuler.txt
        [root@localhost ~]#chmod g+r,o-wx openEuler.txt
        [root@localhost ~]#ls -l openEuler.txt
          -r--rwxr--. 1 root root 4 Sep 21 14:13 openEuler.txt
```

第三种方法是最常用的，就是使用 3 个数字来表示 U、G、O 三者的权限，rwx 权限在规定中以 3 位二进制方法（二进制：111）进行表示，r 为 4，w 为 2，x 为 1，语法如下。

```
数字法：
#3 位数字，分别是 UID 权限、GID 权限和 other 权限，通过把数值相加来计算权限
#例如 755 表示 UID 权限为 rwx，GID 权限为 rx，other 权限为 rx
        [root@localhost ~]#ls -l openEuler.txt
          -r--rwxr--. 1 root root 4 Sep 21 14:13 openEuler.txt
        [root@localhost ~]#chmod 755 openEuler.txt
        [root@localhost ~]#ls -l openEuler.txt
          -rwxr-xr-x. 1 root root 4 Sep 21 14:13 openEuler.txt
```

chmod 命令是一种指向性的命令。简单来说，chmod 只会修改文件参数的结束位置，例如"chmod 777/root/demo/"命令只会修改/root/demo 这个目录的权限，对目录下的文件是不会进行修改的。如果想修改一个目录下所有文件的权限可以使用-R 选项，语法如下。

```
-R：递归修改目录下所有内容的权限
#默认情况下，chmod 只会修改文件参数的结束位置，对于目录下的文件不会做修改
        [root@localhost ~]#ls -ld /root/demo/
          drwxr-xr-x. 2 root root 4096 Sep 25 17:43 /root/demo/
        [root@localhost ~]#ls -ld /root/demo/1.txt
          -rw-r--r--. 1 root root 0 Sep 25 17:43 /root/demo/1.txt
        [root@localhost ~]#chmod 777 /root/demo/
        [root@localhost ~]#ls -ld /root/demo/
          drwxrwxrwx. 2 root root 4096 Sep 25 17:43 /root/demo/
        [root@localhost ~]#ls -ld /root/demo/1.txt
          -rw-r--r--. 1 root root 0 Sep 25 17:43 /root/demo/1.txt
#而加上-R 选项后，会直接递归修改目录下所有文件的权限
        [root@localhost ~]#chmod -R 755 /root/demo/
        [root@localhost ~]#ls -ld /root/demo/
          drwxr-xr-x. 2 root root 4096 Sep 25 17:43 /root/demo/
        [root@localhost ~]#ls -ld /root/demo/1.txt
          -rwxr-xr-x. 1 root root 0 Sep 25 17:43 /root/demo/1.txt
```

4. 修改文件 UID 与 GID

除了修改文件权限，还可以使用 chown 命令对文件的 UID 和 GID 进行修改，语法如下。

```
#语法：  chown ONWER:GROUP FILE…
        [root@localhost ~]#ls -l /root/openEuler.txt
          -rw-r--r--. 1 root root 4 Sep 25 17:51 /root/openEuler.txt
        [root@localhost ~]#groupadd student
        [root@localhost ~]#chown openEuler:student openEuler.txt
        [root@localhost ~]#ls -l /root/openEuler.txt
          -rw-r--r--. 1 openEuler student 4 Sep 25 17:51 /root/openEuler.txt
#也可以单独修改 UID
        [root@localhost ~]#ls -l /root/openEuler.txt
          -rw-r--r--. 1 openEuler student 4 Sep 25 17:51 /root/openEuler.txt
        [root@localhost ~]#chown root /root/openEuler.txt
        [root@localhost ~]#ls -l /root/openEuler.txt
          -rw-r--r--. 1 root student 4 Sep 25 17:51 /root/openEuler.txt
#也可以单独修改 GID
        [root@localhost ~]#ls -l /root/openEuler.txt
          -rw-r--r--. 1 root student 4 Sep 25 17:51 /root/openEuler.txt
        [root@localhost ~]#chown :root openEuler.txt
        [root@localhost ~]#ls -l /root/openEuler.txt
          -rw-r--r--. 1 root root 4 Sep 25 17:51 /root/openEuler.txt
```

单独修改 GID 时，需要在用户组前面添加一个冒号，但有很大的可能性会遗漏掉，所以还有一个 chgrp 命令，它是专门用来修改文件 GID 的，语法如下。

```
#语法：  chgrp GROUP FILE…
        [root@localhost ~]#ls -l /root/openEuler.txt
          -rw-r--r--. 1 root root 4 Sep 25 17:51 /root/openEuler.txt
        [root@localhost ~]#chgrp student openEuler.txt
        [root@localhost ~]#ls -l /root/openEuler.txt
          -rw-r--r--. 1 root student 4 Sep 25 17:51 /root/openEuler.txt
```

chown、chgrp 与 chmod 一致，也是指向性命令，-R 选项同样适用于这两个命令，语法如下。

```
-R：递归修改文件的 UID 或 GID
        [root@localhost ~]#ls -l /root/demo/ -d
```

```
  drwxr-xr-x. 2 root root 4096 Sep 25 17:58 /root/demo/
[root@localhost ~]#ls -l /root/demo/1.txt
 -rw-r--r--. 1 root root 0 Sep 25 17:58 /root/demo/1.txt
[root@localhost ~]#chown -R openEuler:student /root/demo/
[root@localhost ~]#ls -l /root/demo/ -d
  drwxr-xr-x. 2 openEuler student 4096 Sep 25 17:58 /root/demo/
[root@localhost ~]#ls -l /root/demo/1.txt
 -rw-r--r--. 1 openEuler student 0 Sep 25 17:58 /root/demo/1.txt
[root@loc ot /root/demo/
[root@localhost ~]#ls -l /root/demo/ -d
  drwxr-xr-x. 2 openEuler root 4096 Sep 25 17:58 /root/demo/
[root@localhost ~]#ls -l /root/demo/1.txt
 -rw-r--r--. 1 openEuler root 0 Sep 25 17:58 /root/demo/1.txt
```

2.5.2 Umask 默认权限

新建文件或目录时，即使不指定，创建后它们依然会有一个权限，这是为什么呢？

这就是系统的默认权限——Umask。Umask 是一种权限掩码，用于确定新建文件和目录的默认权限。它是从系统中所有可能权限中减去的值，以得到实际的权限。Umask 的目的是提供一种安全的默认权限，确保新建文件和目录的权限不会过于宽松。

如图 2-24 所示，用户初始 Umask 被定义在/etc/bashrc 文件中的第 68 行，在 openEuler 系统，用户的 Umask 默认权限被设置为 022。

```
[root@localhost ~]# cat -n /etc/bashrc  | grep umask
    67      # Set default umask for non-login shell only if it is set to 0
    68      [ `umask` -eq 0 ] && umask 022
[root@localhost ~]#
```

图 2-24 Umask 权限

这个 022 有什么用？不妨测试一下。但需要先明确一个知识点，在 Linux 系统中，目录的默认最大权限为 777，文件的默认最大权限则是 666，因为出于对安全性的考虑，对于大多数普通文件来说并不需要执行权限。

```
[root@localhost ~]#mkdir demo
[root@localhost ~]#touch test
[root@localhost ~]#ll
  drwxr-xr-x 2 root root 4096 Jan 13 16:02 demo
 -rw-r--r-- 1 root root    0 Jan 13 16:02 test
```

当创建目录时，目录的默认权限为 755，创建文件时文件的默认权限为 644。可以发现，755+022 正好等于目录的最大权限 777，而"644+022"也正好等于文件的最大权限 666。

默认权限的计算方法就是如此，使用最大权限减去想要的权限就可以得到 Umask 权限掩码。但推荐大家使用目录的 777 进行计算。因为对于文件而言，如果对应位上的数字为偶数，那么最终权限将会+1，即当设置 Umask 权限为 055 时，文件计算应为 611 权限，实际却是 622。

Umask 可以用于修改用户的 Umask 值，语法如下。

```
#Umask 可以打印当前用户的权限掩码（第一位 0 代指特殊执行权限，通常被忽略）
        [root@localhost ~]#umask
          0022
```

```
#同时，也可以直接设置需要的权限掩码，例如需要默认创建的目录为 700 权限，
        [root@localhost ~]#umask 077
        [root@localhost ~]#mkdir euler
        [root@localhost ~]#ls -ld euler/
            drwx------ 2 root root 4096 Jan 13 16:14 euler/
```

注意：Umask 永久设置需要配合变量文件，在后续会进行讲解。

2.5.3 sudo 提权

在生产环境中，一般是不允许 root 用户直接登录到系统中的。但如果需要进行一些高权限的操作可以使用和 su 类似的命令——sudo。

在 Linux 系统中，保持系统的安全性是至关重要的，而一项有效的安全措施是限制用户对系统敏感操作的访问。sudo 命令是一种强大而灵活的工具，允许授予普通用户执行特定命令或任务的特权，而无须完全提升其权限为超级用户（root）。

1. 配置文件

sudo 的配置文件是/etc/sudoers 文件和/etc/sudoers.d/目录下的所有文件。针对 sudo 配置文件的编辑，最好是使用 visudo 命令进行。

其使用方法与 VIM 一致，但 VIM 不会检测配置文件中语法的问题。使用 visudo 命令在保存时会检测配置文件的语法，如图 2-25 所示。

图 2-25 visudo 命令

配置文件的命令语法相对来说，比较简单，具体如下。

```
#基础语法：
    user    MACHINE =(RunAs)            NOPASSWD: COMMANDS
```

各项说明如下。

```
user: 用户名（谁可以提权）
MACHINE: 被管理主机，一般为 ALL，很少会使用同一个 sudo 配置文件管理主机群
(RunAs): 可使用的身份，即可以提权到谁
NOPASSWD: 默认情况下，提权操作需要验证当前用户的密码信息，NOPASSWD 则表示可以不验证
COMMANDS: 允许提权执行的命令，此处需要明确指定命令的绝对路径


#案例：
    user1 ALL=(root) NOPASSWD: /usr/sbin/passwd
        #user1 允许在所有主机上以 root 的身份免密执行 passwd 命令
    user1 ALL=(user2) /usr/bin/mkdir
        #user1 允许在所有主机上以 user2 的身份执行 mkdir 命令，但需要验证密码


#分组管理
    sudoers 文件支持使用别名对同类对象进行分组：组名必须使用全大写字母，使用逗号将同类对象命令隔开
    Host_Alias: 主机别名
    User_Alias: 用户别名
    Runas_Alias: 可使用的身份
    Cmnd_Alias: 命令别名


#案例：
    User_Alias USER = user1,user2
    Cmnd_Alias COMM = /usr/sbin/passwd, /usr/sbin/setenforce
    USER ALL=(root) NOPASSWD:COMM
    #user1 和 user2 允许在所有主机上以 root 身份免密执行 passwd 和 setenforce 指令
```

2．sudo 命令的使用

sudo 命令的使用语法如下。

```
#配置 sudo
      [root@node1 ~]#useradd user1
      [root@node1 ~]#echo "user1 ALL=(ALL) NOPASSWD:ALL" >> /etc/sudoers.d/user1
#常用选项：
  -V：显示版本号
      [user1@node1 ~]$ sudo -V
        Sudo version 1.9.12p2
        Sudoers policy plugin version 1.9.12p2
        Sudoers file grammar version 48
        Sudoers I/O plugin version 1.9.12p2
        Sudoers audit plugin version 1.9.12p2
  -l：显示出自己的 sudo 权限
      [user1@node1 ~]$ sudo -l
        User user1 may run the following commands on node1:
        (ALL) NOPASSWD: ALL
  -u username：指定要提权的身份，默认情况下是 root
      [user1@node1 ~]$ sudo whoami
        root
      [user1@node1 ~]$ sudo -u openEuler whoami
        openEuler
```

本节涉及的命令和作用见表 2-6。

表 2-6　2.5 节命令总结

命令	作用
chmod	修改文件权限
chown	修改文件 UID 与 GID
chgrp	修改文件 GID
sudo	提权执行命令

2.6　VIM 高级文本编辑器

在软件开发领域，有一些工具和应用程序被认为是里程碑式应用。它们既革新了开发者和系统管理员的工作方式，又深刻重塑了行业技术生态。VIM 编辑器就是这样一款令人着迷的工具，它超越了普通的文本编辑器，成为编程和文本处理的不可或缺的伙伴。

什么是 VIM？它不仅仅是一个文本编辑器，更是一种哲学，一种操作范式，甚至是一种效率文化。VIM 的影响力远超其工具，是程序员和系统管理员工作时的标志性工具。当用户深入学习并掌握 VIM 时，会发现它的强大之处。它可以让用户在编辑文本时效率大增。

下面将介绍 VIM 高级文本编辑器的历史、特点和功能，帮助读者更好地理解和利用这个令人惊叹的工具。

2.6.1　VIM 的基础介绍

VIM 组件在 openEuler 系统上并非默认安装项，最小化安装是不会安装 VIM 组件的，默认安装只会有 VI 编辑器。VIM 组件由 VIM-enhanced 软件包提供，可以手动进行安装，如图 2-26 所示。

图 2-26　安装 VIM 组件

除了 VIM 组件，还可以安装 gVIM 组件，如图 2-27 所示。它是 VIM 的图形化版本，由 VIM-X11 软件包提供，但一般来说很少有人使用，更多用户仍使用 VIM。

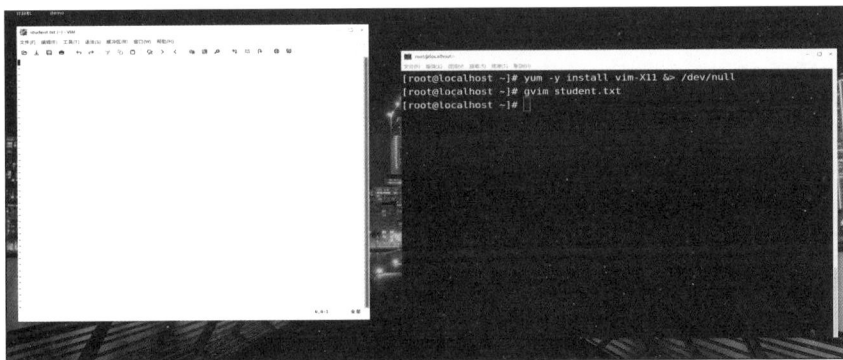

图 2-27　安装 gVIM 组件

那么，VIM 有什么优势呢？为什么它会成为最受欢迎的编辑器之一呢？

首先就是它高效的模态编辑功能。VIM 将编辑过程划分为命令（普通）模式、插入模式和退出模式等。这种模式切换的方式允许用户更快速地执行各种操作，从移动光标到复制粘贴，无须频繁使用鼠标。然后，VIM 拥有丰富的组合键和命令，可以执行文本搜索、替换、跳转到特定行、撤销重做等各种操作，这些命令让编辑过程变得非常高效。再者，VIM 是一个终端应用程序，适用于终端和 SSH 远程连接，不依赖于 GUI。这使它在服务器管理和远程开发中非常有用。还有，VIM 的跨平台性，使其可以在多个操作系统上运行，包括 UNIX、Linux、macOS 和 Windows，这种跨平台性使用户可以在不同的环境中保持一致的编辑习惯。最后，VIM 拥有庞大的插件生态系统，有数以千计的插件可供用户选择。这些插件扩展了 VIM 的功能，使其更适合不同的编程语言和开发任务。

当然，VIM 也不是完美的，它也有一些缺陷，例如，VIM 的入门是比较难的，学习难度较高，且因为 VIM 基本抛弃了鼠标，所以对键盘的操作速度也有一定的要求。

如图 2-28 所示，VIM 被拆分为以下 3 种工作模式。

① 命令模式：这种模式用于文件的导航、剪切和粘贴、搜索和替换以及其他更复杂

openEuler 操作系统项目实战教程

的操作。

② 插入模式：这种模式用于正常的文本编辑。

③ 退出模式：这种模式用于保存、退出并打开文件。

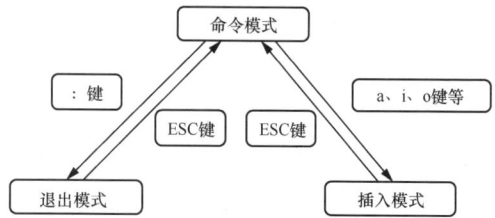

2.6.2　VIM 的使用

1．语法介绍

VIM 的使用语法如下。

```
#语法：VIM filename
      [root@localhost ~]#VIM 1.txt
```

如图 2-29 所示，如果 filename 文件不存在，VIM 会打开一个空文件，并在保存后创建该文件。其原理是，当用 VIM 打开一个文件时，无论文件是否存在，系统都会在文件所在目录打开一个临时文件，如图 2-30 所示，这是一个隐藏文件，以"."开头，并以"swp"结尾，针对该文件的所有操作，都以二进制形式存储在这个文件内，在最后保存时采用临时文件内容作为基准进行保存，而后删除掉这个临时文件。

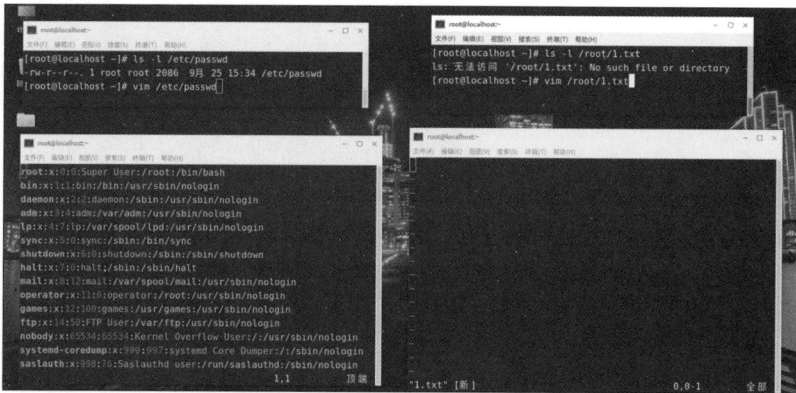

图 2-29　使用 VIM 打开文件

图 2-30　临时文件

• 84 •

临时文件会在正常退出或保存后被系统删除。如果是非正常关闭文件，例如直接关闭终端、进程异常结束或是系统异常死机等，这个临时文件会一直留存，并在后续打开文件时出现提示信息，如图 2-31 所示。

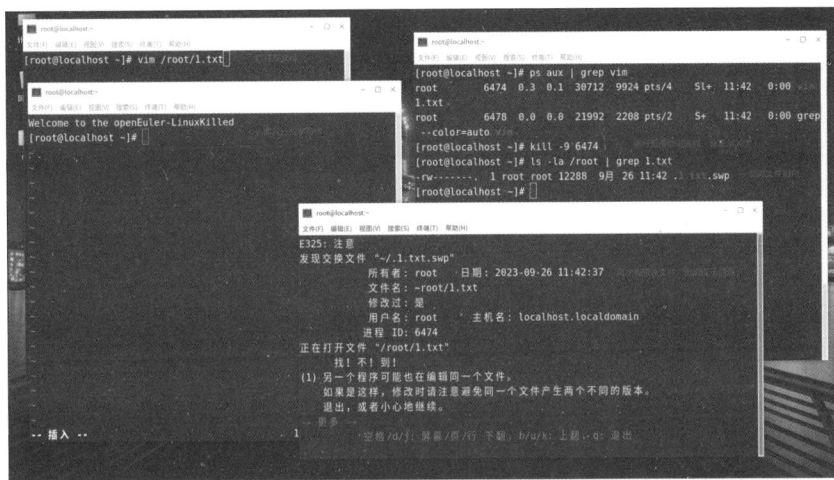

图 2-31　临时文件留存导致错误

根据 VIM 的设定可知，针对文件的编辑操作会存放在临时文件中，因此，如果临时文件存在，是不是可以找回未及时保存的编辑的内容呢？没错，当使用 VIM 编辑文件时，如果系统突然关机，编辑的内容是可以正常找回的。使用 "vim -r filename" 即可成功找回，如图 2-32 所示。但别忘了在保存退出后，删除掉 swp 的临时文件。

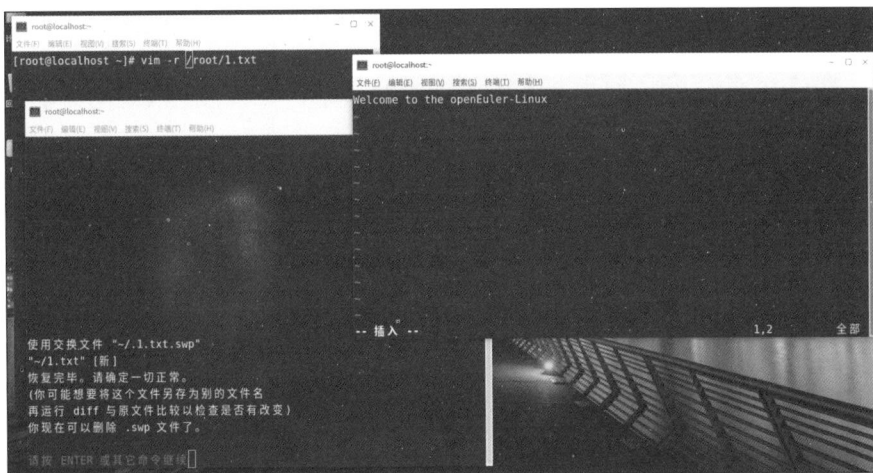

图 2-32　找回编辑内容

2．插入模式

当使用 VIM 打开一个文件时，默认会处于命令模式，可以输入表 2-7 中的操作键进入插入模式。

表 2-7 进入编辑模式的按键

操作键	功能
i	在光标左侧插入文本
a	在光标右侧插入文本
s	替换光标所在字符为空并在此处插入文本
o	在光标所在行的下一行插入新行
I	在行首插入文本
A	在行尾插入文本
S	替换光标所在行为空并插入文本
O	在光标所在行的上一行插入新行

如图 2-33 所示，当文档左下角出现"INSERT"字样或是"插入"字样，则表示当前处于插入模式，可以对文件进行编辑。输入"Esc"可以退出插入模式回到命令模式。

图 2-33 插入模式

3. 命令模式与退出模式

命令模式与退出模式其实没有太大的区别，在文档内并没有比较明显的特征，所以它们将被放在一起讲解其组合键与命令。

（1）光标操作

光标操作的说明见表 2-8。

表 2-8 光标操作的说明

操作类型	操作键	功能
光标方向移动	↑、↓、←、→	光标向上、下、左、右移动
翻页	PageDown 或 Ctrl+F	向下翻动一整页内容
	PageUp 或 Ctrl+B	向上翻动一整页内容
行内快速跳转	Home 键或"^"、数字"0"	跳转至行首
	End 键或"$"键	跳转到行尾

续表

操作类型	操作键	功能
行间快速跳转	1G 或者 gg	跳转到文件的首行
	G	跳转到文件的末尾行
	NG	跳转到文件中的第 N 行
行号显示	:set nu	在编辑器中显示行号
	:set nonu	取消编辑器中的行号显示

（2）复制、剪切和粘贴操作

复制、剪切和粘贴操作的说明见表 2-9。

表 2-9　复制、剪切和粘贴操作的说明

操作类型	操作键	功能
剪切与替换	x 或 Del	删除光标处的单个字符
	dd	剪切当前光标所在行
	Ndd	剪切光标所在行以及下面 N-1 行
	cc	替换该行，并进入插入模式
	d^	删除当前光标之前到行首的所有字符
	d$	删除当前光标处到行尾的所有字符
	dw	删除当前光标处到词尾的所有字符
复制	Yy	复制当前光标所在行
	Nyy	复制光标所在行以及下面 N-1 行
批量复制	:start,end copy dest	将 start 到 end 行的内容复制到 dest 行以下
批量移动	:start,end m dest	将 start 到 end 行的内容移动到 dest 行以下
粘贴	p	将缓冲区中的内容粘贴到光标所在行的下一行
	P	将缓冲区中的内容粘贴到光标所在行的上一行

（3）文件内容查找与替换操作

文件内容查找与替换操作的说明见表 2-10。

表 2-10　文件内容查找与替换操作

操作键	功能
/word	从上而下在文件中查找字符串"word"
?word	从下而上在文件中查找字符串"word"
n	定位下一个匹配的被查找字符串
N	定位上一个匹配的被查找字符串
:s /old/new	将当前行中查找到的第一个字符串"old"替换为"new"
:s /old/new/g	将当前行中查找到的所有字符串"old" 替换为"new"

续表

操作键	功能
:m,n s/old/new/g	在行号"m,n"范围内替换所有的字符串"old"为"new"
:% s/old/new/gi	在整个文件范围内替换所有的字符串"old"为"new"
:s /old/new/c	在替换命令末尾加入 c 命令,将对每个替换动作提示用户进行确认

(4)撤销操作

撤销操作的说明见表 2-11。

表 2-11　撤销操作的说明

操作键	功能
u	按一次取消最近的一次操作,多次重复按 u 键,可以恢复已进行的多步操作
U	撤销光标所在行的更改
Ctrl-r	取消最后一次"撤销"

(5)保存与退出操作

保存与退出操作的说明见表 2-12。

表 2-12　保存与退出操作的说明

操作类型	操作键	功能
保存文件	:w	保存当前文件
	:w /root/newfile	另存为其他文件
	:m,n w 文件名	把 m 到 n 行内容另存到指定文件中
退出 VIM	:q	未修改直接退出
	:q!	放弃对文件内容的修改,并退出 VIM 编辑器
保存文件退出	:wq	保存文件退出
强制保存文件退出	:wq!	强制保存文件退出

4．可视化模式

除了命令模式、退出模式、插入模式外,在后续的更新中,VIM 还添加了可视化模式。在命令模式中,可以进入可视化模式,系统会允许选择文本块,然后对其进行相应操作,高亮显示的文本能被删除、复制、替换。进入可视化模式后的常用操作键见表 2-13。

表 2-13　进入可视化模式后的常用操作键

操作键	功能
v	开始以字符为单位高亮选定
V	开始以行为单位高亮选定
Ctrl+v	开始以列为单位高亮选定

如图 2-34 所示，当文档左下角出现"VISUAL"字样或是"可视"字样，则表示当前处于可视化模式，可以对文件进行编辑，输入"ESC"可以退出插入模式回到命令模式。

图 2-34 可视化模式

这一模式有一个非常常见的使用场景。因为在代码编辑中，经常会使用注释来解释某一行或是某一段代码的含义，有一些开发语言支持以多行注释的方式来注释多行文本块，例如 Python，可以在一段文本的首行和尾行都加上 3 个引号，那么这一段文本就被注释了，但是还有一些开发语言是不支持注释块的，它们仅支持一行一行地在文本前加上#的注释。

但这种方式的效率非常低下，而可视化模式可以帮助用户简单地完成这一操作，也就是以可视化模式进行多行注释，如图 2-35 所示，具体步骤如下。

① 使用"Ctrl+V"组合键进入可视化模式。
② 向下或向上移动光标。
③ 把需要注释的行的开头标记起来。
④ 按大写"I"字母。
⑤ 插入注释符，如"#"。
⑥ 按"Esc"键全部注释。

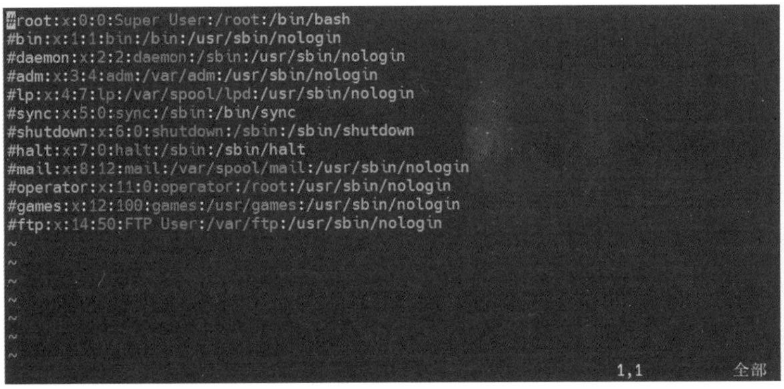

图 2-35 多行注释

2.7 字符的处理方式

2.7.1 标准 I/O 与管道

1. I/O 的概念

I/O 代表输入和输出，指的是计算机与外部世界之间的数据交流和数据传输过程。在计算机系统中，I/O 涉及将数据从外部设备或存储介质读取到计算机内存（输入），以及将数据从计算机内存写入到外部设备或存储介质（输出）的过程。表 2-14 列出了常见的 I/O 操作。

表 2-14　常见的 I/O 操作

编号	通过名称	描述	默认设备	用法
0	stdin	标准输入	键盘	仅读取
1	stdout	标准输出	显示器	仅写入
2	stderr	标准错误输出	显示器	仅写入

注意：本质上标准输出就是命令的正确回显，标准错误输出就是命令的报错。

2. 重定向与追加

在学习重定向与追加前，先学习 echo 命令。这个命令的作用很简单，即将输出的字符串输出到屏幕，语法如下。

```
#语法：echo [OPTIONS] STRING
        [root@localhost ~]#echo 123
        123
#命令非常简单。下面扩展一个 -e 选项
#-e 选项启用了转义序列的解释，这意味着在文本字符串中，可以使用一些特殊的转义字符来表示特定的控制字符或格式。例如
        \n 表示换行符。
        \t 表示制表符。
        \b 表示退格。
        \r 表示回车。
        \\ 表示反斜杠字符。
#显示带有换行的文本
        [root@localhost ~]#echo -e "Hello, \nWorld!"
        Hello,
        World!
#显示带有制表符的文本
        [root@localhost ~]#echo -e "Name:\tJohn\nAge:\t30"
        Name:    John
        Age:     30
```

重定向和追加的语法如下。

```
#重定向和追加的区别很简单。使用重定向时，文件的原有内容会被覆盖，追加则是在原有基础上添加
#>file 重定向 stdout 以覆盖文件（重定向会覆盖掉原有文件）
        [root@localhost ~]#cat 1.txt
        123
        [root@localhost ~]#echo abc > 1.txt
        [root@localhost ~]#cat 1.txt
        abc
#>>file 重定向 stdout 以追加到文件
        [root@localhost ~]#cat 1.txt
        abc
        [root@localhost ~]#echo 123 >> 1.txt
        [root@localhost ~]#cat 1.txt
        abc
        123
#2>file      ：重定向 stderr 以覆盖文件
#2>/dev/null ：重定向 stderr 到/dev/null
```

```
#&>file        : 重定向 stdout 和 stderr 以覆盖同一个文件，等同于>file 2>&1
#&>>file       : 重定向 stdout 和 stderr 以追加同一个文件，等同于>>file 2>&1
```

这里仅针对其中的一部分进行举例，其他的用法大体一致，就不再重复了，唯一的区别是导入 stdout 还是 stderr 或是一起导入。其命令语法如下。

```
#示例命令，此命令的回显存在 stdout 与 stderr
#以下命令当不作为 root 用户运行时，产生输出和错误：
    [openEuler@localhost ~]$ find / -name selinux
#可以执行以下操作保存输出和错误信息
  #重定向 stdout 到 find.out 文件
    [openEuler@localhost ~]$ find / -name selinux > find.out
  #重定向 stderr 到 find.err 文件
    [openEuler@localhost ~]$ find / -name selinux 2> find.err
  #将 stdout 重定向到 find.out 文件，stderr 重定向到 find.err 文件
    [openEuler@localhost ~]$ find / -name selinux > find.out 2>find.err
  #将 stdout 与 stderr 重定向到 all.out 文件
    [openEuler@localhost ~]$ find / -name selinux &> all.out
  #将 stderr 作为 stdout，并将所有的 stdout 重定向到 all.out 文件
    [openEuler@localhost ~]$ find / -name selinux >> all.out  2>&1
```

3．文件重定向

文件重定向，就是将文件内容重定向到标准输入。举个例子，tr 命令用于文本转换，但是它不能直接对文件进行操作，而是仅能接收标准输入的数据。文件重定向就能解决这个问题，语法如下。

```
#使用 < 将文件内容重定向到标准输入
    [root@localhost ~]#cat 1.txt
        abc
    [root@localhost ~]#tr 'a-z' 'A-Z' 1.txt
        #此命令的作用是将标准输入中的所有小写字母转换成大写
        tr: 额外的操作数 "1.txt"
        #请尝试执行 "tr --help" 来获取更多信息
    [root@localhost ~]#tr 'a-z' 'A-Z' < 1.txt
        ABC
```

接下来，回顾一下 echo 命令与重定向追加命令，语法如下。

```
#如果想编辑一个文件内容为 abc，使用 echo 命令加上重定向即可解决
    [root@localhost ~]#echo abc > student.txt
    [root@localhost ~]#cat student.txt
        abc
#如果想编辑一个文件，并且是多行文本的文件，可以使用 echo -e 命令
    [root@localhost ~]#echo -e "123\nabc" > student.txt
    [root@localhost ~]#cat student.txt
        123
        abc
#如果文件内容非常多，有几百行，还能保证在每一行前都加上换行符吗？所以，还有一项技术，叫作"多行文本重定向"
#示例：
        <<END
            >string,
            >string,
            >string,
            >string,
        >END
#举例，假设想编辑一个文件，文件内容是一封邮件，存在多个换行，可以这么写
    [root@localhost ~]#cat > 1.txt <<EOF
```

```
          > HI Jane,
          > i am openEuler
          > Please give me a call when you get in.We may need
          > to do some maintenance on server1
          > openEuler
        > EOF
[root@localhost ~]#cat 1.txt
          HI Jane,
          i am openEuler
          Please give me a call when you get in.We may need
          to do some maintenance on server1
          openEuler
```

4. 管道符

在现实生活中，管道可以说是随处可见，例如水管、天然气管道等，作用非常简单——承上启下，连接上级与下级。

在 Linux 系统中，"|"被称作管道符。那管道的用处是什么呢？如图 2-36 所示，管道符可以用于连接命令，例如"command1 | command2"结构，是将 command1 的标准输出作为 command2 的标准输入，而不输出到屏幕。也可以照此连接多个管道，如"command1 | command2 | command3 | command4"等，都是可以支持的。需要注意的是，stderr 是不能通过管道的，也就是错误输出无法通过管道，只能通过 stdout。

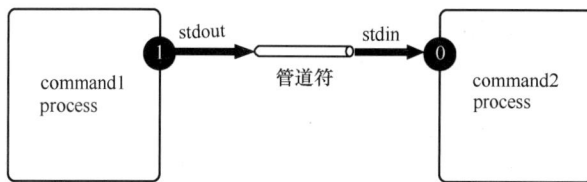

图 2-36　管道原理

关于管道符的示例语法如下。

```
#less 命令：将输出分页处理，一次查看一个页面的输出，键入 q 退出查看
        [root@localhost ~]#ls -l /etc/ | less
#wc 命令：统计行数、单词数、字符数
        [root@localhost ~]#cat /etc/passwd | wc
```

类似的使用场景在后续的文本处理部分会用到很多。除了这种简单的管道外，还有一种三通管道，比正常管道会多出一个步骤。例如，"command1 | tee filename | command2"结构，正常管道是将 command1 的标准输出传递给 command2 作为它的标准输入，而三通管道则是将 command1 的标准输出先保存到 filename 文件中，再转换成标准输入给 command2 使用。这么做有两个优势，正常管道在执行时并没有过程，所以报错十分难以查询，而三通管道则将每一个标准输出都进行了保存，可以用于诊断复杂的管道，并且还可以查看和记录每一个命令的输出，语法如下。

```
#tee 管道：保存命令的标准输出到指定文件中
#结构：command1 | tee file1 | command2 | tee file2 | command3 ...
        [root@localhost ~]#head -n 10 /etc/passwd | tee 1.txt | wc
                10         11        415
        [root@localhost ~]#cat 1.txt
```

```
root:x:0:0:Super User:/root:/bin/bash
bin:x:1:1:bin:/bin:/usr/sbin/nologin
daemon:x:2:2:daemon:/sbin:/usr/sbin/nologin
adm:x:3:4:adm:/var/adm:/usr/sbin/nologin
lp:x:4:7:lp:/var/spool/lpd:/usr/sbin/nologin
sync:x:5:0:sync:/sbin:/bin/sync
shutdown:x:6:0:shutdown:/sbin:/sbin/shutdown
halt:x:7:0:halt:/sbin:/sbin/halt
mail:x:8:12:mail:/var/spool/mail:/usr/sbin/nologin
operator:x:11:0:operator:/root:/usr/sbin/nologin
```

5. 管道扩展

在 Linux 系统中，有很多命令是不支持管道的。如图 2-37 所示，chmod 命令就无法通过管道接收文件名作为参数。

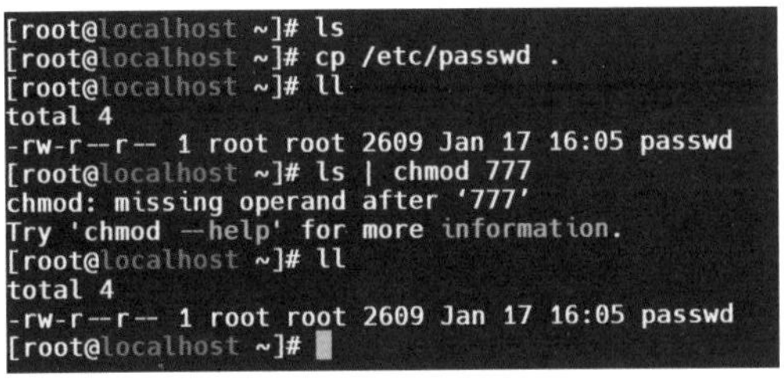

图 2-37 chmod 不支持管道

然而，在日常工作中，经常需要通过管道将输出结果传递给这些命令来完成特定的任务。为了解决这一问题，xargs 成为一种重要的工具，它能够强制控制那些原本不支持管道输入的命令，使其能够从管道中接收参数，并完成相应的工作。语法如下。

```
#使用 xargs 让 chmod 接收管道参数并修改权限
[root@localhost ~]#cp /etc/passwd
[root@localhost ~]#ll
    -rw-r--r-- 1 root root 2609 Jan 17 16:12 passwd
[root@localhost ~]#ls | xargs chmod 777
[root@localhost ~]#ll
    -rwxrwxrwx 1 root root 2609 Jan 17 16:12 passwd
```

2.7.2 文本查看工具

通常情况下，如果想查看一个文件的内容，必须打开该文件。但如果是在自动化的代码脚本中呢？判断一个文件里面是否包含某个字符串，难道能在脚本中去打开文件查看吗？其实并不是这样，在 Linux 系统中，有非常多的工具可以用于直接在命令行对文件进行操作，例如查看内容、过滤关键字、转换某个类型的字符或编辑文件的内容等，这些都可以在命令行中做到。

1. 查看文件内容

使用 cat 命令可以打印一个或多个文件的内容到标准输出（即显示到屏幕上），语法如下。

```
#cat 命令：连接文件并在标准输出上打印
#语法：cat [OPTION]... [FILE]...
```

```
[root@localhost ~]#cat passwd
    root:x:0:0:Super User:/root:/bin/bash
    bin:x:1:1:bin:/bin:/usr/sbin/nologin
    daemon:x:2:2:daemon:/sbin:/usr/sbin/nologin
    adm:x:3:4:adm:/var/adm:/usr/sbin/nologin
    lp:x:4:7:lp:/var/spool/lpd:/usr/sbin/nologin
```
#常用选项
-n: 打印时为每一行带上行号
```
[root@localhost ~]#cat -n passwd
        1  root:x:0:0:Super User:/root:/bin/bash
        2  bin:x:1:1:bin:/bin:/usr/sbin/nologin
        3  daemon:x:2:2:daemon:/sbin:/usr/sbin/nologin
        4  adm:x:3:4:adm:/var/adm:/usr/sbin/nológin
        5  lp:x:4:7:lp:/var/spool/lpd:/usr/sbin/nologin
```
-A: 显示文本文件时以可见方式显示控制字符，简单来说，文本内存在制表符、换行符等，会以可见的形式显示
  #制表符（Tab）以 ^I 表示
  #换行符（Newline）以 $ 表示
  #控制字符（除了 Tab 和换行符以外的其他字符）以^后跟字符的方式表示，例如^M 表示回车字符
```
[root@localhost ~]#echo -e "123        \nabc:\t30" > 1.txt
[root@localhost ~]#cat 1.txt
    123
    abc:    30
[root@localhost ~]#cat -A 1.txt
    123      $
    abc:^I30$
```

cat 命令还能与重定向结合使用，进行文件内容合并，其命令语法如下。

```
[root@localhost ~]#cat openEuler.txt
    123
[root@localhost ~]#cat student.txt
    abc
[root@localhost ~]#cat openEuler.txt student.txt > demo.txt
[root@localhost ~]#cat demo.txt
    123
    Abc
```

  使用 cat 命令可以直接在命令行中查看系统中的所有文件,但这个命令同样存在缺点。cat 命令有两不看:一不看特别大的文件,二不看文件内容非常多的文件。

  因为 cat 命令是先将文件从磁盘中读取到缓存中,全部读取完成后才会打印到屏幕上,如果这个文件过大,那么从磁盘读取到缓存的过程所需要的时间就会十分长,并且会给用户一种机器卡死的错觉,所以, cat 命令不能用来查看非常大的文件。此外, cat 命令是直接将文件所有内容打印到屏幕上,如果文件内容过大,在字符界面无法查看到文件前面部分的内容。即使是在图形化界面,可以使用鼠标滚轮向上翻找,但是如果文件内容过多,最开始的内容也会被终端清理掉导致无法查看。

2. 分页查看文件内容

  如果一个文件的体量过大,内容也非常多,通常会使用 more 命令与 less 命令来进行文件内容的查看。这两个命令十分类似,它们都做了同样的一件事:将文件内容以页为单位进行拆分,供用户分页查看,以此来解决 cat 命令的不足。

  more 命令的语法非常简单,直接在后面接上文件即可,如图 2-38 所示。

图 2-38 more 命令的使用

可以看到，在屏幕的左下角，有一个百分比信息，这就是分页阅读的提示信息，提示我们已经看到这个文件内容的百分比。在 more 命令打开的文件中，也有一些组合键可以使用，详见表 2-15。

表 2-15 more 命令的组合键

操作键	功能
方向键上、方向键下与 Enter 键	向上或向下滚动一行
PageUp、PageDown 与 Enter 键	向上或向下滚动一页
/STRING	搜索关键字 string
n	定位下一个匹配的被查找字符串
N	定位上一个匹配的被查找字符串
q	退出 more 文档查看器

注意：使用 more 命令查找关键字比较特殊，它并不会高亮显示关键字，并且它只会查找哪一页存在这个关键字，但这一页有多少个并不会提示。

less 命令相对于 more 命令而言更高级，用户使用体验也更好。用户可以将 less 命令视作命令行版本的 VIM 编辑器，其功能十分强大，但是各种高级操作的用法也非常复杂。用户一般不会使用 less 做很复杂的事情，只会使用它作为一个分页查看的工具，示例如图 2-39 所示。

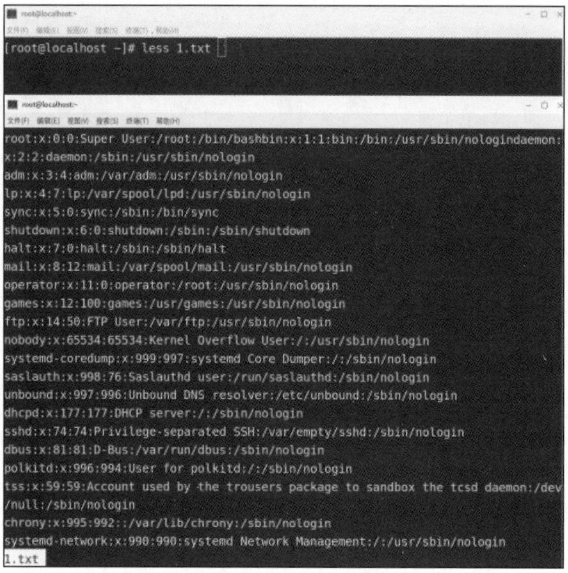

图 2-39　less 命令的使用

　　less 命令不会显示已看到文件内容的百分比,但是它的其他功能还是非常强大的。less 命令的组合键见表 2-16。

表 2-16　less 命令的组合键

操作键	功能
方向键上、方向键下与 Enter 键	向上或向下滚动一行
PageUp、PageDown 与 Enter 键	向上或向下滚动一页
方向键左、方向键右	向左或向右滚动一页
/STRING	搜索关键字 string
n	定位下一个匹配的被查找字符串
N	定位上一个匹配的被查找字符串
v	使用 VIM 打开此文件
h	查看帮助信息
q	退出 less 文档查看器

　　less 命令也存在一些比较好用的参数。例如“-m”选项,打开文件后会出现类似于 more 命令的文件内容百分比信息;“-N”选项会在文件的每一行的行首都添加上行号。less 命令的技术在系统中运用得非常多,例如之前所学的 man 帮助,在底层运用的就是 less 命令。

3．以行为单位查看文件内容

　　无论是 cat 命令的全部查看,还是 more 命令与 less 命令的分页查看,虽然它们的功能十分强大,但是,如果用户只是想查看文件的前十行该怎么办呢?难道还要打开整个文件才能查看吗?这样会对系统资源造成不必要的占用,并且,在脚本中也无法实现对文本内容的精确控制。

所以开发者还提供了以行为单位的查看文件内容的工具，它们是 head 命令与 tail 命令。从它们的英文名称就能想到，二者一个是查看头部，一个是查看尾部。head 命令的作用是查看文件的开头部分，而 tail 命令是查看文件的结尾部分。这 2 个命令的语法如下。

```
#head 命令：默认情况下，查看文件的开头 10 行内容
  #语法: head [OPTION]... [FILE]...
      [root@localhost ~]#head demo.txt
        root:x:0:0:Super User:/root:/bin/bash
        bin:x:1:1:bin:/bin:/usr/sbin/nologin
        daemon:x:2:2:daemon:/sbin:/usr/sbin/nologin
        adm:x:3:4:adm:/var/adm:/usr/sbin/nologin
        lp:x:4:7:lp:/var/spool/lpd:/usr/sbin/nologin
        sync:x:5:0:sync:/sbin:/bin/sync
        shutdown:x:6:0:shutdown:/sbin:/sbin/shutdown
        halt:x:7:0:halt:/sbin:/sbin/halt
        mail:x:8:12:mail:/var/spool/mail:/usr/sbin/nologin
        operator:x:11:0:operator:/root:/usr/sbin/nologin
      [root@localhost ~]#cat -n demo.txt  | head
           1  root:x:0:0:Super User:/root:/bin/bash
           2  bin:x:1:1:bin:/bin:/usr/sbin/nologin
           3  daemon:x:2:2:daemon:/sbin:/usr/sbin/nologin
           4  adm:x:3:4:adm:/var/adm:/usr/sbin/nologin
           5  lp:x:4:7:lp:/var/spool/lpd:/usr/sbin/nologin
           6  sync:x:5:0:sync:/sbin:/bin/sync
           7  shutdown:x:6:0:shutdown:/sbin:/sbin/shutdown
           8  halt:x:7:0:halt:/sbin:/sbin/halt
           9  mail:x:8:12:mail:/var/spool/mail:/usr/sbin/nologin
          10  operator:x:11:0:operator:/root:/usr/sbin/nologin
#上述两种使用方法都可以。除了最基础的用法之外，还可以使用-n 选项指定显示的行
  -n: 指定要显示的行
  #head -n N filename  == head -n +N filename    查看文件的前 N 行内容
      [root@localhost ~]#head -n 2 demo.txt
        root:x:0:0:Super User:/root:/bin/bash
        bin:x:1:1:bin:/bin:/usr/sbin/nologin
  #head -n -N filename    除了文件的最后 N 行内容，其他的全部显示
      [root@localhost ~]#cat -n demo.txt | head -n -33
           1  root:x:0:0:Super User:/root:/bin/bash
           2  bin:x:1:1:bin:/bin:/usr/sbin/nologin
           3  daemon:x:2:2:daemon:/sbin:/usr/sbin/nologin

#tail 命令：默认情况下，查看文件的结尾 10 行内容
  #语法: tail [OPTION]... [FILE]...
  #tail 命令的基本用法与 head 一致，这里就不重复演示，直接来看看选项
  -n: 指定要显示的行
  #tail -n N filename  == tail -n -N filename    查看文件的最后 N 行内容
      [root@localhost ~]#tail -n 3 demo.txt
        avahi:x:70:70:Avahi mDNS/DNS-SD Stack:/var/run/avahi-daemon:/sbin/nologin
        avahi-autoipd:x:170:170:Avahi IPv4LL Stack:/var/lib/avahi-autoipd:/sbin/nologin
        geoclue:x:983:981:User for geoclue:/var/lib/geoclue:/sbin/nologin
  #tail -n +N filename    除了文件的开头 N 行内容，其他的全部显示
      [root@localhost ~]#tail -n +33 demo.txt
        pulse:x:171:171:PulseAudio System Daemon:/var/run/pulse:/sbin/nologin
```

```
avahi:x:70:70:Avahi mDNS/DNS-SD Stack:/var/run/avahi-daemon:/sbin/nologin
avahi-autoipd:x:170:170:Avahi IPv4LL Stack:/var/lib/avahi-autoipd:/sbin/nologin
geoclue:x:983:981:User for geoclue:/var/lib/geoclue:/sbin/nologin
```

如图 2-40 所示,"-f"选项可以使 tail 命令进入跟踪模式,它会不断显示文件的新内容,并在文件更新时自动滚动显示,对于监控日志文件非常有用。

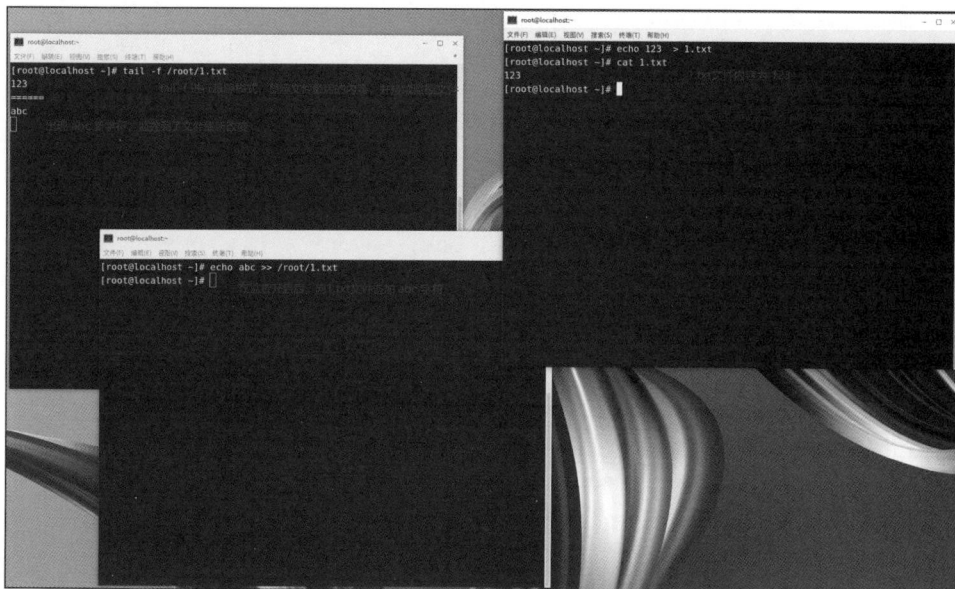

图 2-40 tail 命令的跟踪模式

这 2 个命令还能结合起来使用,单独取出某几行内容。例如,如果用户只想要文件的第 7 行到第 9 行,可以按照图 2-41 进行操作。

图 2-41 head 与 tail 结合使用单独取出内容

2.7.3 文本分析工具

在平常的系统管理中,经常会涉及一些文件的分析,例如判断一个文件的行数有多少,或者是对文件内容进行排序、去重,比较两个文件的区别,又或者通过关键字取出某一行内容等一系列的操作。系统给出了多种命令用于完成这些需求,进而提高工作效率。

1. 文本统计

wc 命令是一个用于统计文件内容的命令行工具,其名称代表"word count"(词汇统计)。wc 命令通常用于计算文本文件中的字数、行数和字符数。

　　wc 命令对于文本处理和数据统计非常有用，可以帮助了解文件的结构和内容，以及执行各种文本处理任务。wc 命令的语法如下。

```
#语法: wc [OPTION]... [FILE]...
        [root@localhost ~]#wc /etc/passwd
            36    77 2001 /etc/passwd
#wc 命令可以直接针对一个文件或者接收标准输入
#显示结果从左至右依次是文件行数、文件单词数、文件字符数及文件名
#如果只是想统计这个文件有多少行，有多少个单词，可以使用以下选项实现
-l: 仅统计文件行数
        [root@localhost ~]#wc -l /etc/passwd
            36 /etc/passwd
-w: 仅统计文件单词数
-c: 仅统计文件字符数
#wc 还可以同时统计多个文件，并将每个文件的信息单独显示出来
        [root@localhost ~]#wc /etc/passwd /etc/shadow
            36    77 2001 /etc/passwd
            36    36 1061 /etc/shadow
            72   113 3062 总用量
```

2. 文本排序

　　如图 2-42 所示，sort 命令是一个用于对文本文件内容进行排序的命令行工具。它通常用于按字母顺序或数字顺序对文本行进行排序，以便于进行数据分析、查找和整理。sort 命令仅仅是对标准输出进行排序操作，并不会有改变文件的原有内容的操作。sort 命令语法是"sort[options]file(s)"。

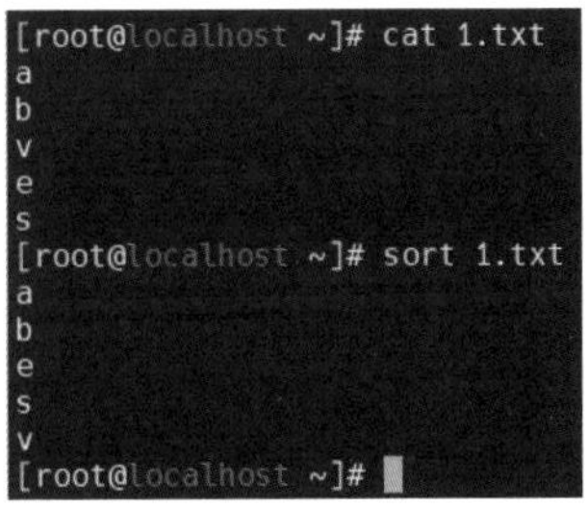

图 2-42　sort 排序

　　sort 命令默认采用升序方式（从小到大）进行排序，且是以列进行排序，如果第一列相同，再来比较第二列的大小，从而进行排序，其命令用法及选项如下。

```
-r: 执行反向(降)排序
        [root@localhost ~]#sort -r 1.txt
            v
            s
            e
            b
            a
-n: 执行数字排序
#正是因为 sort 是以列进行排序的，所以一般想要直接对数字进行排序会产生错误，这时就需要使用-n 选项，对数字的大小进行排序
        [root@localhost ~]#sort 2.txt
            1
            12
            2
            4
        [root@localhost ~]#sort 2.txt  -n
            1
            2
            4
            6
```

```
                    7
                    9
                    12
    -f：忽略字符串中的大小写
    -t  c：使用 c 作为字段间的分隔符
    -k X：使用 c 分隔符排序第 X 字段
    #-t 与 -k 是一起使用的，例如针对/etc/passwd 文件进行排序时，想要以 uid 的大小进行排序，但是 uid 在每
一行的中间部分，这时就需要指定以 uid 列进行排序
        [root@localhost ~]#cat demo.txt
        root:x:0:0:Super User:/root:/bin/bash
        bin:x:1:1:bin:/bin:/usr/sbin/nologin
        chrony:x:995:992::/var/lib/chrony:/sbin/nologin
        openEuler:x:1000:1000:openEuler:/home/openEuler:/bin/bash
        rtkit:x:172:172:RealtimeKit:/proc:/sbin/nologin
        firebird:x:987:987::/:/sbin/nologin
        usbmuxd:x:113:113:usbmuxd user:/:/sbin/nologin
        [root@localhost ~]#sort -t ':' -k3 -n  demo.txt
        root:x:0:0:Super User:/root:/bin/bash
        bin:x:1:1:bin:/bin:/usr/sbin/nologin
        usbmuxd:x:113:113:usbmuxd user:/:/sbin/nologin
        rtkit:x:172:172:RealtimeKit:/proc:/sbin/nologin
        firebird:x:987:987::/:/sbin/nologin
        chrony:x:995:992::/var/lib/chrony:/sbin/nologin
        openEuler:x:1000:1000:openEuler:/home/openEuler:/bin/bash
```

3．消除重复行

在系统中的各种文件中，经常会出现两行一模一样的内容，可以使用 uniq 命令与 sort 命令进行去重操作，如图 2-43 所示。

可以看到，uniq 命令与 sort 命令不一样，因为 sort -u 选项是直接从标准输入中删除重复行，而 uniq 命令仅能删除连续的相邻重复行。uniq 命令有一个-c 选项，会统计发生重复的次数，但是如果仅使用 uniq -c，并不能删除非连续分布在文件中的重复行，所以 uniq 命令其实一般来说都是与 sort 命令一起出现的，也就是先排序再去重，如图 2-44 所示。

4．文件比对

对着实验手册做实验，看上去与别人一模一样的配置，但是就是成功不了。对这两个屏幕的配置文件进行肉眼对比，想以此发现一些不同的地方从而排错，这是每一个计算机工作人员都经历过的步骤。但这种方法的效率是极其低下的，如果是 1000 行的配置文件，眼睛看到酸涩都不一定能找出差异，所以需要学习使用专门工具提高效率。diff 命令就可以用于不同文件的比对，语法如下，运行结果如图 2-45 所示。

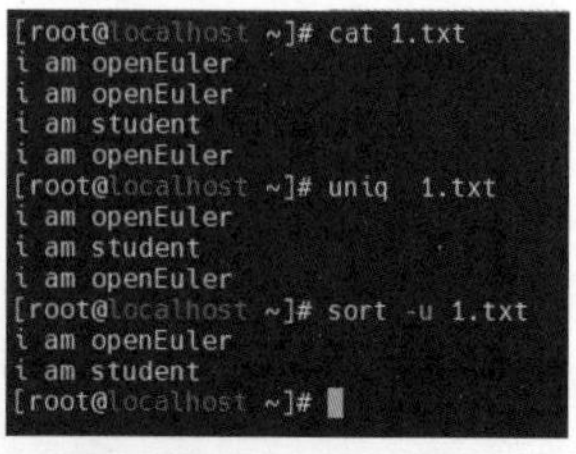

图 2-43　去除重复行 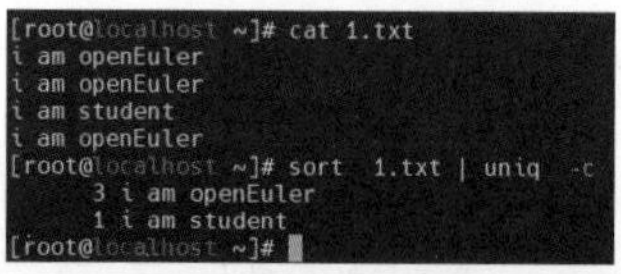　　　图 2-44　uniq 命令与 sort 命令一起使用 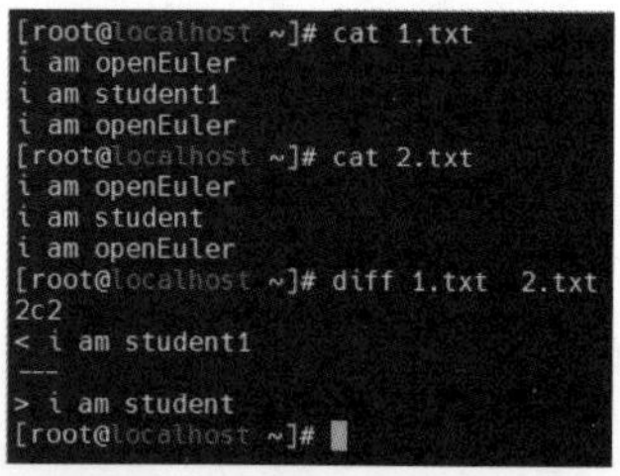　　图 2-45　diff 命令用于文件比对

```
#语法: diff file1 file2
        [root@localhost ~]#cat 1.txt
            i am openEuler
            i am student1
            i am openEuler
        [root@localhost ~]#cat 2.txt
            i am openEuler
            i am student
            i am openEuler
        [root@localhost ~]#diff 1.txt  2.txt
            2c2
            < i am student1
            ---
            > i am student
```
#查看 diff 的输出信息
#2c2：第 1 个 2 表示 file1 文件的第 2 行，第 2 个 2 则表示 file2 文件的第 2 行，字母的意思如下。
　　　c 表示比对；
　　　a 增加了一行；
　　　d 减少了一行。
< i am student1: file1 第 2 行的内容
> i am student: file2 第 2 行的内容
#1.txt 的第 2 行与 2.txt 的第 2 行内容不一致，
　　1.txt 第 2 行为 i am student1 ，2.txt 第 2 行为 i am student 。

理解这种纯命令行的比对，有一定难度，好在系统还有更直观、简单的方法——VIMdiff，如图 2-46 所示。这种方式更直观，不同的内容会通过高亮显示，其原理是采用 VIM 的多窗口模式(VIM 的细节内容非常多,若有兴趣可以专门看一看关于 VIM 的图书)。

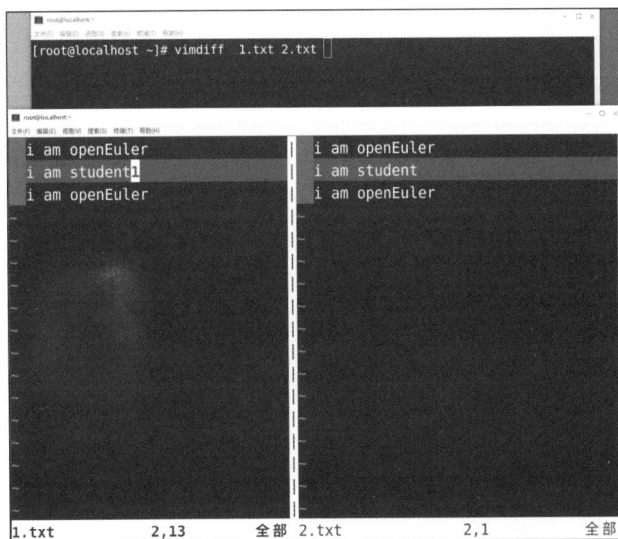

图 2-46　使用 VIMdiff 命令进行文件比对

5．以行为单位过滤

grep 命令以关键字为索引，以行为单位对标准输入进行文本提取，也就是过滤文本。grep 命令用于脚本开发中的各种判断，语法如下。

```
#语法： grep [OPTION...] PATTERNS [FILE...]
#语法各项分别是：命令，选项，用于描述或指定搜索、匹配或筛选文本数据的规则或模式的术语，文件
```

如图 2-47 所示，在/etc/passwd 文件中过滤存在 root 关键字的行。

grep 命令可以直接接收文件，也可以接收标准输入进行工作，还可以打印出存在关键字的行内容，将查找到的关键字以高亮显示。grep 命令的基础用法很简单。扩展 grep 命令的各种选项的语法如下。

图 2-47　使用 grep 命令过滤关键字

```
-i：忽略字母大小写敏感搜索，Linux 对字母大小写敏感，若不确定关键字母的大小写，可以使用-i 选项进行忽略
        [root@localhost ~]#cat 1.txt
          root
          RooT
          ROOT
        [root@localhost ~]#grep root 1.txt
          root
        [root@localhost ~]#grep -i root 1.txt
          root
          RooT
          ROOT
-n：打印匹配的行号
        [root@localhost ~]#cat 1.txt
          root
          RooT
          ROOT
        [root@localhost ~]#grep -n root 1.txt
          1:root
-o：只显示匹配的内容，也就是只打印匹配到多少个关键字
        [root@localhost ~]#grep root /etc/passwd -o
          root
-c：如果匹配成功，则将匹配到的行数打印出来，即有多少行存在关键字
        [root@localhost ~]#grep root /etc/passwd -c
          2
-v：打印那些不匹配的行，反向过滤，打印不存在关键字的文件内容
        [root@localhost ~]#cat 1.txt
          root
          student
        [root@localhost ~]#grep -v root 1.txt
          student
-AX：将匹配行及其后 X 行一起打印出来
-BX：将匹配行及其前 X 行一起打印出来
-CX：将匹配行及其前后 X 行一起打印出来
        [root@localhost ~]#cat 1.txt
          openEuler
          root
          student
        [root@localhost ~]#grep -A1 root 1.txt
          root
          student
        [root@localhost ~]#grep -B1 root 1.txt
          openEuler
          root
```

```
[root@localhost ~]#grep -C1 root 1.txt
    openEuler
    root
    student
```

-r：递归搜索目录，根据文本内容搜索文件
-l：如果匹配成功，则只将文件名打印出来，失败则不打印，通常-rl一起用

```
[root@localhost ~]#cp /etc/passwd /root/
[root@localhost ~]#ls
    passwd
[root@localhost ~]#grep -r ftp /root
    /root/passwd:ftp:x:14:50:FTP User:/var/ftp:/usr/sbin/nologin
[root@localhost ~]#grep -rl ftp /root
    /root/passwd
```

#简单来说，-r 就是在目录下的所有文件内查找关键字，如果存在，即以 "文件名:关键字所在行"格式打印，-l则是不打印内容，仅打印存在关键字的文件名

6. 正则表达式

当谈到文本处理和搜索时，正则表达式是一个无可替代的工具。无论是编程、系统管理、数据分析，还是文本编辑方面工作，了解和掌握正则表达式都是非常有价值的。

在计算机科学和文本处理领域，正则表达式是一种强大的工具，用于匹配、搜索和操作文本。正则表达式是由一系列字符和特殊符号组成的模式，它们定义了一种规则，用于描述文本中的字符串结构。正则到底是什么？简单来说，其实就是在文本中寻找规律，然后按照规则提取文本。举个例子，假如有一个非常杂乱的邮件内容文件，想要提取里面所有的邮箱应该怎么做呢？首先要找到邮箱的规律，例如 "abc123@www.com"。所有的邮箱都是以字母或数字开头，中间以@作为分隔，然后是一个域名；域名同样也是以字母或数字组成的两部分，中间以.分隔。所以能直接用 ".*@.*\..*" 正则表达式来表示邮箱，如图 2-48 所示。

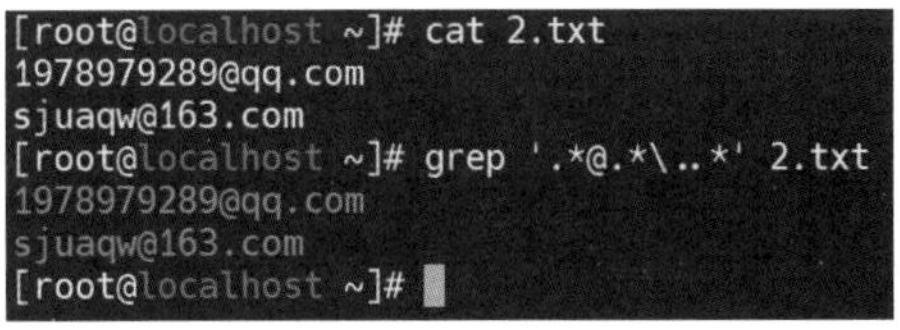

图 2-48　正则表达式演示

上述表示邮箱的这些特殊符号就是正则表达式。正则表达式中这些特殊的符号又称元字符。元字符及基础正则表达式的语法如下。

^：　表示匹配行的开头。下面匹配以 root 开头的行

```
[root@localhost ~]#cat 1.txt
    root:admin
    admin:root
[root@localhost ~]#grep ^root 1.txt
    root:admin
```

$：　表示匹配行的结尾。下面匹配以 root 结尾的行

```
[root@localhost ~]#grep root$ 1.txt
    admin:root
```

#扩展：^$可以表示空行。下面反向过滤掉空行

```
[root@localhost ~]#cat 1.txt
    root:admin

    admin:root
[root@localhost ~]#grep -v "^$" 1.txt
    root:admin
    admin:root
```

```
\<:   表示匹配单词的开头
\>:   表示匹配单词的结尾
        [root@localhost ~]#cat 1.txt
          root
          admin
        [root@localhost ~]#grep "\<ro" 1.txt     #匹配以 ro 开头的单词
          root
        [root@localhost ~]#grep "in\>" 1.txt      #匹配以 in 结尾的单词
          admin
.:    表示匹配任意的单个字符
        [root@localhost ~]#cat 1.txt
          a
          A

          1
        [root@localhost ~]#grep "." 1.txt
          a
          A
          1
*:    表示匹配前一个字符或子表达式的零次或多次重复。下面对 r 进行重复匹配
        [root@localhost ~]#cat 1.txt
          oot
          root
          rrrroot
        [root@localhost ~]#grep "r*" 1.txt
          oot          #0 次匹配 r
          root         #匹配一次 r
          rrrroot      #匹配多次 r
#扩展: .* 可以表示匹配任意字符串
        [root@localhost ~]#cat 1.txt
          nsuf
        [root@localhost ~]#grep ".*" 1.txt
          nsuf
[str]:  表示匹配包含在方括号内的任何一个字符
        [root@localhost ~]#cat 1.txt
          root
          harry
          natasha
        [root@localhost ~]#grep [anr] 1.txt      #匹配 a、n、r 三个字符中的任意一个
          root
          harry
          natasha
[^str]:  表示匹配不包含在方括号内的任何一个字符
        [root@localhost ~]#grep [^anr] 1.txt      #匹配除 a、n、r 三个字符的任意字符
          root
          harry
          natasha
[a-c]:  表示匹配 a~c 之间的任意字符
        [root@localhost ~]#grep [a-c] 1.txt      #匹配 a~c 中的任意字符
          harry
          natasha
\:    用于转义特殊字符, 抑制后一个字符的特殊含义
#如果想要找到一个关键字 ^123, 但是 ^ 又存在特殊含义, 如果直接使用, 无法正确匹配到需要的内容
        [root@localhost ~]#cat 1.txt
```

```
        ahjc^123
[root@localhost ~]#grep "^123" 1.txt
[root@localhost ~]#
```

#因为系统默认将^123 识别成以 123 开头的行,所以只需要一个单纯的字符,而不是正则表达式的^,\可以抑制它的特殊含义

```
[root@localhost ~]#grep "\^123" 1.txt
    ahjc^123
```

除了这些基本的正则表达式,还有一些字符,称为扩展正则表达式,用于进行更灵活、准确的匹配,进一步提高效率。

但不是所有命令都默认支持扩展正则表达式的,例如上文的 grep 命令与后文将要介绍的 sed 命令,它们默认仅支持基础正则表达式,如果想让它们支持扩展正则表达式,grep 命令需要带上-E 选项,而 sed 命令需要带上-r 选项。扩展正则表达式的语法如下。

```
#前置准备文件内容
#example.txt
        [root@localhost ~]#cat example.txt
        apple
        apples
        aple
        aples
        aplles
#1.txt
        [root@localhost ~]#cat 1.txt
        o
        ro
        rro
        rrro
        rrrro
#2.txt
        [root@localhost ~]#cat 2.txt
        ro
        roro
        rororo
#3.txt
        [root@localhost ~]#cat 3.txt
        root
        openEuler
        admin
        dba
```

+:表示对前一项进行 1 次或多次重复匹配。下面匹配 1 次或多次 1 字符

```
        [root@localhost ~]#grep -E 'apl+' example.txt
        aple        #匹配 1 次 1 字符
        aples
        aplles      #匹配多次 1 字符
```

?:表示对前一项进行 0 次或 1 次重复匹配。下面匹配 0 次或 1 次 1 字符

```
        [root@localhost ~]#grep -E 'apl?' example.txt
        Apple       #匹配 0 次 1 字符
        apples
        aple
        aples
        aplles      #匹配 1 次 1 字符
```

{m}：表示对前一项进行 m 次重复匹配。下面匹配 3 次 r 字符

```
[root@localhost ~]#grep -E 'r{3}' 1.txt
    rrro
    rrrro
```

{m,}：表示对前一项进行至少 m 次或更多次的重复匹配

```
[root@localhost ~]#grep -E 'r{3,}' 1.txt
    rrro
    rrrro
```

{,n}：表示对前一项进行最多 n 次重复匹配。下面对 l 字符进行 0 到 1 次匹配

```
[root@localhost ~]#grep -E "apl{,1}" example.txt
    apple
    apples
    aple
    aples
    aplles
```

{m,n}：表示对前一项进行 m 次到 n 次重复匹配。下面匹配 2 到 3 次 m 字符

```
[root@localhost ~]#grep -E 'r{2,3}' 1.txt
    rro
    rrro
    rrrro
```

s|t：表示匹配 s 或者 t 中的任意一项。下面匹配 root 或 admin 中的任意一个关键字

```
[root@localhost ~]#grep  -E "root|admin" 3.txt
    root
    admin
```

(exp)：表示将 exp 视作一个整体进行匹配。下面连续匹配 2 次 ro 字符

```
[root@localhost ~]#grep -E "(ro){2}" 2.txt
    roro
    rororo
```

7．以列为单位过滤

以列为单位进行过滤的 cut 命令，语法如下。

```
cut OPTION...[FILE]...
```

　　如何处理/etc/passwd 文件的第 1 列内容呢？首先需要知道什么是分隔符？分隔符是一个用于将文本或数据分割成不同部分或字段的字符或字符串。例如"a:b"，分隔符就是"："；如果是"a,b"，分隔符就是"，"。所以观察/etc/passwd 文件后，可以发现分隔符是"："。使用 cut 命令过滤列的语法如下，运行结果如图 2-49 所示。

```
#cut 命令需要选项进行配合才可以开始工作
-d：指定分隔符，推荐使用引号包裹分隔符
-f：指定需要第几列，取不连续的多列可以使用，作为分隔，例如 -f 1,3。取第 1 列和第 3 列，也可以使用 - 表示范围，例如 -f 1-3。下面示例取第 1 列到第 3 列
#以"："作为分隔符，取第 5 列内容，只显示前 3 行
    [root@localhost ~]#cut -d ":" -f 5 /etc/passwd | head -n 3
        Super User
        bin
        daemon
-cm-n：指定从 m 列到 n 列的字符，例如 -c1-2，也就是取每一行的第 1 个和第 2 个字符
#取前 3 行内容的第 1 个到第 5 个字符
    [root@localhost ~]#head -n 3 /etc/passwd | cut -c 1-5
        root:
        bin:x
        daemo
```

```
[root@localhost ~]# head -n 1 /etc/passwd
root:x:0:0:Super User:/root:/bin/bash
[root@localhost ~]# cut -d ":" -f 1 /etc/passwd | head -n 5
root
bin
daemon
adm
lp
[root@localhost ~]#
```

图 2-49　使用 cut 命令过滤列

2.7.4　文本操作工具

1．可转换字符的 tr 命令

tr 命令比较特殊，不能直接对文件进行操作，不能直接对标准输入操作。

tr 命令是一个用于字符转换的命令行工具，通常用于在文本数据中替换或删除字符。它的基本功能是将一个字符集中的字符替换为另一个字符集中的字符，或者删除特定字符，语法如下。

```
#语法：
    转换字符 tr SET1 [SET2]
    删除字符 tr [OPTION]... SET1

#tr 命令的使用方法：
    #使用 cat 配合管道符将文件作为标准输入传递给 tr 命令
        [root@localhost ~]#cat passwd | tr 'a-z' 'A-Z'
    #文件重定向给 tr 命令
        [root@localhost ~]# tr 'a-z' 'A-Z < passwd
#常用选项
  -d：删除 SET1 中指定的字符而不进行替换
  -s：将 SET1 中的重复字符压缩为单个字符
#示例，将文件中的所有小写字母转换成大写字母
        [root@localhost ~]#cat 1.txt
            openEuler
            root
            student
        [root@localhost ~]#cat 1.txt | tr 'a-z' 'A-Z'
            OPENEULER
            ROOT
            STUDENT
#去除重复空格
        [root@localhost ~]#cat 1.txt
            open          Euler
        [root@localhost ~]#cat 1.txt | tr -s ' '
            open Euler
#删除指定字符 1
        [root@localhost ~]#cat 1.txt
            3.1415926
        [root@localhost ~]#cat 1.txt | tr -d 1
            3.45926
```

2．sed 流编辑器

图 2-50 展示了 sed 流编辑器的工作原理。

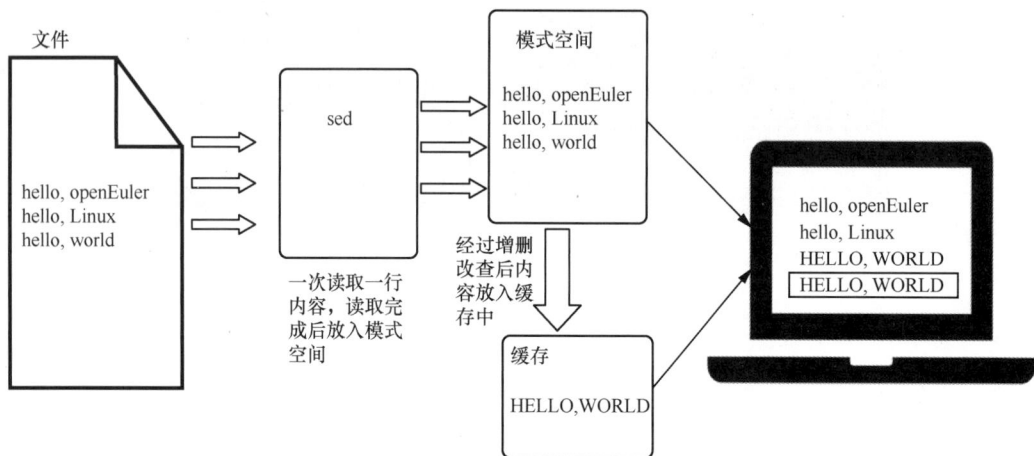

图 2-50　sed 流编辑器的工作原理

sed 流编辑器的工作原理说明如下。

① 存在一个文件，其内容为 3 行文本。

② 使用 sed 处理该文件，sed 会逐行读取文件内容，并将所有内容放入模式空间内。

③ 此时模式空间内存在 3 行内容，在此完成需要的操作，例如将最后一行文本替换成大写字母。

④ 将该行替换完成后的内容放入缓存中。

⑤ sed 确定操作完成后，将模式空间的内容与缓存的内容一起输出到屏幕中。

sed 流编辑器代码示例如图 2-51 所示。

sed 之所以被称为流编辑器，首先是因为 sed 命令是逐行读取文件内容，类似于数据流，其次是 sed 几乎可以完成所有编辑器的操作（如编辑、替换、查找）。

图 2-51　sed 流编辑器代码示例

（1）sed 的基本语法

sed 的基本语法如下。

```
#语法: sed [OPTION]... operation FILE
        命令    选项            操作  对象文件
    #操作部分进行细分：地址定界 动作
    #地址定界：动作针对的文本内容地址
    #动作：编辑、替换、删除等
#示例：将 passwd 文件的 1~10 行中所有的 root 关键字替换成 redhat 并打印替换后的内容
    [root@localhost ~]#sed -n '1,10 s/root/redhat/gp' passwd
    sed  命令
    -n  选项
    '1,10 s/root/redhat/gp'  操作
       1,10  地址定界
       s/root/redhat/gp  动作
    passwd  对象文件
```

（2）sed 的常用选项

sed 的常用选项说明如下。

-n：仅显示缓冲区内容，不打印模式空间的内容

```
[root@localhost ~]#cat 1.txt
    hello.openEuler
    hello,Linux
    hello,world
[root@localhost ~]#sed '1p' 1.txt
    hello.openEuler
    hello.openEuler
    hello,Linux
    hello,world
[root@localhost ~]#sed -n '1p' 1.txt
    hello.openEuler
```

-i：直接编辑源文件，默认不对源文件进行操作

```
[root@localhost ~]#cat 1.txt
    hello.openEuler
    hello,Linux
    hello,world
[root@localhost ~]#sed '1d' 1.txt
    hello,Linux
    hello,world
[root@localhost ~]#cat 1.txt
    hello.openEuler
    hello,Linux
    hello,world
[root@localhost ~]#sed -i '1d' 1.txt
[root@localhost ~]#cat 1.txt
    hello,Linux
    hello,world
```

#-i 选项存在一个扩展用法 -i.bak，直接编辑源文件，但会提前生成一个源文件的备份文件

```
[root@localhost ~]#ls
    1.txt
[root@localhost ~]#sed -i.bak '1d' 1.txt
[root@localhost ~]#ls
    1.txt  1.txt.bak
[root@localhost ~]#cat 1.txt.bak
    hello.openEuler
    hello,Linux
    hello,world
```

-e：可以同时运行多个操作，示例中同时执行了打印第 1 行和删除第 2 行两个操作

```
[root@localhost ~]#sed  -e 1p -e 2d  1.txt
    hello,Linux
    hello,Linux
```

-r：使用扩展正则表达式（默认支持正则表达式）

```
[root@localhost ~]# sed -n '/ro{2}/p' /etc/passwd    #默认不支持扩展正则表达式
[root@localhost ~]# sed -n -r '/ro{2}/p' /etc/passwd
    root:x:0:0:Super User:/root:/bin/bash
    operator:x:11:0:operator:/root:/usr/sbin/nologin
```

（3）sed 的地址定界

　　在 sed 中，地址定界是一种重要的机制，它允许精确地指定在哪些文本行上执行编辑操作，决定了哪些行将被编辑，哪些行将被忽略。在使用精确的地址定界时可以避免对整个文本文件执行操作，提高了编辑的效率。地址定界是 sed 中非常重要的功能，它使文本处理和编辑更精确、高效和灵活。

合理使用地址定界，可以根据具体的编辑任务选择性地操作文本行，从而实现各种复杂的文本处理和转换操作。语法如下。

```
#在地址定界前，先认识一个动作"p"，它会打印匹配到的内容
        [root@localhost ~]#sed -n "p" demo.txt
        root:x:0:0:ROOT:/root:/bin/bash
        operator:x:11:0:operator:/root:/usr/sbin/nologin
        openEuler:x:1000:1000:openEuler:/home/openEuler:/bin/bash
        ROOT:x:0:0:ROOT:/home/ROOT:/bin/bash
#这个文件也正是后面所需要用到的测试文件
#地址定界：
1）#：#为数字，指定要进行处理操作的行
        [root@localhost ~]#sed -n '1p' demo.txt
        root:x:0:0:ROOT:/root:/bin/bash
2）$：表示最后一行，进行多个文件操作的时候，为最后一个文件的最后一行
        [root@localhost ~]#sed -n '$p' demo.txt
        ROOT:x:0:0:ROOT:/home/ROOT:/bin/bash
3）/regexp/：表示能够被 regexp 匹配到的行。sed 支持 regexp 及基于正则表达式的匹配
        [root@localhost ~]#sed -n '/root/p' demo.txt
        root:x:0:0:ROOT:/root:/bin/bash
        operator:x:11:0:operator:/root:/usr/sbin/nologin
4）/regexp/I：匹配时忽略大小写
        [root@localhost ~]#sed -n '/root/Ip' demo.txt
        root:x:0:0:ROOT:/root:/bin/bash
        operator:x:11:0:operator:/root:/usr/sbin/nologin
        ROOT:x:0:0:ROOT:/home/ROOT:/bin/bash
5）\%regexp%：任何能够被 regexp 匹配到的行，%（用其他字符也可以，如#）为边界符号
#在这里有一个新的名词——边界符号。例如：/root/ ，这是来匹配关键字 root 的，此时 / 就是边界符号。但
有些时候，匹配的关键字中可能存在/,所以如果再使用/作为边界符号就会导致提前闭合，所以边界符号是可以修改的，
类似于 \%string%，或者 \#string#等
#示例，想要匹配最后一行的 /ROOT
        [root@localhost ~]#sed -n "\#/ROOT#p" demo.txt
        ROOT:x:0:0:ROOT:/home/ROOT:/bin/bash
6）addr1,addr2：指定范围内的所有行（范围选定）。这种方式的常用地址定界表示方式如下
    a）0,/regexp/：从起始行开始到第 1 次能够被 regexp 匹配到的行
        #从起始行到存在 /ROOT 的行
        [root@localhost ~]#sed -n "0,\#/ROOT#p" demo.txt
        root:x:0:0:ROOT:/root:/bin/bash
        operator:x:11:0:operator:/root:/usr/sbin/nologin
        openEuler:x:1000:1000:openEuler:/home/openEuler:/bin/bash
        ROOT:x:0:0:ROOT:/home/ROOT:/bin/bash
    b）/regexp/,/regexp/：被模式匹配到的行内的所有的行
        #从存在 openEuler 的行到存在 /ROOT 的行
        [root@localhost ~]#sed -n "/openEuler/,\#/ROOT#p" demo.txt
        openEuler:x:1000:1000:openEuler:/home/openEuler:/bin/bash
        ROOT:x:0:0:ROOT:/home/ROOT:/bin/bash
7）first~step：指定起始的位置及步长，例如：1~2 表示 1,3,5…
    #步长允许在文本处理过程中跳过一些行，以便只操作每隔指定步长的行
    #例如需要 1,3,5,7…行
        [root@localhost ~]#sed -n "1~2p" demo.txt
        root:x:0:0:ROOT:/root:/bin/bash
        openEuler:x:1000:1000:openEuler:/home/openEuler:/bin/bash
    #例如需要 1,4,7,10…行
        [root@localhost ~]#sed -n "1~3p" demo.txt
```

```
                    root:x:0:0:ROOT:/root:/bin/bash
                    ROOT:x:0:0:ROOT:/home/ROOT:/bin/bash
```
8）addr1,+N：指定行以及以后的 N 行

　#匹配以 root 开头的行以及以后的 2 行内容

```
        [root@localhost ~]#sed -n '/^root/,+2p' demo.txt
                    root:x:0:0:ROOT:/root:/bin/bash
                    operator:x:11:0:operator:/root:/usr/sbin/nologin
                    openEuler:x:1000:1000:openEuler:/home/openEuler:/bin/bash
```
9）addr1,~N：指定行开始的 N 行

　#匹配以 root 开头的行开始的 2 行内容

```
        [root@localhost ~]#sed -n '/^root/,~2p' demo.txt
                    root:x:0:0:ROOT:/root:/bin/bash
                    operator:x:11:0:operator:/root:/usr/sbin/nologin
```

　　地址定界在 sed 命令中是可选项，也就是说可以使用地址定界，也可以不使用地址定界。不同选择会有不同结果，不同设定也会有相应的注意事项。语法如下。

1）如果没有指定地址定界，表示命令将应用于每一行

```
        [root@localhost ~]#sed 's/root/redhat/gp ' -n passwd
                #表示将文件内容的所有 root 全部替换
```
2）如果只有一个地址，表示命令将应用于这个地址匹配的所有行

```
        [root@localhost ~]#sed '1s/root/redhat/gp ' -n passwd
                #表示将第 1 行的所有 root 全部替换
```
3）如果指定了由逗号分隔的两个地址，表示命令应用于匹配第 1 个地址和第 2 个地址之间的行（包括这两行）

```
        [root@localhost ~]#sed '1,10 s/root/redhat/gp' passwd -n
                #表示将 1~10 行的所有 root 替换
```
4）如果地址后面跟有感叹号，表示命令将应用于不匹配该地址的所有行

```
        [root@localhost ~]#sed '1! s/root/redhat/gp ' -n passwd
                #表示除了第 1 行的所有 root 不进行替换，文件内容中其他的 root 全部进行替换
```

（4）sed 的编辑动作

　　在 sed 中，编辑动作表示对文本进行的具体编辑操作。sed 支持各种编辑动作，每个编辑动作都有其含义和作用，例如打印、删除、替换、追加、保存等。语法如下。

1）p：打印内容

```
        [root@localhost ~]#sed   "1p" demo.txt
                root:x:0:0:ROOT:/root:/bin/bash
                root:x:0:0:ROOT:/root:/bin/bash
                operator:x:11:0:operator:/root:/usr/sbin/nologin
                openEuler:x:1000:1000:openEuler:/home/openEuler:/bin/bash
                ROOT:x:0:0:ROOT:/home/ROOT:/bin/bash
```
2）d：删除匹配到的行

```
        [root@localhost ~]#sed   "1d" demo.txt
                operator:x:11:0:operator:/root:/usr/sbin/nologin
                openEuler:x:1000:1000:openEuler:/home/openEuler:/bin/bash
                ROOT:x:0:0:ROOT:/home/ROOT:/bin/bash
```
3）a \text：a 代表 append，表示在匹配到的行后追加内容

```
        [root@localhost ~]#sed  '/^root/a \123' demo.txt
                root:x:0:0:ROOT:/root:/bin/bash
                123
                operator:x:11:0:operator:/root:/usr/sbin/nologin
                openEuler:x:1000:1000:openEuler:/home/openEuler:/bin/bash
                ROOT:x:0:0:ROOT:/home/ROOT:/bin/bash
```
4）i \text：i 代表 insert，表示在匹配到的行之前追加内容

```
        [root@localhost ~]#sed  '/^root/i \123' demo.txt123
                root:x:0:0:ROOT:/root:/bin/bash
```

```
                operator:x:11:0:operator:/root:/usr/sbin/nologin
                openEuler:x:1000:1000:openEuler:/home/openEuler:/bin/bash
                ROOT:x:0:0:ROOT:/home/ROOT:/bin/bash
```
5) c \text：c 代表 change，表示把匹配到的行和给定的文本进行交换
```
        [root@localhost ~]#sed '/^root/c \123' demo.txt123
                operator:x:11:0:operator:/root:/usr/sbin/nologin
                openEuler:x:1000:1000:openEuler:/home/openEuler:/bin/bash
                ROOT:x:0:0:ROOT:/home/ROOT:/bin/bash
```
6) s/regexp/STRING/flages：查找替换，将查找到的第 1 个 regexp 字符串替换成 STRING
```
        [root@localhost ~]#cat test.txt
                root:x:0:0:root:/root:/bin/bash
                ROOT:x:0:0:ROOT:/home/ROOT:/bin/bash
        [root@localhost ~]#sed "s/root/Linux/p" test.txt
                Linux:x:0:0:root:/root:/bin/bash
                Linux:x:0:0:root:/root:/bin/bash
                ROOT:x:0:0:ROOT:/home/ROOT:/bin/bash
```
#flags 有以下选项
g：全局替换，默认只替换第 1 个
i：不区分大小写
p：如果成功替换则打印
```
        [root@localhost ~]#sed "s/root/Linux/gip" test.txt
                Linux:x:0:0:Linux:/Linux:/bin/bash
                Linux:x:0:0:Linux:/Linux:/bin/bash
                Linux:x:0:0:Linux:/home/Linux:/bin/bash
                Linux:x:0:0:Linux:/home/Linux:/bin/bash
```
7) w /path/to/somefile：将匹配到的文件另存到指定的文件中
```
        [root@localhost ~]#sed -n "/root/p" test.txt
                root:x:0:0:root:/root:/bin/bash
        [root@localhost ~]#sed -n "/root/w 1.txt" test.txt
        [root@localhost ~]#cat 1.txt
                root:x:0:0:root:/root:/bin/bash
```
（5）sed 案例分享

sed 案例语法如下。
```
#案例
  sed -n 5p passwd  #打印第 5 行
  sed -n $p passwd  #打印最后一行
  sed -n '1,5p' passwd  #打印第 1-5 行
  sed -n '/root/Ip' passwd  #匹配带有 root 关键词的行，并忽略大小写
  sed '1,5d' passwd  #删除第 1-5 行
  sed -i.bak '1,5d' passwd  #删除第 1~5 行，源文件被修改
  sed  '2a \abc' passwd  #在文件第 2 行下面追加 abc
  sed 's/north/hello/' datafile  #替换每行第 1 个 north
  sed 's/north/hello/g' datafile  #全部替换
  sed '1 s/north/hello/g' datafile  #替换第 1 行所有的 north
  sed '1 s/north/hello/' datafile  #替换第 1 行第 1 个 north
  sed '1 s/north/hello/2' datafile  #只替换第 1 行第 2 个 north
#巧用替换删除内容（不是删除行）
  sed 's/north//' datafile  #删除所有行的第 1 个 north
  sed 's/north//g' datafile  #删除全部的 north
  sed '1 s/north//2' datafile  #删除第 1 行第 2 个
  sed 's/^/#/'  datafile  #给每行开始加注释，^就代表开始
  sed 's/^.//' datafile  #删除每行第 1 个字母
  sed 's/^\(..\)./\1/' datafile  #删除第 3 个字母，\1 代表第 1 个括号匹配到的内容
  sed 's/^\<[a-Z]*[a-Z]\>//' datafile  #删除每行第 1 个单词
```

本节涉及的命令和作用见表 2-17。

表 2-17　2.7 节命令总结

命令	作用
cat	查看文件内容
more	分页查看文件内容
less	分页查看文件内容
head	从文件头部开始查看
tail	从文件尾部开始查看
wc	统计文件
sort	对文件进行排序
uniq	去除重复行
diff	文件比对
grep	以行为单位进行过滤
cut	以列为单位进行过滤
tr	转换字符
sed	流编辑器，命令行编辑文件

2.8　查找和处理文件

查找和处理文件是在深入了解 openEuler 操作系统的过程中不可或缺的一部分。在 openEuler 中，文件管理是系统运维和开发工作中的关键组成部分，而 find 工具是在文件定位和处理方面极为有用的利器。

本节将介绍如何使用灵活且强大的 find 命令，以满足在 openEuler 系统中对文件的复杂的搜索需求。通过掌握 find 的各种选项和过滤条件，用户将能够更精确地定位和处理文件，为系统管理和开发提供更多可能性。

通过学习本节，用户将在使用 openEuler 操作系统时更熟练地处理文件操作，提高工作效率。

2.8.1　find 命令的基础使用方法

Linux 的独特之处在于其"一切皆文件"的理念，这意味着在一个常规的 Linux 系统中，各种信息和其他资源都以文件的形式存在。系统中存在大量文件，包括配置文件、程序文件等，而我们常常需要准确地找到这些文件的位置，以便进行修改、维护或其他操作。

在 Linux 系统中，有时候一些特定软件的配置文件名会保持不变，但在不同的 Linux 发行版它们可能会被放置在不同的目录中，这就需要利用一些搜索指令，将需要的配置文件的完整路径捕获出来，以便进行必要的修改和管理操作。

文件定位和搜索是 Linux 系统管理和维护中常见的任务。通过掌握相应的搜索指令，用户能够更便捷地找到并处理系统中的各类文件，为系统配置和维护提供便利和灵活性。

find 命令可以帮助用户定位文件所在的路径。该命令能够实时搜索目录树，并且拥有各种精细与灵活的过滤条件，还能够进行各种精准的定位。语法如下。

```
#语法: find [dir]... [criteria]... [action]...
#示例一: 在 /etc/ 目录中查找 passwd 文件并将文件复制到 /root 目录下
        [root@localhost ~]#find /etc/ -name passwd -exec cp -a {} /root \;
        [root@localhost ~]#ls
            Passwd

#示例二: 在 /etc/和/usr/ 目录中查找 passwd 文件
        [root@localhost ~]#find /etc/ /usr -name passwd
```

在示例一中，/etc 为语法中的[dir]，也就是需要搜索的目录。搜索目录可以单独指定一个，也可以指定多个，如示例二。在指定多个目录时，中间使用空格隔开即可。如果不指定目录，那么系统将默认在当前工作目录下查找所需匹配的文件。

示例中的"-name passwd"是语法中的[criteria]，此处代表查找条件，即以文件名为条件进行匹配。后文将介绍各种各样的查找条件，以便精确查找文件。若是在命令中并未指定 criteria，那么系统将会匹配查找目录下的所有文件。

最后的"-exec cp-a{}/root\;"则是语法中最后的[action]，也就是动作。此处定义对查找到的文件需要执行的操作，像是删除、复制等。这也是 find 命令最为强大之处——可以对文件进行二次操作。

注意：使用 find 命令查找文件时，用户要拥有对被搜索目录可读和可执行的权限。

2.8.2　find 命令基于条件查找

通过深入理解 find 命令的各种条件语句，我们可以根据个人需求制定更智能化的查找策略。这种主观能动性不仅提高了工作效率，还能在处理复杂问题时展现个性化的解决方案。

1. 根据文件名和 inode 查找

最基本的查找就是根据文件名进行查找。很多时候用户知道某个服务的配置文件名称，但是并不知道这个配置文件的绝对路径，一般就会使用-name 进行查找。

例如，用户知道 chronyd 时间服务的配置文件名叫作 chrony.conf，但是并不知道这个文件的位置，此时就可以直接根据文件名查找。语法如下。

```
#在根目录下查找名为 chrony.conf 的文件
        [root@localhost ~]#find / -name chrony.conf
            /etc/chrony.conf
```

但还存在一种情况，以 NetworkManager 的配置文件为例，用户仅知道它的配置文件为 networkmanager.conf，并不知道具体每个字母分别是大写还是小写。此时使用-name 是无法查找到的，因为 find 命令是精准过滤，对大写或小写字母敏感。此时用户可以使用-iname 进行查找。-iname 与-name 的区别只有一点，就是-iname 会忽略大写或小写字母。语法如下。

```
#使用 -iname 忽略大写或小写字母的查找
        [root@localhost ~]#find /etc -name networkmanager.conf
        [root@localhost ~]#
        [root@localhost ~]#find /etc -iname networkmanager.conf
            /etc/NetworkManager/NetworkManager.conf
```

最后一种情况：用户只记住了文件名的前半部分或者后半部分又或者中间的某部分，此时普通的查找命令已经无法查找目标了，但是用户可以借助一个特殊符号，那就是*。

*在 Shell 中与在正则表达式中并不一样。在 Shell 中，*是一个通用字符，通常用于匹配任意字符序列，所以也可以用*来帮助用户进行查找。语法如下。

```
#以 /etc/passwd 文件为例
    #查找 /etc/ 目录下以 pass 开头的文件
        [root@localhost ~]#find /etc -name pass*
            /etc/passwd
            /etc/pam.d/passwd
            /etc/pam.d/password-auth
            /etc/pam.d/password-auth-crond
            /etc/passwd-
    #查找 /etc/ 目录下以 wd 结尾的文件
        [root@localhost ~]#find /etc -name *wd
            /etc/passwd
            /etc/security/opasswd
            /etc/pam.d/passwd
            /etc/pam.d/chpasswd
    #查找 /etc/ 目录下以 pa 开头并以 wd 结尾的文件
        [root@localhost ~]#find /etc -name pa*wd
            /etc/passwd
            /etc/pam.d/passwd
```

2. 根据文件类型查找

除了根据文件名进行查找，用户还可以根据文件的类型来进行更精确的查找。在 Linux 系统中，最常见的文件类型包括文件、目录、链接文件、字符文件等。可以使用-type 来进行文件类型的指定，语法如下。

```
#在 /etc 目录下查找名为 selinux 的目录（命令后侧的二次操作会在后续进行讲解）
    [root@localhost ~]#find /etc -name selinux -exec ls -dl {} \;
        drwxr-xr-x. 3 root root 4096 Jan 16 10:10 /etc/selinux
    lrwxrwxrwx. 1 root root 17 Dec 22 16:27 /etc/sysconfig/selinux -> ../selinux/config
#此时出现了一个目录和一个链接文件，我们加入 -type 进行更精确的查找
    [root@localhost ~]#find /etc -name selinux -type d -exec ls -dl {} \;
        drwxr-xr-x. 3 root root 4096 Jan 16 10:10 /etc/selinux
```

除了-type d 表示精确匹配目录之外，还有以下 6 种精确匹配文件类型的方式。

① -type f：精准匹配文件。

② -type c：精准匹配字符文件。

③ -type l：精准匹配链接文件。

④ -type b：精准匹配块设备文件。

⑤ -type p：精准匹配管道文件。

⑥ -type s：精准匹配套接字文件。

3. 根据文件大小查找

磁盘空间即将用尽需要清除无须保存的大文件时，用户可以借助 find 命令的-size 选项精确查找大文件，以便根据其意愿，决定哪些文件值得保留，哪些可以安全删除，从而轻松释放宝贵的磁盘空间。这种便捷的方式能让用户更好地管理和优化存储，语法如下。

```
#语法: find [dir] -size [+|-]#UNIT
    #UNIT 文件大小表达式: （常用大小: k、M、G)
```

```
                 例如 -size 5M   表示大于 4MB 并小于或等于 5MB 的文件
                     -size -5M  表示大于 0MB 并小于或等于 4MB 的文件
                     -size +5M  表示大于 5MB 的文件

#在 /opt 目录生成 3 个文件，分别为 3.5KB、4.3KB、8KB 的文件
        [root@localhost ~]#cd /opt/
        [root@localhost opt]#rm -rf *
        [root@localhost opt]#dd if=/dev/zero of=3-5.txt bs=3584 count=1
        [root@localhost opt]#dd if=/dev/zero of=4-5.txt bs=4608 count=1
        [root@localhost opt]#dd if=/dev/zero of=8.txt bs=8192 count=1
        [root@localhost opt]#ls -lh
         -rw-r--r-- 1 root root 3.5K Jan 16 11:16 3-5.txt
         -rw-r--r-- 1 root root 4.5K Jan 16 11:16 4-5.txt
         -rw-r--r-- 1 root root 8.0K Jan 16 11:17 8.txt
#查找/opt 目录下大于 4KB 并小于或等于 5KB 的文件
        [root@localhost opt]#find /opt/ -size 5k
         /opt/4-5.txt

#查找 /opt 目录下大于 0KB 并小于或等于 4KB 的文件
        [root@localhost opt]#find /opt/ -size -5k
         /opt/
         /opt/3-5.txt

#查找 /opt 目录下大于 5KB 的文件
        [root@localhost opt]#find /opt/ -size +5k
         /opt/8.txt
```

4．根据时间戳查找

当需要整理文件、备份文件以及定期清理旧文件时，有些用户常常会手足无措，不知道哪些是常访问的文件需要备份，哪些是已经非常旧且无须保留的文件需要删除。此时，用户可以使用 find 命令的-atime、-mtime、-ctime 选项进行文件的查找，以便根据文件的访问时间、修改时间和更改时间来进行个性化搜索。

根据时间戳信息灵活地找到并处理符合时间要求的文件，会使文件管理变得更高效和便捷，确保能够轻松根据时间信息优化磁盘空间。语法如下。

```
#-atime：根据文件的最后一次访问时间进行查找
#-mtime：根据文件内容的最后一次修改时间进行查找
#-ctime：根据文件的最后一次更改时间进行查找
#三者用法一致，下面以-atime 为例进行讲解
        -atime -7：查找访问时间在 7 天内的文件
        -atime 7：查找访问时间在 7 天之前，8 天之内的文件（包含第 7 天）
        -atime +7：查找访问时间在 8 天之前的文件（包含第 8 天）
#在 /opt 目录准备 3 个文件
        [root@localhost opt]#cd
        [root@localhost ~]#cd /opt/
        [root@localhost opt]#rm -rf *
        [root@localhost opt]#touch 6.txt 7.txt 9.txt
#修改时间戳信息，6.txt 为 6 天前，7.txt 为 7 天前，9.txt 为 9 天前
        [root@localhost opt]#date "+%F"
          2024-01-16
        [root@localhost opt]#touch -ad "2024-01-10" 6.txt
        [root@localhost opt]#touch -ad "2024-01-09" 7.txt
        [root@localhost opt]#touch -ad "2024-01-07" 9.txt
        [root@localhost opt]#stat * | grep -E "(File|Access:)" | grep -vi uid
```

```
                File: 6.txt
          Access: 2024-01-10 00:00:00.000000000 +0800
                File: 7.txt
          Access: 2024-01-09 00:00:00.000000000 +0800
                File: 9.txt
          Access: 2024-01-07 00:00:00.000000000 +0800
#查找访问时间在 7 天内的文件
          [root@localhost opt]#find /opt/ -atime -7
          /opt/
          /opt/6.txt
#查找访问时间在 7 天之前、8 天以内的文件
          [root@localhost opt]#find /opt/ -atime 7
          /opt/7.txt
#查找访问时间在 8 天之前的文件
          [root@localhost opt]#find /opt/ -atime +7
          /opt/9.txt
```

结合+与–表示的时间节点信息如图 2-52 所示。

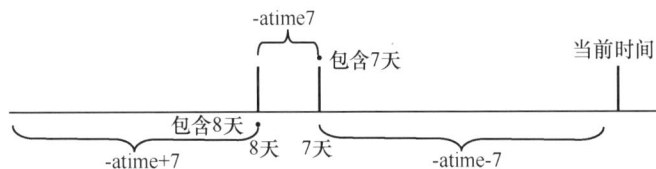

图 2-52 时间节点信息

除了-atime 这种以天为单位的选项外，还可以使用-amin、-mmin、-cmin 这些以分钟为单位的选项。

5．根据属主、属组查找

每个文件都有自己的 UID 和 GID，即文件的属主和属组。因此，可以根据文件的 UID 和 GID 进行文件的查找。用户使用-user 或-group 选项就可以精确地查找特定用户或特定用户组拥有的文件，语法如下。

```
#-user USERNAME：查找属主为指定用户(UID)的文件
#-group GROUPNAME：查找属组为指定组(GID)的文件
#-uid UserID：查找属主为指定的 UID 号的文件
#-gid GroupID：查找属组为指定的 GID 号的文件

#例如想要在 /home 目录下查找 openEuler 用户的文件
          [root@localhost ~]#find /home/ -user openEuler
          /home/openEuler
          /home/openEuler/.bashrc
          /home/openEuler/.bash_history
          /home/openEuler/.bash_profile
          /home/openEuler/.bash_logout
          /home/openEuler/.mozilla
          /home/openEuler/.mozilla/extensions
          /home/openEuler/.mozilla/plugins
```

虽然这种查找方法很简单，但需要注意的是，-user 与-group 参数既支持字符串来表示用户名或是组名，同时也支持使用数字 ID 表示方法，但-uid 与-gid 仅支持数字表示方法的 ID，并不支持使用字符串。

除此之外，还会有一些特殊的文件，它们并没有属主与属组，即在删除一个用户后，若这个用户在其他目录新建了文件，此时这个文件就会残留下来。若是后面用户的 UID 与这个 UID 重复，此时新用户就可以直接接管这个文件。这个问题是非常可怕的，特别是在工作场景中。如果这个残留文件很重要，极可能让这个新用户拥有足以摧毁整个业务系统的权限。所以很多时候，都会清除整个系统中所有的没有属主与属组的文件，但怎么查找到这些文件呢？

find 命令的-nouser 与-nogroup 选项就可以帮忙找到没有属主与属组的文件，语法如下。

```
#-nouser: 查找没有属主的文件
#-nogroup: 查找没有属组的文件

#做一些准备工作，让新用户创建一些文件，而后删除这个用户，使这些文件残留
          [root@localhost ~]#useradd user1
          [root@localhost ~]#su - user1
          [user1@localhost ~]$ touch /tmp/user1
          [root@localhost ~]#userdel -r user1
          [root@localhost ~]#ll /tmp/user1
             -rw-r--r-- 1 1002 1004 0 Jan 16 15:39 /tmp/user1
#查找/tmp 目录下没有属主的文件
          [root@localhost ~]#find /tmp/ -nouser
             /tmp/user1
#查找/tmp 目录下没有属组的文件
          [root@localhost ~]#find /tmp/ -nogroup
             /tmp/user1
```

6. 根据权限查找

find 命令还可以通过文件权限精确查找文件，使用-perm 选项即可。使用该选项可以指定具体的权限要求，以查找满足特定权限要求的文件，语法如下。

```
#-perm [/|-]MODE
#查找/etc下权限为 664 的文件
          [root@localhost opt]#find /etc/ -perm 664 -exec ls -l {} \;
             -rw-rw-r--. 1 root root 475 Mar 27  2023 /etc/sysconfig/nftables.conf
```

上述案例是最基础的用法，直接在-perm 后接上权限数字，表示将会精确匹配权限。例如，指定查找权限为 644，那么查找的文件必须是仅拥有 644 权限，即使这个文件的权限为 777（最大权限），包含了 644 权限，同样无法匹配。

当然也可以进行模糊匹配，例如-perm/644，就具有"或者"的意思，即当指定权限为/644 时，只要该文件 UGO 权限中任意一位满足需求，就会被查找出来。语法如下。

```
#准备文件
          [root@localhost ~]#cd /opt/
          [root@localhost opt]#touch 400.txt; chmod 400 400.txt
          [root@localhost opt]#touch 021.txt; chmod 021 021.txt
          [root@localhost opt]#touch 002.txt; chmod 002 002.txt
          [root@localhost opt]#ll
             --------w- 1 root root 0 Jan 16 17:23 002.txt
             -----w---x 1 root root 0 Jan 16 17:23 021.txt
             -r-------- 1 root root 0 Jan 16 17:23 400.txt
#使用/表示或匹配
          [root@localhost opt]#find /opt/ -perm /423
            /opt/
```

```
                /opt/400.txt
                /opt/021.txt
                /opt/002.txt

#权限条件为/423
        400.txt 因为 U 权限中有 4 权限，被匹配
        021.txt 因为 G 权限中存在 2 权限，O 权限中存在 1 权限，被匹配
        002.txt 因为 O 权限中存在 2 权限，被匹配
```

简单来说，/就是逻辑语句或语法，U、G、O 三者之中任意一项满足即可。除了/外，-perm 还有一个符号 "-"。它与普通语法没有太大区别，简单来说，它具有包含的作用。

例如使用-perm -644 匹配文件，权限为 644 的文件会被匹配，权限为 666 的文件也可以匹配到，但是权限为 600 的文件不会被匹配到。简单来说，匹配到的文件权限一定是大于或等于匹配条件中的权限，比起普通的-perm 644 所搜索的范围会更大，语法如下。

```
#准备文件
        [root@localhost opt]#touch 644.txt 600.txt 666.txt
        [root@localhost opt]#chmod 644 644.txt
        [root@localhost opt]#chmod 600 600.txt
        [root@localhost opt]#chmod 666 666.txt
        [root@localhost opt]#ls -l
            -rw------- 1 root root 0 Jan 16 17:34 600.txt
            -rw-r--r-- 1 root root 0 Jan 16 17:34 644.txt
            -rw-rw-rw- 1 root root 0 Jan 16 17:34 666.txt
#普通查找: -perm 644
        [root@localhost opt]#find /opt/ -perm 644
            /opt/644.txt

#使用 - 查找: -perm -644
        [root@localhost opt]#find /opt/ -perm -644
            /opt/
            /opt/644.txt
            /opt/666.txt
```

当使用-或者/匹配权限且在 UGO 三者权限中任意一位为 0 时，表示忽略该位置的权限，不进行匹配，语法如下。

```
#准备环境
        [root@localhost opt]#touch 644.txt 444.txt
        [root@localhost opt]#chmod 644 644.txt
        [root@localhost opt]#chmod 444 444.txt
        [root@localhost opt]#ls -l
            -r--r--r-- 1 root root 0 Jan 16 17:39 444.txt
            -rw-r--r-- 1 root root 0 Jan 16 17:39 644.txt
#0 示例忽略 user 位的权限，仅关注 GO 权限即可
        [root@localhost opt]#find /opt/ -perm -044
            /opt/
            /opt/644.txt
            /opt/444.txt
```

7．根据逻辑符号组合条件查找

前面我们学习了使用过滤条件用于精确查找文件，但在有些场景，条件不是只有一个，大多时候都需要多个条件进行组合来查找。而在 find 中，可以使用 3 种逻辑符号来进行多个条件的组合查找。3 种逻辑符号也就是我们常说的 "与、或、非" 符号。

在 find 中，使用-a 选项表示逻辑"与"，-o 选项表示逻辑"或"，-not 与!都可以用来表示逻辑"非"。相信它们三者的区别大多数读者都能明白。以条件 A 与条件 B 为例，当使用"条件 A-a 条件 B"时，需要同时满足条件 A 与条件 B 才能进行匹配；当使用"条件 A-o 条件 B"时，只需要满足条件 A 与条件 B 中的其中一条即可匹配，两个条件同时满足也可以匹配；"非"则是更明显，例如当使用"条件 A-not 条件 B"时，只有当满足条件 A 并且不满足条件 B 时，才会匹配。以下案例可以让读者能够更好地理解"与、或、非"的使用方法，语法如下。

```
与: -a
或: -o
非: -not、!

#准备环境文件
        [root@localhost ~]#cd /opt/
        [root@localhost opt]#rm -rf *
        [root@localhost opt]#touch 644-root.txt 644-euler.txt
        [root@localhost opt]#chmod 644 /opt/*
        [root@localhost opt]#chown openEuler 644-euler.txt
        [root@localhost opt]#ll
          -rw-r--r-- 1 openEuler root 0 Jan 17 10:28 644-euler.txt
          -rw-r--r-- 1 root       root 0 Jan 17 10:28 644-root.txt

#查找 /opt 目录下文件权限为 644 并且拥有人为 root 的文件
        [root@localhost opt]#find /opt/ -perm 644 -a -user root -exec ls -l {} \;
          -rw-r--r-- 1 root root 0 Jan 17 10:28 /opt/644-root.txt

#查找 /opt 目录下文件权限为 644 或者拥有人为 root 的文件
        [root@localhost opt]#find /opt/ -perm 644 -o -user root -exec ls -l {} \;
          -rw-r--r-- 1 openEuler root 0 Jan 17 10:28 644-euler.txt
          -rw-r--r-- 1 root       root 0 Jan 17 10:28 644-root.txt

#查找 /opt 目录下文件权限为 644 但拥有人不为 root 的文件
        [root@localhost opt]#find /opt/ - perm 644 -not -user root -exec ls -l {} \;
          -rw-r--r-- 1 openEuler root 0 Jan 17 10:28 /opt/644-euler.txt
```

2.8.3　find 命令的二次操作

在前面介绍的基于条件的查找中，可以看到在条件后面添加了一些字符，如"-exec ls -l {}\"。这些字符构成了语法中的[action]部分，是 find 命令中最为强大的一部分。这一部分允许在找到的文件上执行二次操作。

通过在 find 命令中使用-exec 选项，用户可以对查找到的文件执行特定的命令或操作。前面提到的"-exec ls -l {}\"的含义是对每个找到的文件执行 ls -l 命令，以获取详细的文件列表信息。

这种功能为用户操作提供了极大的灵活性，使用户可以根据需要执行各种操作，如复制、移动、删除文件等。这使 find 命令不仅可以帮助用户找到文件，还可以在查找结果上直接进行进一步的处理。

find 的默认动作是-print，即将查找到的结果输出到屏幕上，即只要不指定其他的动作，那么无论加不加-print，都会默认执行这个动作将结果进行输出，其示例如下。

```
[root@localhost ~]#find /etc/ -size +5M
    /etc/udev/hwdb.bin
[root@localhost ~]#find /etc/ -size +5M -print
    /etc/udev/hwdb.bin
```

在有些场景下，用户不仅需要查看文件名，还希望 find 能像 ls -l 一样显示文件的各种信息。在 find 的动作中，也有类似于对查找到的文件执行 ls -l 命令的操作，语法如下。

```
[root@localhost ~]#find /etc/ -size +5M -ls
    2491299  11100 -r--r--r--  1 root    root    11364299 Jan  8 11:48 /etc/udev/hwdb.
bin
#参数解释：
    2491299           : indoe 号
    11100             : 文件大小（KB）
    -r--r--r--        : 权限
    1                 : 链接数量
    Root              : 属主
    Root              : 属组
    11364299          : 文件大小（字节）
    Jan  8 11:48      : mtime
    /etc/udev/hwdb.bin : 文件名
```

若想直接将-ls 这部分显示的内容保存到某个指定文件中，不重定向或追加，可以使用-fls file 将内容保存到 file 文件中，语法如下。

```
[root@localhost ~]#find /etc/ -size +5M -fls 1.txt
[root@localhost ~]#ls
    1.txt
[root@localhost ~]#cat 1.txt
    2491299  11100 -r--r--r--  1 root    root    11364299 Jan  8 11:48 /etc/udev/ hwdb.bin
```

还可以使用-delete 动作快速删除 find 查找的文件，以满足清理旧文件的需求，语法如下。

```
#删除 /root 目录中名为 1.txt 的文件
        [root@localhost ~]#ls
          1.txt
        [root@localhost ~]#find /root/ -name 1.txt -delete
        [root@localhost ~]#ls
        [root@localhost ~]#
```

对于已查找到的文件，使用{}指代，再配合-exec 选项，就可以进行更多操作。例如，将查找到的文件复制到其他位置，移动文件或对文件执行脚本和自定义操作，语法如下。

```
#语法: -exec COMMAND {} \;
  -exec: 指定 -exec 参数，表示接下来会执行一个命令。
  COMMAND: 代表想要执行的命令。可以是任何合法的 Linux 命令或脚本。
  {}: 在命令中表示当前查找到的文件的占位符。find 会将实际的文件名替换到 {} 中。
  \;: 表示 -exec 选项的结束，类似于命令的终结符。

#将 /etc 目录下所有以 conf 结尾的配置文件备份至 /backup 目录中
        [root@localhost ~]#mkdir /backup
        [root@localhost ~]#find /etc/ -name *conf -exec cp -a {} /backup \;
        [root@localhost ~]#ls /backup/ | head -n 2
          00-keyboard.conf
          10-hinting-slight.conf
```

2.9　综合实验——文件管理

2.9.1　背景铺垫

假设你是一家虚拟化主机提供商运维团队中的一名初级系统管理员，任务是为一个新客户设置一套安全的文件系统结构，确保文件权限和用户访问符合客户的需求。假如客户向你的公司提出了部分需求，需要在客户的虚拟主机中进行权限的划分及文件的相关清理、备份操作。公司将此次项目安排给作为初级系统管理员的你，希望你能完美完成这一项目，并获得客户的好评，增强客户对公司的依赖性。

2.9.2　客户需求

客户需求如下。

① 创建/files 目录，该目录为多人可读/写目录，属主、属组均为 root，权限应设置为777，并保证该目录拥有 sticky 特殊权限。

② 新建用户 loguser，将密码设置为 openEuler；创建/log_backup 目录，此目录应当备份/var/log 下内容修改时间在 8 天及更早之前的所有日志文件。该目录与目录下的文件应仅允许 loguser 用户完全控制（root 用户除外）。

③ 将/log_backup 进行打包压缩处理，要求使用 gz 方式进行压缩，压缩文件名称应当为 log_backup.tar.gz，并保存在/files 目录下。

④ 为了使系统符合等保要求，而减少 root 用户的登录时间，请创建用户 administrator，并将其密码设置为强密码（大小写字母+数字+大于 8 个字符以上）。为了后续系统的维护所需权限，需要将该用户设置为 sudo 提权用户，要求该用户可以使用 root 身份执行所有命令，但执行时需要进行密码验证。

⑤ 担心 administrator 用户创建目录或文件的权限过大，可能导致越权问题，请对该用户的默认权限做配置，要求该用户在创建目录时该目录应当只能以自己的身份完全控制，其组与其他人应该没有任何权限。

小　　结

本章涵盖了丰富多彩的 Linux 命令行操作知识，从最基础的命令行使用和语法，一直到深入的文件系统管理、用户权限配置，再到强大的文本处理工具的应用及根据条件查找所需文件的 find。

通过对本章的学习，相信读者已经掌握了如何自如地在 Linux 系统中"航行"，如何查询命令的帮助文档，如何管理文件和目录，以及如何进行用户和权限的管理。不仅如此，本章还迎来了 Linux 中最受欢迎的高级文本编辑神器——VIM，它将成为用户操作 Linux 的得力助手。

第**3**章

必知必会的运维技能

本章将介绍如何为 Linux 操作系统配置网络，使服务器能够无缝连接到互联网世界。此外，本章还将深入研究软件包管理，探讨如何轻松地安装、更新和删除软件包，以满足特定需求。

另外，本章将进一步探讨磁盘分区知识，这对于数据存储和管理至关重要。通过学习这些内容，我们将学会如何合理划分磁盘空间，以满足不同应用程序和数据存储的需求。此外，本章还将介绍一些存储技术，以帮助我们更好地理解如何在 Linux 操作系统中进行存储管理。

最后，本章将探讨 Linux 运维领域的一个核心功能——使用 SSH 进行远程登录。通过 SSH，我们可以安全地远程管理 Linux 服务器，执行命令、传输文件，甚至进行远程故障排除。这将大大提高工作效率，并能够轻松地管理远程服务器。

3.1　Linux 中的网络信息管理

计算机网络是现代信息技术的基石，无论是在家庭用户的个人设备上，还是在企业级服务器上，它都发挥着至关重要的作用。Linux 更是网络环境中的一员"大将"，有网络的 Linux 操作系统能发挥出巨大的作用。各种网站的搭建、文件共享服务器、DNS 服务器等，都离不开 Linux 操作系统的身影。

本节我们将成为网络世界的冒险家，以 Linux 操作系统为起点，探索网络世界的"地图"、路由和各种通信规则，从网络的最基本概念开始，解开 IP 地址的秘密、穿越子网掩码的"迷雾"、穿越网关的关卡，最终在 DNS 的引导下进入网络的奇妙世界。

3.1.1　查看网络信息

1. 查看网络配置信息

（1）使用 ifconfig 命令查看当前网络配置信息

ifconfig 命令用于查看和配置网络接口的 IP 地址、子网掩码、广播地址、MAC 地址及其他网络相关信息。其在 Linux 操作系统中运用得非常多，在本小节仅对查看这一作用进行讲解。语法如下。

```
#语法: ifconfig [options..] DEVICE
#常用选项
```

```
    -a：显示出所有的网卡设备信息，默认情况下 ifconfig 命令仅显示处于运行状态下的网卡信息
#还可以单独查看某一个网卡的网络信息，在后面加上设备名即可
    [root@localhost ~]#ifconfig ens33
```

使用 ifconfig 命令查看当前网络配置信息，如图 3-1 所示。

图 3-1　使用 ifconfig 命令查看当前网络配置信息

在上述结果中，输入 ifconfig 命令会显示系统中所有处于运行状态下的网卡的网络信息，下面针对其显示结果进行剖析，具体如下。

```
#结果解释
#ens33: flags=4163<UP,BROADCAST,RUNNING,MULTICAST>  mtu 1500
 网卡名称：网卡状态，  MTU 表示可以在单个数据包中携带的最大数据量，通常以字节为单位
#inet 192.168.112.132  netmask 255.255.255.0  broadcast 192.168.112.255
    IPv4 地址                      子网掩码                   广播地址
#inet6 fe80::20c:29ff:fe0b:8dbf  prefixlen 64  scopeid 0x20<link>
    IPv6 地址                   子网前缀长度(IPv6 掩码)      IP 地址的范围标识
#ether 00:0c:29:0b:8d:bf  txqueuelen 1000  (Ethernet)
        网卡的 MAC 地址   网络接口的传输队列长度为 1000 (网卡类型为以太网卡)
#RX packets 4834  bytes 4468356 (3.1 MiB)
#RX errors 0  dropped 0  overruns 0  frame 0
#TX packets 2202  bytes 218714 (213.5 KiB)
#TX errors 0  dropped 0 overruns 0  carrier 0  collisions 0
    网卡在当前时刻的收发情况
```

由此可以发现，ifconfig 命令所显示的结果非常详细，几乎可以得到所有我们想要的信息。前文所述，我们在安装 Linux 操作系统的时候还分配给虚拟机 1 个网络适配器。如图 3-2 所示，我们可以在打开的"虚拟机设置"对话框中进行查看。

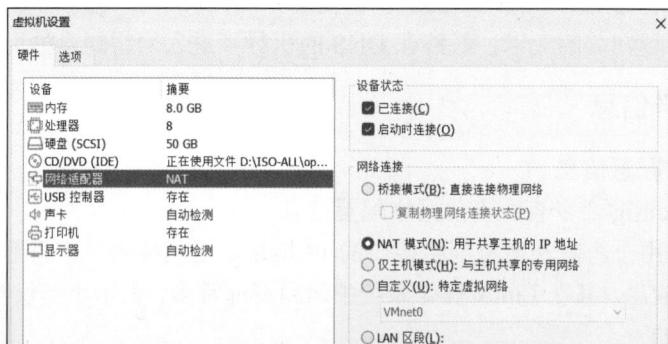

图 3-2　"虚拟机设置"对话框

我们仅给虚拟机分配了一个网卡，但是使用 ifconfig 命令查看当前网络配置信息时，我们会看到两个网卡，一个网卡名是 ens33，另一个网卡名则是 lo。lo 的 IP 地址是 127.0.0.1。这个 IP 地址非常特殊，我们将这个 IP 地址称为本地回环地址，即每台计算机都会有这样一个地址，代表本机自己。

那这个地址有什么作用呢？假设这样一个场景，现在有一台服务器，服务器上运行了 Apache 网站服务与 MySQL 数据服务，Apache 需要与 MySQL 连接得到相关数据，此时计算机的 IP 地址为 192.168.1.1。如果 Apache 需要连接到 MySQL，就需要使用 192.168.1.1:3306（IP:端口）地址，但是此时，其他人也可以通过这个地址访问 MySQL 服务，这样服务器的安全性就会较差，所以此时，本地回环地址的作用就体现出来了，我们不再将 MySQL 放置在 192.168.1.1 地址上，而是放置在 127.0.0.1 地址上进行通信。那么此时，Apache 能够连接到 MySQL 数据库，但是其他人访问不到，服务器的安全性得以提升。

另一个网卡 ens33，则是我们真正用于向外部通信的网卡，所有出入流量都在这一个网卡上，它被用来与外部网络的主机进行网络通信，获取资源与信息等。

（2）使用 route 命令查看路由信息

route 命令是一个用于配置和查看网络路由表的命令行工具，它用于管理系统的网络路由信息，包括确定数据包如何在网络上进行路由和转发的规则。如图 3-3 所示，我们可以使用“route -n”命令查看当前系统上的路由表信息。

```
[root@localhost ~]# route -n
Kernel IP routing table
Destination     Gateway         Genmask         Flags Metric Ref    Use Iface
0.0.0.0         192.168.112.2   0.0.0.0         UG    100    0        0 ens33
192.168.112.0   0.0.0.0         255.255.255.0   U     100    0        0 ens33
[root@localhost ~]#
```

图 3-3　查看路由表信息

对各选项解释如下。

```
Destination：目标网络或目标主机的 IP 地址。
Gateway：数据包要经过的下一跳路由器或网关的 IP 地址。
Genmask：表示目标的子网掩码。
Flags：与路由条目相关的标志，标识不同的路由属性。
Metric：显示了路由的度量值，通常用于确定数据包路由的优先级。较低的度量值通常优先级更高。
Ref：路由表中路由的引用计数，表示有多少个进程或应用程序正在使用这个路由。
Use：路由表中路由的使用次数，表示这个路由已被多少个数据包使用过。
Iface：指定了数据包将通过哪个网络接口传输。
```

（3）查看 DNS 信息

如图 3-4 所示，在 Linux 操作系统中，所有的 DNS 信息都存储在/etc/resolv.conf 文件中。尽管可以在/etc/resolv.conf 文件中列出多个 DNS 服务器，但标准 C 库中的 DNS 解析器通常只会使用前 3 个。如果希望特定的 DNS 服务器被优先使用，应该将其列在前 3 的位置，因为它们在解析时会首先被尝试。

解析的尝试顺序是由上至下。当系统需要解析域名时，它会首先尝试向第一个 DNS 服务器发出请求。如果第一个 DNS 服务器无法提供域名解析服务，系统将尝试向第二个 DNS 服务器发出请求。如果前两个 DNS 服务器都无法提供域名解析服务，系统将尝试向第三个 DNS 服务器发出请求。

```
[root@localhost ~]# cat /etc/resolv.conf
# Generated by NetworkManager
search localdomain
nameserver 192.168.112.2
nameserver 8.8.8.8
nameserver 114.114.114.144
# NOTE: the libc resolver may not support more than 3 nameservers.
# The nameservers listed below may not be recognized.
nameserver 180.76.76.76
[root@localhost ~]#
```

图 3-4　查看 DNS 信息

2. 网卡命名规则

以前，Linux 操作系统中的网卡名是 eth0、eth1，但这种命名方式存在非常大的问题。在一台服务器上，可能有多个网卡，谁是 eth0、谁是 eth1 由启动顺序来决定。假设现在有两个网卡 A 和 B，服务器在启动时先读到了 A 网卡，那么此时 A 网卡的名字就是 eth0，B 网卡第二个被读到，就是 eth1，以此类推。对网卡进行网络配置，一般以网卡名为准，如果这一次给 A 网卡进行了网络配置，但是下一次服务器启动先读到的是 B 网卡，网卡名发生了变化，网络配置就失效了，或者是无法使用，所以服务器一旦重启，很有可能会导致网络服务全面混乱，这对于运维人员来说是一个巨大的挑战。

所以，我们迫切需要一种新的命名规则来取代这种老旧的命名方式。udev 规则应运而生，即规则型命名，也就是根据设备特征进行命名。这种规则型命名方式的优点是可以根据设备的特征来命名接口，有助于管理员更容易地识别和管理设备，尤其在大型或复杂的网络环境中。

规则型命名方式包括 3 个部分，即网卡接口类型、网络适配器类型和数字。

- 网卡接口类型命名如下。
① 以太网有线接口命名为 en。
② 无线局域网接口命名为 wl。
③ 无线广域网接口命名为 ww。
- 网络适配器类型命名如下。
① s 为热插拔插槽。
② o 为板载。
③ p 代表对 PCI 类型的支持。
- 数字 N 代表索引、ID 或端口。

以 ens33 为例，其中 en 表示以太网有线接口，s 为热插拔插槽，而 33 则是其索引，这种命名方式可以确保每个接口都有唯一的名称，不会再发生网络混乱的情况。

规则型命名是现代 Linux 操作系统中的一种趋势，旨在解决传统命名方式（如 eth0）所存在的问题，特别是在虚拟化环境和存在热插拔设备的情况下，使网络接口名称更可靠和有序。

注意：如果固定名称不能确定，传统的名称如 ethN 将被使用。

3. VMware 的 3 种网络模式

在虚拟化环境中，虚拟机可以配置为不同的网络模式，以满足不同的网络需求。而在 VMware 软件中，一共存在 3 种网络模式，分别是桥接模式、NAT 模式与仅主机模式，如图 3-5 所示。我们可以通过 VMware 状态栏中的"编辑->虚拟网络编辑器"来查看各个模式的子网、网关等信息。

图 3-5　"虚拟网络编辑器"对话框

（1）桥接模式

在桥接模式下，虚拟机的网络适配器将连接到主机的物理网络适配器上，就好像虚拟机直接连接到物理网络一样。虚拟机被分配到一个独立的 IP 地址，并与物理网络中的其他设备处于同一子网中。如图 3-6 所示，虚拟机跃升为真实物理子网中的一员，此时虚拟机能与其他物理主机进行通信，也能与宿主机（虚拟机所属的物理主机）进行通信，同时也可以访问外部网络（如百度网站等）。

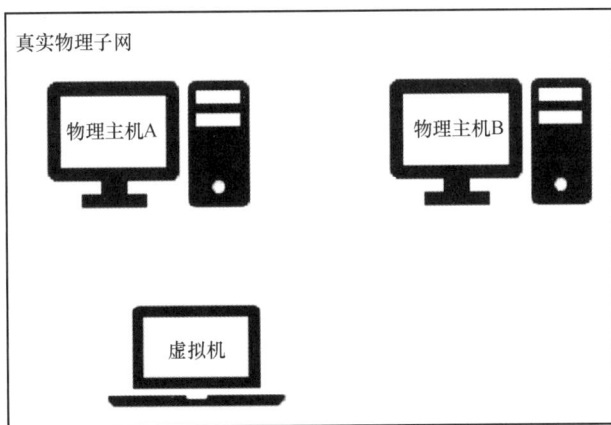

图 3-6　桥接模式拓扑

这种模式适合需要虚拟机能够与物理网络中的其他设备进行通信的情况，如需要虚拟机扮演独立服务器的角色。

（2）NAT 模式

在 NAT 模式下，物理主机 A 充当路由器，使用 VMnet8 网卡在虚拟机与主机之间创建了一个逻辑子网，通过网络地址转换（NAT）将虚拟机的流量映射到主机的 IP 地址上，然后再路由到外部网络。如图 3-7 所示，但也正因为虚拟机处于逻辑子网内，其他物理主机无法访问虚拟机，但是虚拟机可以与其他物理主机及宿主机进行通信，且可以访问外部网络。

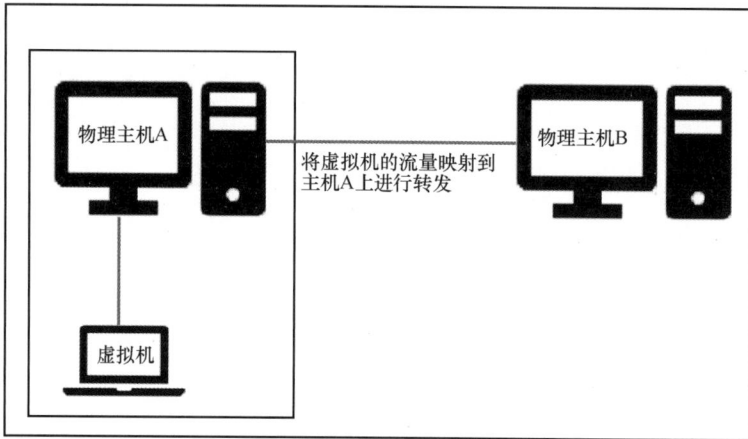

图 3-7　NAT 模式拓扑

这种模式适合虚拟机需要访问外部网络，但不需要外部网络访问虚拟机的情况，如客户端虚拟机用于浏览互联网。

（3）仅主机模式

仅主机模式与 NAT 模式十分相似，物理主机 A 借用 VMnet1 网卡构建逻辑子网，此时物理主机 A 仅充当一台交换机，不再将虚拟机的流量映射到自己的 IP 地址上，所以此时虚拟机之间可以互相通信，且可以访问宿主机，但无法通过宿主机去访问外部网络，当然，也不能与其他物理主机进行通信，如图 3-8 所示。仅主机模式适用于创建一个受限制的网络环境，用于测试和开发等其他目的，其中虚拟机之间需要互相通信，但不需要与外部网络进行通信。

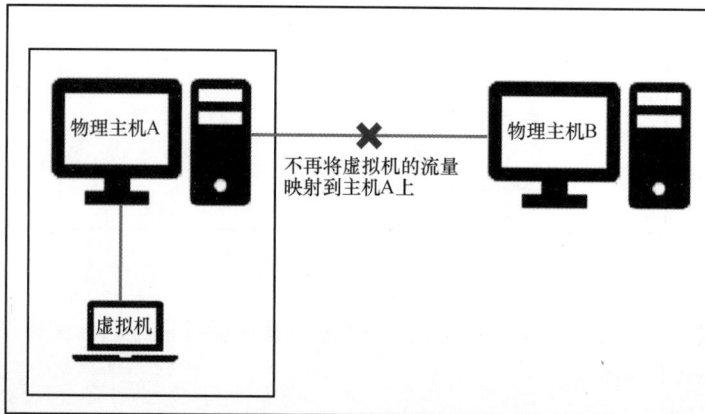

图 3-8　仅主机模式拓扑

3.1.2　配置网络信息

1. 使用 ifconfig 命令配置网络

ifconfig 命令除用于查看网络信息，还可以用于对网络进行配置，如关闭某个网卡，给某个网卡配置一个临时 IP 地址，具体用法如下。

```
#关闭网卡，当使用 ifconfig down 后，网卡的 flags 就不再是运行状态
        [root@localhost ~]#ifconfig ens33
        ens33: flags=4163<UP,BROADCAST,RUNNING,MULTICAST>  mtu 1500
        [root@localhost ~]#ifconfig ens33 down
        [root@localhost ~]#ifconfig ens33
            ens33: flags=4098<BROADCAST,MULTICAST>  mtu 1500

#启用网卡
        [root@localhost ~]#ifconfig ens33
            ens33: flags=4098<BROADCAST,MULTICAST>  mtu 1500
        [root@localhost ~]#ifconfig ens33 up
        [root@localhost ~]#ifconfig ens33
        ens33: flags=4163<UP,BROADCAST,RUNNING,MULTICAST>  mtu 1500

#临时配置一个 IP 地址，临时配置的 IP 地址等重启后就会失效
        [root@localhost ~]#ifconfig ens33 | grep inet -w
            inet 192.168.112.132  netmask 255.255.255.0  broadcast 192.168.112.255
        [root@localhost ~]#ifconfig ens33 192.168.112.150/24
        [root@localhost ~]#ifconfig ens33 | grep inet -w
            inet 192.168.112.150  netmask 255.255.255.0  broadcast 192.168.112.255
```

2. 使用 ip 命令管理网络

ifconfig 命令来自 net-tools 软件包，并且这个软件包在最小化安装 Linux 系统时，并不会默认安装，必须手动安装。那如果我们不想手动安装 net-tools 软件包，能不能使用其他的工具来实现 ifconfig 命令的功能呢？

ip 命令就可以实现 ifconfig 命令的功能。ip 命令是一个用于配置和管理网络接口和路由的强大的命令行工具，常用于 Linux 操作系统中。它的功能非常丰富，允许查看和修改网络接口、路由表等。并且只要安装好了 Linux 操作系统，ip 命令一般就会存在，具体用法如下。

```
#ip 命令用于管理设备
    #查看所有设备: ip link show == ip link == ip l #3 个命令所起的作用是一致的
    #启用设备: [root@localhost ~]#ip link set ens33 up
    #禁用设备: [root@localhost ~]#ip link set ens33 down

#ip 命令用于管理网络信息
    #查看网络信息: ip addr show == ip addr == ip a
    #查看指定网卡网络信息: [root@localhost ~]#ip addr show dev ens33
    #添加 IP: [root@localhost ~]#ip addr add 192.168.112.180/24 dev ens33
    #删除 IP: [root@localhost ~]#ip addr del 192.168.112.180/24 dev ens33

#ip 命令用于管理路由
    #查看路由信息: ip route show == ip route == ip r
    #添加路由语法: ip route add DEST_IP/MASK via GATEWAY dev DEVICE
    #示例: 在 ens33 网卡上添加一个去往 172.17.0.0/24 地址的路由，下一跳网关为192.168.112.2
    [root@localhost ~]#ip route add 172.17.0.0/24 via 192.168.112.2 dev ens33
        [root@localhost ~]#ip r
```

```
    default via 192.168.112.2 dev ens33 proto dhcp metric 102
    default via 192.168.112.2 dev ens36 proto static metric 103
    172.17.0.0/24 via 192.168.112.2 dev ens33
#删除路由语法: ip route del DEST_IP/MASK
 #示例: 删除目标地址为 172.17.0.0/24 的路由
 [root@localhost ~]#ip route del 172.17.0.0/24
 [root@localhost ~]#ip r
    default via 192.168.112.2 dev ens33 proto dhcp metric 102
    default via 192.168.112.2 dev ens36 proto static metric 103
```

3. 使用 route 命令配置路由

route 命令是在 Linux 操作系统中专门用来管理路由的工具，使用 route 命令对路由进行新增与删除的代码如下。

```
#新增到网段的路由: route add -net NET/MASK gw GATEWAY
 #示例: 添加一个去往 172.17.0.0/24 地址的路由，下一跳网关为 192.168.112.2
 [root@localhost ~]#route -n | grep 172
 [root@localhost ~]#route add -net 172.17.0.0/24 gw 192.168.112.2
 [root@localhost ~]#route -n | grep 172
    172.17.0.0      192.168.112.2   255.255.255.0   UG   0   0    0 ens36

#新增到主机的路由: route add -host HOST netmask MASK gw GATEWAY
 #示例:添加一个去往 185.14.1.29 地址的路由，下一跳网关为 192.168.112.2
 [root@localhost ~]#route -n | grep 185
 [root@localhost ~]#route add -host 185.14.1.29 gw 192.168.112.2
 [root@localhost ~]#route -n | grep 185
    185.14.1.29     192.168.112.2   255.255.255.255 UGH  0   0    0 ens36

#删除到网段的路由: route del -net NET/MASK
 #示例:删除去往 172.17.0.0/24 地址的路由
 [root@localhost ~]#route del -net 172.17.0.0/24
 [root@localhost ~]#route -n | grep 172
 [root@localhost ~]#

#删除到主机的路由: route del -host HOST
 #示例:删除去往 185.14.1.29 地址的路由
 [root@localhost ~]#route del -host 185.14.1.29
 [root@localhost ~]#route -n | grep 185
 [root@localhost ~]#
```

4. 端口概念及查看

端口是用于标识网络上特定应用程序或服务的逻辑通道或终点。它是一个抽象概念，用于帮助将数据包正确路由到目标应用程序或服务。每个端口都有唯一的数字标识符，称为端口号，其取值范围是 0～65535。

端口分为以下两种主要类型。

① 系统端口：系统端口号的范围是 0～1023，通常被分配给标准的、已知的网络服务，如 HTTP 服务通常使用端口 80，HTTPS 服务通常使用端口 443，SSH 服务使用端口 22 等。这些端口号是由因特网编号分配机构（IANA）管理的。

② 动态或私有端口：动态或私有端口号的范围是 1024～65535，通常由应用程序或服务动态分配。这些端口号可以用于运行各种自定义的或第三方的应用程序。

网络中的每个数据包（如 TCP/IP 协议簇中的数据包）都会包含一些特定信息，如源端口、目标端口等，以便路由器和计算机能够将数据包传递到正确的目标应用程序。当数据包到达计算机时，操作系统会根据目标端口将数据包传递给相应的应用程序或服务进行处理。

端口是网络通信的关键组成部分，允许多个应用程序在同一计算机上或不同计算机之间同时运行，而不会相互干扰。通过使用端口号，计算机网络能够支持多个应用程序并确保数据包按照目标端口正确路由。这种机制使网络通信更加灵活和高效。

如图 3-9 所示，Linux 操作系统中有一个文件，里面记录了非常多的标准服务端口，这个文件就是/etc/services 文件。

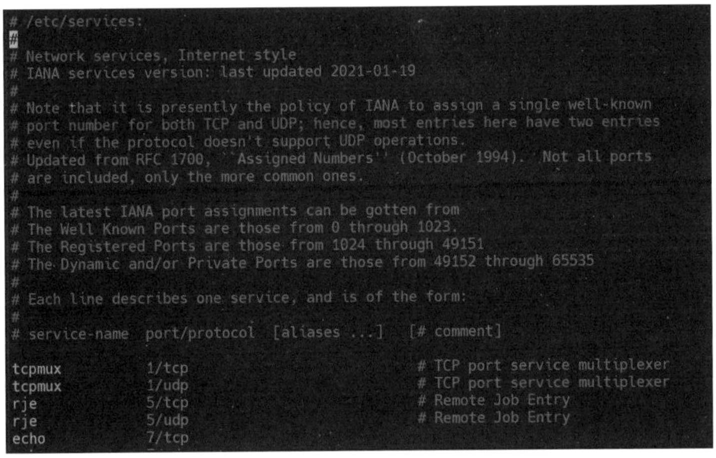

```
# /etc/services:
#
# Network services, Internet style
# IANA services version: last updated 2021-01-19
#
# Note that it is presently the policy of IANA to assign a single well-known
# port number for both TCP and UDP; hence, most entries here have two entries
# even if the protocol doesn't support UDP operations.
# Updated from RFC 1700, ``Assigned Numbers'' (October 1994).  Not all ports
# are included, only the more common ones.
#
# The latest IANA port assignments can be gotten from
# The Well Known Ports are those from 0 through 1023.
# The Registered Ports are those from 1024 through 49151
# The Dynamic and/or Private Ports are those from 49152 through 65535
#
# Each line describes one service, and is of the form:
#
# service-name  port/protocol  [aliases ...]   [# comment]

tcpmux          1/tcp                           # TCP port service multiplexer
tcpmux          1/udp                           # TCP port service multiplexer
rje             5/tcp                           # Remote Job Entry
rje             5/udp                           # Remote Job Entry
echo            7/tcp
```

图 3-9　标准服务端口配置文件

我们如何查询自己系统中使用了哪些端口呢？Linux 操作系统提供了两个工具——ss 命令与 netstat 命令，ss 命令与 netstat 命令的使用方法及选项基本一致。

ss 命令取代了 net-tools 软件包中的 netstat 命令。ss 命令在 3 个方面做得比 netstat 更好。第一是效率，ss 命令通常比 netstat 命令更快速，因为它能够更高效地处理网络连接和套接字信息。第二是输出结果，ss 命令输出的格式更清晰和直观，不需要太多参数来获取所需的信息。第三是功能方面，ss 命令提供了对套接字信息更细粒度的控制，它可以更容易地获取特定类型的信息。但是，它们的使用方法与选项都是一样的，所以这里仅阐述 ss 命令，具体如下。

```
#语法: ss [options]

#常用选项
  -t: 显示 TCP 连接
  -u: 显示 UDP 连接
  -l: 仅显示监听状态的连接
  -n: 以数字形式显示 IP 地址和端口，而不进行反向解析
  -p: 显示与套接字相关的进程信息（进程 ID 和进程名称）

#常用选项组合: -tunlp
     [root@localhost ~]#ss -tunlp | head -n2
       Netid State  Recv-Q Send-Q Local Address:Port  Peer Address: Port    Process
       udp   UNCONN  0      0       0.0.0.0:5353         0.0.0.0:*         users:(("ava
hi-daemon",pid=894,fd=12))
  #结果解析
```

Netid：网络标识，表示套接字的协议，这里是 UDP
State：套接字的状态，这里是 UNCONN（未连接）
Recv-Q 和 Send-Q：接收队列和发送队列中的数据包数量，这里都是 0
Local Address:Port：本地地址和端口，表示此套接字绑定在本地地址 0.0.0.0 的端口 5353 上
Peer Address:Port：对等端地址和端口，这里是 0.0.0.0，表示没有特定的远程对等端
Process：与套接字关联的进程信息，包括进程的名称、进程 ID（pid）和文件描述符（fd）等

5．主机名及本地主机名解析

在系统之间的通信中，除了使用 IP 地址和子网掩码来建立连接，还可以采用主机名来建立连接。主机名是计算机或设备在网络中的个性化名称，用于唯一标识特定主机。通常，主机名会与主机的 IP 地址相互映射，以确保网络中的正确寻址和标识。

主机名解析是将人类可读的主机名转换为计算机可识别的 IP 地址的过程，从而使数据包能够正确路由和传递。主机名解析通常有两种方法，一种是熟知的 DNS 解析，另一种是本地主机名解析。在接下来的部分，我们将深入探讨如何设置主机名及进行主机名解析，以实现更高效的网络通信。

（1）查看与修改主机名

在 Linux 操作系统中，我们可以使用 hostname 命令查看主机名的信息，还可以使用 hostnamectl 命令查看主机名、主机相关信息及管理主机名，具体如下。

```
#hostname
  #打印当前系统主机名
     [root@localhost ~]#hostname
      localhost.localhost
  #临时修改主机名
     [root@localhost ~]#hostname openEuler #临时修改主机名，重启失效
     [root@localhost ~]#hostname
       openEuler

#hostnamectl
  #查看主机名相关信息
     [root@localhost ~]#hostnamectl status
      Static hostname: localhost.localhost      #系统永久的主机名
      Transient hostname: openEuler             #系统临时主机名
      Icon name: computer-vm                    #计算机图标名称
      Chassis: vm                               #机箱类型，vm 表示此为虚拟机
      Machine ID: 1e14546d33e84e628346255b3baf753a  #唯一机器标识符
      Boot ID: b56787cd3a4f4e0b99361ed145e16215     #系统引导唯一标识符
      Virtualization: vmware                    #表示系统正在虚拟化环境中运行
      Operating System: openEuler 23.03         #当前系统发行版本
      Kernel: Linux 6.1.19-7.0.0.17.oe2303.x86_64 #内核版本
      Architecture: x86-64                      #系统架构
      Hardware Vendor: VMware, Inc.             #硬件供应商和硬件型号信息
      Hardware Model: VMware Virtual Platform   #硬件供应商和硬件型号信息
  #永久修改主机名
    [root@localhost ~]#hostnamectl set-hostname openEuler.xxxxxx.com
    [root@localhost ~]#hostnamectl status    #此时没有临时主机名，因为是永久修改
     Static hostname: openEuler.xxxxxx.com
     Icon name: computer-vm
```

（2）进行主机名解析

在默认情况下，计算机世界中的通信主要依赖于 IP 地址，而主机名通常不直接用于

网络通信。然而，有时我们希望在自己的计算机或小型网络中使用更容易记忆和识别的主
机名来标识和访问其他计算机或设备。虽然自行搭建全功能的 DNS 服务器会涉及复杂的
配置和管理，但幸运的是，有一种更简单的方法，那就是本地主机名解析。

在 Linux 操作系统和 UNIX 操作系统中，有一个名为/etc/hosts 的特殊文件，它被用来
对本地主机名进行解析。这个文件的作用是将主机名映射到相应的 IP 地址，以便在计算
机上使用更易记忆的主机名来标识和访问其他计算机。这种本地主机名解析方法特别适用
于小型网络、个人系统或需要简化网络通信的场景。

通过编辑/etc/hosts 文件，我们可以手动添加主机名和 IP 地址的映射关系，使系统能
够自行解析这些主机名。这种方法提供了更便捷的方式来管理本地主机名，无须依赖外部
DNS 服务器，具体如下。

```
#先来看看这个文件，在文件中，其实也给出了一部分示例及讲解
    [root@localhost ~]#cat /etc/hosts
    #Loopback entries; do not change.
    #For historical reasons, localhost precedes localhost.localdomain:
##两行注释提示了我们这是用于本地回环地址的条目，不应该修改
    127.0.0.1    localhost localhost.localdomain localhost4 localhost4.localdomain4
##将 127.0.0.1 映射到多个主机名，无论是哪一个都会指向本地回环地址
    ::1          localhost localhost.localdomain localhost6 localhost6.localdomain6
##类似条目，只是这是 IPv6 回环地址的映射
    #See hosts(5) for proper format and other examples:
##告诉我们可以从第 5 章的 hosts 获取更多帮助
    #192.168.1.10 foo.xxxxxx.org foo
##示例条目，告诉我们应该如何配置

#配置语法：IP    主机名或域名    别名
    #语法的前两项自然不必多说，一个是 IP 地址，一个主机名，而最后的一个，则是我们自定义的别名。由于有些主
机的主机名会较长，所以并没有增加多少便捷性，我们可以再次针对主机名取一个别名，以进一步提升便捷性
    #示例：192.168.112.1  hack.xxxxxx.com hack

#功能体现
    #无法连接到 hack.xxxxxx.com 这一主机名
    [root@localhost ~]#ping hack.xxxxxx.com -c1 -W1
        Ping: hack.xxxxxx.com: Name or service not known
#编辑/etc/hosts 文件，对 hack.xxxxxx.com 主机名进行解析
    [root@localhost ~]#echo "192.168.112.1 hack.xxxxxx.com hack" >> /etc/hosts
    [root@localhost ~]#cat /etc/hosts | tail -n 1
        192.168.112.1 hack.xxxxxx.com hack
#成功解析到地址，可以通信
    [root@localhost ~]#ping hack.xxxxxx.com -c1 -W1
        PING hack.xxxxxx.com (192.168.112.1) 56(84) 字节的数据
        64 字节，来自 hack.xxxxxx.com (192.168.112.1): icmp_seq=1 ttl=128 时间= 0.236 毫秒
        --- hack.xxxxxx.com ping 统计 ---
        已发送 1 个包，已接收 1 个包，0% packet loss, time 0ms
        rtt min/avg/max/mdev = 0.236/0.236/0.236/0.000 ms
```

6. NetworkManager

毫无疑问，以上所述的网络配置具有临时性效应。一旦设备重启，所有网络配置均将
消失，这就引发了一个很严肃的问题：是否需要每次手动重新配置？显然这种操作过于烦
琐。我们可以采取措施永久修改网络配置，使系统在重启后仍能维持修改后的设置。

下面介绍系统中的网络服务。在许多 Linux 发行版中，有一个重要的网络服务，它的名称为 "NetworkManager"。它提供了两个工具，一个是 nmtui，另一个是 nmcli。这两个工具分别提供了文本用户界面和 CLI，以管理网络配置和连接。

（1）nmtui 工具

nmtui 是 NetworkManager 服务所提供的文本用户界面工具，它允许用户在终端使用交互式界面来配置和管理网络连接，而不需要图形化界面。这意味着我们可以在没有安装图形化桌面环境的系统上使用 nmtui 工具。nmtui 的实现基于纯文本界面，它使用了字符终端的功能来创建用户友好的网络配置，如图 3-10 所示。

图 3-10　nmtui 工具的
网络配置

nmtui 利用 Curses 库和 CLI，与 NetworkManager 后端进行通信。其使用方法也极其简单，直接执行 nmtui 即可，界面如图 3-11 所示。

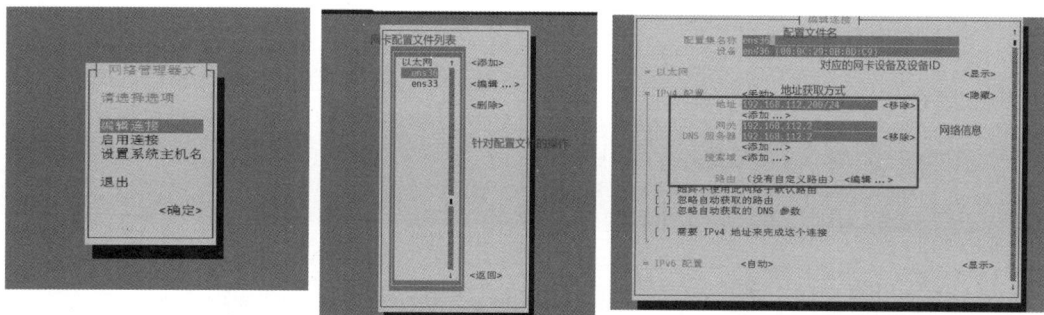

图 3-11　nmtui 使用界面

（2）nmcli 工具

nmcli 工具能够完成用户想要对网络进行的所有操作，但这个工具使用起来比较复杂，下面我们将对这个命令行工具进行讲解。

nmcli 用于管理网络连接、配置和监控网络接口等，我们仅学习其中两部分，一个是管理网卡设备，另一个是管理网卡配置文件。

① 管理网卡设备。

使用 nmcli 工具管理网卡设备的代码如下。

```
#查看设备详细信息，列出的信息基本囊括网卡的所有信息，不进行详细解析
    [root@localhost ~]#nmcli device show
#查看设备与配置文件的连接状态
    [root@localhost ~]#nmcli device status
    DEVICE    TYPE       STATE     CONNECTION
    ens36     ethernet   已连接     ens36
    ens33     ethernet   已断开     --
    lo        loopback   未托管     --
    #设备名      网卡类型    连接状态  配置文件名
#连接状态分为 3 种
    已连接：表示网卡与配置文件处于连接状态，正常使用
```

已断开：表示网卡存在配置文件但是未连接
未托管：表示该网卡没有配置文件

```
#构建网卡与配置文件的连接: nmcli device connect 网卡名
    [root@localhost ~]#nmcli device status
    DEVICE   TYPE       STATE    CONNECTION
    ens33    ethernet   已断开   --
    [root@localhost ~]#nmcli device connect ens33
    成功用 "ens331594aa8b-d7c7-4ecc-8914-8562eceaae24" 启用了设备
    [root@localhost ~]#nmcli device status
    DEVICE   TYPE       STATE    CONNECTION
    ens33    ethernet   已连接   ens33
#断开网卡与配置文件的连接: nmcli device disconnect 网卡名
    [root@localhost ~]#nmcli device disconnect ens33
    成功断开设备 "ens33"
    [root@localhost ~]#nmcli device status
    DEVICE   TYPE       STATE    CONNECTION
    ens33    ethernet   已断开   --
```

② 管理网卡配置文件。

管理网卡设备的配置项并不多，但是管理网卡配置文件的相关配置项目就比较多了。管理网卡配置文件的流程如图 3-12 所示。

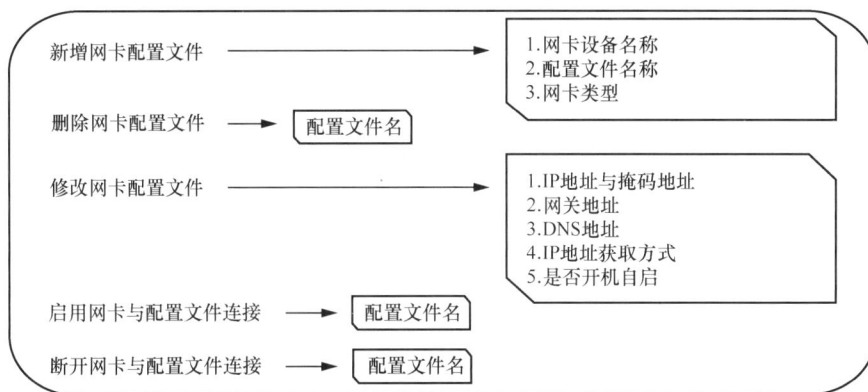

图 3-12　管理网卡配置文件的流程

从图 3-12 中可以看到，删除网卡配置文件、启用网卡与配置文件连接、断开网卡与配置文件连接比较简单，仅需要在后面接上配置文件名即可，具体如下。

```
#查看网卡配置文件连接信息
    [root@localhost ~]#nmcli connection show
    NAME    UUID                                  TYPE      DEVICE
    ens36   ff7c1d24-746c-4cac-b900-3019a9a83fec  ethernet  ens36
    ens33   1594aa8b-d7c7-4ecc-8914-8562eceaae24  ethernet  --
#配置文件名 设备 ID 网卡类型 设备名
#连接状态以颜色进行区别，绿色表示已连接，白色表示未连接，黄色表示正在连接中

#启用网卡与配置文件的连接: nmcli connection up 配置文件名
    [root@localhost ~]#nmcli connection up ens33
    连接已成功启用
```

```
[root@localhost ~]#nmcli connection show
    NAME    UUID                                    TYPE       DEVICE
    ens36   ff7c1d24-746c-4cac-b900-3019a9a83fec    ethernet   ens36
    ens33   1594aa8b-d7c7-4ecc-8914-8562eceaae24    ethernet   ens33

#断开网卡与配置文件的连接：nmcli connection down 配置文件名
    [root@localhost ~]#nmcli connection down ens33
    成功停用连接 "ens33"
    [root@localhost ~]#nmcli connection show
    NAME    UUID                                    TYPE       DEVICE
    ens36   ff7c1d24-746c-4cac-b900-3019a9a83fec    ethernet   ens36
    ens33   1594aa8b-d7c7-4ecc-8914-8562eceaae24    ethernet   --

#删除网卡配置文件：nmcli connection delete 配置文件名
    [root@localhost ~]#nmcli connection delete ens33
    成功删除连接 "ens33" (1594aa8b-d7c7-4ecc-8914-8562eceaae24)
    [root@localhost ~]#nmcli connection show
    NAME    UUID                                    TYPE       DEVICE
    ens36   ff7c1d24-746c-4cac-b900-3019a9a83fec    ethernet   ens36
    [root@localhost ~]#
```

下面针对 ens33 网卡重新添加一个配置文件，如图 3-13 所示，需要指定网卡名、指定配置文件名与网卡类型，具体如下。

```
nmcli connection add ifname 网卡名 con-name 配置文件名 type 网卡类型
```

图 3-13　使用 nmcli 工具添加配置文件

其中，"nmcli connection add" 是用于添加配置文件的指令，后面跟上一些配置项目用于指定信息。

- ifname ens33：ifname 用于指定网卡设备名称，给 ens33 添加配置信息。
- con-name ens33-config：con-name 用于指定配置文件名，此处为自定义名称，一般会直接使用网卡名，方便管理，此处为了区别所以进行了修改。
- type ethernet：type 用于指定网卡类型，一般情况下均为 ethernet（以太网卡）。

新增配置文件后，网卡会默认直接启用连接。下面对 ens33 网卡进行网络配置，具体如图 3-14 所示，命令如下。

```
nmcli connection modify 配置文件名称 ipv4.addresses IP/MASK ipv4.gateway GATEWAY
ipv4.dns DNS1,DNS2 ipv4.method 获取方式 autoconnect 状态
```

图 3-14　使用 nmcli 工具修改网络配置

需要注意的是，在使用 modify 修改完网络配置后，需要使用 up 命令再次启用连接，也就是刷新一次连接才可以读取到最新的配置信息。

最后，nmcli 还可以在原有的 IP 地址基础上，进行 IP 地址的新增与减少，用法也很简单，只需要在 ipv4.addresses 前加上"+"与"−"，其运行结果如图 3-15 所示。运行结果中各项命令的说明见表 3-1。

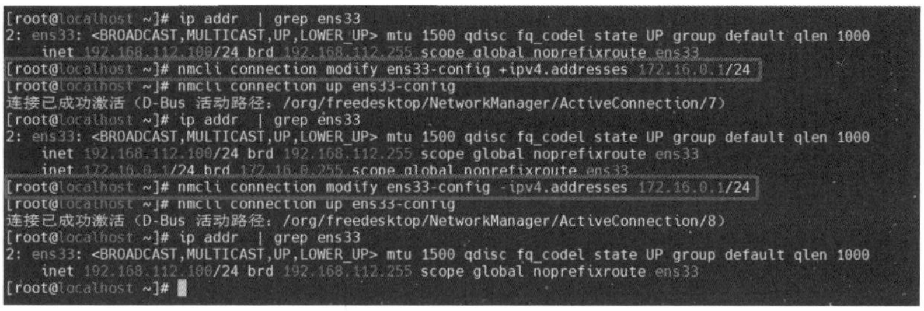

图 3-15　IP 地址的新增与减少的运行结果

表 3-1　图 3-14 中各项命令的说明

命令内容拆分	作用
nmcli connection modify ens33-config	指定需要修改的配置文件对象
ipv4.addresses 192.168.112.100/24	指定 IP 地址与掩码
ipv4.gateway 192.168.112.2	指定网关地址
ipv4.dns 192.168.112.2,8.8.8.8	指定 DNS 地址，多个 DNS 以","分隔
ipv4.method manual	指定 IP 获取方式，manual 指手动配置，auto 表示 DHCP 服务器自动分配
autoconnect yes	网卡在开机时是否会自动启动

3.1.3　配置多网卡的高可用网络接口

在这个充满挑战的数字时代，我们的生活和业务高度依赖于互联网。假设一个拥有数千名访客的网站，每天流量巨大，经济来源全部依赖于此。某一天服务器的网卡发生了故障，网站无法访问，每一秒都可能造成收入上的损失，那么我们肯定会陷入焦虑和困境。我们需要迅速采取措施，购买一张新的网卡并安装，然后重新配置网络信息，但在这个过程中业务受到了巨大的损失。

有一种技术可以在一张网卡出现故障后，立即切换到另一张备用网卡，无缝继续提供服务。这项技术不仅可以避免出现昂贵的停机问题，保持业务的连续运行，减少损失，它还为网站提供了强大的容错和冗余性，确保即使出现故障，用户仍然能够畅顺访问，不会影响业务收入。下面我们对其进行具体阐述。

1．双网卡绑定——bonding 技术

双网卡绑定是一种网络技术，它允许将两个或多个物理网络接口卡（网卡）绑定在一起，形成逻辑意义上的一个接口，称为"绑定接口"或"bond 接口"。这个绑定接口对外

表现为单一的逻辑网络接口，它实际上是由多个物理网卡组成的。这种技术有多种用途，如增加网络带宽、提供容错和冗余性及实现负载均衡。

bonding 技术被分成 7 种不同的级别，每种级别都各有优劣，我们应该依据业务场景选择合适的 bond 级别（见表 3-2）。

表 3-2　bonding 技术的级别

bond 级别	bond 名称	bond 特点	对交换机的要求
0	round-robin	按照设备顺序依次传输数据包。提供负载均衡和容错能力	交换机需要配置 trunking
1	active-backup	只有一台设备处理数据，当它死机的时候就会由备份代替，仅提供容错能力	交换机不需要配置 trunking
2	load-balancing (xor)	根据 MAC 地址异或运算的结果来选择传输设备，提供负载均衡和容错能力	交换机需要配置 trunking
3	fault-tolerance (broadcast)	通过全部设备来传输所有数据。提供容错能力	交换机需要配置 trunking
4	lacp	通过创建聚合组来共享相同的传输速度，需要交换机也支持 802.3ad 模式，提供容错能力	需要交换机支持 802.3ad、交换机需要配置 trunking
5	transmit load balancing	由负载最轻的网口发送，由当前使用的网口接收。提供负载均衡和容错能力	交换机不需要配置 trunking
6	adaptive load balancing	用负载最轻的网口进行发送和接收。提供负载均衡和容错能力	交换机不需要配置 trunking

2．配置双网卡绑定

① 克隆一台机器，为后面的测试做准备，如图 3-16～图 3-21 所示。

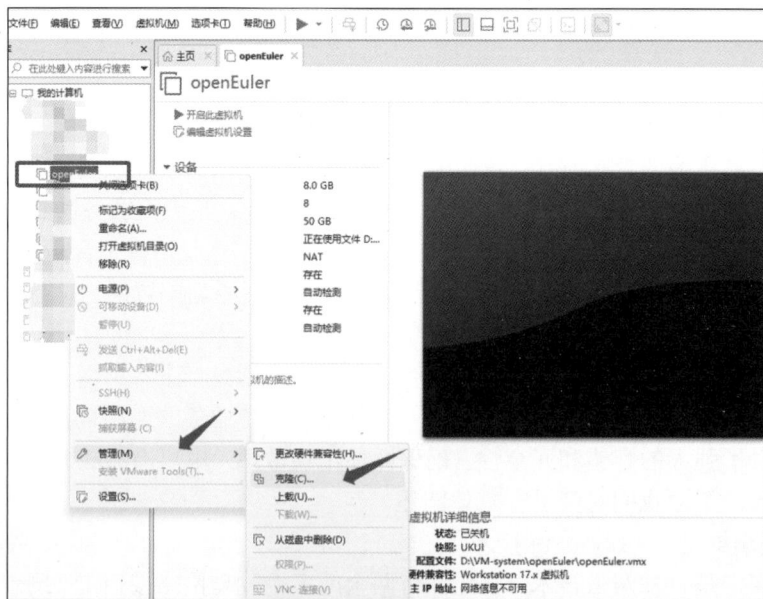

图 3-16　克隆界面（1）

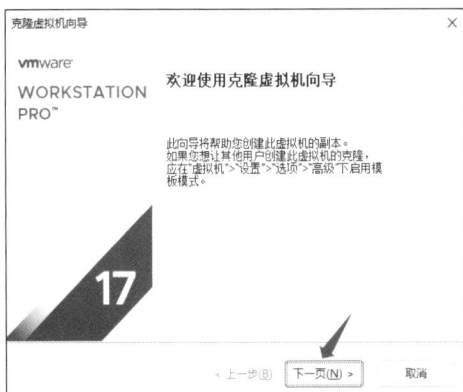

图 3-17　克隆界面（2）

图 3-18　克隆界面（3）

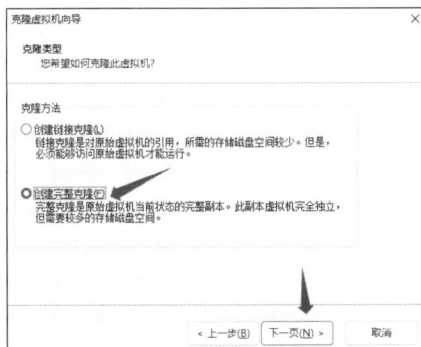

图 3-19　克隆界面（4）

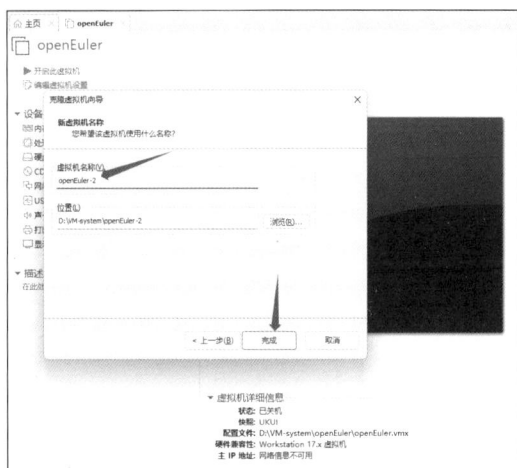

图 3-20　克隆界面（5）

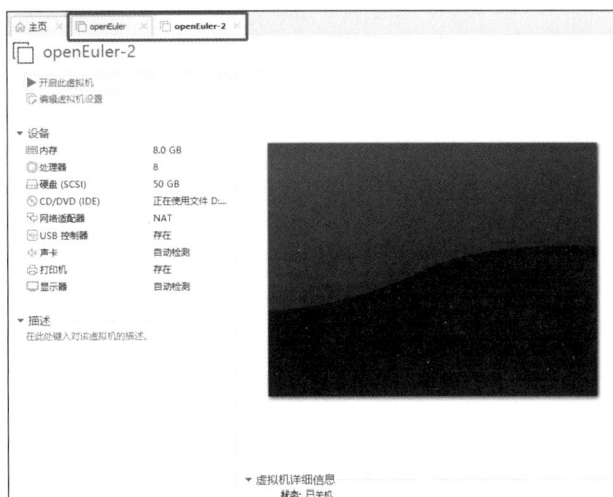

图 3-21　克隆完成界面

② 给第一台机器添加一张网卡并进行网络配置，如图 3-22 和图 3-23 所示。

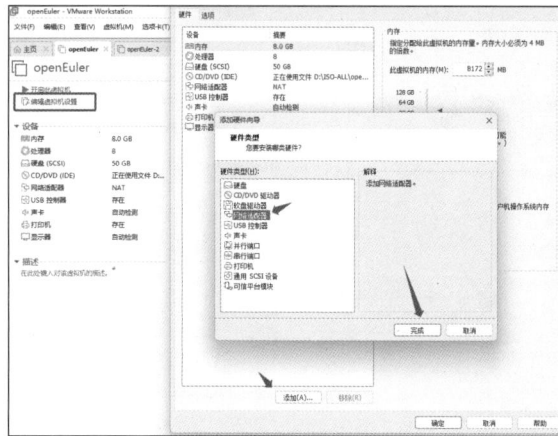

图 3-22　新增网卡

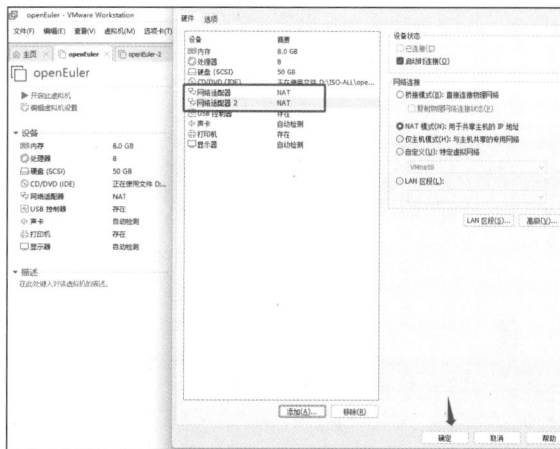

图 3-23　网络配置

③ 删除网络配置，界面如图 3-24 所示。

图 3-24　删除网络配置

④ 创建双网卡绑定，选择使用场景最多的 bond1 级别，主备部署，如图 3-25～图 3-27 所示。

图 3-25　创建虚拟接口并配置 IP 地址

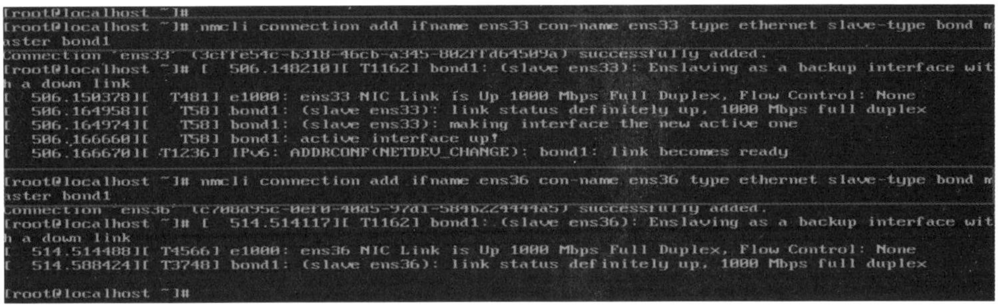

图 3-26　将物理网卡添加到 bond1 中（提示信息是正常提示）

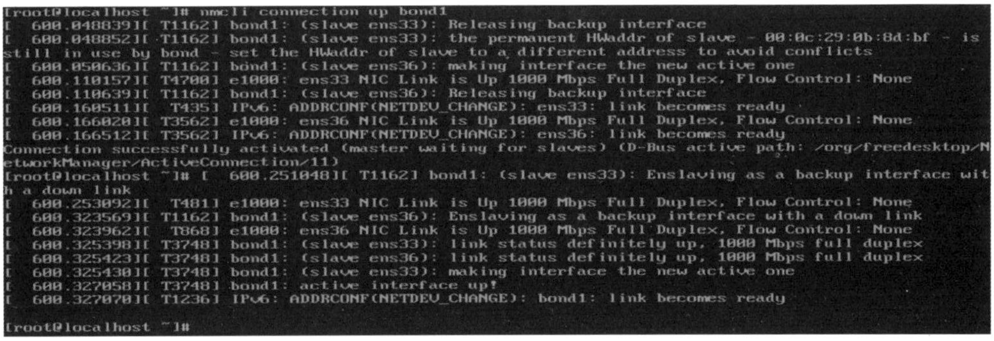

图 3-27　启动虚拟接口

步骤④使用到的命令如下。

```
#创建虚拟接口
  nmcli connection add ifname bond1 con-name bond1 type bond mode active-backup
  #mode active-backup: 指定 bonding 模式为 active-backup，也就是主备模式
#给虚拟接口配置 IP 地址
  nmcli connection modify bond1 ipv4.addresses 192.168.112.100/24 ipv4.method manual
autoconnect yes
#将物理网卡添加到虚拟接口中
  nmcli connection add ifname ens33 con-name ens33 type ethernet slave-type bond master
bond1
  nmcli connection add ifname ens36 con-name ens36 type ethernet slave-type bond master
bond1
  #slave-type bond: 指定这是一个绑定（bond）的从属（slave）连接
  #master bond1: 指定"bond1"是这个从属连接的主连接，也就是该网卡成为 bond1 的一部分
#启用虚拟接口
  nmcli connection up bond1
```

⑤ 查看双网卡绑定配置信息，如图 3-28 所示。

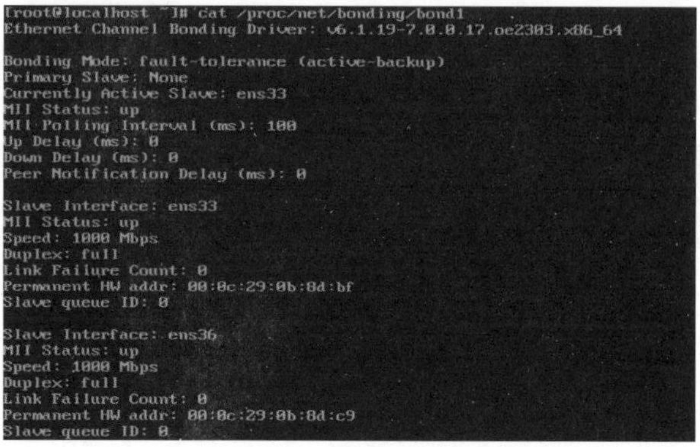

```
[root@localhost ~]# cat /proc/net/bonding/bond1
Ethernet Channel Bonding Driver: v6.1.19-7.0.0.17.oe2303.x86_64

Bonding Mode: fault-tolerance (active-backup)
Primary Slave: None
Currently Active Slave: ens33
MII Status: up
MII Polling Interval (ms): 100
Up Delay (ms): 0
Down Delay (ms): 0
Peer Notification Delay (ms): 0

Slave Interface: ens33
MII Status: up
Speed: 1000 Mbps
Duplex: full
Link Failure Count: 0
Permanent HW addr: 00:0c:29:0b:8d:bf
Slave queue ID: 0

Slave Interface: ens36
MII Status: up
Speed: 1000 Mbps
Duplex: full
Link Failure Count: 0
Permanent HW addr: 00:0c:29:0b:8d:c9
Slave queue ID: 0
```

图 3-28　查看配置信息

3．主备功能演示

按照表 3-3 修改主机名、IP 地址，并进行本地主机名解析。node1 和 node2 的配置界面分别如图 3-29 和图 3-30 所示。

表 3-3　配置项目

配置项目	1 号主机（已配置双网卡绑定）	2 号主机
IP 地址	192.168.112.100	192.168.112.150
主机名信息	node1.××××××.com	node2.××××××.com

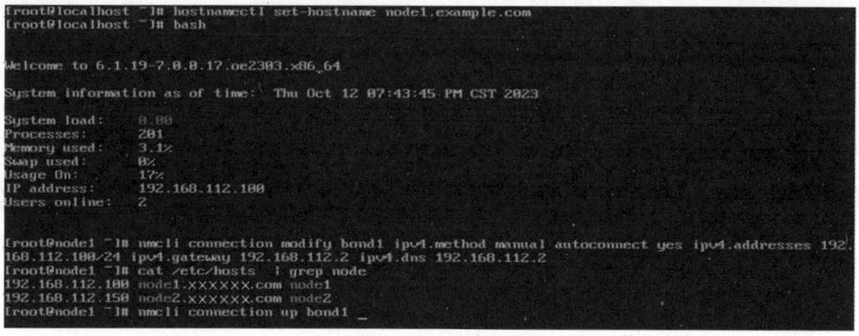

```
[root@localhost ~]# hostnamectl set-hostname node1.example.com
[root@localhost ~]# bash

Welcome to 6.1.19-7.0.0.17.oe2303.x86_64

System information as of time:  Thu Oct 12 07:43:45 PM CST 2023

System load:    0.00
Processes:      201
Memory used:    3.1%
Swap used:      0%
Usage On:       17%
IP address:     192.168.112.100
Users online:   2

[root@node1 ~]# nmcli connection modify bond1 ipv4.method manual autoconnect yes ipv4.addresses 192.
168.112.100/24 ipv4.gateway 192.168.112.2 ipv4.dns 192.168.112.2
[root@node1 ~]# cat /etc/hosts  | grep node
192.168.112.100 node1.xxxxxx.com node1
192.168.112.150 node2.xxxxxx.com node2
[root@node1 ~]# nmcli connection up bond1 _
```

图 3-29　node1 的配置

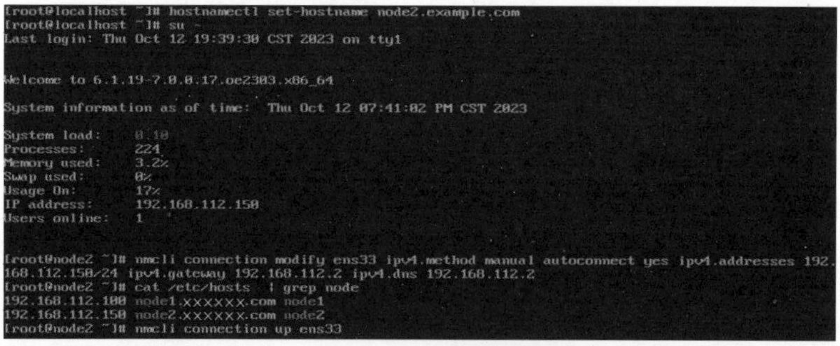

```
[root@localhost ~]# hostnamectl set-hostname node2.example.com
[root@localhost ~]# su -
Last login: Thu Oct 12 19:39:30 CST 2023 on tty1

Welcome to 6.1.19-7.0.0.17.oe2303.x86_64

System information as of time:  Thu Oct 12 07:41:02 PM CST 2023

System load:    0.10
Processes:      224
Memory used:    3.2%
Swap used:      0%
Usage On:       17%
IP address:     192.168.112.150
Users online:   1

[root@node2 ~]# nmcli connection modify ens33 ipv4.method manual autoconnect yes ipv4.addresses 192.
168.112.150/24 ipv4.gateway 192.168.112.2 ipv4.dns 192.168.112.2
[root@node2 ~]# cat /etc/hosts  | grep node
192.168.112.100 node1.xxxxxx.com node1
192.168.112.150 node2.xxxxxx.com node2
[root@node2 ~]# nmcli connection up ens33
```

图 3-30　node2 的配置

在 node1 上安装网页服务与监控工具并启动网页服务，在 node2 上安装测试工具，如图 3-31～图 3-33 所示。

图 3-31　在 node1 上安装网页服务与监控工具

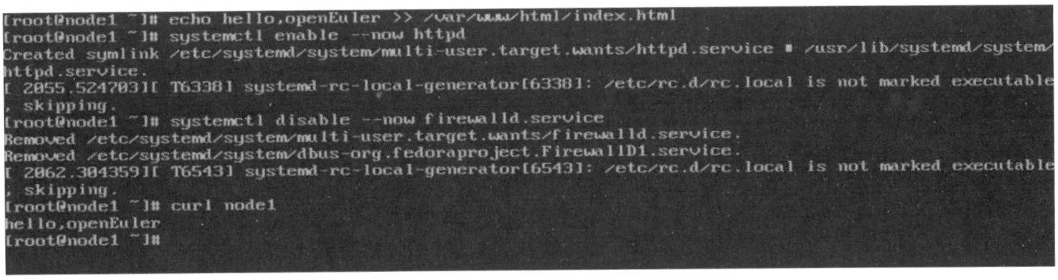

图 3-32　在 node1 上启动网页服务

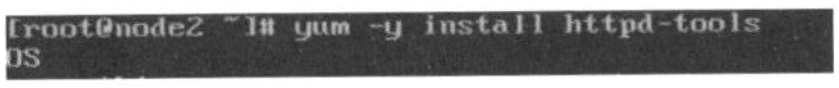

图 3-33　在 node2 上安装测试工具

配置工作完成，开始测试，测试命令如下。

node1 监测命令：[root@node1 ~]#sar -n DEV 1

node2 发包指令：[root@node2 ~]#ab -c 10000 -n 50000 http://node1/

node1 的两个网卡均正常运行，如图 3-34 所示。

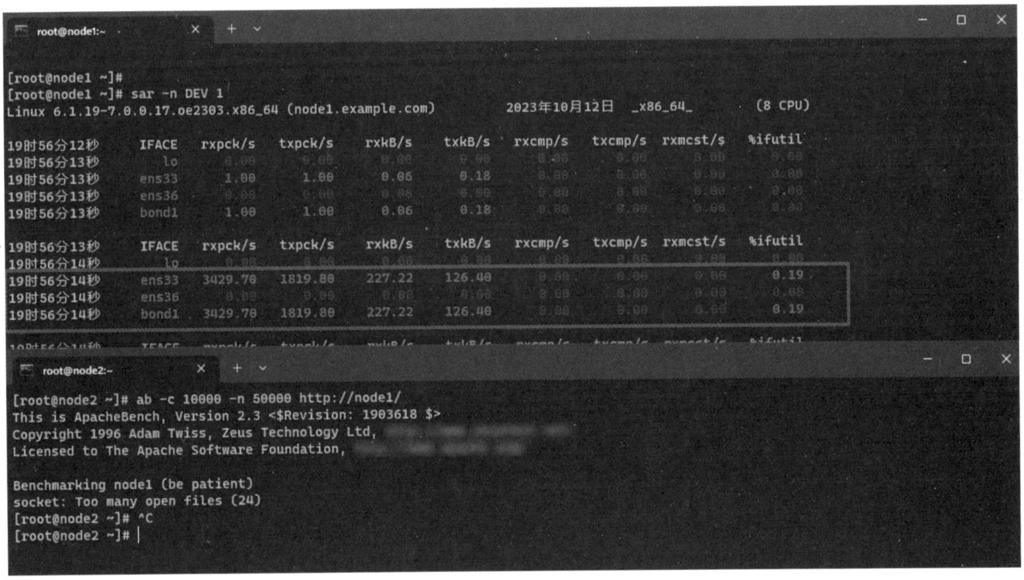

图 3-34　监测 node1 两个网卡的运行结果

可以发现，ens33 作为主备中的主要网卡，在正常状态下，所有流量将全部发送给 ens33 网卡，此时 ens36 网卡处于待机状态。

前面演示了两张网卡均正常使用的情况，下面我们将 node1 的 ens33 网卡损坏，可以通过虚拟机设置断开 ens33 网卡的连接来进行模拟。断开 ens33 网卡的操作界面如图 3-35 所示，监测 node1 在 ens33 网卡断开连接后的运行结果如图 3-36 所示。

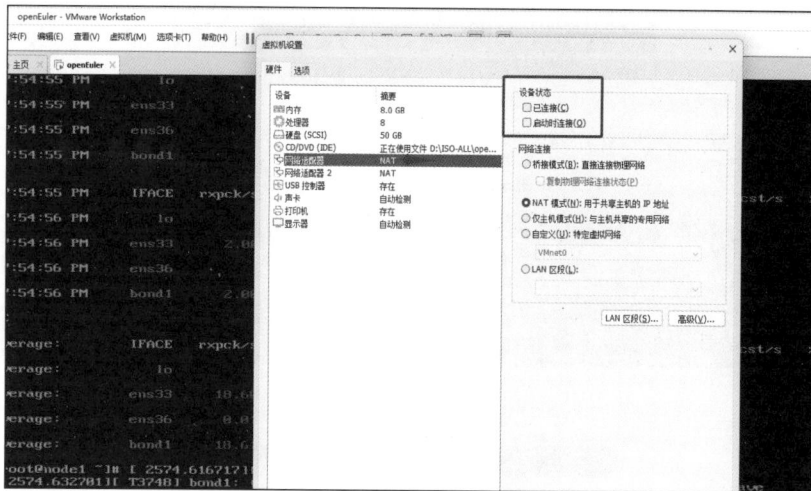

图 3-35　断开主要网卡 ens33 的操作界面

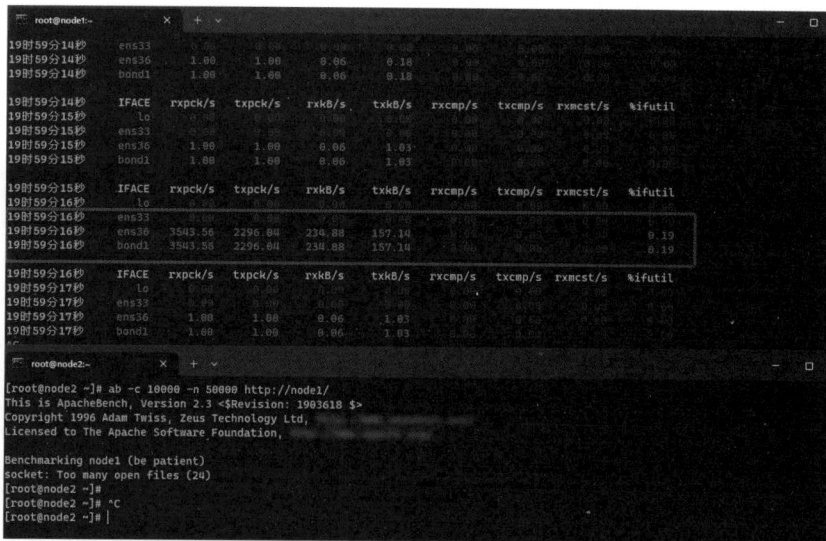

图 3-36　监测 node1 在 ens33 网卡断开连接后的运行结果

可以发现，当 ens33 网卡断开连接后，ens36 网卡立刻开始工作，node1 并不会出现问题，业务收入不会损失，这就是双网卡绑定技术。它可以提高网络性能、冗余性和高可用性，使网络服务更可靠。通过正确配置和管理双网卡绑定，该技术可以满足市面上所有不同的网络需求，确保网络的稳定性和可用性。

3.1.4　网络客户端的安装和使用

1. 浏览网页与下载文件的工具

（1）curl

如果需要在命令行中进行网络操作，无论是下载文件、发送 HTTP 请求，还是与网络资源交互，curl 命令都能满足。curl 即 URL（统一资源定位符）的客户端，是一款跨平台的命令行工具，专门用于从终端访问各种网络资源。无须复杂的 GUI，curl 能够以极简的方式实现网络操作，具体如下。

```
#准备一个网页（使用另一终端开启，不要结束该终端任务）
    [root@node1 ~]#echo hello openEuler > index.html
    [root@node1 ~]#python3 -m http.server 8080
        Serving HTTP on 0.0.0.0 port 8080 (http://0.0.0.0:8080/) ...


#curl url(获取该网址的文本信息，也就是获取网页的 HTML 文件内容)
    [root@node1 ~]#curl 127.0.0.1:8080
        hello openEuler
#curl url-i (获取该网址的文本信息及协议头部信息，包含访问时间、页面格式等信息)
    [root@node1 ~]#curl 127.0.0.1:8080 -i
        HTTP/1.0 200 OK
        Server: SimpleHTTP/0.6 Python/3.10.9
        Date: Sat, 21 Oct 2023 06:21:42 GMT
        Content-type: text/html
        Content-Length: 16
        Last-Modified: Sat, 21 Oct 2023 06:20:11 GMT


        hello openEuler
#curl -X POST url(向网页发送 POST 请求，临时网页未启动 POST 请求，访问为 501 状态)
    [root@node1 ~]#curl -X POST 127.0.0.1:8080 -i
#下载文件
    [root@node1 opt]#ls
    [root@node1 opt]#curl -O 127.0.0.1:8080/index.html
     % Total   % Received % Xferd  Average Speed  Time  Time  Time Current
                                   Dload  Upload Total Spent Left Speed
    100    16  100    16    0     0 19512    0 --:--:-- --:--:-- --:--:-- 16000
    [root@node1 opt]#ls
        index.html
#下载并重命名
    [root@node1 opt]#curl -o 1.txt  127.0.0.1:8080/index.html
        % Total    % Received % Xferd  Average Speed  Time  Time  Time Current
                                       Dload   Upload Total Spent Left Speed
        100    16  100  16    0     0  13201 0 --:--:-- --:--:-- --:--:-- 16000
    [root@node1 opt]#ls
        1.txt  index.html
```

（2）wget

wget 是一个常用的命令行工具，用于从网络上下载文件。它是一个强大且灵活的工具，通常用于 Linux 和类似的操作系统，但也可用于 Windows 平台。

最简单的用法是直接在 wget 后接要下载的文件的 URL（链接地址），命令如下。

```
wget url
```

同时 wget 也支持很多选项，如可以在后台下载、下载并重命名、下载到指定目录等，具体如下。

```
#wget 常用选项
-O:        wget -O filename url      #下载文件并重命名为 filename
-b:        wget -b url               #在后台执行下载任务
--spider:  wget --spider url         #解析 url 是否能进行下载，但并不会下载
-P:        wget -P DIRECTORY url     #将文件下载到 DIRECTORY 目录下
-r:        wget -r url               #递归下载网站的整个目录
```

2. 远程访问 Linux 操作系统

SSH 的全名为 Secure Shell，它革命性地改变了运维和系统管理的方式。它不仅使运维工程师省去了路途的奔波，还提供了无数便捷和安全的方式来管理远程服务器，为数千万运维工程师带来了极大的便利。

在过去，服务器的管理通常需要亲临机房，现场处理问题，这不仅浪费了时间，还可能因环境因素带来不必要的风险。然而，有了 SSH，运维工程师可以坐在家里、咖啡店直接远程连接到服务器，执行各种任务，而不必亲临现场。

SSH 不仅给运维工程师提供了便捷，还提高了通信的安全性。它采用了强大的加密技术，确保数据传输的安全性，防止数据在传输过程中被窃取或篡改。无论是登录服务器、传输文件，还是执行命令，都可以放心操作，因为 SSH 已经提供了铁壁般的远程登录方式。

此外，SSH 也为系统管理员和运维人员提供了多种身份验证方式，使其能够选择最适合自己需求的登录方式，无论是密码、公钥、私钥，还是证书。这种灵活性使远程管理更智能和个性化。最重要的是，SSH 不仅适用于单个服务器，还广泛应用于云计算、容器和整个网络架构中。它使云服务器和虚拟机的管理变得异常容易，同时也确保了数据的隐私和完整性。

（1）SSH 的使用说明

对 SSH 的使用说明如下（其命令为小写，即 ssh）。

```
#远程登录: ssh [USERNAME@]HOSTNAME
    [root@node1 ~]#ssh root@node2
        The authenticity of host 'node2 (192.168.112.150)' can't be established.
        ED25519 key fingerprint is SHA256:iM+rtAf0hJC1Gg+/UzkKfNWNPlK9Eq+SM/4x8Jrdkww.
        This key is not known by any other names.
        Are you sure you want to continue connecting (yes/no/[fingerprint])? Yes
    #在首次远程连接时，系统会询问是否保存对端主机指纹信息
        Warning: Permanently added 'node2' (ED25519) to the list of known hosts.
        Authorized users only. All activities may be monitored and reported.
        root@node2's password:
    #输入对端主机密码
        Welcome to 6.1.19-7.0.0.17.oe2303.x86_64
    [root@node2 ~]#
    #如果不指定 USERNAME，直接使用 ssh hostname 进行连接，会默认使用当前主机所登录的用户连接
#远程执行命令: ssh [USERNAME@]HOSTNAME  " COMMAND"
    [root@node1 ~]#ssh root@node2 "hostname"
        Authorized users only. All activities may be monitored and reported.
        root@node1's password:
        node2.xxxxxx.com
#启用X11转发: ssh -X [USERNAME@]HOSTNAME
#X11 是 Linux 和其他 UNIX 操作系统上的图形窗口系统。通过使用 ssh -X，可以在远程服务器上运行图形应用程
序并将它们显示在本地计算机上的 X Window 操作系统中，实现图形界面的远程访问。前提是远程服务器开启了图形化界面
```

（2）SSH 的配置文件解析

每一台 Linux 都是 SSH 的服务器。一般 Linux 在安装后都默认自带 SSH 服务，其他主机可以远程连接到这一台服务器，它们也可以远程登录别的主机。下面我们从服务器出发了解一下 SSH 配置文件中的常用配置项，具体如下。

```
#SSH主要由下列3个软件包提供
  openssh-9.1p1-3.oe2303.x86_64: 主要组件
  openssh-server-9.1p1-3.oe2303.x86_64: 服务器组件
  openssh-clients-9.1p1-3.oe2303.x86_64: 客户端组件
```

```
#SSH 的配置文件：/etc/ssh/sshd_config
```

```
#常用配置项
  Port 22：SSH 服务监听端口，默认监听在 22 端口
  PermitRootLogin yes：是否允许 root 用户远程登录，yes 为可以使用 root 进行远程登录。在工作场景下，
通常不允许使用 root 用户远程登录
  PasswordAuthentication yes：是否允许使用密码验证登录
  PermitEmptyPasswords no：是否允许使用空密码账户登录
```

```
#服务名称：sshd.service
#服务配置文件路径：/usr/lib/systemd/system/sshd.service
```

注意：修改完配置文件后，重启服务，命令为"systemctl restart sshd.service"。

（3）使用 SSH 进行免密登录

在某一些场景中，用户的密码会设置得十分复杂，以此来提升系统的安全性。但对于运维人员而言，一直使用复杂的密码进行登录是非常麻烦的一件事情，并且特别容易输错密码。而 SSH 的公私钥技术解决了这一难题。什么是公私钥技术呢？

公私钥技术也被称为非对称加密技术，是一种用于保护通信和数据隐私的密码学方法。它涉及两个密钥：公钥和私钥。这两个密钥在数学上是相关联的，但它们有以下不同的用途。

① 公钥：这是一个用于加密的密钥，通常是公开的，因此任何人都可以获得它。它用于加密发送给拥有相应私钥的接收方的消息。数据加密后，只有拥有私钥的接收方才能解密它。

② 私钥：这是一个保密的密钥，只有接收方知道它。私钥用于解密使用公钥加密的消息。只有拥有匹配公钥的私钥的接收方才能解密消息。

SSH 的做法就是由主机 A 生成公私钥，主机 A 将公钥发送给主机 B，当主机 A 希望连接到主机 B 时，主机 B 会要求主机 A 提供其相应的私钥以进行身份验证。主机 A 使用其私钥与主机 B 共享的公钥进行匹配。如果匹配成功，主机 B 将允许主机 A 进行连接。

可以使用 ssh-keygen 生成公私钥文件。该文件默认存放在用户 root 目录下的.ssh 目录中。以图 3-37 为例，".ssh"目录有以下 3 个文件。

① id_rsa：私钥文件。

② id_rsa.pub：公钥文件。

③ known_hosts：主机指纹信息文件，会记载曾经连接过的主机。

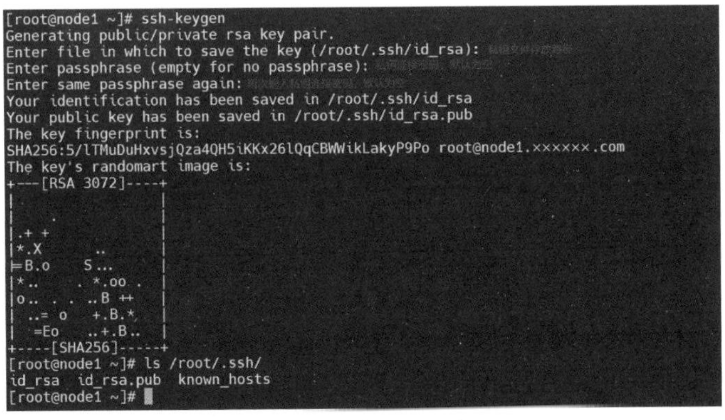

图 3-37　生成公私钥

生成公私钥后，就可以将公钥发送给 node2 主机了。使用 ssh-copy-id 命令，将公钥发送给指定主机，如图 3-38 所示。

```
[root@node1 ~]# ssh-copy-id root@node2
/usr/bin/ssh-copy-id: INFO: Source of key(s) to be installed: "/root/.ssh/id_rsa.pub"
/usr/bin/ssh-copy-id: INFO: attempting to log in with the new key(s), to filter out any that are already installed
/usr/bin/ssh-copy-id: INFO: 1 key(s) remain to be installed -- if you are prompted now it is to install the new keys

Authorized users only. All activities may be monitored and reported.
root@node2's password:

Number of key(s) added: 1

Now try logging into the machine, with:   "ssh 'root@node2'"
and check to make sure that only the key(s) you wanted were added.

[root@node1 ~]#
```

图 3-38　发送公钥

发送完成后就可以免密直接登录 node2 主机，如图 3-39 所示。node2 主机会将公钥存放在/root/.ssh/authorized_keys 目录中。

```
[root@node1 ~]# ssh root@node2

Authorized users only. All activities may be monitored and reported.

Authorized users only. All activities may be monitored and reported.
Last login: Sat Oct 21 15:05:09 2023 from 192.168.112.100


Welcome to 6.1.19-7.0.0.17.oe2303.x86_64

System information as of time:  Sat Oct 21 04:14:44 PM CST 2023

System load:    0.00
Processes:      208
Memory used:    3.0%
Swap used:      0%
Usage On:       17%
IP address:     192.168.112.150
Users online:   1


[root@node2 ~]# ls .ssh/
authorized_keys
[root@node2 ~]#
```

图 3-39　免密直接登录 node2 主机

（4）使用 SSH 进行密钥的验证

如果直接登录不需要密码，安全性又得不到保障，假如某天，私钥文件泄露了，那么别人就可以直接用这个私钥文件来访问服务器，去做一些较危险的事情，所以在免密的基础上，我们可以使用私钥密码的方式再加上一层保护，并且关闭掉密码验证，这样别人想要登录到服务器，不仅需要私钥文件，还需要私钥密码，系统的安全性就得到了进一步的提升。生成带有密码的公私钥，如图 3-40 所示；关闭 node2-SSH 密码验证，如图 3-41 所示；基于私钥密码登录，如图 3-42 所示。

```
[root@node1 ~]# ssh-keygen
Generating public/private rsa key pair.
Enter file in which to save the key (/root/.ssh/id_rsa):
/root/.ssh/id_rsa already exists.
Overwrite (y/n)? y
Enter passphrase (empty for no passphrase):
Enter same passphrase again:
Your identification has been saved in /root/.ssh/id_rsa
Your public key has been saved in /root/.ssh/id_rsa.pub
The key fingerprint is:
SHA256:FTAZkpL0BpBlcNiYMPmqV6zxSb4TaNWdgh9+i+Prtt8 root@node1.xxxxxx.com
The key's randomart image is:
+---[RSA 3072]----+
|ooo@*... ++.     |
|..=o+o,... .     |
| .   +o.  ..     |
|  . o.+ o.       |
|., + o oS        |
|. + = o .        |
|.. B o o .       |
|. o = + ..       |
| .   .*==. E     |
+----[SHA256]-----+
[root@node1 ~]# ssh-copy-id root@node2
/usr/bin/ssh-copy-id: INFO: Source of key(s) to be installed: "/root/.ssh/id_rsa.pub"
/usr/bin/ssh-copy-id: INFO: attempting to log in with the new key(s), to filter out any that are already installed
/usr/bin/ssh-copy-id: INFO: 1 key(s) remain to be installed -- if you are prompted now it is to install the new keys

Authorized users only. All activities may be monitored and reported.
root@node2's password:

Number of key(s) added: 1

Now try logging into the machine, with:   "ssh 'root@node2'"
and check to make sure that only the key(s) you wanted were added.

[root@node1 ~]#
```

图 3-40　生成带有密码的公私钥

图 3-41　关闭 node2-SSH 密码验证

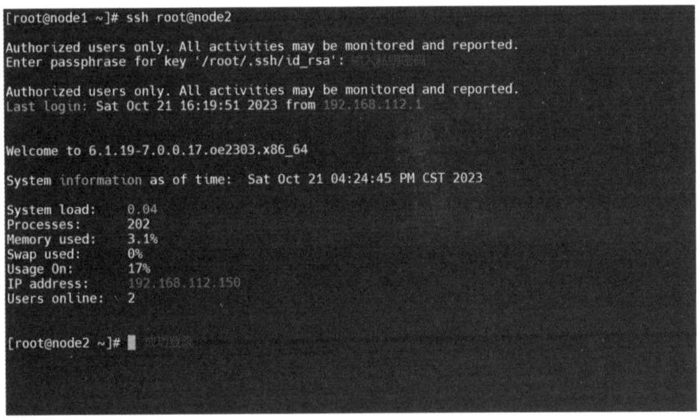

图 3-42　基于私钥密码登录

3．系统之间的文件传输

（1）scp 工具

scp 是一个用于在本地系统和远程系统之间安全地复制文件和目录的协议。它是 SSH 协议的一部分，提供了加密数据传输和身份验证功能，因此它是一种安全的文件传输工具。对 scp 的语法说明如下。

```
#基础语法
上传文件：scp [options] 本地文件路径　远程用户@远程主机:远程目录
下载文件：scp [options] 远程用户@远程主机:远程文件路径　本地目录
```

使用 scp 上传文件和下载文件分别如图 3-43 和图 3-44 所示。

图 3-43　上传文件

图 3-44　下载文件

scp 工具也支持其他一些选项，用于递归复制目录、保持文件元数据不改变等，具体如下。

```
#常用选项指令
  -r: 复制目录。scp 与 cp 指令一样，仅针对文件，如果想要复制目录，需要使用 -r 选项
      [root@node1 ~]#scp root@node2:/etc/ /root
        root@node2's password:
        scp: download /etc/: not a regular file
      [root@node1 ~]#ls
        hostname
      [root@node1 ~]#scp -r root@node2:/etc/ /root
        root@node2's password:
        passwd                    100% 2001    2.5MB/s   00:00
        …………
      [root@node1 ~]#ls
        etc  hostname

  -p: 保留时间和权限，-p 选项无法保持文件的 UID 和 GID 不变化，因为本地不一定存在该 UID 和 GID
      [root@node1 ~]#ssh root@node2 "ls -l /etc/shadow"
        root@node2's password:
        ----------. 1 root root 1061 Oct 21 15:04 /etc/shadow
      [root@node1 ~]#scp root@node2:/etc/shadow  /root/1.txt
        root@node2's password:
        shadow                              100% 1061    1.1MB/s   00:00
      [root@node1 ~]#ls -l 1.txt
        --w-------. 1 root root 1061 Oct 21 16:47 1.txt
      [root@node1 ~]#scp -p root@node2:/etc/shadow  /root/2.txt
        root@node2's password:
        shadow                              100% 1061    1.0MB/s   00:00
      [root@node1 ~]#ls -l 2.txt
        ----------. 1 root root 1061 Oct 21 15:04 2.txt

  -q: 静默运行，减少输出信息，scp 会列出每一个复制的文件，使用-q 后不会输出在终端
      [root@node1 ~]#scp -q -r root@node2:/boot/ /root
        root@node2's password:
      [root@node1 ~]#ls -l
        dr-xr-xr-x. 7 root root 4096 Oct 21 16:51 boot
```

注意：scp 如果遇到有同名文件存在的情况，会直接覆盖掉原有文件。

（2）远程同步命令——rsync

scp 充其量只能说是一个远程文件传输命令，想要用它去完成同步是比较困难的，或者说对性能消耗较大，因为 scp 命令属于全量备份。全量备份是一种备份数据的方法，它会复制源数据的所有内容，包括文件、文件夹和目录结构及源数据中的所有文件的当前状态，无论这些文件是否已更改。也就是说用户在一般备份后，可能仅是新增了一个文件，但用 scp 进行备份，之前所有备份过的数据依然得再备份一次，十分消耗性能和浪费时间。

而 rsync 就可以实现增量备份。增量备份指在现有备份的基础上只备份自上次备份以来发生更改的数据。与全量备份不同，增量备份不复制整个数据集，而只复制新的或更改的数据，从而减少备份的时间和存储成本。对 rsync 的使用方法说明如下。

```
#安装 rsync
      [root@node1 ~]#yum -y install rsync
#rsync 不仅可以在本地使用，还可以像 scp 一样进行远程文件传输
  本地语法：rsync [选项] 原路径 目标路径
```

```
远程文件上传： rsync [options] 本地文件路径　远程用户@远程主机:远程目录
远程文件下载： rsync [options] 远程用户@远程主机:远程文件　本地目录
```

#且需要注意的是，在 rsync 中，目录带上尾随斜线表示的是目录中的文件，不包括目录本身；不带尾随斜线表示的是整个目录包括目录本身

　　#不带尾随斜线

```
    [root@node1 ~]#rsync -r /opt /root
    [root@node1 ~]#ls
        Opt
```

　　#带上尾随斜线

```
    [root@node1 ~]#rsync -r /opt/ /root
    [root@node1 ~]#ls
        1.txt  index.html  index.html.1  opt
```

#常用选项

　　-v: 显示 rsync 过程中详细信息。可以使用"-vvvv"获取更详细信息

　　-n: 仅测试传输，而不实际传输。常和"-vvvv"配合使用来查看 rsync 是如何工作的

　　-a: 归档模式，表示递归传输并保持文件属性。等同于"-rtopgDl"

　　-t: 保持 mtime 属性

　　-o: 保持 owner 属性 (属主)

　　-g: 保持 group 属性 (属组)

　　-p: 保持 perms 属性 (权限，不包括特殊权限)

　　-r: 递归到目录中去

　　-D: 复制设备文件和特殊文件

　　-l: 如果文件是软链接文件，则复制软链接本身而非软链接所指向的对象

#重要选项

　　准备工作:

```
    [root@node1 ~]#mkdir test demo
    [root@node1 ~]#echo 123 > test/1.txt
    [root@node1 ~]#echo 123 > demo/1.txt
    [root@node1 ~]#tree

        .
        ├── demo
        |   └── 1.txt
        └── test
            └── 1.txt

        3 directories, 2 files
```

--delete: 以源端为主，对目标端进行同步。多则删除，少则补充。注意"--delete"是在接收端执行的

```
    [root@node1 ~]#touch test/2.txt
    [root@node1 ~]#rm -rf test/1.txt
    [root@node1 ~]#tree

        .
        ├── demo
        |   └── 1.txt
        └── test
            └── 2.txt

        3 directories, 2 files
    [root@node1 ~]#rsync --delete -r test/ demo/
    [root@node1 ~]#tree

        .
        ├── demo
        |   └── 2.txt
        └── test
            └── 2.txt

        3 directories, 2 files
```

```
            [root@node1 ~]#
      #目标端向源端同步，删除1.txt，更新2.txt
    --existing：要求只更新目标端已存在的文件，目标端不存在的文件不传输。注意，在使用相对路径时，如果上层
目录不存在也不会传输
            [root@node1 ~]#echo 123 > test/2.txt
            [root@node1 ~]#cat test/2.txt
               123
            [root@node1 ~]#cat demo/2.txt
            [root@node1 ~]#echo 456 > test/1.txt
            [root@node1 ~]#rsync --existing -r test/ demo/
            [root@node1 ~]#tree
               .
               ├── demo
               │   └── 2.txt
               └── test
                   ├── 1.txt
                   └── 2.txt
               3 directories, 3 files
            [root@node1 ~]#cat demo/2.txt
               123
```
    #目标端不存在1.txt，故不更新，仅有2.txt，源端2.txt内容更新，目标端2.txt内容也更新
--ignore-existing：要求只更新目标端不存在的文件
```
            [root@node1 ~]#echo abc >> test/2.txt
            [root@node1 ~]#cat test/2.txt
               123
               abc
            [root@node1 ~]#cat demo/2.txt
               123
            [root@node1 ~]#tree
               .
               ├── demo
               │   └── 2.txt
               └── test
                   ├── 1.txt
                   └── 2.txt
               3 directories, 3 files
            [root@node1 ~]#rsync --ignore-existing -r test/ demo/
            [root@node1 ~]#tree
               .
               ├── demo
               │   ├── 1.txt
               │   └── 2.txt
               └── test
                   ├── 1.txt
                   └── 2.txt
               3 directories, 4 files
            [root@node1 ~]#cat demo/2.txt
               123
            [root@node1 ~]#cat demo/1.txt
               456
            [root@node1 ~]#
```
    #目标端存在2.txt，内容不更新，目标端不存在1.txt，故源端将1.txt复制到目标端
--remove-source-files：要求删除源端已经成功传输的文件
```
            [root@node1 ~]#rm -rf demo/*
```

```
[root@node1 ~]#tree
.
├── demo
└── test
    ├── 1.txt
    └── 2.txt

3 directories, 2 files
[root@node1 ~]#rsync --remove-source-files -r test/ demo/
[root@node1 ~]#tree
.
├── demo
│   ├── 1.txt
│   └── 2.txt
└── test

3 directories, 2 files
[root@node1 ~]#
```
#源端成功传输 1.txt 和 2.txt 到目标端,源端删除所有文件

(3) rsync 的使用案例

rsync 的使用案例如下。

```
#将/etc/fstab 复制到/tmp 目录下
        rsync /etc/fstab /tmp
#将/etc/cron.d 目录复制到/tmp 目录下
        rsync -r /etc/cron.d /tmp
#将/etc/cron.d 目录复制到/tmp 目录下,但要求在/tmp 目录下也生成 etc 子目录
        rsync -R -r /etc/cron.d /tmp
#只更新目标端已存在的文件
        rsync -r -v --existing /tmp/a/ /tmp/b
#更新目标端不存在的文件
        rsync -r -v --ignore-existing /tmp/a/ /tmp/b
#文件不会传输,但会删除接收端多出的文件
        rsync -nrv --existing --ignore-existing --delete a/ b/
#将目标多余的文件删除掉,再同步
        rsync -r -v /etc/cron.d  /tmp --delete
#源端已经更新成功的文件都会被删除
        rsync -r -v --remove-source-files /tmp/a/file1 /tmp/b/file3 /tmp
```

3.1.5 综合实验——网络管理

假如你是一家小型企业的系统管理员,负责维护公司的服务器。公司的业务依赖于高效的网络连接和安全的数据传输。公司近期采购两台新的服务器,需要对其进行一些基础的网络配置,以满足两台服务器的基础网络通信需求、分公司员工远程管理需求、高可用网络需求及远程备份需求。按照表 3-4 的要求进行两台服务器的基础配置。

表 3-4 两台服务器的基础配置

两台服务器的名称	网卡情况	服务器系统
node1.××××××.com	两个 NAT 网卡	openEuler-22.03
node2.××××××.com	一个 NAT 网卡	openEuler-22.03

注意:将 VMnet8 网卡 IP 地址设置为 192.168.112.0/24 网段,以便后续实验。

1．业务需求

（1）nmcli

公司要求所有服务器使用静态 IP 地址以确保稳定性和安全性。使用 nmcli 对服务器的网络进行配置，包括静态 IP 地址、子网掩码和网关。确保新的网络配置能够满足公司业务的正常运行。要求将 node2.××××××.com 服务器的网络配置（见表 3-5）。

表 3-5　node2.××××××.com 服务器的网络配置

IP 地址	192.168.112.200/24
网关	192.168.112.2
DNS	192.168.112.2

（2）双网卡绑定

node1.××××××.com 服务器作为公司的业务服务器，需要处理大量的网络流量，为了提高网络带宽和冗余性，现将其两个网络接口绑定为一个 bond 接口。配置 bond 接口为主备模式，以确保即使一个网络接口出现故障，公司的业务也能够继续运行（见表 3-6）。

表 3-6　node1.××××××.com 服务器的网络配置

IP 地址	192.168.112.100/24
网关	192.168.112.2
DNS	192.168.112.2
级别	主备

（3）远程目录备份

node1.××××××.com 服务器作为公司的业务服务器，每天会产生大量的日志信息，为保证日志文件的安全，需要进行远程备份。要求在 node2.××××××.com 服务器上创建目录 /backup，用于备份 node1.××××××.com 服务器的/var/log/目录下的所有文件。

（4）远程管理

公司的多个团队处于不同的地理位置。为了提高安全性和管理效率，配置 node1.××××××.com 服务器与 node2.××××××.com 服务器之间的远程免密登录，使远程的团队成员可以安全地访问服务器，而无须每次都输入密码，确保团队成员可以更方便地协同工作。

2．命令合集

在本节中，涉及的命令及其作用见表 3-7。

表 3-7　3.1 节涉及的命令及其作用

命令	作用
ifconfig	查看或配置网络信息
route	查看或配置路由
ip	查看或配置网络信息

命令	作用
nmcli	管理网络
nmtui	伪图形化管理网络
hostname	查看主机名
hostnamectl	查看或修改主机名
curl	浏览网页
wget	下载文件
ssh	远程登录管理
scp	远程复制
rsync	远程复制

3.2　软件包的安装与获取方式

我们平常使用计算机，是指使用计算机上的各种软件。各种软件给计算机带来了不同的功能，与此同时也产生了一些问题。什么是软件包？应该如何获取到安全的软件包，如何将软件包安装到系统上，这是一些让人比较头疼的问题。下面介绍如何下载安全的软件包及如何管理软件包。

3.2.1　软件包简介

1．软件包的概念

无论是在手机上，还是在 Windows 操作系统的计算机上，甚至是在电视设备上等，我们经常会安装软件。安装软件肯定离不开软件包，那软件包到底是什么呢？

软件包是指将应用程序、库文件、配置文件、文档和其他相关文件打包在一起，形成一个独立的单元，以便于安装、升级和管理软件。软件包通常是一个单一的文件，其中包含了一个或多个文件和元数据，用于描述软件包的信息，如软件名称、版本号、依赖关系、安装位置等。

再来向大家提一个问题：用了这么久的 Windows 操作系统，Windows 软件包的后缀是什么呢？许多人会脱口而出：是 ".exe 文件"。但其实并不是，我们可以随意选择一个 ".exe 文件"，在该文件上通过单击鼠标右键来查看它的属性，我们发现它并不是软件包类型，那么 Windows 软件包的后缀究竟是什么呢？

如图 3-45 所示，对于 Windows 操作系统，软件包的后缀通常是 ".msi"，而不是 ".exe"。虽然.exe 文件通常用于运行程序的安装程序，但它们不是真正的软件包。实际的 Windows 软件包格式是 Microsoft Windows Installer Package（MSI），它是一种用于安装、升级和卸载 Windows 应用程序的专用文件格式。

图 3-45 ".exe 文件"与".msi 文件"的对比

2．Linux 软件包

初步了解了 Windows 软件包，现在回归到 Linux 操作系统。Linux 软件包被分成了两种流派，一类是 RPM 软件包，另一类则是 DEB 软件包。

RPM 软件包主要用于 openEuler、Red Hat、CentOS 等 Linux 发行版，DEB 软件包则主要用于 Debian、Ubuntu、Linux Mint 等 Debian 系列的 Linux 发行版。两种软件包的区别并不大，管理工具仅仅是命令不同，其用法大同小异。下面我们主要对 RPM 软件包进行介绍。

3．RPM 软件包

RPM 是一种用于 Linux 操作系统的软件包管理工具和格式。从早期的 Red Hat Linux 到今天的各种 Linux 发行版，它是一种被广泛使用的包管理系统。

RPM 由 Red Hat Linux 于 1995 年首次引入。它旨在解决早期 Linux 操作系统中软件包管理的混乱问题。早期的这个 RPM 版本提供了一个标准的文件格式，用于打包软件，并包含一个基本的工具集用于软件包的安装、升级和卸载。

随着时间的推移，RPM 逐渐被标准化，并成为 Linux 发行版的通用软件包管理格式。标准化使 RPM 软件包可以跨不同的 Linux 发行版共享和使用。

4．认识 RPM 软件包命名方式

RPM 软件包的文件名由 4 个元素组成，再加上".rpm"后缀，具体如下。

```
NAME-VERSION-RELEASE.ARCH.rpm
```

如图 3-46 所示，以 vsftpd 软件包为例进行介绍，主要部分的含义如下。

vsftpd - 3.0.5-1 · oe2303 · x86_64 .rpm
NAME VERSION RELEASE ARCH .rpm

图 3-46 vsftpd 软件包

① NAME：这是软件包的名称，表示该软件包包含的应用程序或工具的名称。

② VERSION：这是软件包的版本号。它表示软件的特定版本，通常在软件包升级时递增。在这里，版本号是"3.0.5"。

③ RELEASE：表示软件包的发布号。发布号表示某些软件包可能会有多次发布，通常用于修复错误或添加小的改进。oe2303 是软件包的发布号或标识。它通常包含有关软件包的额外信息，以帮助标识软件包的来源或定制。oe2303 表示此软件包基于 openEuler-23.03 发行版进行编译。

④ ARCH：这是软件包的架构。它表示软件包适用的计算机架构。在这里，"x86_64"表示该软件包适用于 64 位 x86 架构的计算机。

了解 RPM 软件包的基本信息后，后续在寻找软件包时，就可以针对自己的系统选择合适的软件包。下面介绍找到软件包的途径。

3.2.2　软件包获取方式

软件包的获取方式非常多，如通过开源镜像站、软件官网、第三方的机构或是本地 ISO 镜像等。

1. 开源镜像站

开源镜像站是一个在线资源仓库，用于存储和分发开源软件、开源操作系统、开源项目及其他与开源相关的文件和数据。这些开源镜像站的主要目的是提供开源资源的下载服务，以便开发人员、用户和组织可以轻松地获取所需的开源资源。图 3-47 所示是华为云开源镜像站界面。

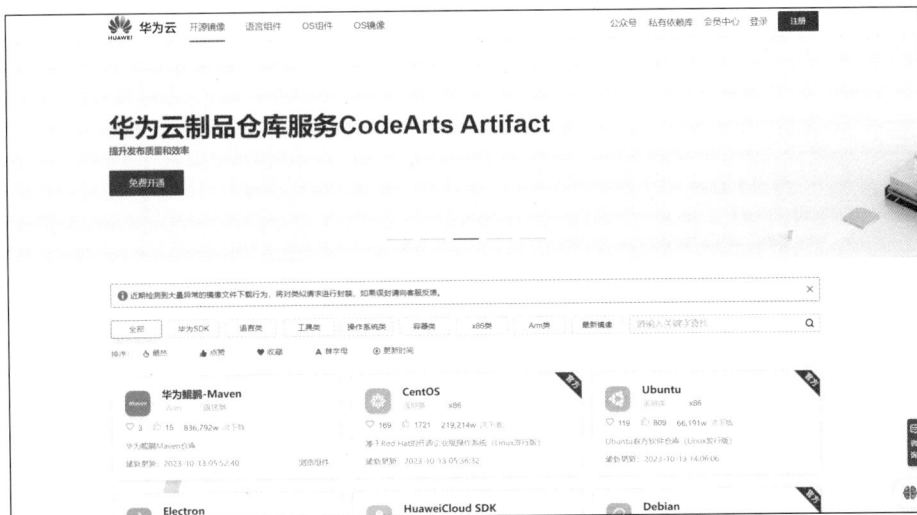

图 3-47　华为云开源镜像站界面

开源镜像站在开源软件和项目的生态系统中扮演着重要的角色，它使开源资源更容易被访问和传播，促进了开源开发的可持续性和成功。

我国也有许多这种站点，其中较为常见的有华为云、阿里云、清华大学镜像站等，并且镜像站通常提供数据校验和数字签名，以确保下载文件的完整性和安全性，它也可以验证下载的文件是否被篡改。

2. 软件官网

除此之外，我们还可以直接访问软件的官网。软件官网通常都会提供下载服务，但下载的是源码包，需要进行编译后才能使用，后文也会引入源码编译安装的案例。例如，如果需要 nginx 软件包，可以直接访问 nginx 官网，如图 3-48 所示。

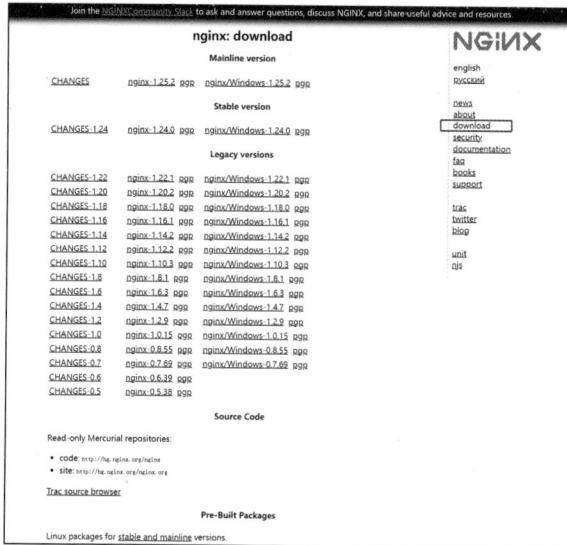

图 3-48　nginx 官网

3. 系统的官网

openEuler 系统官网同样提供了各个不同版本的软件包供选择，仅需要找到对应的版本，如图 3-49 所示。

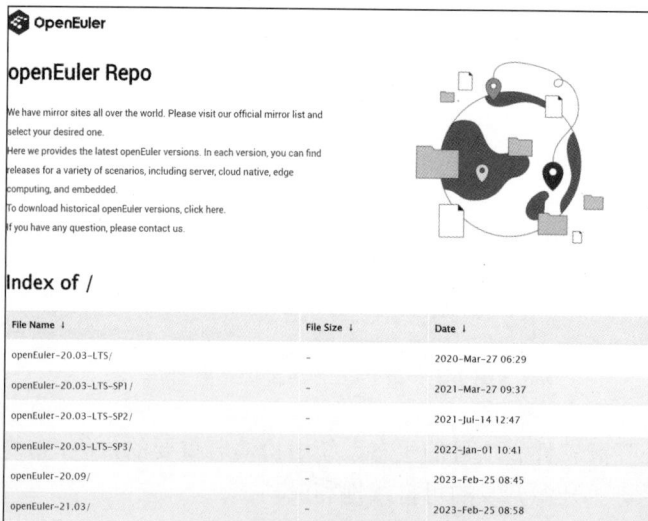

图 3-49　openEuler 系统官网

4．RPM 收集网站

除这些网站之外，还有些第三方的收集网站，它们收集了非常多的软件包，包括各种发行版、各种不同的版本号、不同的架构，属于一个大杂烩的收集库，它们还给出了搜索功能，能够快速检索，但是安全性并不能得到保障，如图 3-50 所示。

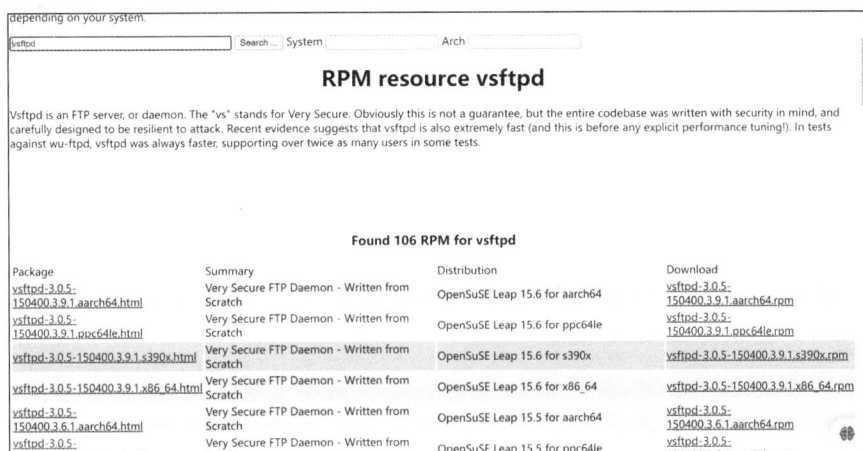

图 3-50　RPM 收集网站

5．系统安装介质

Linux 非常神奇的一点是，在用于安装系统的 ISO 文件中，同样也存放着许多 RPM 软件包，具体如下。

```
#将 ISO 连接到系统中
        [root@node1 ~]#lsblk  | grep rom
            sr0                    11:0     1 18.7G  0 rom
#将 ISO 挂载到一个目录以便查看内容
        [root@node1 ~]#mount /dev/sr0 /mnt/
            mount: /mnt: WARNING: source write-protected, mounted read-only.
#查看 ISO 内容
        [root@node1 ~]#ls /mnt/
            docs  EFI  images  isolinux  ks  Packages  repodata  RPM-GPG-KEY-openEuler
TRANS.TBL
        [root@node1 ~]#ls /mnt/Packages/ | head -n5
            389-ds-base-1.4.3.20-1.oe2303.x86_64.rpm
            389-ds-base-devel-1.4.3.20-1.oe2303.x86_64.rpm
            389-ds-base-help-1.4.3.20-1.oe2303.x86_64.rpm
            389-ds-base-legacy-tools-1.4.3.20-1.oe2303.x86_64.rpm
            389-ds-base-snmp-1.4.3.20-1.oe2303.x86_64.rpm
```

在 ISO 文件中的 Packages 目录中，存放着许多软件包，只要需要，这里的软件包就可以直接拿来安装，它们一定是适配系统的。

3.2.3　RPM 软件包管理器

在 Linux 操作系统中，常见的软件安装方法有 3 种，分别为使用 RPM 软件包管理器进行安装、使用 DNF 软件仓库进行安装及源码编译安装。其中，强烈推荐使用 DNF 软件仓库进行系统软件包的管理，因为它提供了出色的便捷性和强大的功能。当然，对于特定情况和需求，了解另外两种方法也是必要的。下面我们将深入了解 RPM 软件包管理器。

1. 软件包的管理

软件包的管理一般包括安装、卸载及升级等相关操作。下面以 vsftpd 软件包为案例进行阐述。首先从网络上找一个版本较新的 vsftpd 软件包，具体如下。

```
#准备软件包
  [root@node1 ~]#mount /dev/sr0 /mnt/
    mount: /mnt: WARNING: source write-protected, mounted read-only.
  [root@node1 ~]#cp /mnt/Packages/vsftpd-3.0.5-1.oe2303.x86_64.rpm /root/
  [root@node1 ~]#wget 新版本 ftp 下载地址
    v2023-10-14 10:27:49 (186 KB/s) - 已保存 "vsftpd-3.0.5-1.oe2309.x86_64.rpm"
  [root@node1 ~]#ls
    vsftpd-3.0.5-1.oe2303.x86_64.rpm  vsftpd-3.0.5-1.oe2309.x86_64.rpm
```

接下来，我们使用 rpm 命令给系统进行软件包的安装、卸载及更新操作，具体如下。

```
#语法: rpm [OPTION]... PACKAGE
#常用选项
  -i: 安装
      [root@node1 ~]#rpm -i vsftpd-3.0.5-1.oe2303.x86_64.rpm
      [root@node1 ~]#rpm -q vsftpd
        vsftpd-3.0.5-1.oe2303.x86_64
    #注意: 在安装软件时，PACKAGE 必须是完整的 RPM 软件包名，否则系统会提示找不到该软件包
  -e: erase, 卸载软件包
      [root@node1 ~]#rpm -e vsftpd
      [root@node1 ~]#rpm -q vsftpd
        未安装软件包 vsftpd
    #注意: 在卸载软件时，PACKAGE 不能带有.rpm 后缀，或者仅用软件包描述信息即可

    #我们会发现，在直接使用-i 或者-e 来安装或者卸载软件时，系统不会给出任何提示，甚至根本不知道是否成
功，所以，一般使用-v 和-h 选项，来显示提示信息

  -v: verbose, 查看详细信息
  -h: 查看进度条
      [root@node1 ~]#rpm -ivh vsftpd-3.0.5-1.oe2303.x86_64.rpm
        Verifying...              #######################[100%]
        准备中...                 #######################[100%]
        正在升级/安装...1:vsftpd-3.0.5-1.oe2303  ################[100%]

  -F: 升级已经安装过的软件包
      [root@node1 ~]#rpm -q vsftpd
        vsftpd-3.0.5-1.oe2303.x86_64
      [root@node1 ~]#rpm -Fvh vsftpd-3.0.5-1.oe2309.x86_64.rpm
        Verifying...              ###############################[100%]
        准备中...                 ###############################[100%]
        正在升级/安装...
        1:vsftpd-3.0.5-1.oe2309    ##############################[ 50%]
        正在清理/删除...
          2:vsftpd-3.0.5-1.oe2303  ##############################[100%]
      [root@node1 ~]#rpm -q vsftpd
        vsftpd-3.0.5-1.oe2309.x86_64
  -U: 安装或升级软件包
      [root@node1 ~]#rpm -evh vsftpd
```

```
       准备中...              ################################[100%]
       正在清理/删除...
          1:vsftpd-3.0.5-1.oe2309     ###############################[100%]
    [root@node1 ~]#rpm -Uvh vsftpd-3.0.5-1.oe2303.x86_64.rpm
       Verifying...            ################################[100%]
       准备中...              ################################[100%]
       正在升级/安装...
          1:vsftpd-3.0.5-1.oe2303     ###############################[100%]
```

　　#-F 与-U 都可以用来更新软件包,但它们也有一些区别,-F 仅能升级已安装的软件包,-U 则不同,软件包未安
装时就是安装,已安装时则是更新

除这些常见选项,rpm 命令还有两个比较好用的选项,具体如下。

　　--nodeps:忽略依赖关系

　　#在平时安装软件时,经常会遇到软件依赖关系。软件依赖关系是指一个软件包在安装、运行或卸载时需要与其
他组件一起工作的情况。举个例子,在使用手机玩游戏时,还需要有网络和电量,那么这个时候,游戏就依赖网络和电量,
软件同样如此

```
    [root@node1 ~]#cp /mnt/Packages/httpd-2.4.55-1.oe2303.x86_64.rpm  /root/
    [root@node1 ~]#ls
       httpd-2.4.55-1.oe2303.x86_64.rpm
    [root@node1 ~]#rpm -ivh httpd-2.4.55-1.oe2303.x86_64.rpm
       错误:依赖检测失败
       httpd-filesystem 被 httpd-2.4.55-1.oe2303.x86_64 需要
       httpd-filesystem = 2.4.55-1.oe2303 被 httpd-2.4.55-1.oe2303.x86_64 需要
       httpd-tools = 2.4.55-1.oe2303 被 httpd-2.4.55-1.oe2303.x86_64 需要
       libapr-1.so.0()(64bit) 被 httpd-2.4.55-1.oe2303.x86_64 需要
       libaprutil-1.so.0()(64bit) 被 httpd-2.4.55-1.oe2303.x86_64 需要
       mailcap 被 httpd-2.4.55-1.oe2303.x86_64 需要
          mod_http2 被 httpd-2.4.55-1.oe2303.x86_64 需要
       system-logos-httpd 被 httpd-2.4.55-1.oe2303.x86_64 需要
```

　　#这就是很明显的依赖问题,而 -nodeps 选项可以帮助我们忽略这种错误,强行安装。一般会用这种方法来获
取相关的配置文件

```
    [root@node1 ~]#rpm -ivh httpd-2.4.55-1.oe2303.x86_64.rpm  --nodeps
       Verifying...            ###################[100%]
       准备中...              #####################[100%]
       正在升级/安装...
          1:httpd-2.4.55-1.oe2303     ####################[100%]
    [root@node1 ~]#rpm -q httpd
       httpd-2.4.55-1.oe2303.x86_64
```

　　--replacepkgs:重新安装

　　#有时可能会误删除软件的配置文件,但软件一般会有其他的文件,如果选择删除后再安装,其他文件也会被一
并删除掉,这时可以使用 --replacepkgs 选项重新安装软件,误删除的配置文件就会恢复,并且其他的文件不会被修改

```
    [root@node1 ~]#cp /mnt/Packages/vsftpd-3.0.5-1.oe2303.x86_64.rpm /root
    [root@node1 ~]#ls
       vsftpd-3.0.5-1.oe2303.x86_64.rpm
    [root@node1 ~]#ls /etc/vsftpd/
       ftpusers  user_list  vsftpd.conf  vsftpd_conf_migrate.sh
    [root@node1 ~]#rmp -rf /etc/vsftpd/
    [root@node1 ~]#ls /etc/vsftpd/
       ls: 无法访问 '/etc/vsftpd/': No such file or directory
    [root@node1 ~]#rpm -ivh --replacepkgs vsftpd-3.0.5-1.oe2303.x86_64.rpm
       Verifying...            ############################[100%]
       准备中...              ###########################[100%]
       正在升级/安装...
          1:vsftpd-3.0.5-1.oe2303     ######################[100%]
```

```
[root@node1 ~]#ls /etc/vsftpd/
    ftpusers  user_list  vsftpd.conf  vsftpd_conf_migrate.sh
```

2. 软件包的相关查询

rpm 命令除用于对软件包进行安装、卸载与更新操作外，还可以用于对软件包进行查询，如查询帮助信息、查询对应的配置文件等，具体如下。

```
-q: 查询软件包是否安装，已安装则打印相关信息，未安装则提示未安装
    [root@node1 ~]#rpm -q vsftpd
        vsftpd-3.0.5-1.oe2303.x86_64
-qa: 列出所有安装过的软件包
-qi: 查询软件包的详细信息，包含软件包的名称、发布商、供应商、依赖关系等
-ql: 查询安装该软件包后会生成的文件
-qc: 查询软件包的配置文件
-qd: 查询软件包的帮助文件
-qf: 查找文件来自哪个软件包，必须是已存在的文件
    [root@node1 ~]#rpm -qf /etc/passwd
        setup-2.14.3-1.oe2303.noarch
-qR: 一个用于查询 RPM 软件包依赖关系的命令。它允许查看指定 RPM 软件包安装所需的依赖关系，包括其他软件
包、共享库、配置文件等
-q --scripts: 查询在安装或者删除软件包的时候运行的 Shell 脚本（查询是否有恶意后门）
-q --changelog: 查询软件包的修订版本变更日志，修订版本即发布号，某些软件包会有多次发布，通常用于修
复错误或添加小的改进
-qp rpmfile: 查找本地软件包文件的相关信息，是-ilcdR --scripts  --changelog 选项的集合
```

3. 解压软件包

在讲解软件包的概念时，说过软件包其实就是将应用程序、库文件、配置文件、文档和其他相关文件打包在一起，形成的一个独立的单元，所以也可以将软件包看作压缩包，解压这个"压缩包"的过程如下。

```
#rpm2cpio PACKAGE | cpio -tc : 查看软件包内所有内容
  [root@node1 ~]#rpm2cpio vsftpd-3.0.5-1.oe2303.x86_64.rpm | cpio -tc  | head -n 5
      441 块
      ./etc/logrotate.d/vsftpd
      ./etc/pam.d/vsftpd
      ./etc/vsftpd/ftpusers
      ./etc/vsftpd/user_list
      ./etc/vsftpd/vsftpd.conf
#rpm2cpio PACKAGE | cpio -id -D DIR: 将软件包内容解压到指定目录
  [root@node1 ~]#rpm2cpio vsftpd-3.0.5-1.oe2303.x86_64.rpm | cpio -id -D /root/test
      441 块
  [root@node1 ~]#ls test/
      etc  usr  var
```

在某些场景下，其实并不需要安装这个软件包，仅仅需要这个软件的配置文件。例如，在进行自动化部署时，主控并不需要安装这个软件，但节点需要，因此需要对这个软件的配置文件进行修改然后分发，这时就可以使用这种方法来获取软件的配置文件而不进行安装。

4. 软件包的校验

在这么多来源途径的 RPM 软件包中，我们需要确保所使用的软件包是安全可靠的，但某些软件包中可能夹杂了部分恶意内容。不管是从哪里获取到的 RPM 软件包，来源的厂商都会给一个数字签名，我们可以通过这个数字签名对软件包进行校验检查。

数字签名是一种用于验证文档、消息、软件或其他数据完整性和来源真实性的加密技术。它用于确认特定数据的身份，以确保数据在传输和存储过程中没有被篡改。

以 openEuler 的 ISO 文件为例，其中包含一个文件 RPM-GPG-KEY-openEuler，这个文件就是一个数字签名，我们可以使用这个文件来校验软件包是否安全，是否在传输时被篡改过，具体如下。

```
#导入数字签名
        [root@node1 ~]#rpm --import /mnt/RPM-GPG-KEY-openEuler
#查看数字签名是否导入
        [root@node1 ~]#rpm -q gpg-pubkey
            gpg-pubkey-b675600b-63913a47
#使用数字签名校验软件包
        [root@node1 ~]#cp /mnt/Packages/vsftpd-3.0.5-1.oe2303.x86_64.rpm
        [root@node1 ~]#ls
            vsftpd-3.0.5-1.oe2303.x86_64.rpm
#本地软件包验证通过
        [root@node1 ~]#rpm -K  vsftpd-3.0.5-1.oe2303.x86_64.rpm
            vsftpd-3.0.5-1.oe2303.x86_64.rpm: digests 签名通过
    #签名通过表示这是一个安全的文件，若签名不通过，表明这个软件包并不安全。

#卸载数字签名
        [root@node1 ~]#rpm -q gpg-pubkey
            gpg-pubkey-b675600b-63913a47
        [root@node1 ~]#rpm -e gpg-pubkey
        [root@node1 ~]#rpm -q gpg-pubkey
            未安装软件包 gpg-pubkey
```

3.2.4　DNF 软件仓库

下面我们来看一下使用量最大、使用场景最为广泛、安装最为便捷的软件仓库技术——DNF。有些人可能对DNF感到陌生，大家还记得软件仓库YUM吗？DNF正是借鉴了YUM的经验，但它具有一些改进和现代化的特性。DNF是一个包管理器，用于在基于RPM的Linux发行版中安装、升级和删除软件包。

DNF 的依赖解决机制更强大和智能，能够更好地处理软件包的依赖关系，以确保软件包安装和升级时的一致性和完整性。并且 DNF 引入了事务性操作，允许用户在进行软件包管理操作时执行事务回滚，以便在发生错误或中断时能够还原到之前的状态。它在软件包解析和依赖解决方面的性能比 YUM 更出色，这意味着它的操作速度更快。

YUM 如今是否不能使用了呢？并非如此，YUM 如今作为 dnf-3 的软链接而依然存在，所以，我们依然可以使用 YUM，但是底层实际使用的是 DNF。

1. DNF 软件仓库配置

刚刚提到，DNF 技术可以处理软件包的依赖关系，那它是怎么实现的呢？当用户使用 DNF 来执行软件包管理操作（如安装、升级或删除软件包）时，DNF 会首先检查所选软件包的依赖关系。一旦 DNF 确定了软件包的依赖关系，它会尝试自动处理这些依赖关系，如果未安装依赖包，那么 DNF 会一并将依赖包安装上。并且当软件包之间存在冲突时，DNF 会检测并解决这些冲突。它可以选择一个软件包来满足依赖性，或者提供冲突解决选项以供用户选择。

但 DNF 从哪里去寻找存在依赖关系的软件包呢？这就要提到 DNF 软件仓库了。DNF 可以将一大堆软件包全部收集到一起形成一个仓库，然后给这些软件包做一个索引，这个时候，想安装什么，直接通过索引安装，再也不需要去寻找软件包的绝对路径了。放到现实中来说，人们会将非常多的物资放进仓库里面，然后分类摆放好，最后再弄一个分类清单，这个时候，找东西是不是就方便多了？

接下来，以 openEuler 的 ISO 文件为例，我们来配置一个本地的 DNF 软件仓库。在系统中，所有的仓库配置文件全部存在/etc/yum.repos.d/目录下，并且 openEuler 系统在安装时已经预置了一个网络的 DNF 软件仓库。这是基于网络的官方 DNF 软件仓库，大家可以看一下文件内容，软件地址都是 openEuler.org 的地址。需要注意的是，仓库的配置文件必须以".repo"结尾，否则系统并不会将这个文件识别成 DNF 仓库配置文件，具体如下。

```
[root@node1 ~]#ls /etc/yum.repos.d/
    openEuler.repo
```

从这个文件中截取某一个仓库的配置内容，我们来学习一下如何配置 DNF 软件仓库。仓库的配置内容如下。

```
[root@node1 ~]#cat /etc/yum.repos.d/openEuler.repo  | grep -Ev '(^#|^$)' | head -n 6
    [OS]
    name=OS
    baseurl=镜像仓库地址
    enabled=1
    gpgcheck=1
    gpgkey=密钥地址
```

一个完整的仓库配置应当有以下 6 行内容。

① [OS]：此处为该仓库的名称，系统可以有多个软件仓库，用名称进行区分。

② name：仓库的描述信息，用于描述仓库的来源或者概述。

③ baseurl：仓库索引文件的地址，支持各种协议以获取仓库文件，如 file://本地文件读取协议、http://和 ftp://网络文件读取协议等，指向 repodata 目录的父目录即可。

④ enabled：仓库启动状态，规定了仓库是否启动，有多种写法，常见为 1 与 0 或者 true 与 false。

⑤ gpgcheck：安装软件时是否进行密钥验证，同样支持多种写法，如 1 与 0 或者 true 与 false。

⑥ gpgkey：密钥文件指向地址，也就是之前所说的数字签名文件。与 baseurl 一致，支持多种协议。

接下来，我们手动配置一个本地 DNF 软件仓库，具体如下。

```
#首先，将原有的仓库文件重命名并进行备份
  [root@node1 ~]#mv /etc/yum.repos.d/openEuler.repo /etc/yum.repos.d/openEuler.repo.bak
#然后将 ISO 文件挂载到一个目录中
  [root@node1 ~]#mount /dev/sr0 /mnt/
    mount: /mnt: WARNING: source write-protected, mounted read-only.
  [root@node1 ~]#lsblk  | grep sr0
    sr0                11:0   1 18.7G  0 rom  /mnt
  [root@node1 ~]#ls /mnt/
    docs EFI  images  isolinux  ks  Packages  repodata  RPM-GPG-KEY-openEuler  TRANS.TBL
#编辑仓库配置文件，此处使用了 file:// 本地文件读取协议
  [root@node1 ~]#cat /etc/yum.repos.d/cdrom.repo
```

```
    [local]
    name=local-cdrom-ISO
    baseurl=file:///mnt/
    enabled=1
    gpgcheck=true
    gpgkey=file:///mnt/RPM-GPG-KEY-openEuler
#清除缓存，查看现有仓库
  [root@node1 ~]#yum clean all
    39 files removed
  [root@node1 ~]#yum repolist all
    repo id                     repo name                   status
    local                       local-cdrom-ISO             enabled
```

配置仓库还是比较简单的，并且在一个文件目录中可以编写多个仓库，但为了方便管理，推荐大家将仓库写入不同的文件目录中分类存放。

2. 使用 dnf 命令管理软件包

对使用 dnf 命令管理软件包的说明如下。

```
#语法：dnf [options] <command> [<args>...]
        dnf     选项      操作     对象
#举个例子，想要安装 httpd 软件并且无须手动确认
        [root@node1 ~]#dnf -y install httpd
  #其中 -y 是选项，install 是操作，httpd 是对象


#常用选项：-y      在执行时无须用户手动确认


#操作包括以下动作：
  install:         安装软件包          dnf -y install PACKAGES…
  reinstall:       重新安装软件包       dnf -y reinstall PACKAGES…
  remove:          卸载软件包          dnf -y remove PACKAGES…
  update:          更新软件包          dnf -y update PACKAGES…
  groupinstall:    安装软件包组        dnf -y groupinstall PACKAGES…
  groupremove:     卸载软件包组        dnf -y groupremove PACKAGES…


#在 Linux 操作系统中，软件除了软件包，还有一个软件包组的概念。什么叫作软件包组呢？软件包组是为了实现某
一类功能的一系列软件包的组合。如要安装虚拟化，需要多个软件包：libvirt、net-tools、qemu 等，如果一个一个
安装就会非常耗费时间，所以会将实现这一类功能的一系列软件包编成一个组，那么需要安装时，直接安装这个组就可以了
```

3. dnf 操作集合

除了最为基本的安装、卸载等操作，使用 dnf 命令还能执行其他操作，如查询、列出、搜索、历史操作回滚等，具体如下。

```
#查看信息
  #清除系统中软件仓库的缓存：dnf clean all
  #生成仓库缓存：dnf makecache
  #列出所有的仓库信息：dnf repolist all
  #列出所有仓库的所有软件包：dnf list all
  #列出未安装的|待更新的|已经安装的软件包：dnf list available|updates|installed
  #查看软件包的详细信息：dnf info package
      #可以查看软件包的名称、大小、来源仓库及相关链接
  #查看包组的信息：dnf groupinfo grouppackage
      #可以查看到包组内包含哪些软件包
  #列出所有的包组：dnf grouplist


#查询
```

```
#以关键字查找软件包: dnf search keyword
    [root@node1 ~]#dnf search iscsi
    ============= 名称 和 概况 匹配: iscsi =====================
    libiscsi.x86_64 : Client-side library to implement the iSCSI protocol
    libiscsi-devel.x86_64 : Development libraries for iSCSI client
    libiscsi-help.x86_64 : Help info for libiscsi
    libiscsi-utils.x86_64 : Client utilities for libiscsi
#系统会从软件包的名称与概况中查询关键字, 将所有匹配的结果输出
#查找文件来自哪一个软件包: dnf provides filename
    #它可以查询不存在的文件, 这意味着如果不知道某个命令来自哪一个软件包, 可以直接查询, 例如,
    [root@node1 ~]#dnf provides ifconfig
    net-tools-2.10-3.oe2303.x86_64 : Important Programs for Networking
    仓库       : local
    文件名     : /usr/sbin/ifconfig
#历史任务
#列出 dnf 命令的执行记录: dnf history
    [root@node1 ~]#dnf history | head -n 2
    ID  | Command line       | Date and time    | Action(s) | Altered
    19  | -y install dnf-help | 2023-10-16 14:55 | Install   |   1
    #ID: 操作的唯一标识符
    #Command line: 执行的命令
    #Date and time: 执行时间
    #Action(s): 进行的操作
    #Altered: 几个软件包发生了变动

#列出指定软件包的历史记录: dnf history list packages
    [root@node1 ~]#dnf history list dnf-help
    ID     | Command line       | Date and time    | Action(s) | Altered
    19     | -y install dnf-help | 2023-10-16 14:55 | Install   |   1

#查询第 N 条历史记录的详细信息: dnf history info N
    [root@node1 ~]#dnf history info 19
    事务 ID: 19
    ……
    已改变的包:
        安装 dnf-help-4.14.0-13.oe2303.noarch @local
#撤销第 N 条事务: dnf history undo N
```

注意: 所有安装和删除事务的日志都记录在/var/log/dnf.rpm.log 中。

4. 搭建私有仓库

假设, 我们现在所在的机房是一个纯内网的环境, 现在需要给每一台主机都配置 DNF 软件仓库, 而且所需要的软件包在本地 ISO 文件中不存在, 必须使用网络上的仓库, 这时我们应该怎么办?

读者可能会想到, 直接把网络仓库下载下来, 然后一个一个复制给每一台主机。这个方法可行, 但是很麻烦。还有一种方法, 可以将网络仓库下载到一台机器上, 然后将这台机器看成一个软件仓库, 再通过内网进行共享, 也就是搭建私有仓库。

下面将之前的两台主机——node1 和 node2 找出来, 在 node1 上创建一个私有仓库, 并且共享给 node2。

① 收集安装 httpd 所需要的所有软件包, 如图 3-51 所示。

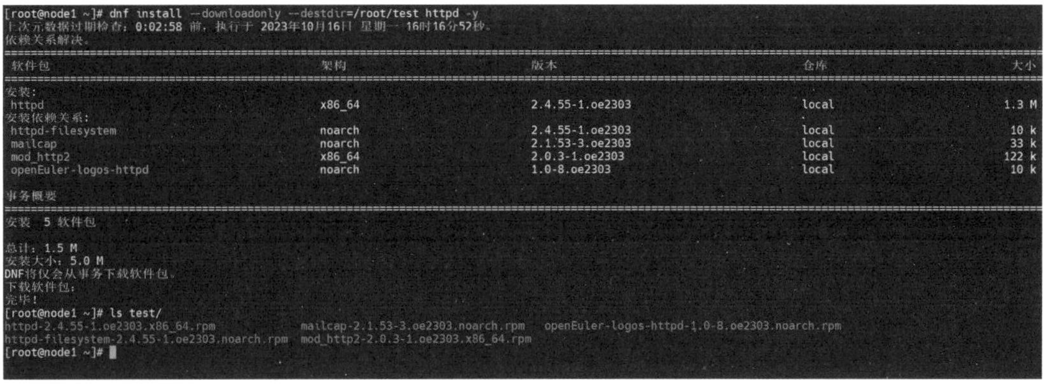

图 3-51　收集软件包

② 安装 createrepo_c 软件包，为这些软件包构建索引文件，如图 3-52 所示。

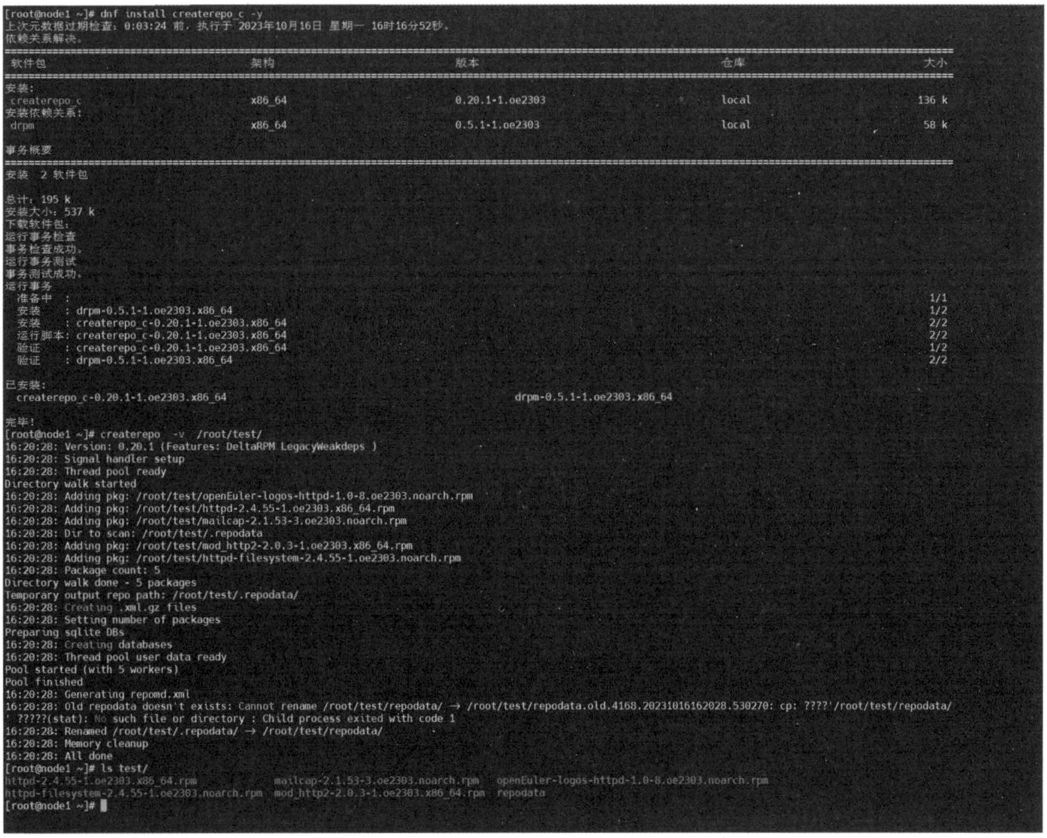

图 3-52　使用 createrepo_c 构建索引文件

③ 使用 Python 打开 http，共享这个目录，如图 3-53 所示。

图 3-53　使用 http 协议共享目录

④ 打开 node2，将原有的仓库配置移除，并且编辑这一个共享的私有仓库的配置文件，如图 3-54 所示。

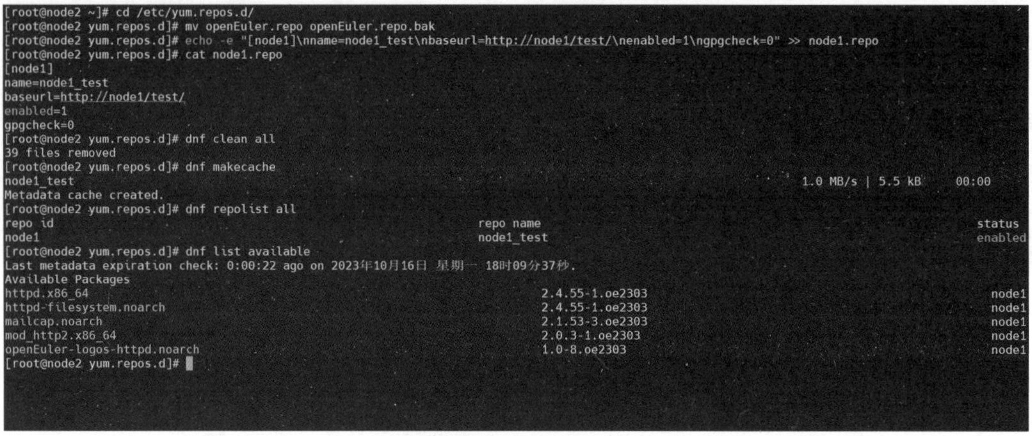

图 3-54　node2 使用私有仓库

创建私有仓库的过程相对简单。只需将所有需要的软件包放入一个目录中，然后使用工具 createrepo_c 生成索引文件，最后将这个目录共享出去。这一技术在许多场景中都得到了广泛的应用，它为满足内网环境中的软件需求提供了便捷的方法。这种方法可以有效地减少在每台主机上重复下载的次数，提供了高效的集中式软件包管理方式。

3.2.5　源码编译安装

源码是使用编程语言编写的代码，通常以文本文件的形式存储。它是由程序员编写的、人类可读的计算机程序。源码包含了软件的算法、逻辑和功能实现，但它不是计算机可以直接运行的代码。而编译是将源码转换为机器语言的过程。在编译过程中，编译器将源码中的高级编程语言（如 Python、Java 等）翻译成适应特定计算机体系结构的机器语言。编译通常涉及多个步骤，包括词法分析、语法分析、优化和生成可执行代码，最终结果是生成一个可以在计算机上运行的二进制可执行文件。

平常使用的 RPM 软件包，通常是由软件开发者或发行版维护者事先编译并打包的二进制软件包。这意味着软件的源码已经被编译成可执行的二进制文件，而且通常已经配置为适应特定的操作系统的发行版。

为系统安装软件不推荐大家使用源码编译安装的方法，因为在源码编译安装的过程中，通常会出现很多问题，如依赖问题、编译报错等。有些时候可能编译安装一个软件，需要编译安装多个甚至 10 多个依赖包，十分麻烦。但是有一些软件，可能没有那么多人使用，厂商就并未进行源码编译操作，这时就得用这种最复杂的方法来安装。下面我们学习如何进行源码编译安装。

① 首先需要安装相关组件，如 gcc、gcc-c++、make，具体如下。

```
[root@node1 ~]# dnf install gcc gcc-c++ make
```

② 以 nginx 为例，在 nginx 官网下载并解压源码包，如图 3-55 所示。

```
[root@node1 ~]# ls
[root@node1 ~]# wget                                   nginx-1.25.2.tar.gz
--2023-10-14 15:47:35--                                nginx-1.25.2.tar.gz
正在解析主机 nginx.org (nginx.org)... 52.58.199.22, 3.125.197.172, 2a05:d014:edb:5704::6, ...
正在连接 nginx.org (nginx.org)|52.58.199.22|:80... 已连接。
已发出 HTTP 请求，正在等待回应... 200 OK
长度：1214903 (1.2M) [application/octet-stream]
正在保存至："nginx-1.25.2.tar.gz"

nginx-1.25.2.tar.gz        100%[=====================================>]   1.16M  38.0KB/s  用时 23s

2023-10-14 15:47:59 (51.4 KB/s) - 已保存 "nginx-1.25.2.tar.gz" [1214903/1214903])

[root@node1 ~]# ls
nginx-1.25.2.tar.gz
[root@node1 ~]# tar -xf nginx-1.25.2.tar.gz
[root@node1 ~]# ls
nginx-1.25.2  nginx-1.25.2.tar.gz
[root@node1 ~]#
```

图 3-55　下载并解压源码包

③ 进入解压后的目录，使用“configure --prefix”指定安装目录，如图 3-56 所示。

```
[root@node1 ~]# cd nginx-1.25.2/
[root@node1 nginx-1.25.2]# ls
auto  CHANGES  CHANGES.ru  conf  configure  contrib  html  LICENSE  man  README  src
[root@node1 nginx-1.25.2]# ./configure --prefix=/usr/local/nginx
checking for OS
 + Linux 6.1.19-7.0.0.17.oe2303.x86_64 x86_64
checking for C compiler ... found
```

图 3-56　配置编译选项——指定安装目录

④ 对 nginx 进行编译安装，如图 3-57 所示。

```
[root@node1 nginx-1.25.2]# make && make install
make -f objs/Makefile
make[1]: 进入目录"/root/nginx-1.25.2"
cc -c -pipe  -O -W -Wall -Wpointer-arith -Wno-unused-parameter -Werror -g  -I src/core -I src/event -I src/
event/modules -I src/event/quic -I src/os/unix -I objs \
        -o objs/src/core/nginx.o \
        src/core/nginx.c
cc -c -pipe  -O -W -Wall -Wpointer-arith -Wno-unused-parameter -Werror -g  -I src/core -I src/event -I src/
event/modules -I src/event/quic -I src/os/unix -I objs \
        -o objs/src/core/ngx_log.o \
        src/core/ngx_log.c
cc -c -pipe  -O -W -Wall -Wpointer-arith -Wno-unused-parameter -Werror -g  -I src/core -I src/event -I src/
event/modules -I src/event/quic -I src/os/unix -I objs \
        -o objs/src/core/ngx_palloc.o \
        src/core/ngx_palloc.c
cc -c -pipe  -O -W -Wall -Wpointer-arith -Wno-unused-parameter -Werror -g  -I src/core -I src/event -I src/
```

图 3-57　编译安装

⑤ 对 nginx 进行简单管理并测试网页，出现图 3-58 所示界面表示安装成功。

```
[root@node1 nginx-1.25.2]# cd /usr/local/nginx/
[root@node1 nginx]#
[root@node1 nginx]# ls
conf  html  logs  sbin
[root@node1 nginx]# ls html/
50x.html  index.html
[root@node1 nginx]# sbin/nginx
[root@node1 nginx]# ss -tunlp | grep 80
tcp   LISTEN 0      511          0.0.0.0:80          0.0.0.0:*    users:(("nginx",pid=8377,fd=6),("nginx",pi
d=8376,fd=6))
[root@node1 nginx]# curl 127.0.0.1:80
<!DOCTYPE html>
<html>
<head>
<title>Welcome to nginx!</title>
<style>
html { color-scheme: light dark; }
body { width: 35em; margin: 0 auto;
font-family: Tahoma, Verdana, Arial, sans-serif; }
</style>
</head>
<body>
<h1>Welcome to nginx!</h1>
```

图 3-58　安装成功

对 nginx 进行简单管理的命令如下。

```
/usr/local/nginx/sbin/nginx              启动服务
/usr/local/nginx/sbin/nginx  -v          查看 nginx 版本
/usr/local/nginx/sbin/nginx -s reload     重新加载服务
/usr/local/nginx/sbin/nginx -s stop       停止服务
```

3.2.6　综合实验——软件管理

① 配置 DNF 本地软件仓库，要求将本地 ISO 文件挂载到/mnt/cdrom 目录，并启用密钥验证。

② 公司的应用程序需要依赖于 Apache 和 PostgreSQL 服务，使用 dnf 命令安装这两个软件包。

③ 使用 dnf 命令查询 xz 来自哪一个软件包，并使用 rpm2cpio 解压该 RPM 软件包，取出该 RPM 软件包中的 etc/profile.d/colorxzgrep.sh 文件。

3.3　构建可以弹性调整的存储空间

数字化时代，数据的增长速度是前所未有的，对于系统管理员和 IT 专业人员来说，有效地管理和分配存储空间变得至关重要。Linux 操作系统提供了丰富的工具和功能，允许构建灵活、可扩展、弹性调整的存储空间，以适应不断变化的市场需求。

本节将深入探讨 Linux 文件系统的核心概念，包括 inode 与 block、磁盘分区、逻辑卷、挂载和格式化等，以帮助读者理解如何设计和管理存储空间，使其能够适应不断增长的数据需求。无论你是一名系统管理员、开发人员，还是对 Linux 存储感兴趣的个人，这些知识都将帮助你构建可靠的存储基础设施，以满足未来的挑战。

3.3.1　文件系统的概念与应用

1．认识存储设备

前文所述，系统上的设备文件全部存放在/dev/目录下，而本小节中要了解的存储设备，同样存放在/dev/目录下。图 3-59 中的 sda、sr0 等都是块设备，也就是存储设备——硬盘。

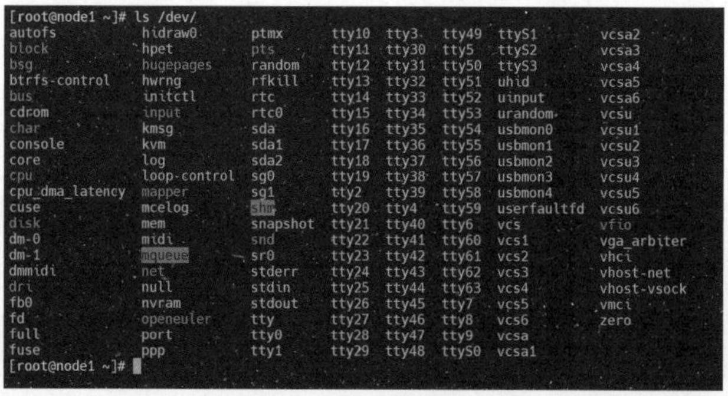

图 3-59　dev 目录内容

　　块设备的类型有很多，如 IDE 设备、SATA、SCSI、NVME、ISO、virtio-block 等，适用于不同的场景。不同的块设备类型，在系统中的命名方式也不一样，如 NVME 固态磁盘，在系统中就采用 nvme0nN 这种命名方式。磁盘命名见表 3-8。

表 3-8　磁盘命名

磁盘类型	命名方式	备注
IDE 磁盘	/dev/had、/dev/hdb	a 表示第 1 个此类型磁盘，b 表示系统中的第 2 块该类型磁盘
SATA/SAS/USB 设备	/dev/sda、/dev/sdb	
KVM 虚拟磁盘	/dev/vda、/dev/vdb	
XEN 虚拟磁盘	/dev/xvda、/dev/xvdb	
NVME 固态磁盘	/dev/nvme0n1 /dev/nvme0n2	nvme0n1 表示 0 号接口的第 1 块固态磁盘
逻辑设备，如 lvm、vdo、stratis 等	/dev/mapper/*	*号为逻辑设备名称，如 vdo 卷名称为 myvdo，那么就是/dev/mapper/myvdo

　　虽然我们可以在 dev 目录中查看到所有的块设备，但是在一堆文件中找到某个块设备还是比较麻烦的，使用 lsblk 命令可以列出系统上所有的块设备，并且还包含其他的一些信息，具体如下。

```
#语法: lsblk [options] [device...]
    [root@node1 ~]#lsblk
    NAME                MAJ:MIN    RM    SIZE    RO    TYPE    MOUNTPOINTS
    sda                 8:0        0     50G     0     disk
    ├─sda1              8:1        0     1G      0     part    /boot
    └─sda2              8:2        0     49G     0     part
      ├─openEuler-root  253:0      0     44G     0     lvm     /
      └─openEuler-swap  253:1      0     5G      0     lvm     [SWAP]
    sr0                 11:0       1 1   8.7G    0     rom     /mnt
#命令解释
  NAME: 设备名称
  MAJ:MIN: 主次设备编号
        主设备编号用于指定设备文件所属的设备类型，如硬盘、网络接口卡等
        次设备编号则用于区分同一类型设备的不同实例，如不同的硬盘分区、不同的网络接口等
  RM: 移动设备标志（0 表示非移动设备，1 表示可移动设备，如 USB 设备）
  SIZE: 块设备或者分区大小
  RO: 只读标志（1 表示只读，0 表示可读/写）
  TYPE: 块设备类型，disk 是块设备，part 是分区，rom 是 ISO 等
  MOUNTPOINTS: 如果块设备已经挂载，这一列将显示挂载点的信息
#常用选项
  -f: 查看文件系统的详细信息
    [root@node1 ~]#lsblk  -f
      NAME  FSTYPE  FSVER  LABEL  UUID  FSAVAIL FSUSE% MOUNTPOINTS
      sda
      ├─sda1 ext4 1.0 1d55c4cd-8bb2-49b6-a640-f3bdf26a350d 744.8M 17% /boot


  FSTYPE: 文件系统类型
  FSVER: 文件系统版本号
  LABEL: 文件系统标签
  UUID: 文件系统的唯一标识符
```

> FSAVAIL：文件系统中可用的空间
>
> FSUSE%：文件系统已使用的百分比
>
> -d：仅显示块设备，不显示分区

2. 认识文件系统

（1）文件系统的概念

lsblk 命令中有一个常用选项"-f"，用于查看文件系统的信息。接下来，我们详细剖析文件是如何存储到块设备上的，并且需要这个文件时系统是如何从块设备上找到这个文件的，以及存储设备为什么被称为块设备。

下面介绍文件系统在文件存储中扮演的角色。块设备想要被投入使用，需要经历几个步骤：一是分区，二是格式化，三是挂载。当然分区的必要性取决于场景需求，格式化是在分区上创建一个文件系统，而挂载则是设置一个系统访问文件系统的入口。

文件系统是一种用于组织和存储计算机文件和数据的方法，它定义了文件和目录的结构、命名约定、存储和访问规则。文件系统是操作系统中的一个重要组成部分，负责管理存储设备上的数据，使用户和应用程序能够以有序和可管理的方式访问文件。简而言之，文件系统就是文件在块设备上的组织形式。

假设，现在学校的一位老师手上有一份名单，其中学生的姓名和座位号一一对应，现在开始上课，学生进入教室，如果学生按照名单上的座位号分别坐下，此时老师就可以根据手上的名单来找到每个座位上的学生；如果某个学生不按照名单上的座位号就座，进来随便找了个位置坐下，此时老师就找不到这个学生。

所以，文件系统就好比老师手上的这一份名单，它规定了文件在进入存储设备后，应该放在哪里，后续也方便系统进行查找。

（2）文件系统的类型

在计算机中，有着众多不同类型的文件系统，每种文件系统都被设计用于满足不同需求和使用场景。如 Windows 操作系统中的 NTFS、MAC 操作系统中的 HFS+、Linux 操作系统中的 XFS 等。

不同的文件系统有着不同的侧重点，ext4 就是 Linux 操作系统上广泛使用的文件系统，它提供了高性能、高可靠性和可扩展性，支持大文件和分区。NTFS 则主要用于 Windows 操作系统，NTFS 提供了强大的安全性、权限控制和稳定性，支持大文件和高容量存储。所以我们在选择文件系统类型时，要根据自己的业务场景需求来选择。常见文件系统的类型如下。

① 本地文件系统：ext2、ext3、ext4、XFS。

② 网络文件系统：NFS、CIFS。

③ 集群文件系统：GFS、GFS2。

④ 分布式文件系统：CEPH。

⑤ 光盘：iso9660。

（3）inode 与 block

再来看一看，计算机是如何将文件保存到块设备上的？人们为什么会将存储设备称为块设备？系统是如何找到需要的文件的？下面我们以机械硬盘为例，简单说一下文件的存储流程。机械硬盘的存储位置是一层又一层的圆环片，所有的数据都存放在这些圆环片上，大家将圆环片称为盘片。如图 3-60 所示，以一个圆环来表示盘片。

磁盘的最小存储单元是扇区。一般来说，一个扇区的大小为 512B，也就是说，如果对这些圆环片进行拆分，一个部分是一个扇区。现在有一个 2KB 的文件，该文件需要使用 4 个扇区，即图 3-61 中的扇区 1、2、3、4。

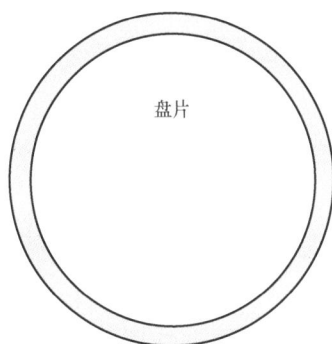

图 3-60　盘片草图

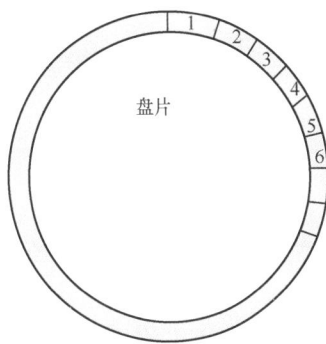

图 3-61　扇区草图

那么再次假设，对一块磁盘进行了分区，同时写入多个文件，如果有一个 1KB 的 test 文件和一个 2KB 的 demo 文件，有没有可能先将扇区 1、2 分给了 test 文件，再将扇区 3、4、5、6 分给了 demo 文件呢？不是这样的，如果有多个文件同时写入，那么存储就会变得不连续，如 test 文件的前 512B 写到扇区 1，结果扇区 2、3、4 分给了 demo 文件，然后扇区 5 又分给了 test 文件，扇区 6 分给了 demo 文件。

这样的存储就会对磁盘性能造成影响，因为机械磁盘是凭借盘片的旋转从而得到扇区内容的，这种不连续的扇区存储，很可能导致盘片刚开始存储到一部分内容，盘片旋转到最后才能存储到最后一部分的内容，读/写速度就会变慢，性能变差。如果有一种方式，能让扇区存储变得连续起来，盘片旋转一会儿就能直接读到整个文件，也就是寻址时间变短，性能就得到提升。

这需要用到"数据块（Block）"这个概念。数据块就是将多个连续扇区组合在一起，形成一个块。"块"是文件系统的最小存储单元，主要用于解决碎片化存储的问题，提升磁盘读/写性能。这也是我们将存储设备称为块设备的原因。数据块默认大小一般为 4KB，如图 3-62 所示。

```
[root@node1 ~]# tune2fs -l /dev/mapper/openeuler-root | grep -i "block size"
Block size:            4096
[root@node1 ~]#
```

图 3-62　查看数据块大小

数据块的大小由文件系统决定，通常一个数据块的大小为 4KB。这里还存在一个现象——"簇"或"块对齐"。举个例子，一个 1KB 的文件占用一整个 4KB 的数据块，具体如下所示。

```
[root@node1 ~]#echo 123 > 1.txt
[root@node1 ~]#ls -l 1.txt
```

```
        -rw-r--r--. 1 root root 4 10月 18 11:03 1.txt
[root@node1 ~]#du -sh 1.txt
      4.0K    1.txt
```

从中可以看到，1.txt 文件的内容为 123，使用 "ls -l 1.txt" 命令查看到的文件大小为 4B，但是使用 "du -sh 1.txt" 命令查看到文件的大小为 4KB，这就是 "块对齐"。这种现象减少碎片化存储，优化了磁盘访问效率。也就是说，在文件系统层面上，一个文件的大小一定是块大小的倍数，即使这个文件大小不足以完全占用一个数据块，但这个数据块仍然不能给其他的文件使用。虽然这种做法可能导致某些浪费，但它有助于提高文件系统的性能和管理效率。

文件系统中还有一个概念——inode。

inode（Index Node）是文件系统中的一个关键概念，用于管理和存储文件的元数据信息。每个文件和目录在文件系统中都与一个唯一的 inode 关联。inode 记录了有关文件的详细信息，如文件的权限、所有者、文件大小、创建时间、修改时间和文件数据块的位置等。

综上所述，一个文件由两部分组成，即 inode 和 block，也就是元数据和数据块。元数据就是描述文件的数据，它包含下列信息。

① 文件类型、权限、UID 和 GID。
② 文件的链接数。
③ 文件大小和时间戳。
④ 文件数据块在磁盘上的块指针。
⑤ 文件的其他信息。

但是，inode 不包含文件名，文件名是给用户看的，系统识别文件只凭借 inode 号。在系统中，每一个文件都会被分配一个独特的 inode 号，可以通过 "ls–i" 查看到文件的 inode 号，如图 3-63 所示。

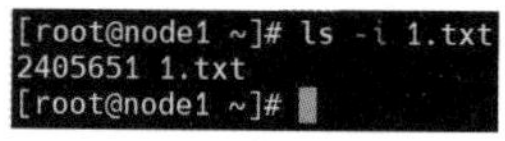

图 3-63　查看 inode 号

inode 号和文件名之间有映射关系，这个映射关系就存放在目录的数据块中。在 Linux 操作系统中，一切都是文件。目录是一种特殊的文件。文件的数据块中存放文件的内容，而目录的数据块中存放的是目录下所有的文件的文件名与 inode 之间的关系，目录名和它的 inode 又存放在它上一级目录的数据块中。

（4）查看文件系统

可以使用 lsblk 命令查看所有磁盘设备和所有文件系统的详细信息，但有一些并没有进行挂载，所以查看它们也没有意义。那有没有工具可以只查看已挂载的文件系统的信息呢？df 命令就可以。使用 df 命令可以查看已挂载的文件系统使用情况，具体如下。

```
#语法: df [OPTION]...
   [root@node1 ~]#df | head -n 5
   Filesystem                    1K-blocks   Used       Available  Use% Mounted on
   devtmpfs                      4096        0          4096       0% /dev
   /dev/mapper/openEuler-root    45093780    7268432    35502304   17% /
   tmpfs                         3791196     0          3791196    0% /tmp
   /dev/sr0                      19575966    19575966   0          100% /mnt
   /dev/sda1                     996780      165392     762576     18% /boot
#命令解释
   Filesystem: 文件系统的名称，其实也就是设备名称
```

```
1K-blocks: 文件系统总容量
Used: 已使用空间，默认单位为KB
Available: 未使用空间，默认单位为KB
Use%: 已使用空间的百分比
Mounted on: 挂载点

#常用选项
  -h: 查看文件系统的使用情况，单位换算为MB和GB等，单位默认是KB
  -i: 查看inode使用情况
  -T: 查看文件系统类型
```

可以使用"ls –lhd"查看目录的大小，具体如下。

```
[root@node1 ~]#ls /root/demo/
[root@node1 ~]#dd if=/dev/zero  of=/root/demo/file bs=1M count=2048
  2048+0 records in
  2048+0 records out
  2147483648 bytes (2.1 GB, 2.0 GiB) copied, 1.39889 s, 1.5 GB/s
[root@node1 ~]#ls -lh /root/demo/file
  -rw-r--r--. 1 root root 2.0G 10月 18 18:08 /root/demo/file
[root@node1 ~]#ls -lhd /root/demo/
  drwxr-xr-x. 2 root root 4.0K 10月 18 18:08 /root/demo/
```

很明显，明明目录下有一个2GB的文件，但通过"ls –lhd"查看到的目录大小为4KB，这是因为目录的数据块是存放目录下所有文件的文件名和 inode 的对应关系，通过"ls –lhd"只能查看到目录自己的大小。"du –sh"才可以用来查看整个目录及其内容在文件系统上占用的磁盘空间，具体如下。

```
#语法: du [OPTION]... [FILE]...
    [root@node1 ~]#du /etc/ | head -n 2
      12      /etc/yum.repos.d
      4       /etc/my.cnf.d
  #du dir 会列出目录下所有文件的块大小，此处表示 /etc/yum.repos.d/目录占据了12KB的大小
#常用选项
  -h: 查看文件系统的使用情况，单位换算为MB和GB等，单位默认是KB
  -s: 查看目录汇总的大小
    [root@node1 ~]#du -sh /etc/
      23M     /etc/
```

综上所述，若想要查询目录的占用空间，可采用 du -sh 命令，而若想查询文件的实际大小，推荐使用 ls -lh 命令。这两者各具所长，通过它们，我们可以更清晰地了解磁盘使用情况及文件属性。

3．硬链接与软链接

（1）硬链接

如图 3-64 所示，硬链接其实就是多个文件名指向了同一个 inode 号。需要注意的是，硬链接是不能跨文件系统的，因为在两套不同的文件系统中，出现两个一致的 inode 号并且指向同一份相同内容的数据块的概率太小了，基本是不可能出现的。创建硬链接的方法如下。

```
#创建硬链接: ln 源文件地址 链接文件地址
    [root@node1 ~]#ls -i /root/1.txt
      2405651 /root/1.txt
    [root@node1 ~]#ln /root/1.txt /opt/demo.txt
    [root@node1 ~]#ls -i /opt/demo.txt
      2405651 /opt/demo.txt
```

```
[root@node1 ~]#
```

（2）软链接

与硬链接对应的就是软链接，软链接也称为没有灵魂的文件。如图 3-65 所示，软链接文件没有属于自己的数据块，而是直接指向了另一个文件的 inode。简而言之，如果将文件 demo 删除，那么此时 demo 的软链接文件全部失效。

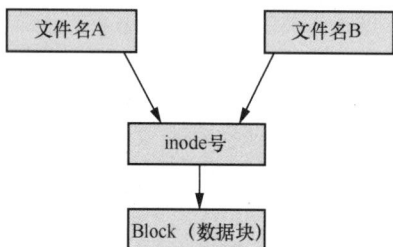

图 3-64　硬链接架构

图 3-65　软链接架构

软链接是可以跨文件系统设置的，因为是一个文件指向另一个文件，这个与 Windows 的快捷方式很类似。在创建软链接时，推荐使用绝对路径，这样更安全、便利，具体如下。

```
#创建软链接: ln -s   源文件地址   链接文件地址
[root@node1 opt]#ls /root/
  1.txt
[root@node1 opt]#ls .
[root@node1 opt]#ln -s /root/1.txt  /opt/demo.txt
[root@node1 opt]#ls -lhi /opt/demo.txt
  2752514 lrwxrwxrwx. 1 root root 11 10月 18 14:42 /opt/demo.txt -> /root/1.txt
[root@node1 opt]#ls -lhi /root/1.txt
  2405651 -rw-r--r--. 1 root root 4 10月 18 11:03 /root/1.txt
```

4. 复制、移动与删除的实质

当我们尝试复制一份巨大文件时，时间仿佛被无限拉长，但移动有时能迅速完成，就像一瞬间便完成了使命。然而，在有些情况下，即便是移动，也可能需要比较长的时间。再者，我们或许不禁好奇，为何删除一个大小为十几 GB 的文件却可以如此之快呢？如图 3-66 与图 3-67 所示，在开始之前，首先我们来进行一些准备操作，新建一个磁盘，做两个不同的文件系统。给虚拟机添加一块 30 GB 的磁盘，进行分区操作，并格式化，挂载，再创建一个 3 GB 的文件。

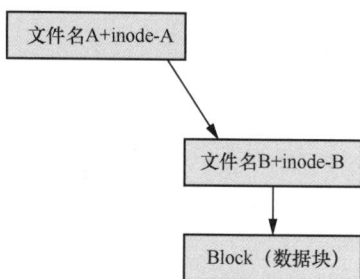

图 3-66　格式化并挂载

图 3-67　创建一个 3 GB 的文件

（1）cp 与 inode 之间的关系

复制（cp）这一操作，对于大文件而言，其使用时间有些长。

如图 3-68 所示，可以看到，复制一个 3 GB 的文件使用了约 9 秒。如图 3-69 所示，/dev/sdb1 磁盘原本仅使用了 3.1 GB 空间，在复制一个 3 GB 的文件后，磁盘就使用了 6.1 GB 空间，中间仅执行了一次复制操作，所以，在底层，复制操作是对数据块进行了复制，也就是产生了新文件，将原本数据块的内容一比一复制给新的数据块；另外，file 与 file.bak 两个文件的 inode 也不一样，这是毫无关系的两个文件。这就是 cp 命令运行速度较慢的原因，它在底层发生了数据块的复制。

图 3-68　复制计时

图 3-69　执行文件复制操作

（2）mv 与 inode 之间的关系

再来看看移动（mv）操作。移动操作要分成两种情况来看，在同一个文件系统中与在不同的文件系统中。先看看在同一个文件系统中进行的文件移动操作。

如图 3-70 所示，我们会发现，在同一个文件系统中进行文件的移动，其速度非常快，3 GB 的文件只用了 0.001 秒，但从文件系统已使用的空间可以看到，已使用空间的大小并没有增加，并且移动前后的两个文件的 inode 还是一样的；在同一个文件系统内进行文件的移动时，系统在新的目录下面创建一行记录关联源文件 inode 和新的文件名，然后删除旧的目录下面该文件名与 inode 的映射关系，在底层上数据并没有移动，保留部分元数据的属性信息，所以在同一个文件系统中移动的速度就非常快。

图 3-70　在同一个文件系统中进行文件的移动操作

如图 3-71 所示，我们来看看第二种情况，在不同的文件系统中进行的文件移动操作。此时，在不同的文件系统之间进行文件的移动，时间相对来说长一些。可以明显发现，文件系统的已使用空间大小已经发生了改变，并且 inode 也不一样了。在不同的文件系统之间进行文件的移动，从本质上来说，就是先复制文件，再删除源文件。

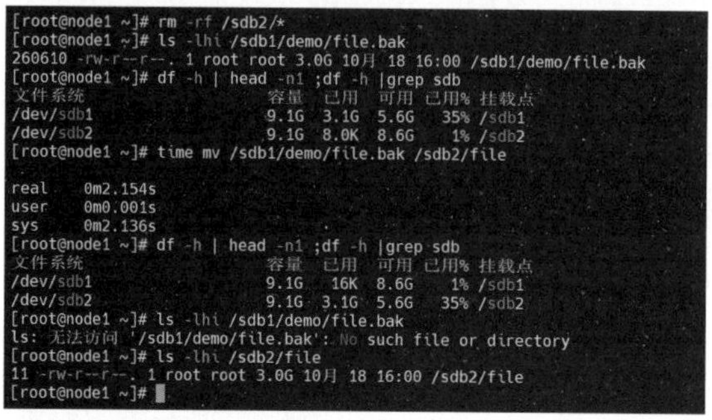

```
[root@node1 ~]# rm -rf /sdb2/*
[root@node1 ~]# ls -lhi /sdb1/demo/file.bak
260610 -rw-r--r--. 1 root root 3.0G 10月 18 16:00 /sdb1/demo/file.bak
[root@node1 ~]# df -h | head -n1 ;df -h |grep sdb
文件系统                    容量  已用  可用 已用% 挂载点
/dev/sdb1                   9.1G  3.1G  5.6G   35% /sdb1
/dev/sdb2                   9.1G  8.0K  8.6G    1% /sdb2
[root@node1 ~]# time mv /sdb1/demo/file.bak /sdb2/file

real    0m2.154s
user    0m0.001s
sys     0m2.136s
[root@node1 ~]# df -h | head -n1 ;df -h |grep sdb
文件系统                    容量  已用  可用 已用% 挂载点
/dev/sdb1                   9.1G   16K  8.6G    1% /sdb1
/dev/sdb2                   9.1G  3.1G  5.6G   35% /sdb2
[root@node1 ~]# ls -lhi /sdb1/demo/file.bak
ls: 无法访问 '/sdb1/demo/file.bak': No such file or directory
[root@node1 ~]# ls -lhi /sdb2/file
11 -rw-r--r--. 1 root root 3.0G 10月 18 16:00 /sdb2/file
[root@node1 ~]#
```

图 3-71 在不同的文件系统中进行文件的移动操作

（3）rm 与 inode 之间的关系

最后，再来看看 rm。rm 真的是直接删除文件吗？如果真的是直接删除，那么市面上的数据恢复是怎么实现的呢？今天，将再颠覆一次我们的认知。

先来看一看 rm 与 inode 的关系。如果一个文件的链接数大于 1，那么删除这个文件实际上就是在减少它的链接数量。链接数量其实就是硬链接，硬链接是多个文件名指向同一个 inode，所以只要链接数大于 1，删除的都是文件名，而不是 inode 号，block 也不会被移除。

另一种情况，如果文件被删除后，链接数为 0 了，这个时候又是真的删除掉文件了吗？也没有，inode 号会指向 block。如果在删除后，链接数为 0，那么系统会回收这个 inode 号，然后将 block 置于可用状态，数据并不会被擦除，直到下一次有数据写入时才会覆盖这些数据块。所以，如果不小心删除了非常重要的数据，应该立刻断电关机，停止任何文件的读/写操作，然后去寻找专业的数据恢复人员进行数据的抢救操作。

3.3.2 磁盘分区管理

磁盘是我们日常生活和工作中不可或缺的一部分。一般来说我们的所有数据都存储在磁盘上，磁盘上的数据非常宝贵。无论是对于个人还是对于企业来说，数据的丢失都会造成非常大的损失。

将磁盘投入业务场景中进行使用，需要做的事情有选择合适的磁盘类型、链接磁盘、分区、格式化、文件系统的选择、挂载到系统中。在磁盘投入业务场景中使用后，还需要保持硬盘的安全性、进行定期的监测巡检及备份。将磁盘投入使用需要慎重考虑和规划，有助于我们在使用磁盘时确保数据的安全性、可用性。

在这一小节，我们将学习对磁盘的分区、格式化，探索如何选择合适的分区表格式，以及如何为磁盘构建一个格式化的文件系统。

1. 磁盘概述

磁盘也称为硬盘或磁盘驱动器，是一种用于数据存储的存储设备。下面我们以机械硬盘为例，向大家介绍机械磁盘的构成及数据存储方式。

大家如果拆过机械硬盘，应该会看到图 3-72 所示的排列方式。当然，我们并不推荐大家手动拆解机械硬盘，因为其内部一般是真空或有着某种特殊气体，手动拆解硬盘可能就无法使用了。下面我们来认识一下机械硬盘中的一些比较重要的组件。

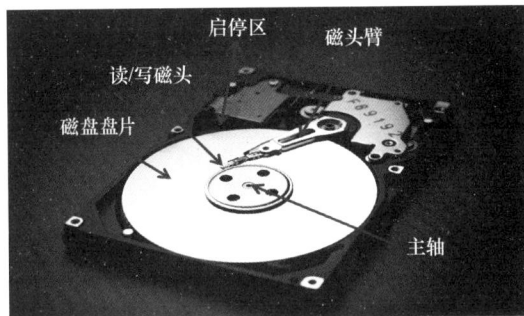

图 3-72　机械硬盘组件

① 磁盘盘片：磁盘盘片一般是圆形的，通常多个磁盘盘片叠放在一起，每个磁盘盘片都有两个磁性表面，是数据的实际存储介质。

② 主轴：主轴是硬盘中的中心轴，支撑着多个磁盘盘片。主轴将磁盘盘片固定在硬盘上，通过旋转来使磁盘盘片快速旋转，以便读/写磁头访问数据。

③ 磁头臂：磁头臂是一种机械臂，可以在硬盘内部移动，用于支撑读/写磁头，使读/写磁头能够访问所需的数据。

④ 读/写磁头：读/写磁头是非常小的电磁元件，位于磁头臂的末端，与磁盘盘片的表面之间只有微小的间隙，用于读取和写入数据。每个磁盘盘片通常有两个磁头，一个用于读取，另一个用于写入。

⑤ 启停区：启停区是磁盘盘片上的一个特殊区域，通常位于磁头臂的一侧。启停区用于磁头臂的启动和停止。当硬盘关闭时，磁头臂会移动到这个区域，以防止读/写磁头接触到磁盘盘片表面，从而防止损坏。

了解完这些磁盘的基础组件后，我们再探究文件是如何存储在磁盘盘片上的。对于我们用户而言，文件可以是 TXT 文档、PPT 演示文稿，也可以是 sh 脚本；对于计算机而言，所有的数据都是机器语言，文件就是 0101001 这种形式的数据。磁盘盘片是凭借磁性来进行数据写入的。

当需要将数据写入硬盘时，控制电流通过读/写磁头，创建一个强磁场，磁化磁盘盘片中的一个特定区域，使其表示所需的二进制值（0 或 1）。磁性区域的方向（磁化方向）会发生变化，从而表示 0 或 1。

当需要读取数据时，读/写磁头将在磁盘盘片上移动，检测每个磁性区域的磁场方向。根据检测到的磁场方向，硬盘控制器将得到的数据翻译成二进制，以供计算机使用。

接下来，我们再来学习两个更深入的概念——磁道与扇区。

① 磁道：当磁盘盘片旋转，磁头臂不运动时，读/写磁头会读取到磁盘盘片一圈的数据，此时这一圈称为磁道。

② 扇区：再将磁道进行细分，得到一小块一小块的数据区域，就是扇区，也就是我们块设备上最小的存储单元。

2. 磁盘分区

磁盘分区就是将硬盘上的存储空间划分为逻辑上的小块或分区，每个分区就像一个独立的逻辑磁盘。

分区不是处理磁盘的必需步骤，也可以不进行分区，直接格式化一整块磁盘。但分区有助于更有效地组织和管理数据，可以隔离不同类型的数据，提高了数据的安全性；并且优化分区可以提高性能，因为不同的分区可以使用不同的文件系统和设置，以满足特定需求。但分区也存在一些缺点，分区增加了存储管理的复杂性，需要更多的操作和计划，不正确的分区策略可能导致存储空间浪费等。所以是否要对磁盘进行分区，需要根据业务场景进行选择。

（1）分区表格式

分区表格式是用于描述和记录硬盘上分区布局的数据结构。它包含有关每个分区的信息，如分区的起始位置、大小、文件系统类型等。常见的两种分区表格式是 MBR（主引导记录）和 GPT（GUID 分区表）。

① MBR 分区表格式。如图 3-73 所示，MBR 是一种旧的分区表格式，它使用传统的 BIOS 引导方式。MBR 分区表通常包含在硬盘的第一个扇区，称为主引导记录。MBR 使用 32 位的寻址方式，分区容量上限为 2.2 TB，最多支持 4 个主分区或 3 个主分区（Primary）和 1 个扩展分区（Extended）。每个分区的信息都记录在 MBR 中，包括分区的起始位置和大小及分区类型。MBR 不支持 UEFI（统一可扩展固件接口）引导方式，这意味着它不能用于使用 UEFI 引导方式启动的计算机。

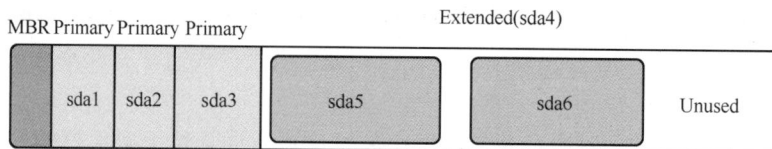

图 3-73　MBR 分区表格式

② GPT 分区表格式。GPT 是一种新的分区表格式，它通常与 UEFI 引导方式一起使用。如图 3-74 所示，GPT 使用 64 位的寻址方式，磁盘最大容量为 8 ZB，支持数千个分区，几乎没有分区数量的限制。它提供更大的分区容量和更灵活的分区管理。GPT 分区表还包含每个分区的唯一标识符（GUID），增加了数据的安全性和完整性。并且，GPT 提供分区表备份功能，主 GPT（Primary GPT）位于磁盘头部，备份的 GPT（Backup GPT）位于磁盘尾部。

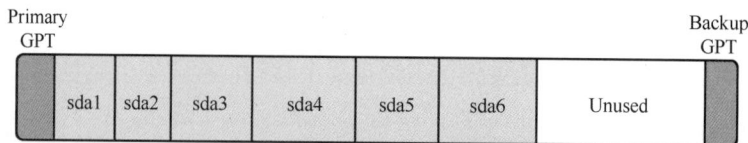

图 3-74　GPT 分区表格式

（2）分区工具

① fdisk。fdisk 可以帮助我们对磁盘进行分区，默认使用 MBR 分区表格式。图 3-75 所示的是一个简单的分区操作示例，其操作命令汇总如下。

```
#查看所有磁盘信息，包含磁盘分区表格式、分区、扇区大小等各种信息
        [root@node1 ~]#fdisk -l
#查看指定磁盘信息
        [root@node1 ~]#fdisk -l /dev/sdb
#进入交互式分区页面
        [root@node1 ~]#fdisk /dev/sdb
#交互式分区常用命令
    n: 创建新的分区
    d: 删除分区
    p: 打印分区表
    t: 修改分区 id
    w: 保存退出
    q: 不保存退出
    m: 获取帮助
```

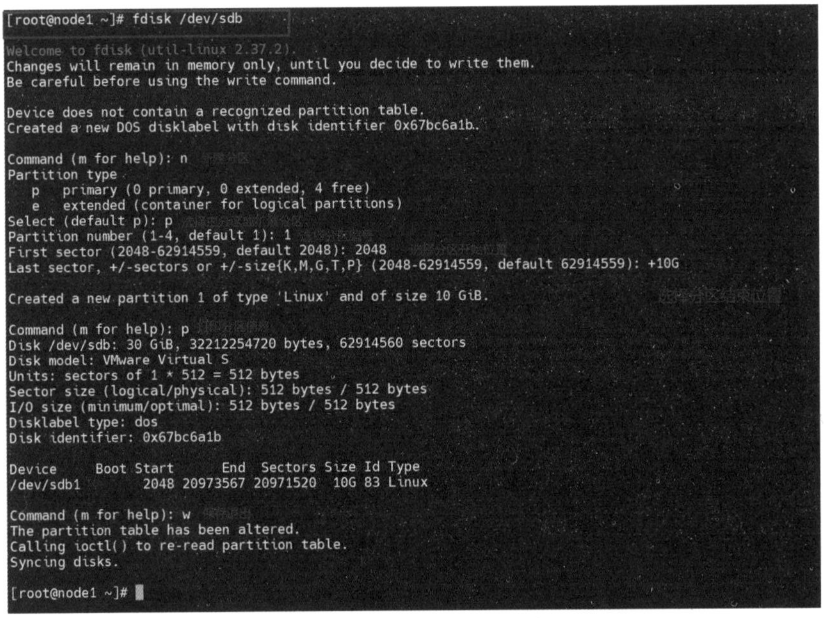

图 3-75　使用 fdisk 进行分区的操作示例

② gdisk。如图 3-76 所示，gdisk 的使用方法与 fdisk 大同小异，只是 gdisk 默认使用 GPT 分区表格式。对 gdisk 的使用方法说明如下。

```
#查看指定设备信息
        [root@node1 ~]#gdisk  -l  /dev/sdc
#进入交互式分区页面
        [root@node1 ~]#gdisk  /dev/sdc
#交互式分区常用命令
    n: 创建新的分区
    d: 删除分区
    p: 打印分区表
    t: 修改分区 id
    w: 保存退出
    q: 不保存退出
    ?: 获取帮助
```

```
[root@node1 ~]# gdisk  /dev/sdc
GPT fdisk (gdisk) version 1.0.9

Partition table scan:
  MBR: not present
  BSD: not present
  APM: not present
  GPT: not present

Creating new GPT entries in memory.

Command (? for help): n
Partition number (1-128, default 1): 1
First sector (34-16777182, default = 2048) or {+-}size{KMGTP}:
Last sector (2048-16777182, default = 16775167) or {+-}size{KMGTP}: +4G
Current type is 8300 (Linux filesystem)
Hex code or GUID (L to show codes, Enter = 8300):
Changed type of partition to 'Linux filesystem'

Command (? for help): p
Disk /dev/sdc: 16777216 sectors, 8.0 GiB
Model: VMware Virtual S
Sector size (logical/physical): 512/512 bytes
Disk identifier (GUID): 7C376EA0-7815-4A05-934E-76FE415D4D8E
Partition table holds up to 128 entries
Main partition table begins at sector 2 and ends at sector 33
First usable sector is 34, last usable sector is 16777182
Partitions will be aligned on 2048-sector boundaries
Total free space is 8388541 sectors (4.0 GiB)

Number  Start (sector)    End (sector)  Size       Code  Name
   1            2048         8390655   4.0 GiB     8300  Linux filesystem

Command (? for help): w

Final checks complete. About to write GPT data. THIS WILL OVERWRITE EXISTING
PARTITIONS!!

Do you want to proceed? (Y/N): y
OK; writing new GUID partition table (GPT) to /dev/sdc.
The operation has completed successfully.
[root@node1 ~]#
```

图 3-76　gdisk 分区示例

③ parted。我们发现，无论是 fdisk 还是 gdisk，都需要进行交互式的分区操作，这对于自动化而言，非常不友好。而 parted 命令就完美解决了这个难题。parted 命令支持交互式的分区操作，同时，它也能直接进行无交互的分区操作。但是，在使用 parted 命令时，一定要小心，因为 parted 命令的更改会立即生效，它不像 fdisk 和 gdisk，需要确认后再保存配置。误用 parted 命令会导致数据丢失。

如图 3-77 所示，我们先来看看交互式的创建分区示例。

```
[root@node1 ~]# parted /dev/sdb
GNU Parted 3.5
Using /dev/sdb
Welcome to GNU Parted! Type 'help' to view a list of commands.
(parted) mklabel
New disk label type?
aix          atari        dvh          gpt_sync_mbr mac          pc98
amiga        bsd          gpt          loop         msdos        sun
New disk label type? msdos
Warning: The existing disk label on /dev/sdb will be destroyed and all data on this disk will be lost. Do you want to continue?
Yes/No? yes
(parted) mkpart
Partition type?  primary/extended? primary
File system type?  [ext2]? ext4
Start? 1M
End? 2048M
(parted) p
Model: VMware, VMware Virtual S (scsi)
Disk /dev/sdb: 32.2GB
Sector size (logical/physical): 512B/512B
Partition Table: msdos
Disk Flags:

Number  Start   End     Size    Type     File system  Flags
 1      1049kB  2048MB  2047MB  primary  ext4         lba

(parted) quit
Information: You may need to update /etc/fstab.

[root@node1 ~]# lsblk  | grep sdb
sdb             8:16   0   30G  0 disk
└─sdb1          8:17   0  1.9G  0 part
[root@node1 ~]#
```

图 3-77　parted 交互式分区示例

parted 命令的使用方法和过程如下。

```
#无交互式创建分区
    [root@node1 ~]#parted /dev/sdc mklabel msdos #创建分区表格式
        Warning: The existing disk label on /dev/sdc will be destroyed and all data
on this disk will be lost. Do you want to continue?
        Yes/No? yes
        Information: You may need to update /etc/fstab.
    [root@node1 ~]#parted /dev/sdc mkpart primary  xfs 1M 1024M #创建分区
        Information: You may need to update /etc/fstab.
    [root@node1 ~]#lsblk  | grep sdc
        sdc                    8:32    0    8G  0 disk
        └─sdc1                 8:33    0  976M  0 part
    [root@node1 ~]#parted /dev/sdc rm 1 #删除1号分区
        Information: You may need to update /etc/fstab.
    [root@node1 ~]#lsblk  | grep sdc
        sdc                    8:32    0    8G  0 disk

#在 parted 中，有非常多的选项，我们在此列出一些常用的选项及分区表格式，无论是在交互式的分区操作还是无
交互的分区操作都可以使用
    mklabel LABEL-TYPE: 指定分区表格式
        [root@node1 ~]#parted /dev/sdc mklabel msdos
            指定分区表格式为msdos
    mkpart PART-TYPE [FS-TYPE] START END: 指定分区类型和大小，parted 工具并不能直接提供分区的
大小，分区大小 size=end-start
        [root@node1 ~]#parted /dev/sdc mkpart primary  xfs 1M 1024M
            创建一个 1023MB 的主分区
    print: 打印分区表信息
        [root@node1 ~]#parted /dev/sdc print
    rm NUMBER: 删除 NUMBER 分区
        [root@node1 ~]#parted /dev/sdc rm 1
            删除 1 号分区
#parted 单独使用时属于交互式
    quit: 退出 parted
    help: 列出帮助信息
```

注意：msdos 就是 MBR 分区表格式。

3. 格式化文件系统

openEuler 系统支持许多文件系统类型，其中最为常见的是 xfs 与 ext4。我们可以通过 /proc/filesystems 文件来查看系统支持的所有文件系统类型。openEuler 系统默认使用 ext4 作为文件系统格式，其使用方法和过程如下。

```
#格式化的命令基本是以 mkfs 开头的，后面的名称即文件系统类型
    [root@node1 ~]#mkfs
    mkfs          mkfs.cramfs mkfs.ext3  mkfs.fat    mkfs.msdos    mkfs.xfs
    mkfs.btrfs mkfs.ext2    mkfs.ext4   mkfs.minix mkfs.vfat、
#将 /dev/sdc1 格式化为 ext4 类型
    [root@node1 ~]#mkfs.ext4 /dev/sdc1
    mke2fs 1.46.5 (30-Dec-2021)
    Creating filesystem with 249856 4k blocks and 62464 inodes
    Filesystem UUID: 0e810ef8-0a44-42a8-8f48-bfbea5dead32
    Superblock backups stored on blocks:
            32768, 98304, 163840, 229376
    Allocating group tables: done
```

```
            Writing inode tables: done
            Creating journal (4096 blocks): done
            Writing superblocks and filesystem accounting information: done
```

在格式化完成后，我们可以通过 blkid 命令查看块设备的文件系统格式，具体如下。

```
[root@node1 ~]#blkid | head -n 4
    /dev/mapper/openEuler-swap: UUID="6ff66d60-bc45-418c-bf61-1b3cafe953b4" TYPE="swap"
    /dev/sr0: BLOCK_SIZE="2048" UUID="2023-03-29-04-58-15-00" LABEL="openEuler-23.03
-x86_64" TYPE="iso9660" PTUUID="005938a3" PTTYPE="dos"
    /dev/mapper/openEuler-root: UUID="7df27044-2912-476d-a72c-ded1b1543ab0" BLOCK_SIZE=
"4096" TYPE="ext4"
    /dev/sdc1: UUID="0e810ef8-0a44-42a8-8f48-bfbea5dead32" BLOCK_SIZE="4096" TYPE="ext4"
 PARTUUID="68ec8144-01"
#我们以第 4 行为例进行结果分析
    /dev/sdc1: 设备名称
    UUID="0e810ef8-0a44-42a8-8f48-bfbea5dead32": 分区的 UUID，是一个唯一标识符，用于标识分区
    BLOCK_SIZE="4096": 分区的块大小，单位默认为 KB
    TYPE="ext4": 分区使用的文件系统类型
    PARTUUID="68ec8144-01": 分区的唯一标识符，称为"PARTUUID"。它与分区的 UUID 不同，PARTUUID
用于标识硬盘上的特定分区
```

注意：

① lsblk 命令：用于查看系统所有的块设备。

② blkid 命令：用于查看或打印块设备的文件系统相关信息。

③ df 命令：用于查看已挂载的文件系统使用情况。

3.3.3 文件系统挂载

学习完磁盘分区与格式化文件系统后，下面我们学习挂载。挂载（Mount）是指将一个文件系统与文件系统层次结构的特定位置关联，使其可以被操作系统访问和使用。挂载通常用于将硬盘分区、网络存储、可移动存储设备等连接到操作系统的目录结构中，以便操作系统可以读取数据和向其中写入数据。简单来说，挂载就是将文件系统与一个目录连接起来，此时访问这个目录，也就是在访问这个文件系统，我们将这个目录称为挂载点。

1．临时挂载

我们使用 mount 命令进行临时挂载操作，临时挂载的设备会在系统重启后失效。对 mount 命令的使用说明如下。

```
#挂载语法: mount [OPTION]... DEVICE MOUNT_POINT
    DEVICE: 指定要挂载的设备
            （1）设备文件: 例如/dev/sdb1
            （2）卷标: -L LABEL
            （3）UUID: -U UUID
    MOUNT_POINT: 指定挂载点，需要事先创建

#查看系统所有的挂载信息
        [root@node1 ~]#mount | head -n 2
            proc on /proc type proc (rw,nosuid,nodev,noexec,relatime)
            sysfs on /sys type sysfs (rw,nosuid,nodev,noexec,relatime,seclabel)
            设备      挂载点   文件系统类型   (挂载选项)
#自动挂载所有支持自动挂载的设备（定义在/etc/fstab 文件中，且支持自动挂载功能）
        [root@node1 ~]#mount -a
#挂载/dev/sdc1 到/data 目录
```

```
[root@node1 ~]#mkdir /data    #创建挂载点
[root@node1 ~]#mount /dev/sdc1 /data/
[root@node1 ~]#mount | grep sdc1    #查看挂载信息
/dev/sdc1 on /data type ext4 (rw,relatime,seclabel)
```

\#mount 常用选项
 -r: 只读挂载
 -w: 读写挂载
 -o options: 指定挂载选项

\#常用挂载选项
　　async: 异步模式
　　sync: 同步模式
　　atime/noatime: 是否更新 atime,包含目录和文件
　　auto/noauto: 是否支持自动挂载
　　exec/noexec: 是否支持文件系统上的可执行文件运行
　　dev/nodev: 是否支持在此文件系统上使用设备文件
　　suid/nosuid: 是否支持 suid 的权限
　　remount: 重新挂载
　　ro/rw: 只读或者读写挂载
　　user/nouser: 是否允许普通用户挂载此设备
　　defaults: 默认挂载选项,是 rw、suid、dev、exec、auto、nouser 和 async 的组合
\#案例:以只读方式且不更新 atime 将/dev/sdc1 挂载到/data 目录

```
[root@node1 ~]#umount /dev/sdc1
[root@node1 ~]#mount -o ro,noatime /dev/sdc1 /data/
[root@node1 ~]#mount | grep sdc1
/dev/sdc1 on /data type ext4 (ro,noatime,seclabel)
```

2．开机自动挂载

在系统中,所有需要自动挂载的设备都会被定义在一个文件中——/etc/fstab。如图 3-78 所示,这个文件包含了操作系统在启动时应该自动挂载的文件系统信息及有关挂载点、文件系统类型、挂载选项等的配置。

图 3-78　查看/etc/fstab 文件

在该文件中,每行都可以定义一个要挂载的文件系统。挂载的文件系统的配置格式如图 3-79 所示。

图 3-79　挂载的文件系统的配置格式

主要部分说明如下。

① 要挂载的设备：设备文件，如 LABEL（LABEL=）、UUID（UUID=）。

② 挂载选项：defaults，为 rw、suid、dev、exec、auto、nouser 和 async 组合。

③ 转储频率：默认为 0，不备份；1 为每天转储；2 为每隔一天转储。

④ 自检顺序：0 表示开机不自检，一般网络文件系统都为 0；1 表示开机自检，通常用于根文件系统（1）；2 则表示此为其他本地文件系统，按顺序检查。

编辑/etc/fstab 文件及执行挂载方法具体如下。

```
#编辑/etc/fstab 文件
        [root@node1 ~]#mount | grep sdc1
        [root@node1 ~]#echo "/dev/sdc1 /data ext4 defaults 0 0" >> /etc/fstab
        [root@node1 ~]#cat /etc/fstab | grep sdc1
            /dev/sdc1 /data ext4 defaults 0 0
#执行挂载方法一: mount -a
        [root@node1 ~]#mount -a
        [root@node1 ~]#mount | grep sdc1
            /dev/sdc1 on /data type ext4 (rw,relatime,seclabel)
#执行挂载方法二: mount MOUNT_POINT
        [root@node1 ~]#umount /dev/sdc1
        [root@node1 ~]#mount | grep sdc1
        [root@node1 ~]#mount /data/
        [root@node1 ~]#mount | grep sdc1
            /dev/sdc1 on /data type ext4 (rw,relatime,seclabel)
```

3．卸载文件系统

我们可以使用 umount 卸载设备（即卸载文件系统），也就是断开设备与目录的连接状态。卸载后对设备内的文件并不会产生影响，重新挂载即可读取设备内文件。对 umount 命令的使用说明如下。

```
#语法: umount DEVICE
#语法: umount MOUNT_POINT
        [root@node1 ~]#df -h | grep sdc1
            /dev/sdc1                    943M   24K  878M   1% /data
        [root@node1 ~]#umount /dev/sdc1
        [root@node1 ~]#df -h | grep sdc1
        [root@node1 ~]#

#查看正在访问文件系统的进程
        #fuser -v MOUNT_POINT
#终止所有正在访问指定文件系统的进程
        #fuser -km MOUNT_POINT
#不要随意强制卸载设备，卸载之前请确保该设备并没有发生读/写操作，否则可能会导致文件损坏
```

3.3.4 逻辑卷管理

无论是 MBR，还是 GPT，都被称为标准分区，但这种标准分区存在很多限制。

如果一个企业的业务线需要在/data 目录下挂载一个 30 TB 的磁盘，用于生产使用，但是市面上并没有存储空间达到 30 TB 的磁盘设备，这时我们应该怎么办呢？

再举个例子，在业务规划初期，我们并不知道整个业务需要使用的磁盘空间大小，如

果我们先给业务分配了一个 2 TB 的磁盘，后来，随着磁盘使用量越来越大，磁盘空间即将被用完，这个时候，我们要直接停掉业务，将原有磁盘的内容复制到一个新磁盘吗？如果后面业务继续膨胀，新磁盘也不够用了，我们又该怎么处理呢？

面对以上提出的超大容量存储与磁盘的扩展问题，IBM 公司所开发的 LVM（逻辑卷管理器）技术就可以解决。LVM 允许管理员在不停机的情况下创建、扩展、缩小、合并逻辑卷，以适应用户不断变化的存储需求。它提供了高度的灵活性，使存储管理更容易。

图 3-80 展示了逻辑卷的基础架构。

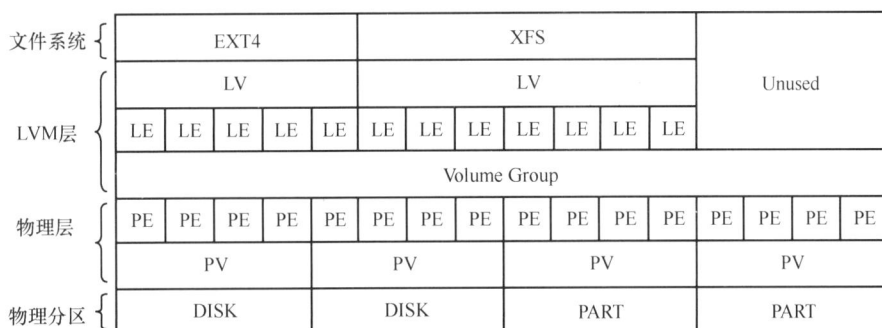

图 3-80 逻辑卷的基础架构

主要部分说明如下。

① DISK/PART：用来存储数据的块设备，可以是分区、磁盘、RAID 或 SAN 设备。

② PV（物理卷）：LVM 的基本存储逻辑块，实际就是物理设备，与基本的物理存储介质（如分区、磁盘等）相比，它包含与 LVM 相关的管理参数。

③ PE（Physical Extent）：每一个物理卷被划分为无数个 PE。PE 是 LV 的最小存储单元，具有唯一编号的 PE 是可以被 LVM 寻址的最小单元。PE 的大小是可配置的，默认为 4 MB。

④ Volume Group（卷组，缩写为 VG）：卷组是存储池，由一个或多个物理卷组成，一个物理卷只能分配给一个卷组。

⑤ LE：卷组也被划分为无数个 LE，LE 是卷组可被寻址的基本单位。在同一个卷组中，LE 的大小和 PE 是相同的，并且一一对应。设置特定 LV 选项将会更改此映射，如镜像会导致每个 LE 映射到两个 PE。

⑥ LV（逻辑卷）：LVM 的逻辑卷类似于非 LVM 系统中的硬盘分区，在逻辑卷之上可以建立文件系统。

从本质上来说，逻辑卷就是将多个磁盘组合在一起形成卷组，卷组就是逻辑层面上的一个较大的块设备。我们需要多大的分区就直接从卷组中划分出多大的逻辑卷即可。但逻辑卷与标准分区不同，我们可以随时扩展或者缩小逻辑卷的空间，并且不需要在操作时停止业务或迁移数据，可以实现在零停机前提下对文件系统进行大小调整。

逻辑卷的好处有很多，如在零停机下调整文件系统大小、提供超大容量存储、对数据进行保护、创建快照、在多个磁盘上进行负载均衡与多操作系统可用。同样地，逻辑卷也会存在一些缺点，管理逻辑卷相较于标准分区而言较为复杂，需要更大的学习成本投入，而且由于 LVM 增加了一层逻辑，可能会带来轻微的性能开销。

但这并不影响逻辑卷的使用，特别是在如今数据量越来越大的信息社会中，特别是在需要灵活管理存储容量、数据保护和性能优化的情况下。虽然管理和配置逻辑卷可能需要一些额外的学习成本，但它为管理员提供了更多的工具来应对用户不断变化的存储需求。随着数据量的增加，逻辑卷管理变得更重要，因为它可以帮助组织更好地管理和优化存储资源。

1. 逻辑卷管理

（1）物理卷

添加 4 块硬盘供后续实验使用，如图 3-81 所示。

```
[root@node1 ~]# lsblk
NAME                   MAJ:MIN RM  SIZE RO TYPE MOUNTPOINTS
sda                      8:0    0   50G  0 disk
├─sda1                   8:1    0    1G  0 part /boot
└─sda2                   8:2    0   49G  0 part
  ├─openeuler-root     253:0    0   44G  0 lvm  /
  └─openeuler-swap     253:1    0    5G  0 lvm  [SWAP]
sdb                      8:16   0   20G  0 disk
sdc                      8:32   0   20G  0 disk
sdd                      8:48   0   20G  0 disk
sde                      8:64   0   20G  0 disk
sr0                     11:0    1 18.7G  0 rom  /mnt
[root@node1 ~]#
```

图 3-81　添加 4 块硬盘

对物理卷的操作过程如下。

```
#准备需要做成物理卷的物理设备
        [root@node1 ~]#parted /dev/sdb mklabel msdos
        [root@node1 ~]#parted /dev/sdb mkpart primary 1M 1024M
        [root@node1 ~]#parted /dev/sdb mkpart primary 1024M 2048M
        [root@node1 ~]#lsblk | head -n1 ; lsblk | grep sdb
           NAME              MAJ:MIN RM  SIZE RO TYPE MOUNTPOINTS
           sdb                 8:16   0   20G  0 disk
           ├─sdb1              8:17   0  976M  0 part
           └─sdb2              8:18   0  976M  0 part

#创建物理卷: pvcreate [options]… DEVICE|PART
        [root@node1 ~]#pvcreate /dev/sdb1
             Physical volume "/dev/sdb1" successfully created.
        [root@node1 ~]#pvcreate /dev/sdb2
             Physical volume "/dev/sdb2" successfully created.

#查看物理卷: pvs [DEVICE]
        [root@node1 ~]#pvs
             PV          VG          Fmt    Attr     PSize      PFree
          #物理卷名      所属卷组     格式   属性   物理卷总空间  剩余空间
             /dev/sda2  openEuler lvm2 a--  <49.00g        0
             /dev/sdb1            lvm2 ---  976.00m 976.00m
             /dev/sdb2            lvm2 ---  976.00m 976.00m
        [root@node1 ~]#pvs /dev/sdb1 #查看指定物理卷
             PV         VG Fmt  Attr PSize   PFree
             /dev/sdb1     lvm2 ---  976.00m 976.00m

#查看物理卷详细信息: pvdisplay [DEVICE]
        [root@node1 ~]#pvdisplay /dev/sda2
             --- Physical volume ---
             PV Name               /dev/sda2          #物理卷名
```

```
        VG Name            openEuler           #物理卷所属卷组
        PV Size            <49.00 GiB / not usable 3.00 MiB  #物理卷空间使用情况
        Allocatable        yes (but full)      #PV 是否可分配
        PE Size            4.00 MiB            #单个 PE 大小
        Total PE           12543              #PE 总个数
        Free PE            0                  #未分配 PE 个数
        Allocated PE       12543              #已分配 PE 个数
        PV UUID            fnt2a9-muHa-UI5q-HSQA-MWFT-M28G-paZ7pm #PV 的 UUID

#删除 PV: pvremove PVDEVICE
        [root@node1 ~]#pvremove /dev/sdb2
            Labels on physical volume "/dev/sdb2" successfully wiped.
        [root@node1 ~]#pvs
            PV          VG        Fmt  Attr PSize   PFree
            /dev/sda2   openEuler lvm2 a--  <49.00g      0
            /dev/sdb1             lvm2 ---  976.00m 976.00m
```

（2）卷组

对卷组的操作过程如下。

```
#创建两个物理卷
        [root@node1 ~]#pvs | grep sdb
            /dev/sdb1              lvm2 ---  976.00m 976.00m
            /dev/sdb2              lvm2 ---  976.00m 976.00m
#创建卷组: vgcreate [option]… VGNAME PVDEVICE
  #-s : 指定物理卷大小，默认物理卷大小为 4MB
        [root@node1 ~]#vgcreate -s 8M test_vg /dev/sdb1 /dev/sdb2
            Volume group "test_vg" successfully created
#查看卷组信息: vgs | vgdisplay
        [root@node1 ~]#vgs
            VG          #PV #LV #SN Attr   VSize   VFree
            openEuler   1   2   0   wz--n- <49.00g      0
            test_vg     2   0   0   wz--n-  1.89g 1.89g
        [root@node1 ~]#vgdisplay openEuler
            系统会列出卷组名、状态、属性、最大 LV 数量、PE 大小等详细信息
#删除卷组
        [root@node1 ~]#vgs
            VG          #PV #LV #SN Attr   VSize   VFree
            openEuler   1   2   0   wz--n- <49.00g      0
            test_vg     2   0   0   wz--n-  1.89g 1.89g
        [root@node1 ~]#vgremove test_vg
            Volume group "test_vg" successfully removed
        [root@node1 ~]#vgs
            VG          #PV #LV #SN Attr   VSize   VFree
            openEuler   1   2   0   wz--n- <49.00g      0
```

（3）逻辑卷

对逻辑卷的操作过程如下。

```
#创建一个卷组
        [root@node1 ~]#vgcreate -s 8M test_vg /dev/sdb1 /dev/sdb2
            Volume group "test_vg" successfully created
        [root@node1 ~]#vgs
            VG          #PV #LV #SN Attr   VSize   VFree
            openEuler   1   2   0   wz--n- <49.00g      0
            test_vg     2   0   0   wz--n-  1.89g 1.89g
```

```
#创建逻辑卷: lvcreate [option]… -name LVNAME  VGNAME
 #-L: 指定逻辑卷大小
 #-l: 指定 PE 个数
 #-n: 指定逻辑卷名称
  #从 test_vg 卷组创建一个 200 MB 空间大小的逻辑卷 test_lv
    [root@node1 ~]#lvcreate -L 200M -n test_lv test_vg
      Logical volume "test_lv" created.
  #从 test_vg 卷组创建 10 个 PE 大小的逻辑卷 my_lv
    [root@node1 ~]#lvcreate -l 10 -n my_lv test_vg
      Logical volume "my_lv" created.

#查看逻辑卷信息: lvs | lvdisplay
    [root@node1 ~]#lvs
      LV      VG        Attr        LSize
      my_lv   test_vg   -wi-a-----  80.00m
      test_lv test_vg   -wi-a-----  200.00m
    [root@node1 ~]#lvdisplay /dev/test_vg/test_lv

#删除逻辑卷: lvremove LVNAME
    [root@node1 ~]#lvremove /dev/test_vg/my_lv
     Do you really want to remove active logical volume test_vg/my_lv? [y/n]: y
       Logical volume "my_lv" successfully removed.
    [root@node1 ~]#lvs
      LV      VG        Attr        LSize
      test_lv test_vg   -wi-a----- 200.00m
```

（4）管理逻辑卷状态

管理逻辑卷状态的操作过程如下。

```
#管理物理卷状态: pvchange [options]… PVDEVICE
   #物理卷分配状态管理: 当物理卷被标记为可分配时, 表示该物理卷上的空闲空间可以用于创建新的逻辑卷或扩展
现有的逻辑卷。不可分配即不可用
    #设置物理卷为不可分配状态: pvchange -x n PVDEVICE
      [root@node1 ~]#pvdisplay /dev/sda2 | grep table
        Allocatable            yes (but full)
      [root@node1 ~]#pvchange -x n /dev/sda2
        Physical volume "/dev/sda2" changed
        1 physical volume changed / 0 physical volumes not changed
      [root@node1 ~]#pvdisplay /dev/sda2 | grep table
        Allocatable            NO
    #设置物理卷为可分配状态: pvchange -x y PVDEVICE
      [root@node1 ~]#pvchange -x y /dev/sda2
        Physical volume "/dev/sda2" changed
        1 physical volume changed / 0 physical volumes not changed
      [root@node1 ~]#pvdisplay /dev/sda2 | grep table
        Allocatable            yes (but full)

#管理卷组状态: vgchange [options]… VGNAME
   #卷组状态管理: 卷组处于启用状态, 该卷组可以用于创建、修改和管理逻辑卷, 该卷组下的逻辑卷也可以正常使
用, 处于禁用状态则相反
    #禁用卷组: vgchange -an VGNAME
      [root@node1 ~]#lvdisplay /dev/test_vg/test_lv | grep status -i
        LV Status             available
      [root@node1 ~]#vgchange -an test_vg
```

```
          0 logical volume(s) in volume group "test_vg" now active
   [root@node1 ~]#lvdisplay /dev/test_vg/test_lv | grep status -i
      LV Status                 NOT available
#启用卷组：vgchange -ay VGNAME
   [root@node1 ~]#vgchange -ay test_vg
      1 logical volume(s) in volume group "test_vg" now active
   [root@node1 ~]#lvdisplay /dev/test_vg/test_lv | grep status -i
      LV Status                 available

#管理逻辑卷状态：lvchange [options]… LVNAME
   #lvchange  -ay   lvname    启用逻辑卷
   #lvchange  -an   lvname    禁用逻辑卷
   #lvchange  -pr   lvname    设置逻辑卷为只读
   #lvchange  -prw  lvname    设置逻辑卷为可读可写
```

2．创建逻辑卷并挂载使用

创建逻辑卷并挂载使用的操作过程如下。

```
#创建分区
   [root@node1 ~]#lsblk | head -n 1 ;lsblk | grep sdb
      NAME            MAJ:MIN RM  SIZE  RO TYPE MOUNTPOINTS
      sdb             8:16    0   20G   0  disk
      ├─sdb1          8:17    0   3G    0  part
      └─sdb2          8:18    0   3G    0  part
#创建物理卷
   [root@node1 ~]#pvcreate /dev/sdb1 /dev/sdb2
      Physical volume "/dev/sdb1" successfully created.
      Physical volume "/dev/sdb2" successfully created.
#创建 PE 为 8 MB 的卷组 myvg
   [root@node1 ~]#vgcreate -s 8M myvg /dev/sdb1 /dev/sdb2
      Volume group "myvg" successfully created
#从 myvg 中创建 2 GB 的 mylv 逻辑卷
   [root@node1 ~]#lvcreate -L 2G -n mylv myvg
      Logical volume "mylv" created.
#创建挂载点，编辑 fstab 文件，并实现挂载
   [root@node1 ~]#mkdir /data
   [root@node1 ~]#mkfs.ext4 /dev/mapper/myvg-mylv
   [root@node1 ~]#echo "/dev/mapper/myvg-mylv /data  ext4 defaults 0 0" >> /etc/fstab
   [root@node1 ~]#mount -a
   [root@node1 ~]#df -h | grep mylv
      /dev/mapper/myvg-mylv        2.0G   24K  1.8G   1% /data
```

3．逻辑卷扩容与缩容

LVM 最为显著的优势就是可以随意调整逻辑卷的大小，我们可以对卷组或者逻辑卷实现动态扩展或是缩容。

（1）卷组扩容

卷组扩容的操作过程如下。

```
#现有卷组总容量为 6 GB
   [root@node1 ~]#vgs
      VG       #PV #LV #SN Attr   VSize   VFree
      myvg      2   1   0 wz--n-  5.98g 3.98g
#准备新分区进行卷组扩容
   [root@node1 ~]#parted /dev/sdb mkpart primary  6444M 9665M
   [root@node1 ~]#lsblk | head -n 1 ;lsblk | grep sdb
```

```
                NAME                 MAJ:MIN RM   SIZE RO TYPE MOUNTPOINTS
                sdb                  8:16     0    20G  0 disk
                ├─sdb1               8:17     0     3G  0 part
                ├─sdb2               8:18     0     3G  0 part
                └─sdb3               8:19     0     3G  0 part
```

\#新建物理卷

```
    [root@node1 ~]#pvcreate /dev/sdb3
        Physical volume "/dev/sdb3" successfully created.
```

\#扩容卷组，总容量达到 9 GB: vgextend VGNAME PVDEVICE

```
    [root@node1 ~]#vgextend myvg /dev/sdb3
        Volume group "myvg" successfully extended
    [root@node1 ~]#vgs
        VG           #PV #LV #SN Attr   VSize   VFree
        myvg           3   1   0 wz--n- <8.98g <6.98g
```

（2）零停机无损扩容逻辑卷

零停机无损扩容逻辑卷的操作过程如下。

\#复制一些文件进入逻辑卷，以此来证明扩容不会损伤已存在文件

```
    [root@node1 ~]#df -h | grep lv
        /dev/mapper/myvg-mylv        2.0G  24K  1.8G   1% /data
    [root@node1 ~]#echo 123 > /data/1.txt
    [root@node1 ~]#cp /etc/passwd /etc/shadow /data/
```

\#扩容逻辑卷，扩容前请确保卷组有足够空间

　　\#-r: 连带文件系统一起扩容，不加此选项需要手动扩容文件系统，xfs 使用#xfs_growfs、ext4 使用 resize2fs

　　\#-L: 指定逻辑卷扩容后大小，-L 10G 表示扩容后逻辑卷为10 GB，-L +10G 表示在原有基础上再扩容10 GB

```
    [root@node1 ~]#lvextend -L +3G /dev/myvg/mylv -r
        Size of logical volume myvg/mylv changed from 2.00 GiB (256 extents) to
5.00 GiB (640 extents).
        Logical volume myvg/mylv successfully resized.
    [root@node1 ~]#lvs
        LV    VG       Attr       LSize
        mylv  myvg     -wi-ao----  5.00g
```

\#查看扩容后情况，文件无丢失

```
    [root@node1 ~]#df -h | grep lv
        /dev/mapper/myvg-mylv        4.9G  36K  4.7G   1% /data
    [root@node1 ~]#ls /data/
      1.txt  lost+found  passwd  shadow
    [root@node1 ~]#cat /data/1.txt
        123
```

（3）卷组缩容

本质上，卷组缩容其实就是移除卷组中的某一个物理卷。在移除物理卷之前，我们需要将这一个物理卷上的数据移动到其他的物理卷，也就是进行一次数据迁移。在迁移完成后，我们再将物理卷从卷组中移除。此时就达到了卷组缩容的目的，具体如下。

\#将 sdb1 的数据迁移到 sdb3 物理卷中: pvmove PVDEVICE1 PVDEVICE2

```
    [root@node1 ~]#pvmove /dev/sdb1 /dev/sdb3
        /dev/sdb1: Moved: 4.44%
        /dev/sdb1: Moved: 100.00%
    [root@node1 ~]#
```

\#将 /dev/sdb1 物理卷从卷组中移除: vgreduce VGNAME PVDEVICE

```
    [root@node1 ~]#vgreduce myvg /dev/sdb1
        Removed "/dev/sdb1" from volume group "myvg"
```

```
[root@node1 ~]#pvs
    PV              VG        Fmt   Attr PSize    PFree
    /dev/sdb1                 lvm2  ---  3.00g    3.00g
    /dev/sdb2       myvg      lvm2  a--  2.99g    1008.00m
    /dev/sdb3       myvg      lvm2  a--  2.99g    0
[root@node1 ~]#vgs
    VG              #PV #LV #SN Attr     VSize    VFree
    myvg             2   1   0  wz--n-   5.98g    1008.00m
    openEuler        1   2   0  wz--n-   <49.00g      0
```

（4）逻辑卷缩容

　　XFS 文件系统不支持缩容，下面以 ext4 文件系统缩容为例进行介绍。逻辑卷缩容可以确保在文件系统缩容过程中数据不丢失，具体如下。

```
#当前逻辑卷情况
[root@node1 ~]#lvs
    LV     VG       Attr        LSize
    mylv   myvg     -wi-ao----  5.00g
[root@node1 ~]#df -h | grep lv
    /dev/mapper/myvg-mylv          4.9G   36K   4.7G   1%   /data
[root@node1 ~]#ls /data/
   1.txt  lost+found  passwd  shadow
[root@node1 ~]#cat /data/1.txt
   123
#缩容逻辑卷需要卸载逻辑卷
[root@node1 ~]#umount /dev/mapper/myvg-mylv
#检查文件系统是否存在错误
[root@node1 ~]#e2fsck -f /dev/mapper/myvg-mylv
    e2fsck 1.46.5 (30-Dec-2021)
    Pass 1: Checking inodes, blocks, and sizes
    Pass 2: Checking directory structure
    Pass 3: Checking directory connectivity
    Pass 4: Checking reference counts
    Pass 5: Checking group summary information
/dev/mapper/myvg-mylv: 14/327680 files (0.0% non-contiguous), 39009/1310720 blocks
#缩容文件系统: resize2fs LVNAME SIZE
[root@node1 ~]#resize2fs /dev/mapper/myvg-mylv 1024MB
    resize2fs 1.46.5 (30-Dec-2021)
    Resizing the filesystem on /dev/mapper/myvg-mylv to 262144 (4k) blocks.
    The filesystem on /dev/mapper/myvg-mylv is now 262144 (4k) blocks long.
#缩小逻辑卷空间: lvreduce -L SZIE LVNAME
[root@node1 ~]#lvreduce -L 1024M /dev/myvg/mylv
    WARNING: Reducing active logical volume to 1.00 GiB.
    THIS MAY DESTROY YOUR DATA (filesystem etc.)
  Do you really want to reduce myvg/mylv? [y/n]: y
    Size of logical volume myvg/mylv changed from 5.00 GiB (640 extents) to
1.00 GiB (128 extents).
    Logical volume myvg/mylv successfully resized.
#重新挂载验证
[root@node1 ~]#mount /dev/myvg/mylv /data/
[root@node1 ~]#ls /data/
   1.txt  lost+found  passwd  shadow
[root@node1 ~]#cat /data/1.txt
   123
[root@node1 ~]#df -h | grep lv
```

```
        /dev/mapper/myvg-mylv          939M   36K   878M    1% /data
[root@node1 ~]#lvs
    LV    VG       Attr         LSize
    mylv  myvg     -wi-ao----   1.00g
```

4. 逻辑卷高级技术

（1）逻辑卷的误操作与恢复

在卷组中，有一个非常不错的技术，叫作操作回滚。卷组会将每一次操作保存为一份配置文件，存放在/etc/lvm/archive 目录中。我们可以使用 vgcfgrestore -l 命令来查看某个卷组的操作日志，且可以进行回滚操作，以此避免对卷组的误操作，具体如下。

```
#查看卷组操作: vgcfgrestore -l VGNAME
#回滚到某一次备份: vgcfgrestore -f FILE_PATH VGNAME

#案例
#创建新卷组和 200 MB 逻辑卷,并再次扩容逻辑卷为 400 MB
    [root@node1 ~]#vgcreate vg0 /dev/sdb1
        Volume group "vg0" successfully created
    [root@node1 ~]#lvcreate -L 200M -n lv0 vg0
        Logical volume "lv0" created.
    [root@node1 ~]#lvextend -L +200M /dev/vg0/lv0
    [root@node1 ~]#lvs
        LV    VG       Attr         LSize
        lv0   vg0      -wi-a-----  400.00m
#查看卷组操作
    [root@node1 ~]#vgcfgrestore -l vg0
        File:        /etc/lvm/archive/vg0_00003-1898442549.vg
        VG name:     vg0
        Description: Created *before* executing 'lvextend -L +200M /dev/vg0/lv0'
        Backup Time: Fri Oct 20 18:26:17 2023
    #File: 备份文件路径
    #VG name: 发生操作的卷组名
    #Description: 会列出此备份执行了什么操作
    #Backup Time: 备份产生时间

#回滚操作
    [root@node1 ~]#vgcfgrestore -f  /etc/lvm/archive/vg0_00003-1898442549.vg vg0
        Volume group vg0 has active volume: lv0.
        WARNING: Found 1 active volume(s) in volume group "vg0".
        Restoring VG with active LVs, may cause mismatch with its metadata.
    Do you really want to proceed with restore of volume group "vg0", while 1
volume(s) are active? [y/n]: y
        Restored volume group vg0.
#重新启用卷组,再查看卷组信息
    [root@node1 ~]#vgchange -ay vg0
        1 logical volume(s) in volume group "vg0" now active
    [root@node1 ~]#lvs
        LV    VG       Attr         LSize
        lv0   vg0      -wi-XX--X-  200.00m
```

（2）逻辑卷快照

什么是快照？快照是计算机领域中的一个术语，指的是在某一时刻记录数据或系统状态的副本。这个副本通常用于备份、数据保护、数据恢复、测试和开发等目的。快照可以捕捉特定时间点的数据状态，以便将来可以回滚到这一状态。简单来说，快照就是给系统拍摄了一张照片，等到未来的某段时间，可以通过这一张照片将时间回溯到拍摄这张照片的时间节点。

这样看，它与备份十分相似，但两者也存在着不同。快照的速度会比备份快，因为快照只备份元数据。我们都知道，文件由元数据和数据块组成，如果只备份元数据，一定会出现问题。如图 3-82 所示，正常的元数据 A 对应数据块 A，如果此时进行了快照，那么元数据 A-备份同样也会指向数据块 A，这是没有问题的。如果在后面的系统管理中，元数据 A 不再对应数据块 A，而是对应数据块 B，数据块 A 被删除，那我们恢复快照的时候，元数据 A-备份就找不到数据块 A 了。

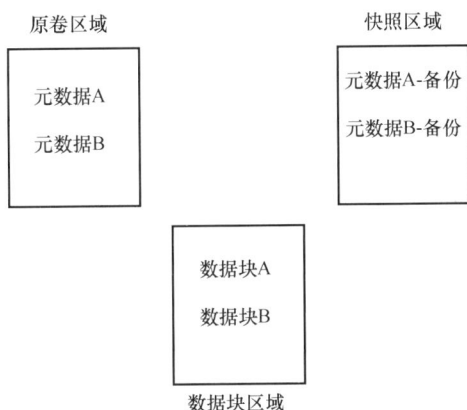

图 3-82 快照

有两种技术可以解决这个问题，第一种技术叫作 COW（写时复制），第二种技术叫作 ROW（写时重定向）。COW 原理如图 3-83 所示。

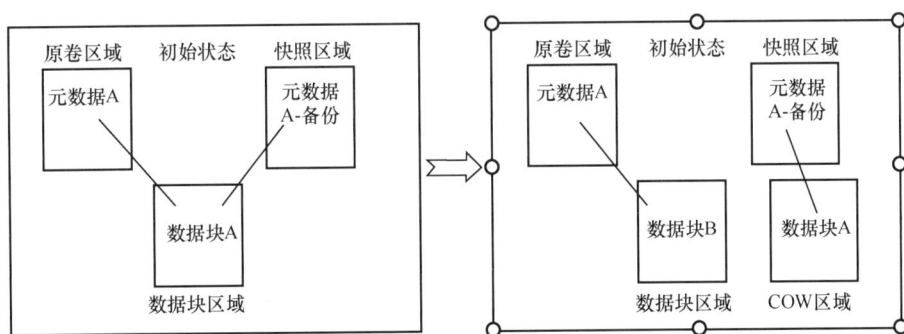

图 3-83 COW 原理

COW 技术在拍摄快照时对应关系与图 3-83 一致，但在后续系统管理时，如果元数据 A 不再对应数据块 A，转向对应数据块 B，数据块 A 在数据区域会被移除，但是在移除之前，数据块 A 的内容将会被复制到 COW 区域中，此时快照区域的元数据 A-备份对应关系发生变化，转而对应 COW 区域的数据块 A，此时恢复快照依然可以获得原本数据块 A 的内容。这种操作在写入文件时，不仅是向数据块区域写入，同时也要向 COW 区域写入，所以 COW 技术会导致系统的写性能下降。

ROW 原理如图 3-84 所示，后续写入时，数据块 B 的内容会写入 ROW 区域，数据块区域的数据块 A 不会发生变化，此时元数据 A 指向 ROW 区域的数据块 B。ROW 在读取文件时也会出现问题，因为不是所有的文件数据全都在数据块 B 中，数据修改了多少，数据块 B 就存放多少，那么读取数据时就会产生两次读取操作，此时系统的读性能就会下降。

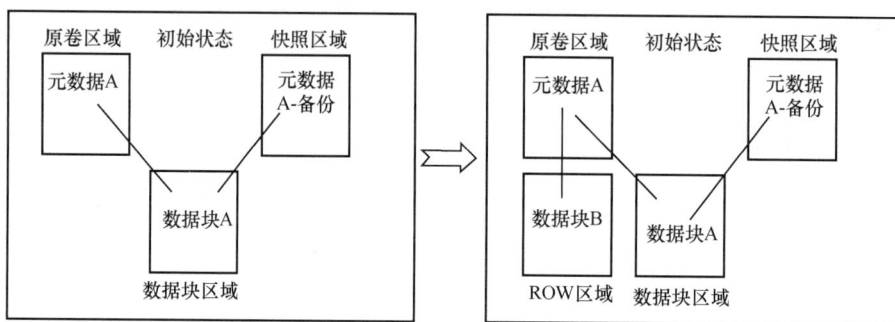

图 3-84　ROW 原理

逻辑卷技术使用的是 COW 技术作为快照，用于保障数据安全。使用 COW 技术的操作过程如下。

```
#创建一个卷组
    [root@node1 ~]#pvcreate /dev/sdc
    [root@node1 ~]#vgcreate vg0 /dev/sdc
      Volume group "vg0" successfully created
#新建逻辑卷，格式化挂载并复制相关文件
    [root@node1 ~]#lvcreate -L 2G -n lv0 vg0
      Logical volume "lv0" created.
    [root@node1 ~]#mkfs.ext4 /dev/mapper/vg0-lv0
    [root@node1 ~]#mount /dev/mapper/vg0-lv0  /data/
    [root@node1 ~]#cp -r /etc/ /data/bak
    [root@node1 ~]#ls /data/
      bak  lost+found

#创建逻辑卷快照并挂载(XFS 文件系统挂载需使用-o nouuid 挂载，快照 UUID 跟逻辑卷本身相同)
    [root@node1 ~]#lvcreate -L 64M -s -n snap /dev/vg0/lv0
      Logical volume "snap" created.
    [root@node1 ~]#mkdir /snap
    [root@node1 ~]#mount /dev/vg0/snap /snap/

#两者文件一致
    [root@node1 ~]#ls /snap/
      bak  lost+found
    [root@node1 ~]#ls /data/
      bak  lost+found
    [root@node1 ~]#df -h | grep -E "(lv|snap)"
      /dev/mapper/vg0-lv0      2.0G  24M  1.8G   2% /data
      /dev/mapper/vg0-snap     2.0G  24M  1.8G   2% /snap

#删除/data 目录下的内容，即删除逻辑卷本身数据
    [root@node1 ~]#rm -rf /data/*
```

```
[root@node1 ~]#ls /data/
[root@node1 ~]#
```

#取消两者挂载
```
[root@node1 ~]#umount /data /snap
```

#使用快照恢复数据，挂载查看
```
[root@node1 ~]#lvconvert  --merge  /dev/vg0/snap
    Merging of volume vg0/snap started.
    vg0/lv0: Merged: 100.00%
[root@node1 ~]#mount /dev/vg0/lv0 /data/
[root@node1 ~]#ls /data/
    bak  lost+found
```

注意：快照是一次性的全量备份，恢复后请注意再次创建新的快照以保障安全性。

（3）逻辑卷——条带卷

条带卷是将数据块分散存储在多个物理卷上的逻辑卷，如图 3-85 所示。它的主要目的是提升数据的读/写性能，因为数据可以同时从多个物理卷上读取或写入，从而提高了数据传输速度。

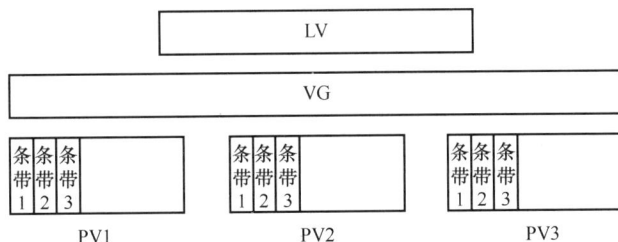

图 3-85　条带卷存储

当上层 LV 需要存储文件时，文件由卷组存放在各个 PV 中，一般一个文件会存放在一个 PV 内，这是普通的逻辑卷的存储流程。条带卷则不一样，条带卷将 PV 划分成多个条带，逻辑卷会将文件拆分，然后以轮询的方式写入 PV 中。

举个例子，原本存储 9 MB 的文件，卷组会将 9 MB 文件全部存放到 PV1 中，条带卷会将 9 MB 的文件进行切分，如分成 3 份 3 MB 的文件，此时第一份 3 MB 的文件存储在 PV1，第二份存储在 PV2，第三份存储在 PV3 中。这种方法的优势很明显，因为可以进行并行读取和写入，原本需要花 9 秒读/写 9 MB 的文件，现在只需要花费 3 秒并行读/写 3 个 3 MB 的文件，读/写性能得到了显著提升，数据传输速度也得到了提高。但缺点也很明显，以 3 个 PV 为例，此 LV 所有的文件都被拆分，此时一旦有一个 PV 损坏，该 LV 所有的文件都会因缺失一部分而导致不可用，即不具有冗余性和容错性。条带卷的使用过程如下。

#创建含有 3 个物理卷的卷组
```
[root@node1 ~]#lsblk  | grep sd[bcd]
    sdb          8:16   0   20G  0 disk
    sdc          8:32   0   20G  0 disk
    sdd          8:48   0   20G  0 disk
[root@node1 ~]#pvcreate /dev/sdb /dev/sdc /dev/sdd
    Physical volume "/dev/sdb" successfully created.
    Physical volume "/dev/sdc" successfully created.
```

```
                    Physical volume "/dev/sdd" successfully created.
          [root@node1 ~]#vgcreate vg01 /dev/sdb /dev/sdc /dev/sdd
                    Volume group "vg01" successfully created
```
#创建 3 个 PV 的条带卷
   #-i: 指定条带的数量，也就是数据会被分布到多少个物理卷上
   #-I: 指定条带大小，也就是每个条带的数据块大小
```
          [root@node1 ~]#lvcreate -i3 -I64K -L 3G -n lv01 vg01
                    Logical volume "lv01" created.
```
#格式化，挂载，并查看条带卷信息
```
          [root@node1 ~]#mkfs.ext4 /dev/mapper/vg01-lv01
          [root@node1 ~]#mkdir /data -p
          [root@node1 ~]#mount /dev/mapper/vg01-lv01 /data/
          [root@node1 ~]#lvdisplay -m /dev/vg01/lv01
          ...
          --- Segments ---
          Logical extents 0 to  767:        #逻辑卷的逻辑范围
            Type                 striped      #逻辑卷类型，此为条带卷
            Stripes              3            #条带数量
            Stripe size          64.00 KiB    #单个条带大小
            Stripe 0:                         #第一个条带实例
              Physical volume    /dev/sdb     #PV 设备名称
              Physical extents   0 to 255     #物理卷范围
            Stripe 1:
              Physical volume    /dev/sdc
              Physical extents   0 to 255
            Stripe 2:
              Physical volume    /dev/sdd
              Physical extents   0 to 255
```

如图 3-86 所示，在一个终端使用 iostat 1 命令每秒监看一次所有块设备的使用情况，而后向条带卷的挂载点/data 目录写入文件。我们可以明显发现，当产生数据写入时，sdb、sdc、sdd 这 3 块物理卷在同时进行写入操作，这就是条带卷的优势。在多个条带上并行读/写文件，有效提升了逻辑卷读写性能。

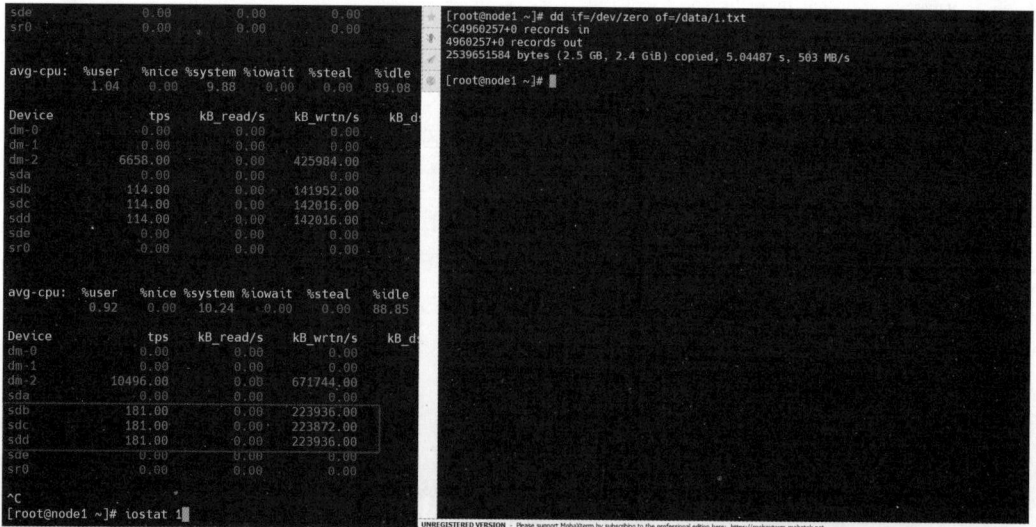

图 3-86　条带卷并行写入

（4）逻辑卷——镜像卷

除条带卷之外，还有一种逻辑卷——镜像卷。与条带卷不同，镜像卷更侧重于提升数据的容错性与冗余性，以此来保证数据的安全，如图 3-87 所示。镜像卷在写入时，会将文件同步写入两个 PV 中，即使其中一个 PV 损坏，文件也依然存在，不会丢失。

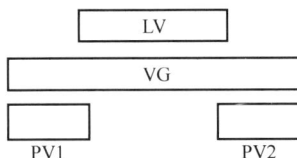

图 3-87　镜像卷写入

虽然它提升了数据容错性和冗余性，但却对存储资源造成了浪费，因为无论是什么文件，镜像卷都会生成两份存储在卷组中，即存储 100 MB 的文件，文件实际会占用 200 MB 空间。镜像卷的使用过程如下。

```
#创建两个卷组，一个用于镜像卷，一个用于普通逻辑卷
    [root@node1 ~]#lsblk | grep sd[bc]
        sdb                 8:16    0    20G   0 disk
        ├─sdb1              8:17    0     5G   0 part
        ├─sdb2              8:18    0     5G   0 part
        └─sdb3              8:19    0     5G   0 part
        sdc                 8:32    0    20G   0 disk
    [root@node1 ~]#vgcreate vg01 /dev/sdb1 /dev/sdb2
    [root@node1 ~]#vgcreate vg02 /dev/sdc
    [root@node1 ~]#vgs
        VG          #PV #LV #SN Attr   VSize    VFree
        vg01         2   0   0 wz--n-   9.99g    9.99g
        vg02         1   0   0 wz--n- <20.00g  <20.00g
#创建镜像卷和普通逻辑卷
    #-mN: 创建 N 个镜像卷，此处就是原卷为一份，镜像为一份
    [root@node1 ~]#lvcreate -L 2G -n lv02 vg02
    [root@node1 ~]#lvcreate -m 1 -L 2G -n lv01 vg01  /dev/sdb1 /dev/sdb2
    [root@node1 ~]#lvs -a -o +devices
 LV              VG       Attr      LSize     Cpy%Sync  Devices
 lv01            vg01     rwi-a-r--- 2.00g    100       lv01_rimage_0(0),lv01_rimage_1(0)
 [lv01_rimage_0] vg01     Iwi-aor--- 2.00g              /dev/sdb1(1)  #文件存储区
 [lv01_rimage_1] vg01     Iwi-aor--- 2.00g              /dev/sdb2(1)  #文件镜像区
 [lv01_rmeta_0]  vg01     ewi-aor--- 4.00m              /dev/sdb1(0)  #日志存储区
 [lv01_rmeta_1]  vg01     ewi-aor--- 4.00m              /dev/sdb2(0)  #日志镜像区
 lv02            vg02     -wi-a----- 2.00g              /dev/sdc(0)
#格式化，挂载，并写入文件
    [root@node1 ~]#mkfs.ext4 /dev/vg01/lv01
    [root@node1 ~]#mkfs.ext4  /dev/vg02/lv02
    [root@node1 ~]#mkdir -p /lv01 /lv02
    [root@node1 ~]#mount /dev/mapper/vg01-lv01 /lv01/
    [root@node1 ~]#mount /dev/mapper/vg02-lv02 /lv02/
    [root@node1 ~]#echo 123 > /lv01/lv1.txt
    [root@node1 ~]#echo 123 > /lv02/lv2.txt
#文件正常访问
    [root@node1 ~]#cat /lv02/lv2.txt
        123
    [root@node1 ~]#cat /lv01/lv1.txt
```

```
                    123
    #破坏物理卷
            [root@node1 ~]#dd if=/dev/zero of=/dev/sdb1  bs=1M count=10
            [root@node1 ~]#dd if=/dev/zero of=/dev/sdc  bs=1M count=10
    #标准逻辑卷已经消失无法修复，镜像卷仍存在，但存在报错，重新挂载失败
            [root@node1 ~]#lvs -a -o +devices
    WARNING: Couldn't find device with uuid yXHDFI-Ypno-LweH-8TqN-kmSe-FmMp-Hyf5zP.
    WARNING: VG vg01 is missing PV yXHDFI-Ypno-LweH-8TqN-kmSe-FmMp-Hyf5zP (last written
to /dev/sdb1).
    WARNING: Couldn't find all devices for LV vg01/lv01_rimage_0 while checking used and
 assumed devices.
    WARNING: Couldn't find all devices for LV vg01/lv01_rmeta_0 while checking used and
 assumed devices.
    LV       VG        Attr        LSize   Cpy%Sync Devices
    lv01     vg01      rwi-aor-p-  2.00g   100.00   lv01_rimage_0(0),lv01_rimage_1(0)
    [lv01_rimage_0] vg01     iwi-aor-p-  2.00g           [unknown](1)
    [lv01_rimage_1] vg01     iwi-aor---  2.00g           /dev/sdb2(1)
    [lv01_rmeta_0]  vg01     ewi-aor-p-  4.00m           [unknown](0)
    [lv01_rmeta_1]  vg01     ewi-aor---  4.00m            /dev/sdb2(0)
            [root@node1 ~]#umount /lv01 /lv02
            [root@node1 ~]#mount /dev/mapper/vg01-lv01 /lv01/
              mount: /lv01: mount(2) system call failed: Structure needs cleaning.
            [root@node1 ~]#mount /dev/mapper/vg02-lv02 /lv02
              mount: /lv02: mount(2) system call failed: Structure needs cleaning.
    #在提示信息中，明确指出 /dev/sdb1 读取失败，接下来修复镜像卷
    #移除已损坏的物理卷
            [root@node1 ~]# vgreduce --removemissing --force vg01
    #镜像卷失去镜像功能，恢复成标准逻辑卷，可以正常挂载使用
            [root@node1 ~]#mount /dev/mapper/vg01-lv01 /lv01/
            [root@node1 ~]#cat /lv01/lv1.txt
                    123
    #重新构建镜像卷
      #加入新的物理卷
            [root@node1 ~]#vgextend vg01 /dev/sdb3
      #修复损坏的逻辑卷中的数据块
            [root@node1 ~]#lvconvert --repair vg01/lv01
            Attempt to replace failed RAID images (requires full device resync)? [y/n]: y
                Faulty devices in vg01/lv01 successfully replaced.
      #重新构建镜像卷
            [root@node1 ~]#lvconvert -m1 /dev/vg01/lv01 /dev/sdb2 /dev/sdb3
            Are you sure you want to convert raid1 LV vg01/lv01 to 2 images enhancing
resilience? [y/n]: y
                WARNING: vg01/lv01 already has image count of 2.
                Logical volume vg01/lv01 successfully converted.

            [root@node1 ~]#lvs -a -o +devices
    LV                VG         Attr        LSize   Cpy%Sync Devices
    lv01              vg01       rwi-aor---  2.00g   100      lv01_rimage_0(0),lv01_rimage_1(0)
    [lv01_rimage_0]   vg01       Iwi-aor---  2.00g            /dev/sdb3(1)
    [lv01_rimage_1]   vg01       iwi-aor---  2.00g            /dev/sdb2(1)
    [lv01_rmeta_0]    vg01       ewi-aor---  4.00m            /dev/sdb3(0)
    [lv01_rmeta_1]    vg01       ewi-aor---  4.00m            /dev/sdb2(0)
```

（5）基于业务层数据迁移

基于业务层数据迁移的过程如下。

```
#使用 node1 的 sdd 硬盘，构建逻辑卷
        [root@node1 ~]#vgcreate migrate /dev/sdd
        [root@node1 ~]#lvcreate -L 10G -n migrate_lv migrate
        [root@node1 ~]#mkfs.ext4 /dev/mapper/migrate-migrate_lv
        [root@node1 ~]#mkdir -p /data/
        [root@node1 ~]#mount /dev/mapper/migrate-migrate_lv /data/
#复制一些文件后，查看文件
        [root@node1 ~]#cp /etc/hostname /data/
        [root@node1 ~]#echo "i am node1.××××××.com" > /data/1.txt
        [root@node1 ~]#ls /data/
            1.txt   hostname   lost+found
        [root@node1 ~]#cat /data/1.txt
            i am node1.××××××.com
        [root@node1 ~]#cat /data/hostname
            node1.××××××.com
#卸载逻辑卷，禁用卷组，将卷组数据迁移到磁盘
        [root@node1 ~]#umount /data
        [root@node1 ~]#vgchange -an migrate
            0 logical volume(s) in volume group "migrate" now active
        [root@node1 ~]#vgexport migrate   #将卷组数据迁移到磁盘
            Volume group "migrate" successfully exported
```

下面我们将这个逻辑卷迁移到 node2 上，并让它投入使用。

- 关闭 node1，找到 sdd 对应的磁盘文件，得到磁盘文件地址，如图 3-88 所示。

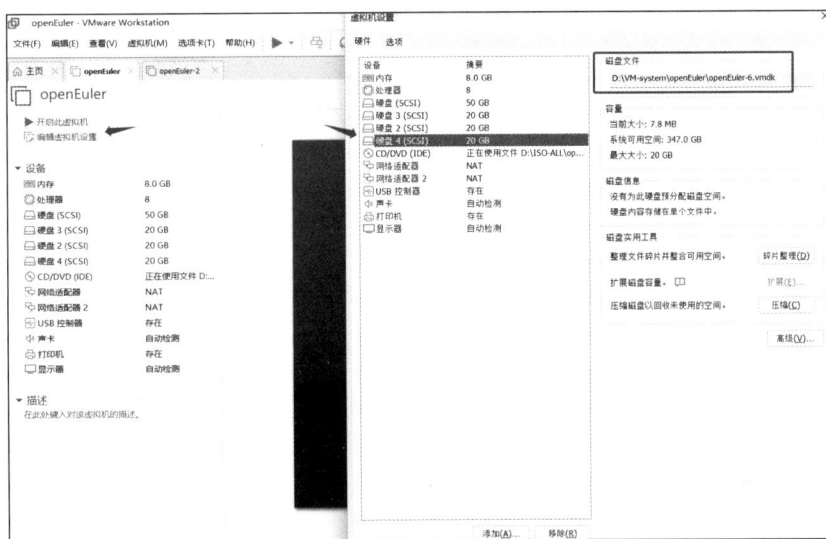

图 3-88　寻找磁盘文件地址

- 将该磁盘添加到 node2。

打开 node2，在"虚拟机设置"对话框中，单击"添加"按钮，在打开的界面中选择"磁盘"，如图 3-89 所示。单击"下一步"按钮，在打开的界面中选择磁盘类型，如图 3-90 所示。再单击"下一步"按钮，在打开的界面中选择要使用的磁盘，如图 3-91 所示。再单击"下一步"按钮，在打开的界面中，找到刚才得到的磁盘文件地址，如图 3-92 所示，单击"完成"按钮后返回"虚拟机设置"对话框，再单击"确定"按钮。

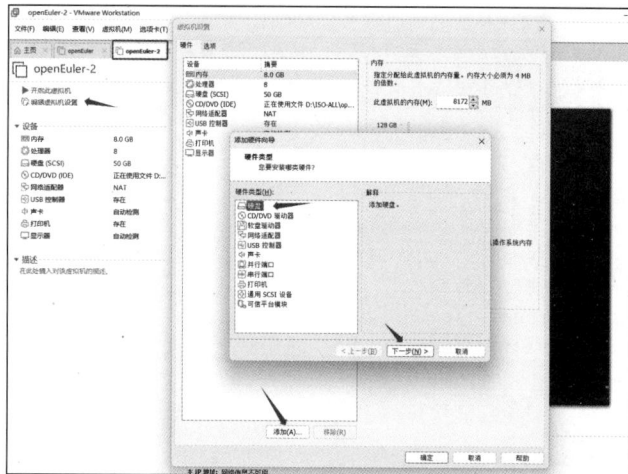

图 3-89　添加磁盘

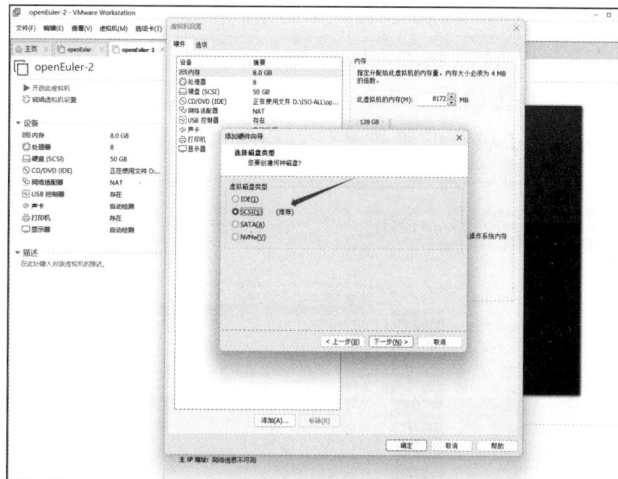

图 3-90　选择磁盘类型

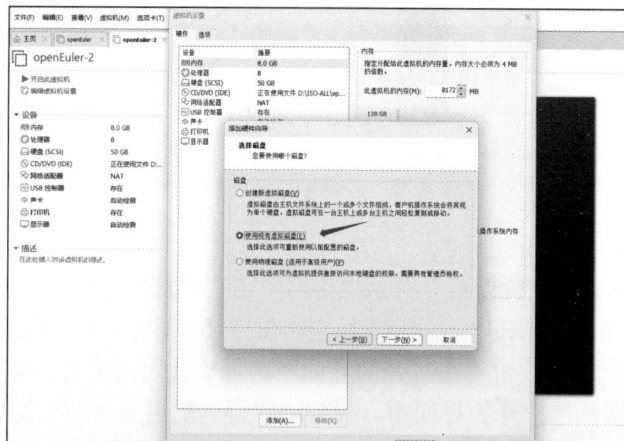

图 3-91　使用现有虚拟磁盘

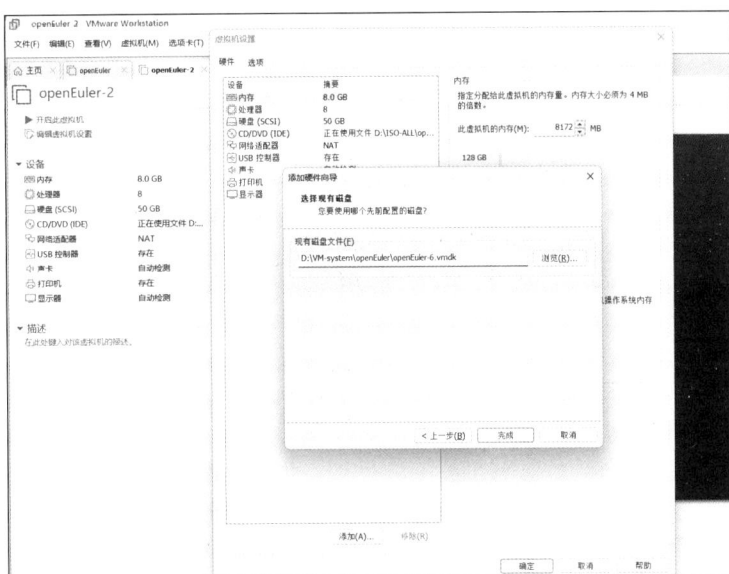

图 3-92　找到磁盘文件地址

查看文件是否成功迁移的过程如下。

```
#扫描物理卷
[root@node2 ~]#lsblk  | grep sdb
    sdb                    8:16   0   20G  0 disk
[root@node2 ~]#pvscan
    PV /dev/sdb     is in exported VG migrate [<20.00 GiB / <10.00 GiB free]
    PV /dev/sda2    VG openEuler       lvm2 [<49.00 GiB / 0    free]
    Total: 2 [68.99 GiB] / in use: 2 [68.99 GiB] / in no VG: 0 [0   ]
#导入并启用卷组
[root@node2 ~]#vgimport migrate
    Volume group "migrate" successfully imported
[root@node2 ~]#vgchange -ay migrate
    1 logical volume(s) in volume group "migrate" now active
#挂载查看，文件未丢失，成功迁移
[root@node2 ~]#mkdir /data
[root@node2 ~]#mount /dev/mapper/migrate-migrate_lv /data/
[root@node2 ~]#ls /data/
  1.txt   hostname   lost+found
[root@node2 ~]#cat /data/1.txt
  i am node1.××××××.com
[root@node2 ~]#cat /data/hostname
    node1.××××××.com
```

3.3.5　综合实验——磁盘管理

某公司的数据库不断增长导致磁盘空间不足。该公司决定，购买多块硬盘来扩展服务器的磁盘空间，以确保服务器可以正常运行。需要对这些新增的硬盘按照以下要求进行配置。

① 服务器名称：node1.××××××.com。

② 磁盘情况（除系统盘之外）：3 块 10GB-SCSI 磁盘。

③ 服务器系统：openEuler-22.03。

现有磁盘情况如图 3-93 所示。

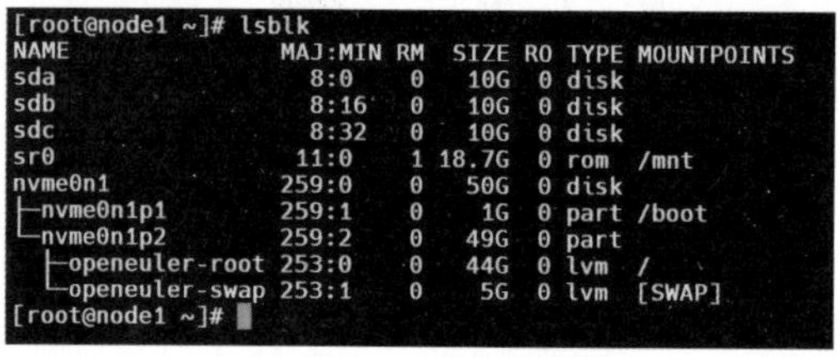

```
[root@node1 ~]# lsblk
NAME                     MAJ:MIN RM  SIZE RO TYPE MOUNTPOINTS
sda                        8:0    0   10G  0 disk
sdb                        8:16   0   10G  0 disk
sdc                        8:32   0   10G  0 disk
sr0                       11:0    1 18.7G  0 rom  /mnt
nvme0n1                  259:0    0   50G  0 disk
├─nvme0n1p1              259:1    0    1G  0 part /boot
└─nvme0n1p2              259:2    0   49G  0 part
  ├─openeuler-root 253:0    0   44G  0 lvm  /
  └─openeuler-swap 253:1    0    5G  0 lvm  [SWAP]
[root@node1 ~]#
```

图 3-93　现有磁盘情况

1．业务需求

使用磁盘分区工具对磁盘进行分区。对 sda 磁盘进行分区操作，分区大小为 5 GB，格式化为 ext4 格式，并自动挂载到/sql_data 目录，供后续数据库使用。

① 该公司需要将数据存储进行优化，以提高性能和灵活性。需要创建逻辑卷以管理存储，确保能够根据需求调整逻辑卷的大小，而无须重新分配磁盘空间。将 sda 剩余空间与 sdb 做成卷组 myvg，要求单个物理卷为 8 MB，并以此卷组创建逻辑卷 mylv，逻辑卷大小为 14 GB，文件系统为 XFS，在开机后自动挂载到/mylv 目录。

② 随着该公司业务的增加，14 GB 的逻辑卷空间已不能满足当前业务情况使用，需要进行在线扩容，使用 sdc 磁盘扩容卷组 myvg，并将逻辑卷 mylv 扩容至 20 GB。

③ 为逻辑卷 mylv 创建快照 lv-snap，大小为 128 MB。

2．命令合集

在本节中，涉及的命令及其作用见表 3-9。

表 3-9　3.3 节涉及的命令及其作用

命令	作用
lsblk	列出系统中所有块设备的信息
du	查看磁盘占用大小
df	查看已挂载的文件系统信息
ln	为文件或目录创建链接
fdisk	默认以 MBR 分区表格式对磁盘进行分区
gdisk	默认以 GPT 分区表格式对磁盘进行分区
parted	对磁盘进行分区
mount	挂载
pvcreate	创建物理卷
pvs	查看物理卷信息
pvdisplay	查看物理卷详细信息
pvremo	删除物理卷
vgcreate	创建卷组
vgs	查看卷组

续表

命令	作用
vgdisplay	查看卷组详细信息
vgremove	删除卷组
lvcreate	创建逻辑卷
lvs	查看逻辑卷信息
lvdisplay	查看逻辑卷详细信息
lvremove	删除逻辑卷
pvchange	管理物理卷状态
vgchange	管理卷组状态
lvchange	管理逻辑卷状态
vgextent	扩容卷组
lvextent	扩容逻辑卷
vgreduce	缩容卷组
lvreduce	缩容逻辑卷
vgcfgrestore	管理卷组操作或回滚
lvconvert	通过快照恢复逻辑卷数据

小　　结

在这一章中，我们深入学习了网络配置与监测、软件包管理、存储技术。对这些主题的深入学习可以提升系统管理员的关键技能，使其能够高效地管理和维护系统。从网络设置和故障排除，到软件包的安装和升级，我们探讨了各种关键任务。

此外，我们还深入研究了文件系统的概念，包括如何分区、格式化和挂载硬盘。逻辑卷技术为数据管理提供了更大的灵活性。我们还学习了如何使用命令行工具执行各种任务，如浏览网页、远程传输文件及使用 SSH 服务来解决问题。

虽然某些内容在初次接触时看起来复杂，但通过反复练习，我们会逐渐掌握这些关键技能。下一章我们将开始学习如何使用脚本进行自动化运维，这不仅能使我们成为卓越的系统管理员，还能轻松地完成各项运维任务。

第 **4** 章

服务、进程与内核管理初探

在中国服务器领域中，Linux 操作系统凭借自身优势，已经成为绝大多数服务器的首选，占据了超过 70%的市场份额。然而，Linux 并不只是一个简单的操作系统，它是一个充满潜力和可能性的生态系统。

对于这个充满活力和创新的生态系统，进程管理、服务管理及内核管理是其至关重要的组成部分。进程管理涉及系统中运行的各种程序和任务的管理，服务管理则包括对系统提供的各种服务的配置、启动和监控，而内核管理则直接关乎着对系统的核心运行机制及硬件资源的管理和优化。

本章将深入探讨这些关键主题，从基础理论介绍到实际操作，系统地介绍 Linux 操作系统中进程、服务和内核的管理方式。通过对这些内容的全面了解和深入学习，相信大家能够更好地掌握 Linux 操作系统的运行机制和管理方法，提升系统运维能力，确保对服务器资源的高效利用和服务器的稳定运行。

4.1 掌握系统各种程序的进程管理

前面在讲解用户管理时，相信很多读者都会有疑问：为什么 Linux 操作系统的管理需要这么多用户呢？Linux 操作系统的 root 用户与 Windows 操作系统的 administrator 用户都是系统管理员，为什么在使用 Windows 操作系统时，仅仅使用一个 administrator 用户便可以解决所有问题，但 Linux 操作系统却需要创建各种各样的用户来进行协同管理呢？

这是一个很好的问题，它涉及 Linux 操作系统和 Windows 操作系统在设计哲学与安全模型方面的差异。

Linux 操作系统更强调安全性和权限分离。在 Linux 操作系统中，root 用户是超级管理员，拥有整个系统的最高权限。然而，这也带来了潜在的安全风险，因为如果某个恶意程序或攻击者获得了 root 级访问权限，将能够对系统进行广泛的破坏。为了减少这种潜在安全风险，Linux 操作系统引入了多用户管理和权限的概念，将不同的任务和资源分配给不同的用户，这使系统更安全，因为普通用户无法随意更改系统的关键部分。其次，Linux 操作系统通常用于多用户环境，如服务器和共享计算机。在这些环境中，不同的用户可能需要访问和管理系统的不同部分或不同资源。通过创建多个账户，每个用户都可以拥有自己的家目录、文件和配置，从而实现数据隔离和多用户协作。

再从设计哲学的角度出发，Linux 操作系统的设计受到 UNIX 操作系统的影响，UNIX 操作系统的设计哲学之一是"每个程序都应该只做一件事，并做好它"。这也体现在了用户管理上，不同的用户可以仅专注于自己的任务而不会互相干扰。这种设计哲学认为多用户环境是正常的，因此需要提供多用户管理能力。

相比之下，Windows 的设计历史和哲学有所不同，尤其是在早期版本中，Windows 操作系统更偏向于以单用户为导向。虽然 Windows 操作系统也支持多用户功能，但其系统管理员的权力更集中，通常是以管理员用户的形式存在，可以执行几乎所有操作。这样的设计适合桌面操作系统，但在多用户的服务器环境中可能不够安全。

可以将上文总结为一句话："每个程序都应该只做一件事，并做好它。"这也是我们要在下文介绍的进程的概念。

4.1.1　进程简介

1．进程的基本概念

在学习进程之前，我们先来看看什么是程序，程序是一组指令或一段代码的有序集合，它被设计用于执行特定的任务或完成特定的计算；程序是计算机世界的重要组成部分，是用计算机编程语言编写的。程序的种类非常多且用途非常广泛，程序推动了计算机技术的不断发展和创新。

程序的理论不易于理解？没关系，以我们日常使用的微信为例，在计算机上单击图标后，计算机系统会打开微信供我们使用，微信就是一个程序。诸如此类，像各种浏览器、腾讯 QQ 等都是一系列程序。

那为什么我们在学习进程之前，需要先了解程序呢？因为进程就是一个"有灵魂"的程序，程序在未运行时，只能安静地待在系统存储中，而一旦程序被用户启用，进程随之产生，换种说法，进程是计算机系统中正在运行的程序的执行——实例。可谓用户启用了程序、赋予了程序"灵魂"，所以我们也将进程称为"有灵魂"的程序。

进程也有唯一标识符——PID，用于唯一标识进程。尽管进程的名称在某些情况下相同，如图 4-1 所示，系统与用户也能凭借进程的 PID 来分辨进程。

进程也存在权限问题。在系统中，UID、GID 与 SELinux 上下文三者共同决定了对文件系统中所有文件、目录的读取权限，那么对于进程而言，进程的这三者从哪里来？进程的 UID、GID 与 SELinux 上下文从进程的执行者处继承。如果以 root 用户的身份运行 VIM 程序，那么 VIM 进程的 UID、GID 与 SELinux 上下文都与 root 用户一致。所以进程能否读取某个文件，取决于进程的执行者是否拥有读取这个文件的权限。

2．父子进程

Linux 操作系统以其强大的多任务处理能力闻名，多任务处理能力的核心在于进程管理。如前文所述，在 Linux 操作系统中，每个正在运行的程序都是一个进程，它们可以独立执行任务，也可与其他进程交互并共享系统资源，进程是计算机系统的基本构建块。但是，进程之间的关系并不像看上去那么简单。

图 4-1　同名进程

在 Linux 操作系统中，一个进程可以生成其他进程，进程可以分为父进程和子进程，这种层次化的关系不仅增强了我们的多任务处理能力，还能帮助我们更好地管理和组织程序。

那么父子进程的工作流程是怎样的呢？首先，父进程产生一个新任务，进行新建子进程的操作，此时子进程由父进程创建，父进程会将任务派发给子进程；子进程继承父进程的属性信息及相关资源等；子进程独立执行任务；在子进程工作时，父子进程之间可以通过进程间通信（IPC）机制进行通信和协作，包括使用管道、套接字、消息队列、共享内存等方式来交换数据或协同工作，子进程完成任务后，将任务结果与任务已完成的消息发送给父进程；最后由父进程接收到子进程任务结束消息，停止子进程，回收子进程所有资源，任务到此完成，如图 4-2 所示。

图 4-2　父子进程工作流程

父子进程在许多情况下都是非常有用的，特别是在需要多任务并行处理、并发执行、资源分离和协同工作的情况下，还有一些常见的父子进程应用场景，介绍如下。

- 多任务并行处理：当需要同时执行多个任务时，父子进程可用于帮助将任务分配给不同的子进程，以提高系统的整体效率。这在服务器应用程序中非常常见，如 Web 服务器同时处理多个客户端请求。
- 并发执行：父子进程可用于实现并发执行，即允许不同的进程在同一时刻执行不同的任务。这对于在多核 CPU 上充分利用资源而言非常重要。

- 资源分离：父子进程允许子进程继承父进程的一些资源，也允许子进程拥有独立的资源。所以父子进程可以用于隔离不同任务的资源，以避免相互干扰和资源争用。
- 负载均衡：在服务器环境中，父进程可以接收客户端请求，然后针对每个客户端请求创建一个子进程来为客户端提供服务。这种方式可以实现负载均衡，确保每个客户端都能得到响应且不会阻塞其他客户端。
- 数据处理：在数据处理任务中，可以将大型数据集分割成小块，并为每个子进程分配一个块以并行处理数据。这可以显著加快数据处理速度。
- 故障隔离：如果一个子进程崩溃或出现问题，通常不会影响其他子进程或父进程。这种故障隔离有助于确保系统的稳定性。

父子进程是多任务并行处理和并发编程的关键机制，以实现在 Linux 操作系统中更高效地执行各种任务。这种关系在服务器、数据处理、科学计算和分布式系统等领域中得到了广泛应用。合理创建和管理父子进程，可以充分利用计算资源，提高系统的性能和可靠性。

4.1.2　查看进程

1. 静态监测进程的工具——ps 命令

（1）基础使用

在 Linux 操作系统中，ps 命令是一个非常有用的命令，当然，ps 并不是"Photoshop"的缩写，而是 "Process Status（进程状态）"的缩写，因为它主要用于查看和报告当前系统中各个进程的状态和信息。

ps 命令的基本用法非常简单，在终端中直接输入"ps"并按下"Enter"键，系统将列出当前用户当前终端的所有进程信息。

```
#ps 命令会列出当前用户当前终端的所有进程信息
        [root@localhost ~]#ps
        PID  TTY          TIME      CMD
        2097 pts/0        00:00:00  bash
        7155 pts/0        00:00:00  ps
#ps 命令的选项非常多，并且多以组合形式出现，下面介绍常用选项
    a：显示所有终端进程
    u：以用户为基础显示进程信息，包括用户、CPU 使用率、内存使用率等
    x：查看不属于任何终端的进程，如内核进程、守护进程等。
    e：显示所有终端进程，与 a 选项类似，但 e 选项会显示进程的完整命令
    f：显示进程的详细信息，包括进程的 UID、PID、PPID、CPU 使用率、内存使用率、启动时间、命令等
    l：显示进程的详细信息，与 f 选项类似，但是包括更多的信息，如进程状态、Nice 值、进程优先级、进程
所在的 CPU
    o：指定输出的列名，如指定 o pid、user、command 可以只显示进程的 PID、用户和命令名称
    --sort：按指定的列对进程进行排序，如按 CPU 使用率排序
#注意，ps 命令的选项比较特殊，大部分选项并没有-或-描述符
选项的常见组合为 ps aux 与 ps ef，而使用得最多的选项组合是 ps aux
```

（2）进阶详解

ps ef 中显示的信息，在 ps aux 中基本存在，所以，我们以 ps aux 为例来进行详细介绍。

```
[root@localhost ~]#ps aux | head -n 2
    USER  PID %CPU %MEM   VSZ   RSS   TTY   STAT  START  TIME COMMAND
```

```
     root  1  0.0  0.2   178396 17436   ?     Ss   15:58   0:02 systemd
```
#每一列的含义如下
USER: 进程的所有者，哪个用户启动该进程，所有者就是这个用户
PID: 进程的唯一标识符（Process ID）
%CPU: 进程的 CPU 使用率
%MEM: 进程的内存使用率
VSZ: 进程使用的虚拟内存大小(KB)。进程在启动时，就会申请使用相应的虚拟内存，但实际上一般不
会达到这个数值
RSS: 进程占用的物理内存大小(KB)。进程实际所使用的物理内存大小
TTY: 该进程所属的终端设备，如果没有则显示"?"
STAT: 进程的状态
START: 进程启动的时间
TIME: 进程占用 CPU 的时间，表示进程在 CPU 上运行的累计时间
COMMAND: 进程所执行的命令和参数

  TTY 一列表明该进程所属的终端设备，那什么是终端设备呢？是不是就是我们所说的终端命令行呢？我们将所有的终端设备分为两类，一类是文本终端设备，也就是控制台，"CTRL+ALT+F1～F6"中的 F1～F6 就是控制台，在 Linux 操作系统中我们以 tty 描述它们，每个 tty 都有一个唯一的编号，如 tty1、tty2 等。而另一类终端设备，则是使用最广泛的伪终端，如在图形化中打开终端程序，或者使用 SSH 等方式远程登录时，系统上会创建一个虚拟终端设备，这个设备通常称为 pts（伪终端从设备），它是在 pty（伪终端）主设备打开时自动生成的，所以用户的登录会话与 pts 相关联。用户每次远程登录都会生成一个新的 pts，这些设备的名称通常以 pts/开头，如 pts/0、pts/1 等。

  STAT 为我们展示了进程的状态信息，进程会有很多状态，不同的状态表示进程处于不同的阶段，进程的状态如下。

- R：进程处于运行状态或就绪状态。这表示当前进程正在 CPU 上执行其指令或等待执行。
- S：进程处于休眠状态。这表示进程正在等待某些事件发生，如等待 I/O 操作完成。
- D：进程处于不可中断休眠状态。这通常表示进程正在等待磁盘 I/O 操作完成，而且休眠状态无法被中断。
- T：进程被停止。这表示进程被暂停执行，通常是用户发送 SIGSTOP 信号或类似信号导致的。
- Z：僵尸进程。这表示进程已经终止，但其父进程尚未调用函数以获取子进程的退出状态信息。僵尸进程通常需要被清理，以释放系统资源。
- I：空闲进程。这表示进程是空闲的，空闲进程通常是用于表示系统空闲的特殊进程。
- <：进程的优先级较低。这通常是 Nice 值较高的进程。
- N：进程的优先级较高。这通常是 Nice 值较低的进程。
- s：子进程。

除了上文列出的 ps aux 执行结果外，使用 ps axl 进行查询时，会出现以下信息。

```
[root@localhost ~]#ps axl | head -n2
    F  UID PID PPID PRI NI    VSZ    RSS  WCHAN  STAT TTY TIME COMMAND
    4   0   1   0   20   0  168848 15632 ep_pol Ss    ?  0:01 systemd
```

```
#其中出现的一些新信息
    F:      进程的标志，通常是一个单字符，表示进程的状态
    PPID:   该进程的父进程的 ID
    PRI:    进程的实时优先级
    NI:     进程的非实时优先级
    WCHAN:  进程等待的内核函数或事件，通常表示进程当前处于何种状态
```

2．动态监测进程的工具——top 命令

（1）基础使用

虽然，ps 命令可以帮助我们查看非常多的进程信息，但是也正如前一小节标题所说，ps 命令是一种静态监测进程的工具，它仅能查看执行 ps 命令瞬间的进程状态，我们无法单独通过执行 ps 命令进行持续的进程监测。

那么，在 Linux 操作系统中，哪个工具可以实时监测进程发生的改变呢？top 命令是一个常用的命令行工具，用于实时监测系统的进程和系统性能。top 命令提供了一个动态的、交互式界面，显示了当前正在运行的进程的列表及有关系统资源的各种信息。综上所述，top 命令通常用于监视系统的性能、识别资源使用情况、查找系统瓶颈和了解进程的活动。top 命令的语法和常用选项如下。

```
#语法: top [options]
    [root@localhost ~]#top
        top - 10:39:08 up 52 min,  4 users,  load average: 0.00, 0.01, 0.00
        Tasks: 211 total,   1 running, 210 sleeping,   0 stopped,  0 zombie
        %Cpu(s):  0.0 us,  0.0 sy,  0.0 ni,100.0 id,  0.0 wa,  0.0 hi,  0.0 si,  0.0 st
        MiB Mem :  7404.7 total,   6734.7 free,     509.8 used,    408.7 buff/cache
        MiB Swap:  5120.0 total,   5120.0 free,      0.0 used.  6894.9 avail Mem
            PID USER      PR  NI    VIRT    RES    SHR S  %CPU  %MEM     TIME+ COMMAND
              1 root      20   0  168848  15656   8728 S   0.0   0.2   0:01.14 systemd
#常用选项:
   d用于指定每次屏幕信息刷新的时间间隔
    [root@localhost ~]#top -d 2 #指定两秒刷新一次
   p用于指定监控进程 ID 来仅仅监控某个进程的状态
    [root@localhost ~]#top -p 1 #单独监测 PID 为 1 的进程
```

（2）结果分析

执行 top 命令后，得到一个交互式界面，我们首先查看的内容，然后查看是如何进行交互的。

```
top - 10:39:08 up 52 min,  4 users,  load average: 0.00, 0.01, 0.00
#每一列代表的含义:当前时间信息，系统启动时长，当前用户登录数量，系统平均负载
Tasks: 211 total,   1 running, 210 sleeping,   0 stopped,   0 zombie
#每一列代表的含义：进程总数，正在运行的进程数量，休眠进程数量，停止进程数量 僵尸进程数量
%Cpu(s):  0.0 us,  0.0 sy,  0.0 ni,100.0 id,  0.0 wa,  0.0 hi,  0.0 si,  0.0 st
#每一列代表的含义:程序占用，内核占用，调整过优先级的进程占用，空闲 CPU，I/O 等待，硬中断，软中断，cpu
等待时间
MiB Mem :  7404.7 total,   6734.7 free,     509.8 used,   408.7 buff/cache
#每一列代表的含义：内存总量，空闲内存，已使用内存，缓存数量
MiB Swap:  5120.0 total,   5120.0 free,      0.0 used.  6894.9 avail Mem
#每一列代表的含义：交换空间总量，目前未被使用的交换空间大小，已使用的交换空间大小，可用内存信息
     PID USER      PR  NI    VIRT    RES    SHR S  %CPU  %MEM  TIME+ COMMAND
       1 root      20   0   168848  15656   8728 S  0.0   0.2   0:01.14 systemd
#VIRT    表示虚拟内存总量，表示进程请求的全部虚拟内存大小
#RES     表示未被置换的物理内存大小，表示进程当前占用的物理内存大小，即进程占用的实际内存大小
#SHR     表示共享内存大小
```

其中，需要多关注系统平均负载，如系统卡不卡顿、是否需要更新硬件。

```
#Load average: 0.00, 0.01, 0.00
#其中 3 个值分别是系统每分钟的平均负载，系统每 5 分钟的平均负载及系统每 15 分钟的平均负载
```

那么系统应该如何看呢？我们以一个单核 CPU 为例，如果系统仅有一个单核 CPU，那么系统平均负载的正常值就是 1；如果系统平均负载小于 1，则表示系统当前资源十分充足，系统运行非常流畅；如果系统平均负载等于 1，则表明系统正在全力处理任务，但是任务队列并不长，此时，系统也不会卡顿；但是如果系统平均负载长期大于 1，则表明 CPU 已经在全力工作，但是任务队列依旧很长，任务量还是很大，系统看不到处理完任务的希望，此时系统会比较卡顿。

代码中有 3 个值。第一个值（系统每分钟的平均负载）对短期负载波动非常敏感，可以快速反映系统负载的变化，但也容易受到瞬时的负载峰值的影响。如果系统的负载有瞬时波动，但很快恢复正常，第一个值可能会快速升高然后下降，难以代表系统长期的平均负载情况。第二个值（系统每 5 分钟的平均负载）对中期负载波动较为敏感。它相对于第一个值来说更平滑，更能反映系统在较短时间内的平均负载。但它仍然可能会受到较大的负载波动影响，尤其是在短时间内有大量进程开始或结束时。

而最后一个值（系统每 15 分钟的平均负载）更能反映系统的长期负载情况。所以我们一般会关注第 3 个值，如果这个值持续较高，说明系统的负载可能比较高，存在一定的资源压力。

然而，在实际系统监控和故障排除过程中，我们可以综合考虑上述 3 个值，以获得更全面的系统负载信息。

（3）交互使用

在 top 命令中，可以执行部分操作进行交互，见表 4-1。

表 4-1　top 命令交互

操作键	功能
向上（↑）向下箭头（↓），"Enter"键	上下滚动
PageUp/PageDown	上下翻页
q	退出 top 命令界面
1	显示每一个逻辑 CPU 的使用情况
c	切换显示命令名称和完整命令行
M	按内存占用情况（内存使用量）进行排序
P	根据 CPU 使用率大小进行排序
T	根据时间/累计时间进行排序
f	选择在 top 中需要显示的信息块，例如 CPU、内存等 • 显示需要显示的内容 • 可以使用 d 键或者 space 键进行选择，指定展示某些内容 • 将光标移动到指定项，按"s"键后表示以该项进行排序 • 按"q"键或"Esc"键表示保存配置退回到 top 命令界面

操作键	功能
k	输入要结束进程的 PID： • 默认为当页第一个进程，也可以输入 PID 后按"Enter"键； • 按"Enter"键后输入信号发送给进程，默认为 15，再次按"Enter"键结束进程

3．查询进程

我们可以使用 ps 命令与 grep 命令来查询指定进程所对应的 PID，如图 4-3 所示。

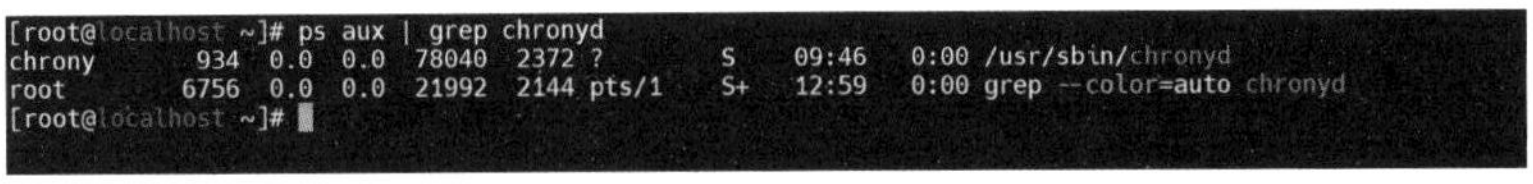

```
[root@localhost ~]# ps aux | grep chronyd
chrony      934  0.0  0.0  78040  2372 ?        S     09:46   0:00 /usr/sbin/chronyd
root       6756  0.0  0.0  21992  2144 pts/1    S+    12:59   0:00 grep --color=auto chronyd
[root@localhost ~]#
```

图 4-3　使用 ps 命令与 grep 命令查询指定进程对应的 PID

（1）使用 pgrep 命令进行模糊查找

pgrep 命令用于查找 PID，根据进程名称或其他条件返回与之匹配的 PID。它在 Linux 操作系统中得到了广泛使用，特别适用于在脚本和命令行中查找并操作特定进程。语法和常用选项如下。

```
#语法: pgrep [options] pattern
  #例如查询 systemd 进程的 PID
      [root@localhost ~]#pgrep systemd
        1
        796
        825
        951
        1905
#常用选项
  -U: 查找某个用户的 PID
      [root@localhost ~]#pgrep -U root
        #查询 root 用户的所有进程

  -G: 查找某个组的 PID
      [root@localhost ~]#pgrep -G openEuler
        #查询 openEuler 组的所有进程

  -P: 根据父进程 ID，查找所有子进程 ID
      [root@localhost ~]#pgrep -P 1
        #查询 PID 为 1 的进程的所有子进程

  -l: 不仅打印 PID，也打印进程名，默认只显示 PID
      [root@localhost ~]#pgrep -U root -l
        #查询 root 用户的所有进程并列出进程名

  -o: 表示如果该程序有多个进程正在运行，则仅查找最先启动的进程
      [root@localhost ~]#pgrep -U root -o VIM
        #查询 root 用户最先启动的 VIM 进程

  -n: 表示如果该程序有多个进程正在运行，则仅查找最后启动的进程
      [root@localhost ~]#pgrep -U root -n VIM
```

```
                    #查询 root 用户最后启动的 VIM 进程

     -d: 定义多个进程之间的分隔符，如果不定义则使用换行符
          [root@localhost ~]#pgrep -P 1 -d  ","
                    #查询 PID 为 1 的进程的所有子进程，并以 "," 作为分隔符
```

（2）使用 pidof 命令进行精确查找

pgrep 命令用于模糊查找，简单来说，只要某进程的进程名包含关键字，那么这个进程就会被显示出来，所以经常会出现一些我们不需要的 PID。而使用 pidof 命令可以进行精确查找，pidof 命令的基本作用与 pgrep 命令一致，用于查找 PID。它也是根据进程名返回与之匹配的一个或多个 PID，但 pidof 并不支持各种条件过滤，并且是精准过滤。语法和常用选项如下。

```
#语法: pidof [options] process_name
#精确查询与模糊查询的区别
        [root@localhost ~]#pgrep -d ","  -n ssh -l
           7136 sshd
        [root@localhost ~]#pidof -S "," -s ssh
        [root@localhost ~]#pidof -S "," -s sshd
           7136
#我们可以看到，正常的进程名为 sshd，利用 pgrep 命令可以直接查询，而利用 pidof 命令需要输入完整的
sshd 才可以查询
#常用选项
    -s: 表示如果该程序有多个进程正在运行，则仅查找最后启动的进程
        [root@localhost ~]#pidof sshd
           7136 2444 2375 2373 2369
        [root@localhost ~]#pidof sshd -s
           7136
    -S: 指定间隔符，默认间隔符为空格
        [root@localhost ~]#pidof sshd -S ","
           7136,2444,2375,2373,2369
    -q: 静默输出，凭借退出码判断是否存在，0 表示存在，在脚本中使用较多
        [root@localhost ~]#pidof sshd -S "," -q
        [root@localhost ~]#echo $?
           0
```

4.1.3 进程优先级

1．基本概念

进程优先级是操作系统中的一个重要概念，用于确定操作系统如何将 CPU 时间和其他资源分配给不同的进程。进程优先级决定了进程在竞争 CPU 资源时的资源分配、执行顺序。所以实际上，进程优先级用于描述进程的相对重要性和紧急性。操作系统依据进程优先级确定在多个进程竞争 CPU 时间和其他资源时应优先考虑哪些进程。

假设有一台计算机正在运行两个进程，分别是进程 A 和进程 B。进程 A 需要使用 30% 的系统资源，而进程 B 需要使用 20% 的系统资源。下面根据不同的系统资源充足程度和进程优先级，探讨在这两种情况下如何进行进程的资源分配。

第一种情况，如果系统资源非常充足，90% 的系统资源是空闲的，那么不论是进程 A 还是进程 B，都可以充分利用系统资源。进程 A 可以占用 30% 的系统资源，而进程 B 可以占用 20% 的系统资源。在这种情况下，这两个进程可以在高效的环境中并行运行，不会

出现资源争夺的问题。

第二种情况，如果系统资源变得稀缺，只剩下 20%的系统资源可供进程使用，进程的优先级就显得尤为重要了。如果进程 A 和进程 B 具有相同的优先级，那么它们将平等地共享剩下的 20%的系统资源，每个进程占据 10%的系统资源。在这种情况下，资源分配相对均匀，但可能会导致两个进程的任务执行速度减慢。

然而，如果进程 A 的优先级高于进程 B，那么操作系统会优先满足进程 A 的资源需求。在这种情况下，进程 A 可以占据大部分或全部剩余的 20%的系统资源，以保证其运行顺利。进程 B 将被限制，只能使用非常有限的（1%或 2%）系统资源，仅够维持其生存。在这种情况下，进程 A 的任务执行速度会更快，而进程 B 的任务执行速度会受限。

由此可知，进程的资源分配受到系统资源的充足程度和进程优先级的影响。在系统资源充足时，进程优先级的作用相对较小，但在系统资源匮乏时，高优先级的进程可以获得更多系统资源，以确保其重要任务的顺利执行。因此，进程优先级管理在确保系统正常运行和任务按照其重要性获得相应资源的平衡分配中扮演着重要的角色。

2．优先级范围

在 Linux 操作系统中，我们使用 Nine 值来表示进程优先级。每一个进程都有自己的 Nice 值，Nice 值的范围为-20～19。Nice 值越低，表示该进程优先级越高，每个进程默认的 Nice 值为 0，如图 4-4 所示。

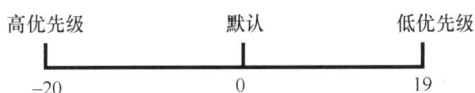

图 4-4　Nice 值的范围

3．查看进程优先级

查看进程优先级的方法很多，使用 ps 命令的各种参数、top 命令都可以查看进程的 Nice 值，具体如下。

```
[root@localhost ~]#ps axl | head -n2
   F   UID   PID   PPID PRI  NI    VSZ     RSS    WCHAN  STAT TTY   TIME COMMAND
   4    0     1     0    20   0    168848  15656  ep_pol Ss    ?    0:01 systemd

[root@localhost ~]#ps axo pid,user,nice,command | head -n2
  PID USER       NI COMMAND
   1  root        0 systemd

[root@localhost ~]#top
  PID USER      PR  NI    VIRT    RES    SHR S  %CPU  %MEM   TIME+ COMMAND
   1  root      20   0   168848  15656  8728 S  0.0   0.2   0:01.57 systemd
```

4．修改进程优先级

我们可以使用 nice 命令及 renice 命令来修改进程的优先级，这两个命令有一些区别。nice 命令以指定优先级来启动进程，renice 命令则是用于修改已启动进程的优先级，语法如下。

```
#语法: nice [OPTION] [COMMAND]
#指定以-10 优先级启动进程
        [root@localhost ~]#nice -n -10 sha1sum /dev/zero &
        [root@localhost ~]#ps axo pid,nice,command | head -n1;ps axo pid,nice,
```

```
command | grep sha
          PID   NI  COMMAND
          7699 -10 sha1sum /dev/zero
```

```
#语法: renice [-n] priority PID
#修改 7699 进程的 Nice 值为 15
        [root@localhost ~]#renice -n 15 7699
          7699 (process ID) 旧优先级为 -10，新优先级为 15
        [root@localhost ~]#ps axo pid,nice,command | head -n1;ps axo pid,nice,
command | grep sha
          PID  NI COMMAND
          7699  15 sha1sum /dev/zero
```

注意：只有 root 用户才可以修改进程的优先级。

4.1.4　信号机制

在 Linux 和类 UNIX 操作系统中，信号是一种用于通知进程某些事件已发生或请求进程执行某些操作的机制。信号是异步的，可以被发送给一个或多个进程，而接收进程可以根据信号的类型采取不同的行动。信号可以由多个来源发送，包括其他进程、操作系统内核、终端用户等。Linux 操作系统的信号工作机制是用于进程通信和控制的重要机制。通过发送和接收信号，进程可以协调执行、响应事件和执行清理操作。通常，我们会使用 kill 命令向进程发送信号，其语法如下。

```
kill  -signal PID
```

Linux 操作系统中有多种不同的信号，每个信号都有唯一的整数值标识。表 4-2 列出了一些常见的信号种类。

表 4-2　常见的信号种类

整数值标识	信号	功能
1	SIGHUP	重新加载进程配置
9	SIGKILL	强制终止进程
15	SIGTERM	正常停止进程
21	SIGTTIN	暂停进程

我们不仅可以向指定的 PID 发送进程，还可以根据进程名称发送信号，具体如下。

```
#通过 pid: kill [signal] pid…
        [root@localhost ~]#kill -15 7918        #控制 PID 为 7918 的进程正常退出
#通过名称: killall [signal] comm…
        [root@localhost ~]#killall -9 sha1sum #强制终止名为 sha1sum 的进程
```

注意：9 信号和 15 信号的功能都是停止进程，15 信号的功能是进程正常退出，9 信号的功能则是系统强制终止进程。以 VIM 进程为例，当向一个 VIM 进程发送 15 信号时，VIM 进程会正常退出，不会残留.swp 临时文件，而向 VIM 进程发送 9 信号则会残留.swp 临时文件。

4.1 节涉及的命令见表 4-3。

表 4-3　4.1 节命令总结

命令	作用
ps 命令	静态监测进程
top 命令	动态监测进程
pgrep 命令	模糊查找进程
pidof 命令	精确查找进程
nice 命令	以指定优先级启动进程
renice 命令	修改已启动进程的优先级
kill 命令	向进程发送信号

4.2　Linux 服务管理

在 Linux 操作系统中，服务管理是系统维护和配置的关键部分。系统管理员可以通过 systemd 来管理服务单元、控制服务状态，并进行内核管理。systemd 是一种现代的系统管理守护程序，取代了传统的 init 系统，提供了更强大和灵活的服务管理工具——systemctl 命令。

4.2.1　systemd 概述

系统上的第一个进程就是 systemd，所有的进程都基于 systemd 服务，包括系统的初始化进程，如果没有 systemd，系统甚至无法启动。systemd 界面如图 4-5 所示。

图 4-5　systemd 界面

什么是 systemd？systemd 的全名是 system-daemon；system 代表了系统，daemon 代表了后台，换种说法，systemd 服务就是系统的后台守护进程，这种进程启动后会自动在后台运行，不会占用前台终端，就像 sshd 在后台守护着 SSH 服务、httpd 在后台守护着 http 服务，systemd 在后台守护着系统，保证系统平稳运行。

同时，我们又将 systemd 称作系统的初始化进程，systemd 可以帮助系统挂载文件系统、识别各种硬件设备，以及启动各种程序（服务）等，所以我们通过 systemd 可以让系统运行在一个正常的状态下，为用户提供止常的服务或保证用户正常使用系统。

曾经，Linux 操作系统还没有使用 systemd 作为系统的初始化进程，systemd 是后续才出现的，对比 init 系统，systemd 进行了一些更新，更适配如今的 Linux 操作系统。

首先，通过并行启动服务单元，systemd 大大提高了系统的启动速度，特别是在大型系统中。其次，systemd 引入了服务单元之间的依赖关系管理，确保服务按正确的顺序启动，提高了系统启动的可靠性。而传统 init 系统往往是按照顺序简单启动的，可能会导致服务启动顺序混乱。

systemd 的层级结构设计是另一项优化，通过引入启动目标这一概念，系统管理员能够更灵活地定义和切换系统的运行模式。这取代了传统 init 系统中复杂的运行级别脚本，简化了系统配置。此外，systemd 引入了先进的日志系统 journald，提供了更强大的日志记录和检索功能，使系统管理员更容易监控和调试系统。

动态加载服务单元是 systemd 的另一大优势，管理员可以在运行时加载和卸载服务单元，而无须重新启动整个系统，这使系统的更新和维护更便捷，避免了不必要的中断。此外，systemd 还提供了丰富的资源管理功能，包括 cgroups 控制组、进程控制和限制、内存控制等，帮助管理员更好地控制系统资源的分配和使用。

最后，systemd 引入了系统事件和触发器的概念，使管理员能够根据系统事件执行特定的操作，进一步提高了系统管理的灵活性。综合来看，systemd 的这些优化使 Linux 操作系统管理更现代、更高效，并提供了更多功能，使管理员能够更方便地配置和维护系统。

4.2.2 systemctl 服务管理

1. 服务单元

对比 init 系统，systemd 虽然在很多方面进行了优化，但学习难度与复杂程度也有部分提升。

systemd 对系统的各种服务进行了划分，引入了服务单元的概念，systemd 使用不同单元来管理不同类型的对象。常见的单元类型见表 4-4。

表 4-4　常见的单元类型

单元类型	文件扩展名	说明
Service unit	.service	定义系统服务
Target unit	.target	模拟运行界别
Device unit	.device	定义内核识别的设备
Mount unit	.mount	定义文件系统挂载点
Socket unit	.socket	用于标识进程间通信
Swap unit	.swap	用于管理 swap 设备
Automount unit	.automount	用于实现文件系统自动挂载
Path unit	.path	定义文件系统的文件和目录

在系统中,我们可以查看当前系统的所有服务单元,也可以直接查看指定的服务单元,如图 4-6 所示,使用--type 选项来控制想要查看的单元类型,若是想查看所有单元,可以使用--all 选项,未启用的单元也会被一并列出。

图 4-6　查看 service 类型的单元

针对所输出的结果,UNIT 显示了服务单元的名称,LOAD 指单元配置状态,ACTIVE 指服务的高级状态,SUB 指服务的低级状态,DESCRIPTION 则指描述信息。

注意:

① 服务的高级状态:服务的总状态,表示这个服务是否在运行。

② 服务的低级状态:服务的进程或程序的当前状态。

我们可以从输出结果中获取比较详细的服务单元信息。如果某些服务已安装,但并未启用,无法通过执行上述命令查看,因为 systemctl list-units 命令用于显示 systemd 服务解析并加载到内存中的单元,不显示已安装但未启用的服务。要查看所有已安装的额外单元状态,可使用 systemctl list-unit-files 命令,如图 4-7 所示。该命令的用法同 systemctl list-units 命令。

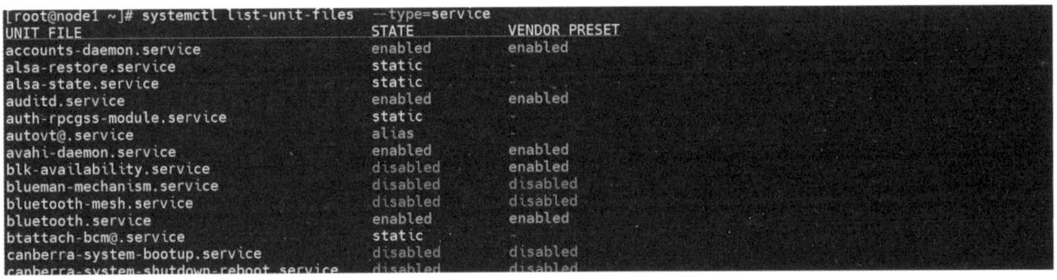

图 4-7　查看所有已安装的额外单元状态

针对 STATE,此项表明了服务的状态,其中包含 4 种配置信息,分别是 enabled、disabled、static 与 masked。enabled 表明该服务会在系统引导时启动,也就是开机自启;disabled 与 enabled 相反,表明服务不在系统引导时启动;static 是无法手动启动,但可以凭借依赖关系启动;masked 是屏蔽状态,处于此类型的服务无法手动启动,也无法被其他用户启动,常用于发生服务冲突的场景,将发生服务冲突的某一个服务屏蔽。

2. 管理服务状态

systemctl 是 systemd 专门用于管理服务状态的命令,即管理服务的启动停止、开机自启等。我们以 httpd 服务为例,进行 systemctl 命令的讲解,具体如下。

```
#查看服务状态
  [root@node1 ~]#systemctl status httpd
```

```
    • httpd.service - The Apache HTTP Server #服务名及服务描述
        Loaded: loaded (/usr/lib/systemd/system/httpd.service; enabled; vendor preset:
disabled) #服务配置文件路径开机自启状态等信息
       Drop-In: /usr/lib/systemd/system/httpd.service.d    #模块读取路径
                └─php-fpm.conf
        Active: active (running) since Thu 2023-11-30 11:11:17 CST; 7h ago
        #服务状态: 高级状态（低级状态），服务开启时间，开启时长
          Docs: man:httpd.service(8)   #帮助文档路径
      Main PID: 7687 (httpd)
        Status: "Total requests: 91; Idle/Busy workers 100/0;Requests/sec: 0.00327;
Bytes served/sec: 110 B/sec"  #主进程相关信息
         Tasks: 230 (limit: 47153)  #任务排序
        Memory: 45.0M #已使用内存
        CGroup: /system.slice/httpd.service #cgroup限制文件及子进程
                ├─ 7687 /usr/sbin/httpd -DFOREGROUND
                ├─ 7691 /usr/sbin/httpd -DFOREGROUND
                ├─ 7692 /usr/sbin/httpd -DFOREGROUND
                ├─ 7693 /usr/sbin/httpd -DFOREGROUND
                ├─ 7694 /usr/sbin/httpd -DFOREGROUND
                └─ 7873 /usr/sbin/httpd -DFOREGROUND
11月 30 11:11:17 node1.××××××.com systemd[1]: Starting The Apache HTTP Server...
11月 30 11:11:17 node1.××××××.com systemd[1]: Started The Apache HTTP Server.
    #简要日志消息

 #查看服务开机自启状态
        [root@node1 ~]#systemctl is-enabled httpd
          enabled   #未设置服务开机自启则提示disabled
 #查看服务高级状态
        [root@node1 ~]#systemctl is-active httpd
          active   #未启动则提示inactive

 #启动、停止、重启与重载服务
        [root@node1 ~]#systemctl {start|stop|restart|reload} httpd
 #设置服务开机启动还是禁用
        [root@node1 ~]#systemctl {enable|disable} httpd
 #重载服务或重启服务
        [root@node1 ~]#systemctl reload-or-restart httpd
    #重启服务和重载服务有一定的区别，重启服务指先停止服务再重新启动服务，重载服务则是保持服务的
运行状态去重新读取配置文件二者显著的区别是重启服务后服务的PID未发生改变，重载服务则相反。有一些服务
不支持重载，可以使用reload-or-restart，系统会优先尝试重载服务，重载服务失败再进行重启服务

 #屏蔽或者取消屏蔽服务
        [root@node1 ~]#systemctl {mask|unmask} httpd
    #一般是为了防止系统服务之间发生冲突，即屏蔽某个服务防止管理员启动该服务导致服务冲突发生

 #重启系统
        [root@node1 ~]#systemctl reboot
 #关闭系统
        [root@node1 ~]#systemctl poweroff
```

除了能管理服务状态与系统电源，systemctl 命令还可以用于查看服务之间的依赖关系，如果某些服务启动失败，有可能是依赖服务被屏蔽，此时就可以执行 systemctl 命令查看该服务的依赖关系，如图 4-8 所示。

图 4-8　查看某个服务的依赖关系

3. 启动目标

systemd 的启动目标（target）是一组 systemd 单元的集合，代表系统启动后应该达到的状态，相当于传统 init 系统中的运行级别。

引入启动目标的概念是为了更灵活地管理系统的启动过程。每个启动目标都定义了一组需要启动的服务单元，以及系统所需的其他配置。表 4-5 列出了一些常见的 target 类型及说明。

表 4-5　常见的 target 类型及说明

target 类型	说明
graphical.target	系统支持多用户、图形界面和基于文本的登录
multi-user.target	系统支持多用户、基于文本的登录
rescue.target	系统初始化已完成，需要 root 账户登录
emergency.target	只读挂载根文件系统，需要 root 账户登录

```
#查看默认启动的 target
        [root@node1 ~]#systemctl get-default
            graphical.target
#切换当前的 target
        [root@node1 ~]#systemctl isolate multi-user.target
#设置默认启动的 target
        [root@node1 ~]#systemctl set-default multi-user.target
```

4.2.3　内核管理

1. 内核概述

严格来说，Linux 并非指单一的操作系统，而是一个操作系统内核的名称（Linux 内核），它扮演着操作系统的核心角色。操作系统有两个主要组成部分：内核和用户空间。内核的功能如下。

- 系统初始化：检测硬件资源并启动系统。
- 进程调度：决定进程什么时候运行及运行多久。
- 内存管理：为运行的进程分配内存。

- 安全保障：支持权限管理、配置 SELinux 和防火墙规则。
- 提供 buffers 和 cache 加速硬件访问。
- 支持标准网络协议和文件系统。

在开源社区中，出现了众多基于 Linux 内核的 Linux 发行版，如 openEuler、CentOS、Ubuntu、Debian 等。这些 Linux 发行版不仅包含了 Linux 内核，还构建了完整的操作系统，包括系统工具、库、应用程序和用户界面。

接下来我们将聚焦于 Linux 内核参数的调整。调整内核参数是一项关键任务，它涉及优化系统性能、适应特定工作负载及满足特定需求的重要操作。通过深入了解内核参数的调整，我们能够更好地定制和优化 Linux 操作系统，以满足各种复杂的应用场景的需求。

2．内核基础操作

系统中的/boot 目录专门用于存放系统启动所需的相关文件，如图 4-9 所示，以 vmlinuz 开头的两个文件是系统的内核，文件 vmlinuz-6.1.19-7.0.0.17.oe2303.x86_64 是真正的系统内核，平常我们是从这个内核进入系统进行管理操作的。

图 4-9　/boot 目录

而另一个内核则是系统救援内核，当系统出现一些错误导致系统无法正常启动时，一般会通过此内核进入系统进行修复，其中仅有一些基础的命令用于修复系统，没有大部分高级功能。

图 4-10 所示是启动菜单，其中显示的两个选项就是内核。在该界面中，5 秒后会以默认内核进入系统。

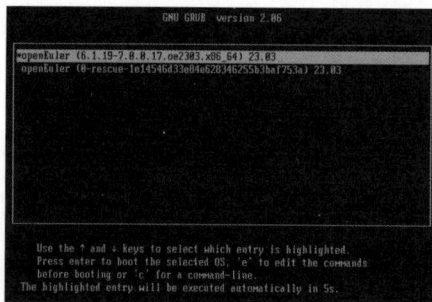

图 4-10　启动菜单

在 Linux 操作系统中，一台机器可以有多个内核，所以这时我们需要对默认启动内核进行设置，具体如下。

```
#查看默认启动内核
    [root@node1 ~]#grubby --default-kernel
        /boot/vmlinuz-6.1.19-7.0.0.17.oe2303.x86_64
#查看指定内核启动项，--info=ALL 表示查看所有
    [root@node1 ~]#grubby --info=/boot/vmlinuz-6.1.19-7.0.0.17.oe2303.x86_64
        index=0   #内核索引编号
        kernel=/boot/vmlinuz-6.1.19-7.0.0.17.oe2303.x86_64 #内核文件位置
        args="ro resume=/dev/mapper/openEuler-swap rd.lvm.lv=openEuler/root
rd.lvm.lv=openEuler/swap cgroup_disable=files apparmor=0 crashkernel=512M"
                #启动参数
        root=/dev/mapper/openEuler-root   #根分区位置
        initrd=/boot/initramfs-6.1.19-7.0.0.17.oe2303.x86_64.img #对应的initrd系统
        title=openEuler (6.1.19-7.0.0.17.oe2303.x86_64) 23.03    #启动菜单标题

#修改默认启动内核
  方法一：根据索引进行修改
        [root@node1 ~]#grubby --default-index
            0
        [root@node1 ~]#grubby --set-default 1
        [root@node1 ~]#grubby --default-index
            1
  方法二：修改内核名称
        [root@node1 ~]#grubby --default-kernel
            /boot/vmlinuz-0-rescue-1e14546d33e84e628346255b3baf753a
        [root@node1 ~]#grubby --set-default /boot/vmlinuz-6.1.19-7.0.0.17.oe2303.
x86_64
        [root@node1 ~]#grubby --default-kernel
            /boot/vmlinuz-6.1.19-7.0.0.17.oe2303.x86_64
```

3．内核参数管理

Linux 内核拥有大量的参数，我们通常将它们统称为内核参数。精心调整内核参数，尤其是对内存参数进行合理设置，能够有效提升 Linux 操作系统的性能。针对不同的工作负载和应用场景，合理配置内核参数，可以更好地适应系统的需求。其中，内存参数的调整尤为重要，因为内存是影响系统性能的关键因素之一。合理配置内存参数有助于避免内存泄漏、提高缓存效率，并保障系统在运行大型应用程序或处理大规模数据时的稳定性和可靠性。

当前生效的内核参数存放在/proc/sys 目录下，如图 4-11 所示。不能直接手动调整其中的文件，因为/proc 是基于内存的 tmpfs 文件系统，关机时将被直接释放，下次开机时被重新挂载。

图 4-11　生效的内核参数的位置

使用 sysctl 命令进行内核参数的调整，具体如下。

```
#语法：sysctl [options] [variable[=value]]
    #列出当前生效的所有内核参数
        [root@node1 ~]#sysctl -a
```

```
#临时修改内核参数，系统重启后恢复默认值
        [root@node1 ~]#sysctl -a | grep net.ipv4.ip_forward | head -n 1
          net.ipv4.ip_forward = 1
        [root@node1 ~]#sysctl -w 'net.ipv4.ip_forward = 0'
          net.ipv4.ip_forward = 0
        [root@node1 ~]#sysctl -a | grep net.ipv4.ip_forward | head -n 1
          net.ipv4.ip_forward = 0
#永久修改内核参数，将需要修改的内核参数放在 /etc/sysctl.conf 文件内即可
  #-p: 读取内核参数配置文件
        [root@node1 ~]#sysctl -a | grep net.ipv4.ip_forward | head -n 1
          net.ipv4.ip_forward = 0
        [root@node1 ~]#echo "net.ipv4.ip_forward = 1" >> /etc/sysctl.conf
        [root@node1 ~]#sysctl -p
          net.ipv4.ip_forward = 1
        [root@node1 ~]#sysctl -a | grep net.ipv4.ip_forward | head -n 1
          net.ipv4.ip_forward = 1
```

4.2.4 综合实验——服务管理

作为一家互联网公司的系统管理员，保证业务的平稳高效运行是基本职责。读者需要使用在本节中学习到的技能，完成以下任务。

① 为了提高资源利用率，需要停止一个名为"auditd.service"的服务，其为系统内部的安全审计功能服务，但公司有专门的安全审计设备，所以可以停止该服务以提高系统性能。

② 在系统上安装 PostgreSQL 软件，将其设置为开机启动并马上启动该服务。

③ 该公司的服务器不需要端口转发功能，请修改内核参数，永久关闭端口转发功能。

小　　结

本章对 Linux 操作系统的进程管理、服务管理和内核管理进行了深入探讨，强调了它们在服务器运维中的重要性。深入介绍了进程监控、查找和进程优先级，强调了它们的重要性，并探讨了信号机制在进程通信和控制中的作用。此外，还介绍了 systemd 及其管理工具 systemctl 的基本概念与应用方法。同时也涉及内核的一些基础知识，介绍了内核管理对系统运行的重要性，内核与硬件之间的交互，以及通过调整内核参数来开启某些系统功能的方法。

通过对上述内容的学习和实践，相信读者能够更深入地理解 Linux 系统的核心功能，并掌握其管理方法，从而能够更高效地优化服务器性能和管理服务器资源，确保系统的稳定性和安全性。

第5章

使用 Shell 自动化运维

在当今信息技术飞速发展的时代，自动化运维作为提高效率、降低人为错误的有效手段，逐渐成为企业和个人不可或缺的重要技能。本章将深入探讨自动化运维的发展前景和实际应用，着重介绍解释型语言在跨平台环境中的优越性，以及在自动化运维领域中的广泛应用。

Shell 是 Linux 和 UNIX 操作系统中的命令解释器，负责接收用户输入并执行相应命令，不仅能交互式执行命令，还支持编写脚本以实现自动化任务。它并非指某一种程序，而是一类软件的统称，常见的 Shell 有 Bash、Sh、Zsh 和 Ksh。其中，Bash 是目前 Linux 发行版中使用最广泛的 Shell，也通常是默认 Shell。Bash 作为 Shell 家族的一员，具备更强大的特性，例如改进的变量处理、数组支持以及更灵活的脚本编写能力。因其具有易用性和兼容性，在自动化运维中，Bash 扮演着至关重要的角色，运维工程师能够利用它编写脚本，执行远程备份、巡检、日志分析和系统优化等任务，进而提高运维效率，降低人工操作的复杂度。

5.1 自动化运维概述

5.1.1 自动化运维的概述与优势

自动化运维是通过工具自动完成周期性、重复性、规律性的工作，涵盖应用系统维护自动化、巡检自动化和故障处理自动化等多个方面。其核心目标是提高运维效率，使运维人员从重复任务中解脱出来，更专注于解决复杂问题和优化系统性能。通过引入自动化手段，企业能够更灵活、高效地应对不断变化的 IT 环境，确保系统的稳定性、安全性。

自动化运维具有以下优势。

① 提高工作效率和降低成本：自动执行重复任务，减少了人工干预，提高了工作效率，降低了运维成本。

② 减少人为错误：通过规范化和自动化执行流程，减少了人为因素导致的错误，提高了系统的稳定性和可靠性。

③ 实现持续交付：自动化运维支持持续集成和持续部署，使软件的交付和更新更频繁和可控。

④ 快速响应和故障处理：自动化运维可以更快速地响应系统事件和故障，缩短了故障处理时间，提高了系统的可用性。

⑤ 提高系统可维护性：自动记录配置信息、执行日志等，提高了系统的可维护性，使系统管理更方便和可追溯。

⑥ 实现标准化和规范化：自动化运维可以实现系统配置和操作的标准化，确保整个环境的一致性，减少了配置差异引起的问题。

⑦ 释放人力资源：将重复工作交给自动化工具处理，使运维人员能够更专注于解决复杂问题、优化系统性能和提升服务质量。

⑧ 适应复杂环境：在现代复杂的技术环境中，自动化运维更能适应大规模、分布式、云原生等复杂架构的管理需求。

本章所要学习的 Bash 脚本，就是非常不错的自动化运维技术，在 Bash 脚本中，可以使用多种结构来进行条件判断、循环控制、变量设置等操作，让脚本可以批量完成工作，并且与计划任务等日程管理技术配合，实现自动化运维。

5.1.2　自动化运维的发展前景分析

近年来，随着各种 IT 技术的日益成熟和运维管理规模的不断扩大，业务融合、管理自动化等方面的需求也随之增加。同时，云计算、移动互联、大数据等新兴技术领域的创新，为 IT 自动化运维领域带来了新的机遇和挑战，推动着 IT 运维管理不断迈向新高度。图 5-1 展示了自动化运维领域的市场需求。

图 5-1　自动化运维领域的市场需求

企业信息化建设的不断深入，信息系统变得复杂，业务对信息系统的依赖也日益加深。

IT 运维管理方式从过去完全依赖技术人员的个人能力，转变为流程化、标准化、自动化的管理。在这一背景下，ITIL（信息技术基础架构库）应运而生，为 IT 运维管理提供了客观、严谨、可量化的标准和规范。ITIL 自发布以来，在全球 IT 服务管理领域得到广泛认同，成为 IT 运维的公认标准。各大 IT 管理解决方案提供商也相继推出了基于 ITIL 实施 IT 服务管理的软件和解决方案，如 IBM Tivoli、BMC Remedy、H3C U-Center 等软件套件。

在当前的运维领域中，基于日益增长的计算机规模，普通的手工运维已经无法满足需求，运维人员经常是一个人管理几十台、几百台甚至更多的机器，若还像曾经一样依靠逐行输入命令进行管理，肯定是心有余而力不足。所以让运维过程规范化、流程化、标准化与自动化是唯一出路，自动化运维工程师的市场需求也在逐步增长，发展空间十分广阔，但同时自动化运维工程师也需要不断学习和更新自己的技能，以此来适应不断变化的市场需求和技术环境。

5.2　解释型语言

按照语言级别分类，开发语言可以分为低级语言和高级语言；从程序执行的角度来分类，开发语言分为编译型语言、半编译半解释型语言、解释型语言。

使用编译型语言编写的代码在执行前需要经过编译器的编译处理，即将源代码通过编译器转换为机器码或中间代码，生成可执行文件。在执行时，直接运行可执行文件即可达到源代码的要求，C、C++等都是具有代表性的编译型语言。

使用解释型语言编写的代码则是在执行时由解释器逐行解释并执行源代码，如 Python、Shell、Ruby 等。

而半编译半解释型语言的典型代表是 Java，半编译半解释型语言结合了编译型语言和解释型语言的特点。使用半编译半解释型语言编写的代码在执行前经过部分编译，生成中间代码，然后在运行时由解释器执行中间代码。

为什么跨平台只选择解释性语言呢？在上文中可以发现，无论是编译型语言，还是半编译半解释型语言，源代码都需要经过编译生成可执行文件，在编译的过程中会将平台相关的机器码等相关信息纳入可执行文件，所以一旦更换平台，就需要重新对源代码进行编译，失去了灵活性。

而解释型语言的优势就在于灵活性——可轻松跨平台，只要平台上安装了对应的解释器，就可以直接执行相同的源代码，不需要重新对源代码进行编译，原因就是解释型语言代码是直接由解释器执行的，不涉及平台的机器码信息，所以解释型语言更容易跨平台的特性使其可轻松适应不同的操作系统和硬件架构。

其实，编译型语言也不是一无是处，编译型语言的执行速度通常更快，因为它们经过了整体的编译优化，更接近硬件层面。

综上所述，语言类型的选择通常取决于项目的需求。而在自动化运维领域中，解释型语言毫无疑问更适合批量化的运维主机，而 Shell 语言就是一门非常不错的解释型语言，它的简单易学更是其一大优点。

5.3 Shell 与 Bash 简介

5.3.1 Shell 的概念

Shell 又称为命令解释器，简单概括，Shell 的作用就是识别用户输入的各种命令，并将其传递给操作系统。但这样理解 Shell，似乎有点晦涩难懂，我们需要从更深层次的角度对 Shell 进行剖析。

当用户使用操作系统时，输入"ls"命令，系统便会列出目录下的文件并将文件显示到屏幕上；但系统真的读得懂"ls"命令吗？

首先，操作系统的世界是机器语言的世界，也就是二进制的世界，在操作系统中，并不存在我们常见的字母和其他字符，只有"01010101"这种排列组合，所以操作系统肯定无法直接理解 ls 命令的含义，此时，Shell 程序的功能就体现出来了，Shell 程序充当翻译官的角色，将用户输入的字符转化成二进制字符，让操作系统能够理解并执行用户命令，从而得到二进制结果，再由 Shell 程序将二进制结果转换成字符串，显示到屏幕上，让用户能够读懂。这个过程大大简化了用户与计算机系统的交互，提高了用户的操作效率和便捷性。

因此 Shell 程序又称为人机交互的接口，极大地降低了用户对计算机系统复杂性的感知。其灵活性和强大的命令行功能为用户提供了丰富的操作手段，使计算机系统更易用和友好。

进一步说，Shell 的作用并非仅限于将用户输入的命令翻译为计算机能够执行的指令，它还具备许多强大的功能，包括脚本编写、变量控制、流程控制等，使用户能够以更高层次的方式与操作系统进行交互。

在 Shell 的世界里，用户可以通过简洁又灵活的命令来完成各种任务，如文件管理、进程控制、系统配置等。Shell 语言支持脚本编写，用户可以将一系列命令组织成脚本文件，实现自动化的任务处理。脚本编写极大地提高了系统管理的效率，让用户能够批量执行命令，实现一次配置、多次使用。

综上所述，Shell 作为计算机系统中用户与操作系统交互的媒介，不仅是一个简单的命令解释器，更是一个强大的工具，为用户提供了便捷、高效的操作方式，成为系统管理和应用开发中不可或缺的一部分。

5.3.2 Bash 的优势

Shell 的种类有很多，如 Bash、Zsh、Fish 等，每一种 Shell 都有其独特的用法。Bash 是如今最为常见的 Shell，几乎比较流行的 Linux 发行版的默认 Shell 都是 Bash。Bash 不仅支持命令历史记忆、自动补全等基本功能，还具备极高的扩展性和强大的脚本编程能力。

Bash 之所以能从众多 Shell 中脱颖而出，首先要归功于其开源和高兼容性。作为一款开源 Shell，Bash 为用户提供了查看、修改和定制源代码的自由。其在 UNIX 和类 UNIX 操作系统中的高兼容性使用户在不同的操作系统中能够享受相对一致的 Shell 体验。其次，Bash 被广泛应用于许多 Linux 和 UNIX 操作系统中，并成为默认 Shell，使用户在使用其他开源软件或编写自己的脚本时能够获得广泛的支持和文档。这种大范围的应用使 Bash 的使用率居高不下。

如前文所述，Bash 还以其强大的脚本编辑能力和高扩展性著称，支持命令历史记忆、自动补全、添加别名、使用函数、条件测试等功能。它不仅适用于日常交互，还能够满足系统管理和脚本编程的需求，使用户能够轻松地完成各种任务。与此同时，Bash 拥有一个活跃的社区，不断引入新的功能和进行改进，以适应不断变化的技术需求。这种持续更新确保了 Bash 在性能、安全性和功能方面的竞争力。最后，Bash 注重易用性，其语法相对直观，易于用户学习和使用。这使 Bash 不仅适合专业用户，也适合初学者，促使更多人选择 Bash 作为首选 Shell。

每个 Shell 都有其特定的优势和用途，用户可以根据具体需求选择最适合的 Shell。

5.3.3 Bash 功能符

1．通配符

通配符是一种用于匹配文件名或文本字符串的特殊字符，通常用于命令行中的模式匹配。通配符允许用户使用简单的表达式来表示一组文件名或字符串，而不必明确列出每个文件名或字符串。本小节会介绍一些常见的通配符，以及一些匹配文件的通配符，具体如下。

```
#在当前目录下，存在 10 个文件 file1 ～ file10，用于体现通配符效果
    [root@node1 ~]#ls
        file1  file10  file2  file3  file4  file5  file6  file7  file8  file9

#* : 匹配 0 或者多个字符，通常可以用于指代所有字符
    [root@node1 ~]#ls file*
        file1  file10  file2  file3  file4  file5  file6  file7  file8  file9

#? : 匹配任意单个字符
    [root@node1 ~]#ls file? #? 只匹配单个字符，所以 file10 未被列出
        file1  file2  file3  file4  file5  file6  file7  file8  file9
    [root@node1 ~]#ls file?? #? 支持连用，即匹配两个字符，所以只列出 file10
        file10

#[string1-string2] : 匹配范围内的字符
    [root@node1 ~]#ls file[3-6]
            #匹配 3~6 内的数字
        file3  file4  file5  file6
#[^string1-string2] : 匹配不在范围内的字符，即取反
    [root@node1 ~]#ls file[^3-6]    #与?一致，只匹配单个字符，支持连用
        file1  file2  file7  file8  file9
```

其他常见的通配符如下。如果需要更多的通配符信息，可以在网上查询。

- [:alpha:]：匹配任意字母（不区分字母大小写）。
- [:lower:]：匹配任意小写字母。

- [:upper:]：匹配任意大写字母。
- [:digit:]：匹配任意数字。
- [:space:]：匹配空格。
- [:alnum:]：匹配任意字母或数字。
- [:punct:]：匹配除空格和字母、数字以外的任意可打印字符。

注意：如果想要使用上述通配符，应该使用"ls file[[:digit:]] ;"命令，即使用 [ ] 再次对通配符进行包裹。

2. 扩展符

（1）命令扩展符

命令扩展符为$( ) 或`` `，简单来说，命令扩展符的作用就是将某个命令的执行结果作为另一个命令的参数。使用命令扩展符时只需要把需要引用的命令放在符号中，示例如下。

```
#例如，想输入一段话，形如"the system's name is 主机名"，但每台主机的名字都不一样，所以我们
可以直接引用 hostname 命令的结果
        [root@node1 ~]#echo "the system's name is $(hostname)"
          the system's name is node1.××××××.com
        [root@node1 ~]#echo "the system's name is `hostname`"
          the system's name is node1.××××××.com
```

（2）大括号扩展符

大括号扩展符为{ }，用于重复匹配大括号内的字符串，一般来说，大括号扩展符用于需要进行批量创建的场景。

```
#列出所有元素
        [root@node1 ~]#touch file{1,3,5}
        [root@node1 ~]#ls
          file1  file3  file5
#指定元素范围
        [root@node1 ~]#touch {a..d}
        [root@node1 ~]#ls
          a  b  c  d  file1  file3  file5
```

3. 引号与反斜杠

```
#\ ：转义字符，屏蔽\后面特殊字符的含义，仅屏蔽紧跟\的一个特殊字符的含义
#例如输出一个变量，而后用 \ 抑制变量字符的含义
        [root@node1 ~]#echo "this is $(hostname)"
          this is node1.××××××.com
        [root@node1 ~]#echo "this is \$(hostname)"
          this is $(hostname)

#单引号 '' ：去掉引号内所有字符的特殊含义
#输出一个被单引号包裹的变量，变量被当作字符串直接输出
        [root@node1 ~]#echo '$(hostname)'
          $(hostname)

#双引号 ""：去掉引号内所有字符的特殊含义，除了以下 4 种情况
        $  ：变量引用符号
        `` ：命令替换符
        \  ：转义字符
        !  ：命令历史记录引用
#输出一个被双引号包裹的变量，变量正常被读取
```

```
[root@node1 ~]#echo "$(hostname)"
   node1.××××××.com
```

4．Bash 组合键

Bash 提供了以下组合键，以提升工作效率。

- Ctrl+A：把光标移动到命令行开头。
- Ctrl+E：把光标移动到命令行结尾。
- Ctrl+C：强制终止当前的命令。
- Ctrl+L：清屏，相当于执行 clear 命令。
- Ctrl+U：删除或剪切光标之前的命令。
- Ctrl+K：删除或剪切光标之后的命令。
- Ctrl+Y：粘贴按下"Ctrl+U"或"Ctrl+K"剪切的命令。
- Ctrl+R：在历史命令中搜索。
- Ctrl+D：退出当前终端。
- Ctrl+Z：暂停任务，并将任务放入后台。
- Ctrl+S：暂停屏幕输出。
- Ctrl+Q：恢复屏幕输出。

5.3.4　变量

在众多程序设计语言中，都有变量，顾名思义，变量是一个可以变化的量，当然，变化的是变量值，而不是变量名。变量是程序中用于存储数据的一块内存空间，而变量名是对这块内存空间的一种标识，变量地址是变量在内存空间中的实际存储位置。

在 Shell 编程中，变量可以用于存储各种类型的数据，如数字、字符串等。在 Shell 脚本中，可以使用变量来存储临时数据、传递参数及执行各种计算。

声明变量的语法形式一般为"变量名=变量值"的形式，但需要注意的是，变量名必须以字母或者下划线开头，并且区分大小写。对于相同的变量名，最后定义的变量值有效。

```
#首先定义变量名 A 为变量值 123
   [root@node1 ~]#A=123
   [root@node1 ~]#echo $A
    123
#再次定义变量名 A 为变量值 456，最后定义的变量值有效
   [root@node1 ~]#A=456
   [root@node1 ~]#echo $A
    456
```

在 Linux 操作系统中，变量分为两种类型，一种是本地变量，另一种是环境变量。两种变量的区别并不大，只是作用范围和使用场景有一些简单的区别。

1．父子 Shell

Shell 之间同样有父子关系。当前 Shell 进程的 PID 为 2482，如图 5-2 所示。若在当前 Shell 进程中执行 Bash 等相关命令，会开启下一层 Shell，此时便有两个 Shell 进程，PID 为 3050 的 Shell 进程成为当前活动的 Shell 进程，它也是 PID 为 2482 的 Shell 进程的子 Shell，原来 PID 为 2482 的 Shell 进程则成为父 Shell，如图 5-3 所示。

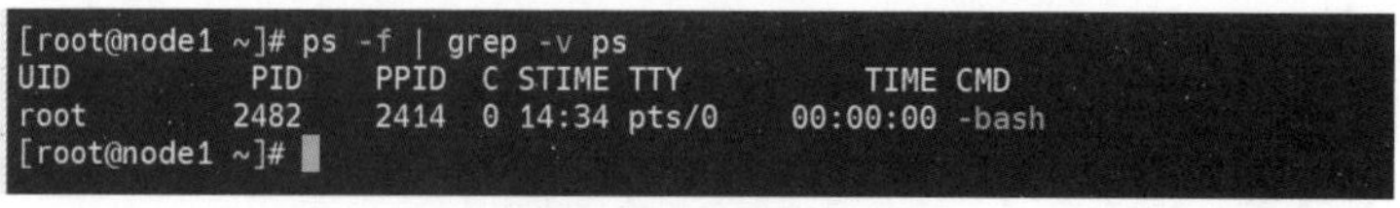

图 5-2　当前 Shell 进程

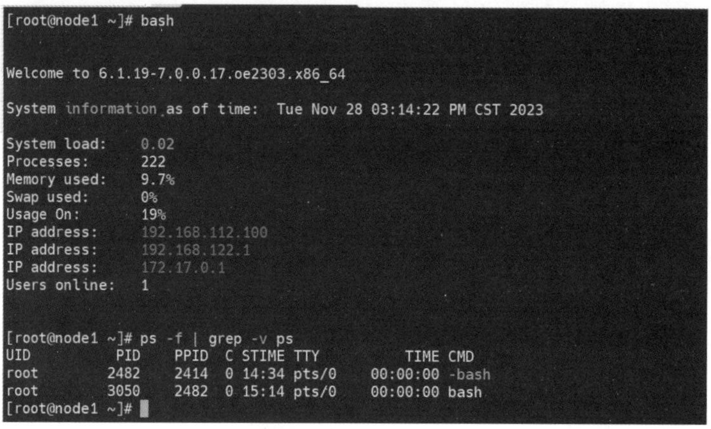

图 5-3　父子 Shell

2．本地变量

本地变量是系统中最常见的变量，由用户自定义变量名和变量值。一般来说，在 Shell 编程中，多数使用本地变量，具体如下。

```
#定义变量：变量名=变量值
    [root@node1 ~]#TEST_VAR=123
#引用变量，使用${VAR-NAME}或$VAR-NAME
    [root@node1 ~]#echo $TEST_VAR
    123
    [root@node1 ~]#echo ${TEST_VAR}
    123
#查看变量
    #查看单个变量
    [root@node1 ~]#echo $TEST_VAR
    123
    #查看所有变量（包括本地变量与环境变量）
    [root@node1 ~]#set
#取消变量，使用 unset VAR-NAME ，当变量没有设置时，变量为空
    [root@node1 ~]#echo $TEST_VAR
    123
    [root@node1 ~]#unset TEST_VAR
    [root@node1 ~]#echo $TEST_VAR

    [root@node1 ~]#
#作用范围：仅在当前的 Shell 中生效
    [root@node1 ~]#A=123
    [root@node1 ~]#echo $A
    123
    [root@node1 ~]#bash
    [root@node1 ~]#echo $A

    [root@node1 ~]#
```

3．环境变量

```
#定义变量
    方法一：export VAR-NAME=VAR-string
    方法二：export VARNAME #将自定义的本地变量升级为环境变量
    [root@node1 ~]#TEST_VAR1=123
    [root@node1 ~]#export TEST_VAR2=123
    [root@node1 ~]#export TEST_VAR1


#将引用变量与取消变量设置得与本地变量相同


#查看变量
    #查看所有环境变量
    [root@node1 ~]#env
#作用范围：在当前 Shell 和子 Shell 中生效
    [root@node1 ~]#export A=123
    [root@node1 ~]#echo $A
      123
    [root@node1 ~]#bash
    [root@node1 ~]#echo $A
      123
    [root@node1 ~]#
```

在 Linux 操作系统中，也有许多默认存在的环境变量，可以帮助我们减少工作时间、提升工作效率甚至美化系统。默认的环境变量见表 5-1。

表 5-1　默认的环境变量

变量名	作用
PS1	定义命令行提示符的环境变量
HISTSIZE	定义命令历史记录的条目数
PATH	定义可执行文件所在目录
HOME	定义用户家目录
UID	定义用户 UID 信息
MAIL	定义邮件存储路径

4．变量文件

使用 su 命令切换用户时，无论是"su-username"还是"su username"，都可以切换到指定用户，那这两者之间有什么区别呢？

其实就是 Shell 的类型不同，在 Linux 操作系统中，Shell 有两种类型，一种是登录 Shell，例如用户正常通过某终端登录系统、在图形化登录界面完成认证、使用"su-"切换用户时启动的 Shell；另一种是非登录使用"su"命令切换用户时，在桌面打开终端程序、执行脚本等。登录 Shell 的优势是可以完整加载用户基础环境配置，确保环境变量的切换更彻底。

究其根本，其实就是触发文件不同，若是登录 Shell，则会触发 4 个文件：/etc/profile、/etc/bashrc、~/.bashrc 和~/.bash_profile，这 4 个文件定义了一些系统配置、全局 Shell 配置与各种坏境变量等。非登录 Shell 仅会触发/etc/bashrc 和~/.bashrc 两个文件。

登录 Shell 的触发顺序是/etc/profile→~/.bash_profile→~/.bashrc→/etc/bashrc；可以在/etc/profile 和/etc/bashrc 中定义全局的配置信息，若是用户个人的配置，则一般在~/.bash_profile 和~/.bashrc 中进行定义。

5．命令别名

在日常的命令行操作中，我们经常需要输入一些较长的命令或者复杂的参数，这不仅费时费力，还容易出现输入错误。为了提高命令行操作的效率和便捷性，Linux 操作系统提供了一个强大的命令——alias 命令。alias 命令允许用户为常用命令或一系列命令创建简短、易记的别名，从而在输入命令时省去冗长的字符，轻松完成各种任务，具体如下。

```
#定义别名: alias ALIAS="COMMAND"
        [root@node1 ~]#alias backup="cp -a /etc /tmp/etc-`date '+%F-%T'`"
        [root@node1 ~]#backup
        [root@node1 ~]#ls /tmp/
          etc-2023-11-28-16:27:20
        [root@node1 ~]#
#查看别名: alias ALIAS
        [root@node1 ~]#alias backup
          alias backup='cp -a /etc /tmp/etc-2023-11-28-16:27:20'
#取消别名设置: unalias ALIAS
        [root@node1 ~]#unalias backup
        [root@node1 ~]#backup
          bash: backup: command not found
```

5.4 Bash 流程控制的核心机制

5.4.1 Shell 脚本的基本元素与编写规范

1．Shell 脚本的基本元素

一个基础的 Shell 脚本应当包含一些基本元素，下面以图 5-4 为例进行基本元素的说明。脚本的第一行是解释器声明，Bash 的解释器就是#!/bin/bash，解释器声明用于告诉操作系统使用哪一个解释器来执行当前的脚本。解释器声明下面是注释信息（多行注释用 BLOCK 或单行注释用#），用于说明某些代码的功能。最下面则是可执行语句，用于实现脚本功能的命令集。

```
#!/bin/bash
#解释器声明

# 这是单行注释
<<BLOCK
这
是
多
行
注
释
BLOCK

# 这是可执行语句，用于实现脚本功能的命令集
echo this is test SHELL
```

图 5-4　Shell 脚本的基本元素

2．Shell 脚本的执行

Shell 脚本的执行也很重要，在 Linux 操作系统中，不能像在 Windows 操作系统中那样双击运行脚本。Shell 脚本的执行方法共有 4 种，具体如下。

```
#脚本内容
    [root@node1 ~]#cat /root/shell/1.sh
     #!/bin/bash
     echo 123
#方法1：使用相对路径执行 Shell 脚本
    [root@node1 ~]#shell/1.sh
     123
#方法2：使用绝对路径执行 Shell 脚本
    [root@node1 ~]#/root/shell/1.sh
     123
#方法3：直接使用 Bash 命令执行 Shell 脚本
    [root@node1 ~]#bash shell/1.sh
     123
#方法4：在当前 Shell 环境中使用 source 命令执行 Shell 脚本
    [root@node1 ~]#source shell/1.sh
     123
```

这 4 种方法也有一些区别，方法 3 在脚本中可以不指定解释器，并且即使没有执行权限也可以直接执行脚本文件，方法 1 和方法 2 都必须拥有执行权限才可以执行脚本文件。

如图 5-5 所示，在脚本中定义本地变量，只有方法 4 可以在命令行中引用该变量，原因是使用 source 命令执行脚本时，是直接利用当前 Shell 执行的，而其他 3 种方法都是开启新 Shell 执行脚本，所以 source 命令也可以用于读取变量文件中新定义的变量等信息。

图 5-5　使用 source 命令执行脚本

3．Shell 脚本编写规范

针对一个需要开源并发布在网络上的脚本，我们一般会用非常规范的格式编写脚本，以免被其他人随意利用。Shell 脚本编写规范如图 5-6 所示。

① 开头声明解释器。

```
#!/bin/bash
```

② 加上版权等信息。

```
#Created Time:创建日期
#Author:作者
#Mail:联系方式
#Function:功能
#Version:版本
#Description:描述
```

```
#!/bin/bash
##############################################################
# File Name: 1.sh
# Version: V1.0
# Author: Huawei-openEuler
# Email: openEuler.example.com
# Created Time : 2023-11-29 11:09:46
# Description: this is a test shell-file
##############################################################
if [ -f $1 ];then
        grep root $1 &>/dev/null && echo True
else
        echo False
fi
~
```

图 5-6　Shell 脚本编写规范

③ 在脚本中尽量不要使用中文注释。

④ 进行文件处理时，尽量不要使用 cat 命令，以减少资源开销。

```
#如 cat /etc/passwd | grep root
#尽量使用以下方法，减少脚本的输出与开销：
#grep root /etc/passwd
```

⑤ 注意代码缩进，以便于后续维护更新。

⑥ Shell 脚本文件以 sh 为扩展名。

5.4.2　Shell 脚本补充功能

1．位置变量与预定义变量

如图 5-7 所示，位置变量是指在脚本或程序执行时从命令行传递给程序的参数。在脚本中，可以通过位置变量访问和处理这些参数。在大多数脚本和编程语言中，位置变量通常用$1、$2、$3 等表示，分别代表第 1 个参数、第 2 个参数、第 3 个参数，以此类推。不能自定义变量名，并且变量的作用是固定的。

```
[root@node1 ~]# cat 1.sh
#!/bin/bash
echo $1 $2 $3
[root@node1 ~]# bash 1.sh one two three
one two three
[root@node1 ~]# 
```

图 5-7　位置变量

除了位置变量外，在 Shell 脚本中，还有一些预定义变量，见表 5-2。这些变量是已经由 Bash 定义好的变量，与位置变量一样，不能自定义位置变量名，并且变量作用也是固定的。

表 5-2　预定义变量

变量名	变量作用
$0	脚本文件名
$@	所有的参数，用双引号将参数引起来时，每个参数作为个体
$#	所有参数的数量
$$	当前进程的 PID

2. 从命令行读取变量值

在某些场景下，脚本的执行可能需要执行者输入某个信息作为变量，如在修改网络时，让用户输入网络相关的配置信息；在创建用户账户或者修改账户密码时，让用户输入用户名与密码等。

所以我们需要一个工具，它能够从命令行中读取用户的输入作为脚本的运行变量。如图 5-8 所示，read 命令可以满足我们的需求，它能够提示用户输入某些信息，并将用户输入信息保存为一个变量，在脚本运行中使用该变量。其语法和常用参数如下。

```
语法: read -p "提示信息: " 变量名
常用参数:
    -s: 使用户输入不可见，常用于输入密码
    -n N: 限制用户输入的字符串长度为 N
    -t N: 设置超时时间，如果用户超过 N 秒没输入，则退出脚本执行
```

```
[root@node1 ~]# cat 1.sh
#!/bin/bash
read -p "Please input your name: " username
echo hello $username
[root@node1 ~]# bash 1.sh
Please input your name: openEuler
hello openEuler
[root@node1 ~]#
```

图 5-8　使用 read 命令读取用户的输入

3. 退出码

如图 5-9 所示，在 Linux 操作系统中，退出码（退出状态码）是指一个命令或脚本执行完毕返回的一个整数值。退出码用于表示命令或脚本的执行结果，0 表示脚本或命令成功执行，非零值则表示在执行过程中出现了某种错误。退出码被存放在$?变量中，可以直接用 echo 命令输出，判断脚本或命令执行是否成功。

```
[root@node1 ~]# sl
-bash: sl: command not found
[root@node1 ~]# echo $?
127
[root@node1 ~]#
```

图 5-9　退出码

常见的退出码如下。

- 0：表示脚本或命令成功执行。
- 1～127：表示在脚本或命令的执行过程中出现了某种错误。不同的命令或脚本可能会使用不同的非零值来表示不同的错误条件。
- 128～255：通常表示脚本或命令的执行被信号中断。例如，退出码 130 表示脚本或命令被 SIGINT 信号（通常由"Ctrl+C"组合键产生）中断。

可以在 Shell 脚本中使用退出码，例如获取上一个命令的退出码然后以此进行判断，如图 5-10 所示。我们在"ping"命令后对$?退出码进行判断：当退出码为 0 时，输出"alive"通知；反之则输出"died"通知。该 Shell 脚本可以帮助我们判断主机是否可以与192.168.112.1 通信。

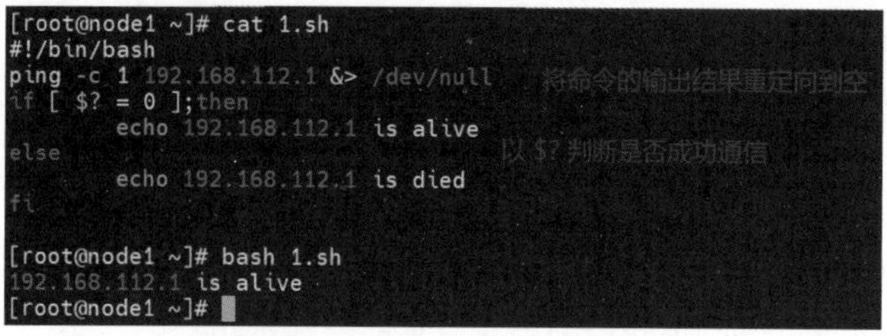

图 5-10　在 Shell 脚本中使用退出码

退出码用于使脚本或命令能够在执行过程中传递状态信息，以便其他程序或脚本能够根据这些信息进行相应的处理。在编写 Shell 脚本或处理命令行时，了解和正确处理退出码是非常重要的。

5.4.3　运算符

在计算机编程和数学中，运算符是一种用于执行操作的符号或关键字。运算符可以分为条件运算符、检测文件运算符、数值运算符、布尔运算符和字符串运算符等。在 Shell 脚本中，运算符通常用于控制流程、处理数据、进行条件判断等。

在 Shell 脚本中，测试语句用于判断特定条件表达式的真假。如果条件表达式为真，测试语句的返回值是 0；如果条件表达式为假，测试语句将返回一个非零值。这种返回值的设计使 Shell 脚本能够基于条件的满足情况采取执行的操作，如运行不同的代码块、进行流程控制跳转，或者在脚本中进行其他决策。在条件测试语句中，可以使用各种运算符来对复杂的条件进行判断控制，而在 Shell 脚本中，条件表达式有以下 3 种格式。

- 格式 1：test 条件表达式。
- 格式 2：[条件表达式]。
- 格式 3：[[条件表达式]]。

```
#-f FILENAME 可以根据文件名判断是不是一个普通文件
#格式1
    [root@node1 ~]#test  -f /etc/passwd  && echo 123
      123

#格式2
    [root@node1 ~]#[ -f /etc/passwd ] && echo 123
      123

#格式3
    [root@node1 ~]#[[ -f /etc/passwd ]] && echo 123
      123
```

1.　条件运算符

有两种条件运算符，一种是&&（表示逻辑与）；另一种是||（表示逻辑或）。是否执行命令要根据前一句命令的退出码进行判断。

简单举个例子，如图 5-11 所示，当存在 COMMAND1 && COMMAND2 命令时，系统优先执行 COMMAND1 命令，如果 COMMAND1 命令执行成功，那么也执行

COMMAND2 命令；而若是存在 COMMAND1||COMMAND2 命令，如果 COMMAND1
命令执行成功，便不再执行 COMMAND2 命令了，只有 COMMAND1 命令执行失败才会
执行 COMMAND2 命令。

图 5-11　条件运算符

2．检测文件运算符

检测文件运算符见表 5-3。

表 5-3　检测文件运算符

检测文件运算符	说明
-b file	检测文件是否为块设备文件，如果是则返回 True
-c file	检测文件是否为字符设备文件，如果是则返回 True
-d file	检测文件是否为目录，如果是则返回 True
-f file	检测文件是否为普通文件，如果是则返回 True
-u file	检测文件是否具有 SUID 权限，如果是则返回 True
-g file	检测文件是否具有 SGID 权限，如果是则返回 True
-k file	检测文件是否具有 Sticky 权限，如果是则返回 True
-p file	检测文件是否为管道文件，如果是则返回 True
-r file	检测文件是否可读，如果是则返回 True

3．数值运算符

数值运算符用于比较两个数值的大小。数值运算符及其说明见表 5-4。

表 5-4　数值运算符及其说明

数值运算符	说明
-eq	检测两个数是否相等，如果相等则返回 True
-ne	检测两个数是否不相等，如果不相等则返回 True
-gt	检测左数是否大于右数，如果是则返回 True
-lt	检测左数是否小于右数，如果是则返回 True
-ge	检测左数是否大于等于右数，如果是则返回 True
-le	检测左数是否小于等于右数，如果是则返回 True

4．布尔运算符

布尔运算符及其说明见表 5-5。

表 5-5　布尔运算符及其说明

布尔运算符	说明
!	逻辑非运算符，进行取反操作，如果结果是 True，则返回 False
-o	逻辑或运算符，有一个表达式为 True，则返回 True
-a	逻辑与运算符，两个表达式都为 True，才返回 True

5. 字符串运算符

字符串运算符及其说明见表 5-6。

表 5-6　字符串运算符及其说明

字符串运算符	说明
=	检测两个字符串是否相等，相等则返回 True
!=	检测两个字符串是否不相等，不相等则返回 True

5.4.4　条件判断语句

Shell 脚本是执行自动化任务和系统管理中的重要工具，而条件判断语句是 Shell 脚本至关重要的一部分。在 Shell 脚本中，if 语句和 case 语句是两种主要的条件判断结构，它们为 Shell 脚本提供了灵活而强大的控制能力，使脚本能够根据不同的条件执行相应的操作。

1. if 语句

if 语句是 Shell 脚本中最常见、最基础的条件判断结构之一。它允许根据一个或多个条件的真假执行不同的命令块。

（1）基础语法

```
#单分支结构
  第 1 种语法：
      if <条件表达式>
      then
      指令
      fi
  第 2 种语法：
      if <条件表达式>;then
      指令
      fi

#双分支结构
      if <条件表达式>;then
              指令序列 1
      else
              指令序列 2
      fi

#多分支结构
      if <条件表达式 1>;then
```

```
                命令序列 1
    elif <条件表达式 2>;then
                命令序列 2
    else
                命令序列 n
    fi
```

（2）简单示例

根据用户输入的成绩，判断成绩的水平（分为优、良、中、差，对应 A、B、C、D 等级）。

- 85～100 分（优秀），等级为 A。
- 70～84 分（良好），等级为 B。
- 60～69 分（合格），等级为 C。
- 60 分以下（不合格），等级为 D。

```
#脚本示例解读
read -p "Please enter your score (0-100): " grade  #读取用户输入的成绩并保存为变量
if [ $grade -ge 85 ]; then        #条件表达式 1，成绩大于等于 85 分
    echo "$grade, A"              #命令序列 1
elif [ $grade -ge 70 ]; then      #条件表达式 2，成绩大于等于 70 分
    echo "$grade, B"              #命令序列 2
elif [ $grade -ge 60 ]; then      #条件表达式 3，成绩大于等于 60 分
    echo "$grade, C"              #命令序列 3
else                              #以上条件表达式都不满足则执行 else 语句
    echo "$grade, D"              #命令序列 4
fi                                #结束 if 语句
```

2．case 语句

case 语句是一种用于多条件判断的结构，特别适合处理有多个可能的取值的情况。

（1）基本语法

```
case EXPRESSION in
    pattern1)
            COMMAND1
    ;;
    pattern2)
            COMMAND2
    ;;
    pattern3)
            COMMAND3
    ;;
    *)
            COMMAND4
    ;;
esac
```

说明如下。

EXPRESSION：表示需要匹配的值，可以是变量、数字、字符串等，只要能得到最后的值即可。

pattern：表示匹配模式，可以是数字、字符串、通配符、正则表达式，将 EXPRESSION 与 pattern 进行匹配，第几个 pattern 匹配成功则执行第几个 COMMAND 命令。

*)：托底匹配，若上述 pattern 都没有匹配成功，则执行最后的托底匹配命令，用户也

可以不写最后的托底匹配命令。如果 EXPRESSION 没有匹配到任何一个 pattern，那么就不执行任何操作。

注意: 每一个分支必须以 ;; 结尾，最后一个分支可写可不写。

（2）简单示例

由用户从键盘输入一个字符，并判断该字符是否为字母、数字或其他字符，并输出相应的提示信息，具体如下。

```
read -p "Please enter a character, press enter to continue: " KEY   #读取用户输入
case "$KEY" in                                    #对变量进行匹配
[a-z]|[A-Z])                                      #匹配模式1，正则表达式，区分大小写字母
            echo "Input is letter"               #命令序列1
    ;;
[0-9])                                            #匹配模式2，正则表达式，数字
            echo "Input is number"               #命令序列1
    ;;
*)                                                #托底匹配模式
            echo "Input is other characters"     #命令序列1
esac                                              #结束case
```

5.4.5 循环语句

除了具有强大的条件判断语句，Shell 脚本还有一个强大之处在于其能够自动执行重复的任务，而循环语句是实现这一目标的核心工具。在下文中，我们将学习 Shell 脚本中的 3 种主要循环结构——for 循环、while 循环、until 循环，以及循环控制语句，探索如何使用它们有效进行迭代和重复操作。

1. for 循环

for 循环在运行时，会依次从提供的串行元素中取出每个元素，并将其赋值给指定的变量。串行元素是由字符串组成的，这些字符串通过由$IFS 定义的分隔符（如空格符）隔开，每个字符串称为一个字段。for 循环会重复执行位于 do 和 done 之间的命令块，直到所有元素都被遍历完毕。for 循环是处理串行数据集合的强大工具，允许开发者对每个元素执行相同的操作。

（1）基本语法

```
for VAR in 串行
do
    COMMAND
Done
```

在 Linux 操作系统中，有 4 种方法可以列出串行中的所有数据。

```
#方法1：直接列出元素，中间以空格符作为分隔符
    for i in 1 2 3 4 5
    do
    echo $i
    done

#方法2：使用大括号进行范围的指定
    for i in {1..5}
    do
      echo $i
```

```
        done

#方法 3：使用 seq 指定数据集，$seq(START END)
    for  i in $(seq  1 5)
    do
      echo $i
    done

#方法 4：使用命令的结果
    for i in $(cat /etc/passwd)
    do
      echo $i
    done
```

（2）简单示例

if 语句与 for 循环可结合使用，示例如下。

示例：编写一个 Shell 程序，判断当前网络（假定为 192.168.1.0/24，可根据实际情况修改）中，当前在线用户的 IP 地址。

```
for i in $(seq 1 254)                               #指定变量 I 在 1~254 中循环
do
        ping -c 2 -W 1 192.168.1.$i &>/dev/null     #执行 ping 命令
        if [ $? = 0 ];then                          #判断 ping 命令是否执行成功
                echo "192.168.1.$i is up..."        #成功则返回主机存活
        else
         echo "192.168.1.$i is down..."             #失败则返回主机处于关闭状态
        fi                                          #结束 if 条件判断
done                                                #结束循环
```

2．while 循环

while 循环是另外一种常见的循环结构。使用 while 循环可以使用户重复执行一系列操作，直到触发某个条件。

（1）基本语法

```
while expression
        do
                statement1
                statement2
        ...
        done
```

说明如下。

expression：表达式，当条件表达式为 true 时，循环；当条件表达式为 False 时，循环结束。

statement：命令队列。

while 循环还用于对文件进行逐行读取，可以实现在文件的每一行执行一组命令。while 循环对于处理文本文件、日志文件或其他结构的文件非常有用。在 while 中，有 3 种方法用于处理某个指定的文件。

```
方法 1：采用 exec 读取文件，然后进入 while 循环处理
    exec < File ; while read line
    do
                statement1
    done
方法 2：使用 cat 命令读取文件，然后通过管道进入 while 循环处理
```

```
        cat File | while read line
        do
                statement1
        done
```
方法 3：通过在 while 循环的结尾使用输入重定向指定读取的文件
```
        while read line
        do
                statement1
        done < File
```

（2）简单示例
```
#逐行统计文件字符数量
        #!/bin/bash
        while read  line                              #逐行读取文件并设置每一行内容为 line 变量
        do
            length=$(echo -n "$line" | wc -m)              #统计 line 变量的字符数
            echo "LINE: $line, Character count: $length" #输出统计内容
        done < /etc/passwd
#在 while 循环的结尾使用输入重定向的方式读取文件
```

3. until 循环

until 循环的作用也是重复执行循环体，直到某个条件成立为止。恰当地使用 until 循环，可以达到事半功倍的效果。

（1）基本语法
```
until expression
    do
        statement1
        statement2
        ...
done
```

expression：表达式，当表达式为 True 时，停止循环；当表达式为 False 时，继续循环。
statement：命令队列。

（2）简单示例
```
#循环计数器变量 counter，使其大于 5
        #!/bin/bash
        counter=1                                        #定义变量 counter 的初始值为 1
        until [ $counter -gt 5 ]                         #判断 counter 是否大于 5
        do
            echo "Current counter value: $counter"   #输出 counter
            ((counter++))                                #每一次循环，counter +1
        done
        echo "Loop finished."                            #循环结束后，输出字符串
```

4. 循环控制

在 Shell 脚本中，有两个关键语句，即 break 语句和 continue 语句，这两个关键语句在循环结构中发挥着重要作用。break 语句用于立即跳出循环，可用于 for、while 或 until 等循环语句的循环体内。break 语句用于在满足特定条件时立即终止整个循环。break 语句的用法如图 5-12 所示，原本的 for 循环的目标是输出 1～10，而加入条件判断语句后，当变量 i 等于 4 时，执行 break 语句，此时整个循环直接结束，不再输出 5～10。

continue 语句的作用不是退出循环体，而是跳过当前循环体中 continue 语句后面的代

码，然后让程序重新从循环语句的起始位置执行。在特定条件下，可以直接进入下一次循环迭代，而不执行当前迭代中 continue 语句后的代码。这对于在循环中进行条件判断，并根据判断结果有选择性地跳过部分代码非常有用。continue 语句的用法如图 5-13 所示，图中将原本的 break 语句替换成了 continue 语句，当变量 *i* 等于 4 时，仅跳过这一次循环，继续执行变量为 5～10 的循环过程。

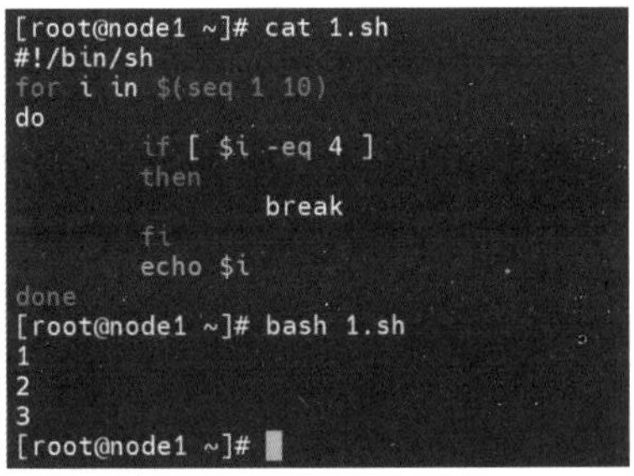

```
[root@node1 ~]# cat 1.sh
#!/bin/sh
for i in $(seq 1 10)
do
        if [ $i -eq 4 ]
        then
                break
        fi
        echo $i
done
[root@node1 ~]# bash 1.sh
1
2
3
[root@node1 ~]#
```

图 5-12　break 语句的用法

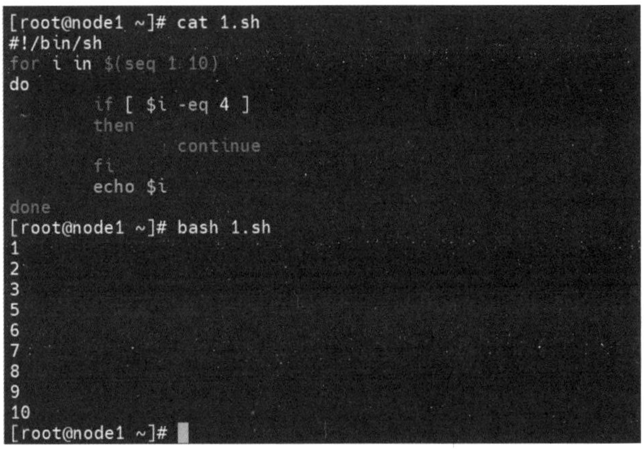

```
[root@node1 ~]# cat 1.sh
#!/bin/sh
for i in $(seq 1 10)
do
        if [ $i -eq 4 ]
        then
                continue
        fi
        echo $i
done
[root@node1 ~]# bash 1.sh
1
2
3
5
6
7
8
9
10
[root@node1 ~]#
```

图 5-13　continue 语句的用法

综上所述，break 语句用于结束整个循环，而 continue 语句用于在循环过程中灵活控制执行流程，跳过特定条件下的代码；而在开发时，应该根据场景的实际需求来优化代码整体的循环逻辑，以便脚本能够正常并快速运行。

5.5　Bash 函数的使用

Shell 脚本是自动化和批量执行任务不可或缺的工具，而其中的函数为我们提供了一种有效的组织和重用代码的方式。Shell 脚本中的函数是一种强大的结构，能将一段代码组织成一个可重复使用的单元。合理使用函数，不仅可以使 Shell 脚本更易读、易维护，还可以提高代码的可复用性、Shell 脚本的模块性。

5.5.1　函数的基本语法

```
#定义函数
方法 1:
        function 函数名() {
            #函数体
            #...
    }
方法 2:
        函数名() {
            #函数体
```

```
            #...
        }
```

函数是一种简单而有效的程序模块定义方式，函数体包含执行实际操作的语句。当后续的代码需要使用相应的功能模块时，只需调用函数，便能轻松实现期望的功能。函数的简单使用如图 5-14 所示。这不仅提高了代码的可读性和模块化程度，而且支持反复调用，我们能够在程序中灵活地重复利用这一功能，提高代码的复用性和维护性。

如前文所述，在 Shell 脚本中，我们能够定义各种变量。以本地变量为例，若在脚本中直接定义本地变量，因为脚本是从上至下逐行执行的，所以定义的变量后面的所有语句都可以读取定义的本地变量。不过，在函数中定义的本地变量，仅在当前函数内生效，函数执行结束后，该变量便会被自动销毁。

如图 5-15 所示，正常变量 A 被读取，但在函数中定义的变量 B 就无法在函数外被调用了，并且在函数中定义变量，需要在变量名称前加上 local，表明这是在定义本地变量。

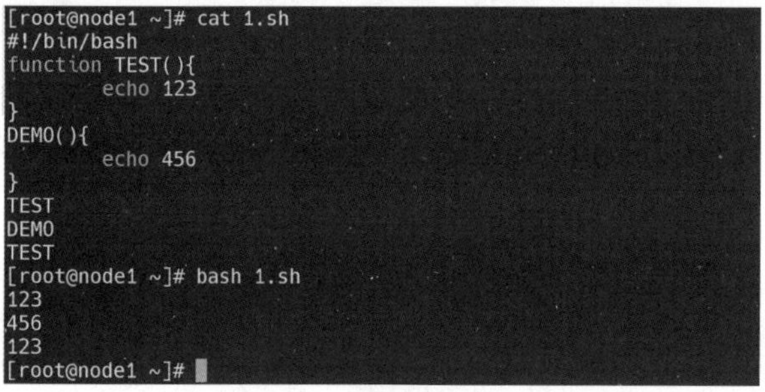

图 5-14　函数的简单使用

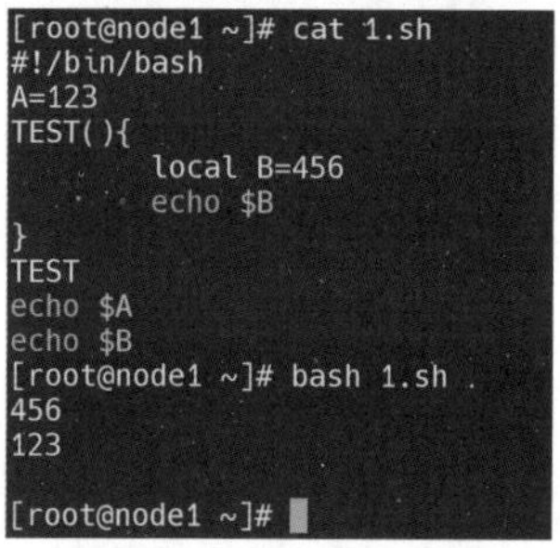

图 5-15　函数的变量

5.5.2　函数的参数传递

如图 5-16 所示，函数是可以进行参数传递的，位置参数的应用最为广泛，我们仅需要在调用函数时向函数传递参数。

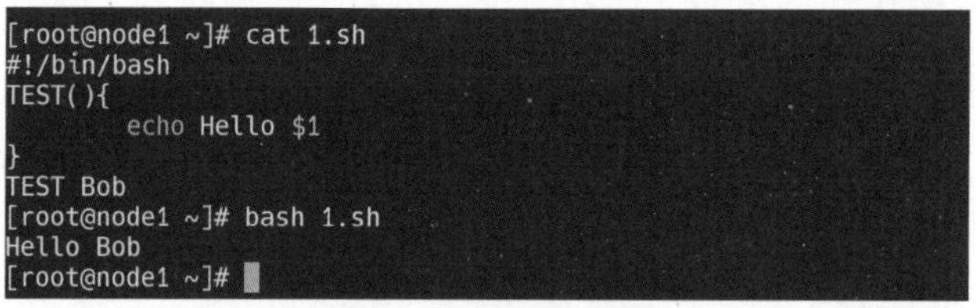

图 5-16　向函数传递参数

5.5.3　函数的返回值与退出码

执行函数后，我们经常会借用函数的输出结果或函数的执行状态进行下一步判断，也就是借用函数的返回值和退出码。在 Shell 脚本中，获取函数的返回值时，需要使用 result 语句调用函数并直接向函数传递参数。而退出码的获取则与前文所述一样，需要使用$?变量获取，如图 5-17 所示。

返回值通常用于传递计算结果，而退出码则用于表示函数的执行状态，为错误检测提供一种机制。这种机制使函数能够与调用者高效交互，提供了灵活的信息传递方式，有助于编写可读性强且健壮的 Shell 脚本。

```
[root@node1 ~]# cat 1.sh
#!/bin/bash
TEST(){
        echo Hello $1
}
result=$(TEST john)
echo $?
echo $result
[root@node1 ~]# bash 1.sh
0
Hello john
[root@node1 ~]#
```

图 5-17　函数的返回值和退出码

5.5.4　函数的递归与循环

函数的递归，本质上是将一个复杂问题分解成更小的、类似的问题，而这个函数可以在自己的定义中反复调用自身以解决问题。递归的思想让我们可以用更简单的方式解决问题，而不是一次性处理所有复杂问题。

递归的核心在于处理问题时，函数会调用自身，每一次调用自身都是在解决一个规模较小的问题，直到达到"不用再拆分问题"的情况。这样，递归虽然强大，但需要小心处理"不用再拆分问题"，以避免函数调用永不结束。总体来说，递归是一种巧妙的思维方式，通过将问题分解为可管理的部分，使代码更易读、高效。递归遍历目录如图 5-18 所示。

```
[root@node1 ~]# tree  /a
/a
└── b
    └── c
        └── d
            └── e
                ├── passwd
                └── shadow
            ├── passwd
            └── shadow
        ├── passwd
        └── shadow
    ├── passwd
    └── shadow
├── passwd
└── shadow

5 directories, 10 files
[root@node1 ~]# cat 1.sh
#!/bin/bash
dir(){
        for i in $(ls  $1)
        do
                if [ -d $1"/"$i ];then
                        dir $1"/"$i
                else
                        echo $1"/"$i
                fi
        done
}
dir $1
[root@node1 ~]# bash 1.sh /a
/a/b/c/d/e/passwd
/a/b/c/d/e/shadow
/a/b/c/d/passwd
/a/b/c/d/shadow
/a/b/c/passwd
/a/b/c/shadow
/a/b/passwd
/a/b/shadow
/a/passwd
/a/shadow
[root@node1 ~]#
```

图 5-18　递归遍历目录

综上所述，递归的本质是在函数在其内部调用自身，函数既是调用者，又是被调用者，每次调用都会进入一个新层次；但需要注意的是，为了让递归函数在达到目的后能直接退出，必须为递归设置一个终止条件，以避免无限递归陷入死循环。

5.6 自动化任务管理

在许多场景中，可能会存在需要在某些时间节点重复执行或在一段时间后再执行的任务。然而，无论是定时重复执行任务，还是延迟执行任务，我们都无法保证自己能够准确记住要求并且准时执行任务。因此，可以借助 Linux 操作系统中的计划任务。

计划任务的作用是处理周期性任务，如在生产环境中定期备份数据或执行周期性的系统巡检任务。计划任务被分为两种，一种是周期性计划任务，如每天早上 8 点进行系统巡检并收集系统信息，每晚 12 点定时重启系统等，这种任务会在固定时间节点重复执行，任务的特点是具有规律性和重复性。另一种是一次性计划任务，这类任务只需要执行一次，如在 10 分钟后关闭系统，在 1 个小时后删除某个文件等，任务的特点是突发性和一次性。在 Linux 操作系统中，我们使用 at 命令管理一次性计划任务，使用 crontab 命令管理周期性计划任务。

5.6.1 一次性计划任务

1. at 命令

如图 5-19 所示，在 openEuler 操作系统中，at 命令默认未安装，需要手动进行安装。使用“dnf provides at”查找 at 命令对应的软件包，然后用 install 安装即可。

```
[root@localhost ~]# dnf  provides  at
Last metadata expiration check: 1 day, 18:48:33 ago on Thu 25 Jan 2024 04:09:10 PM CST.
at-3.2.5-1.oe2303.x86_64 : A job manager
Repo         : @System
Matched from:
Provide      : at = 3.2.5-1.oe2303

at-3.2.5-1.oe2303.x86_64 : A job manager
Repo         : OS
Matched from:
Provide      : at = 3.2.5-1.oe2303

at-3.2.5-1.oe2303.x86_64 : A job manager
Repo         : everything
Matched from:
Provide      : at = 3.2.5-1.oe2303

[root@localhost ~]# dnf -y install at
Last metadata expiration check: 1 day, 18:48:53 ago on Thu 25 Jan 2024 04:09:10 PM CST.
```

图 5-19 安装 at 命令

在 Linux 操作系统中，一次性计划任务是通过 atd.service 服务实现的，用户可以利用 at 命令设定特定的时间点，由该服务负责在指定时间点执行用户指定的命令。如图 5-20 所示，我们需要运行这个服务，并且设置服务开机自启。

```
[root@localhost ~]# systemctl enable --now atd.service
Created symlink /etc/systemd/system/multi-user.target.wants/atd.service → /usr/lib/systemd/system/atd.service.
[root@localhost ~]# systemctl status atd.service
● atd.service - Deferred execution scheduler
     Loaded: loaded (/usr/lib/systemd/system/atd.service; enabled; vendor preset: enabled)
     Active: active (running) since Sat 2024-01-27 11:09:12 CST; 5s ago
       Docs: man:atd(8)
   Main PID: 2877 (atd)
      Tasks: 1 (limit: 21523)
     Memory: 276.0K
     CGroup: /system.slice/atd.service
             └─ 2877 /usr/sbin/atd -f

Jan 27 11:09:12 localhost.localdomain systemd[1]: Started Deferred execution scheduler.
[root@localhost ~]#
```

图 5-20　启动 atd.service 服务

2．时间定义

如何设置一次性计划任务呢？首先，我们需要学习时间的表示方法。

先来看绝对时间表示方法，我们使用 24 小时制来表示绝对时间，如 15:30 表示当天的 15:30，也可以结合日期使用，如"2025-01-01 16:00"明确指定了在 2025 年 1 月 1 日的下午 4 点。也可以使用 12 小时制，如 15:30 可以使用 03:30pm 来表示，am 表示上午 12 小时制时间，pm 则表示下午 12 小时制时间。

我们也可以使用英文描述一些时间节点。如 tomorrow 表示明天的当前时间节点，具体如下。

- now：表示当前时间。
- tomorrow：表示明天的当前时间节点。
- midnight：表示午夜，即 00:00。

然后，我们还可以使用相对时间表示方法，配合"+"与时间描述。例如"now +30min"表示当前时间节点的 30 分钟后；"now +3days"表示当前时间节点的 3 天后。

- min：表示分钟。
- days：表示天。
- week：表示周。

最后，绝对时间与相对时间可以结合使用，如"16:00+3days"表示 3 天后的 16:00。

注意：若需要更多的时间定义方法，可以参考/usr/share/doc/at/timespec 帮助文档。

3．一次性计划任务的基础使用

在默认情况下，我们会使用交互式的方法来定义一次性计划任务，基本语法如下。

基本语法：at TIMESPEC

如图 5-21 所示，使用交互式定义方法，在当天的 16:00 定义一个创建/test 目录的任务，在一次性计划任务内，我们可以加入多行指令，一条指令输入完成后按"Enter"键即可换行输入下一条指令。指令输入完成后，使用"Ctrl+D"组合键结束输入，一个一次性计划任务就定义完成了。

但如果是在脚本中，使用这种方法进行一次性计划任务的定义就会存在一些显而易见的问题，所以我们选择另一种方法，通过文件重定向定义一次性计划任务，基本语法如下。

基本语法：at TIMESPEC < FILE

如图 5-22 所示，可以直接使用文件重定向，将需要的指令写入文件，重定向给 at 命令来定义一次性计划任务。

```
[root@localhost ~]# at 16:00
warning: commands will be executed using /bin/sh
at Sat Jan 27 16:00:00 2024
at> mkdir /test -p
at> <EOT>
job 12 at Sat Jan 27 16:00:00 2024
[root@localhost ~]#
```

图 5-21　使用交互式定义一次性计划任务

```
[root@localhost ~]# echo 'echo hello' > 1.txt
[root@localhost ~]# cat 1.txt
echo hello
[root@localhost ~]# at 17:00 < 1.txt
warning: commands will be executed using /bin/sh
job 13 at Sat Jan 27 17:00:00 2024
[root@localhost ~]# at -l
12      Sat Jan 27 16:00:00 2024 a root
13      Sat Jan 27 17:00:00 2024 a root
[root@localhost ~]#
```

图 5-22　使用文件重定向定义一次性计划任务

可以使用 at -l 参数列出当前系统的所有一次性计划任务。查看一次性计划任务如图 5-23 所示，执行 at -l 后，会列出当前系统的一次性计划任务。打印结果的第 1 列代表了这个任务的编号 ID，第 2 列是任务执行时间，第 3 列是队列编号，第 4 列是该任务的拥有人名称。

一次性计划任务支持队列机制，不同队列拥有不同的优先级，队列编号为 a～z，a 队列的优先级最低，z 队列的优先级最高。如图 5-24 所示，可以使用-q 来指定任务队列。

```
[root@localhost ~]# at -l
12      Sat Jan 27 16:00:00 2024 a root
13      Sat Jan 27 17:00:00 2024 a root
[root@localhost ~]#
```

图 5-23　查看一次性计划任务

```
[root@localhost ~]# at -q z 18:00 < 1.txt
warning: commands will be executed using /bin/sh
job 15 at Sat Jan 27 18:00:00 2024
[root@localhost ~]# at -l
12      Sat Jan 27 16:00:00 2024 a root
13      Sat Jan 27 17:00:00 2024 a root
15      Sat Jan 27 18:00:00 2024 z root
[root@localhost ~]#
```

图 5-24　指定任务队列

at -l 只能用于查看一次性计划任务的基础信息，无法用于查看一次性计划任务的具体内容、具体执行了哪些命令。若想详细查看一次性计划任务执行了哪些命令，可以使用 at -c 选项，并指定任务 ID，如图 5-25 所示。任务详细信息会比较繁杂，其中囊括了系统中非常多的变量，所以我们只需要关注倒数几行，任务命令位于该信息的结尾部分。

```
[root@localhost ~]# at -c 15
#!/bin/sh
# atrun uid=0 gid=0
# mail root 0
umask 22
SHELL=/bin/bash; export SHELL
HISTCONTROL=ignoredups; export HISTCONTROL
HOSTNAME=localhost; export HOSTNAME
HISTSIZE=1000; export HISTSIZE
PWD=/root; export PWD
LOGNAME=root; export LOGNAME
MOTD_SHOWN=pam; export MOTD_SHOWN
HOME=/root; export HOME
LANG=en_US.UTF-8; export LANG
LS_COLORS=rs=0:di=01\;34:ln=01\;36:mh=00:pi=40\;33:so=01\;35:do=01\;35:bd=40\;33\;01:cd=40\;33\;01:or=40\;31\;01:mi=00:su=37\;41:sg=30\;43:ca=30\;41:tw=30\;42:ow=34\;42:st=37\;44:ex=
01\;32:\*.tar=01\;31:\*.tgz=01\;31:\*.arc=01\;31:\*.arj=01\;31:\*.taz=01\;31:\*.lha=01\;31:\*.lz4=01\;31:\*.lzh=01\;31:\*.lzma=01\;31:\*.tlz=01\;31:\*.txz=01\;31:\*.tzo=01\;31:\*.t7z
=01\;31:\*.zip=01\;31:\*.z=01\;31:\*.dz=01\;31:\*.gz=01\;31:\*.lrz=01\;31:\*.lz=01\;31:\*.lzo=01\;31:\*.xz=01\;31:\*.zst=01\;31:\*.tzst=01\;31:\*.bz2=01\;31:\*.bz=01\;31:\*.tbz=01\;3
1:\*.tbz2=01\;31:\*.tz=01\;31:\*.deb=01\;31:\*.rpm=01\;31:\*.jar=01\;31:\*.war=01\;31:\*.ear=01\;31:\*.sar=01\;31:\*.rar=01\;31:\*.alz=01\;31:\*.ace=01\;31:\*.zoo=01\;31:\*.cpio=01\;
31:\*.7z=01\;31:\*.rz=01\;31:\*.cab=01\;31:\*.wim=01\;31:\*.swm=01\;31:\*.dwm=01\;31:\*.esd=01\;31:\*.jpg=01\;35:\*.jpeg=01\;35:\*.mjpg=01\;35:\*.mjpeg=01\;35:\*.gif=01\;35:\*.bmp=01
\;35:\*.pbm=01\;35:\*.pgm=01\;35:\*.ppm=01\;35:\*.tga=01\;35:\*.xbm=01\;35:\*.xpm=01\;35:\*.tif=01\;35:\*.tiff=01\;35:\*.png=01\;35:\*.svg=01\;35:\*.svgz=01\;35:\*.mng=01\;35:\*.pcx=
01\;35:\*.mov=01\;35:\*.mpg=01\;35:\*.mpeg=01\;35:\*.m2v=01\;35:\*.mkv=01\;35:\*.webm=01\;35:\*.webp=01\;35:\*.ogm=01\;35:\*.mp4=01\;35:\*.m4v=01\;35:\*.mp4v=01\;35:\*.vob=01\;35:\*.
qt=01\;35:\*.nuv=01\;35:\*.wmv=01\;35:\*.asf=01\;35:\*.rm=01\;35:\*.rmvb=01\;35:\*.flc=01\;35:\*.avi=01\;35:\*.fli=01\;35:\*.flv=01\;35:\*.gl=01\;35:\*.dl=01\;35:\*.xcf=01\;35:\*.xwd
=01\;35:\*.yuv=01\;35:\*.cgm=01\;35:\*.emf=01\;35:\*.ogv=01\;35:\*.ogx=01\;35:\*.aac=00\;36:\*.au=00\;36:\*.flac=00\;36:\*.m4a=00\;36:\*.mid=00\;36:\*.midi=00\;36:\*.mka=00\;36:\*.mp
3=00\;36:\*.mpc=00\;36:\*.ogg=00\;36:\*.ra=00\;36:\*.wav=00\;36:\*.oga=00\;36:\*.opus=00\;36:\*.spx=00\;36:\*.xspf=00\;36:; export LS_COLORS
SSH_CONNECTION=192.168.112.1\ 37204\ 192.168.112.128\ 22; export SSH_CONNECTION
SELINUX_ROLE_REQUESTED=; export SELINUX_ROLE_REQUESTED
USER=root; export USER
SELINUX_USE_CURRENT_RANGE=; export SELINUX_USE_CURRENT_RANGE
SHLVL=2; export SHLVL
SSH_CLIENT=192.168.112.1\ 37204\ 22; export SSH_CLIENT
PATH=/usr/local/sbin:/usr/local/bin:/usr/sbin:/usr/bin:/root/bin; export PATH
SELINUX_LEVEL_REQUESTED=; export SELINUX_LEVEL_REQUESTED
MAIL=/var/spool/mail/root; export MAIL
SSH_TTY=/dev/pts/0; export SSH_TTY
cd /root || {
        echo 'Execution directory inaccessible' >&2
        exit 1
}
${SHELL:-/bin/sh} << 'marcinDELIMITER6ecf5e12'
echo hello
marcinDELIMITER6ecf5e12
[root@localhost ~]#
```

图 5-25　查看任务详细信息

如图 5-26 所示，假如定义了一次性计划任务后发现错误，可以使用 at -d 选项加上任务编号来删除该任务。

```
[root@localhost ~]# at -l
12        Sat Jan 27 16:00:00 2024 a root
13        Sat Jan 27 17:00:00 2024 a root
15        Sat Jan 27 18:00:00 2024 z root
[root@localhost ~]# at -d 12
[root@localhost ~]# at -l
13        Sat Jan 27 17:00:00 2024 a root
15        Sat Jan 27 18:00:00 2024 z root
[root@localhost ~]#
```

图 5-26　删除任务

5.6.2　周期性计划任务

1．概述

周期性计划任务由 crontab 命令来管理。crond.service 服务为周期性计划任务提供支持，并且该组件已经在 openEuler 操作系统中默认安装，可以直接使用，如图 5-27 所示。

```
[root@localhost ~]# systemctl status crond
● crond.service - Command Scheduler
     Loaded: loaded (/usr/lib/systemd/system/crond.service; enabled; vendor preset: enabled)
     Active: active (running) since Sat 2024-01-27 10:33:25 CST; 4h 4min ago
   Main PID: 962 (crond)
      Tasks: 1 (limit: 21523)
     Memory: 1.7M
     CGroup: /system.slice/crond.service
             └─ 962 /usr/sbin/crond -n
```

图 5-27　crond.service 服务

周期性计划任务与一次性计划任务存在区别：一次性计划任务被执行结束，系统将会自动删除该任务；而针对周期性计划任务则会设定一个时间点，每次到达该时间节点任务就会执行一次。

2．crontab 命令的基础使用

（1）crontab 的配置文件

crontab 的配置文件存放在图 5-28 所示的/etc/crontab 文件中，这个配置文件简述了 crontab 的计划任务配置语法。

```
[root@localhost ~]# cat /etc/crontab
SHELL=/bin/bash
PATH=/sbin:/bin:/usr/sbin:/usr/bin
MAILTO=root

# For details see man 4 crontabs

# Example of job definition:
# .---------------- minute (0 - 59)
# |  .------------- hour (0 - 23)
# |  |  .---------- day of month (1 - 31)
# |  |  |  .------- month (1 - 12) OR jan,feb,mar,apr ...
# |  |  |  |  .---- day of week (0 - 6) (Sunday=0 or 7) OR sun,mon,tue,wed,thu,fri,sat
# |  |  |  |  |
# *  *  *  *  * user-name  command to be executed
```

图 5-28　crontab 的配置文件

配置文件的前 3 行分别定义了一些内容：第 1 行 SHELL 定义了系统使用哪种 Shell 来执行任务中的命令；第 2 行 PATH 定义了命令执行的路径信息；第 3 行 MAILTO 指定了任务执行信息将会通过邮件发送给 root 用户，若是未定义或为空，则表示不发送任务执行信息。随后的几行内容，则介绍了定义周期性计划任务的基本语法。下面介绍最后一行命令。

```
*  *  *  *  * user-name  command to be executed
```

5 个*表示该任务的执行时间，使用"分时日月周"的形式进行指定，user-name 指定了该任务由哪一个用户执行，即指定了该任务的拥有人；最后的字段是该任务的命令字段，也就是这个任务需要执行的命令。

（2）crontab 时间定义

时间定义语法如图 5-29 所示，基于上文所述，前 5 个*从左至右分别代表分、时、日、月、周 5 个时间字段，时间字段的取值范围可见表 5-7。

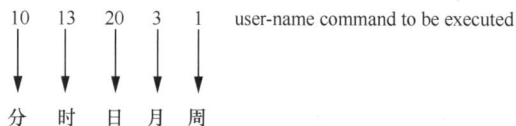

图 5-29 基本任务定义语法

表 5-7 时间字段的取值范围

时间字段	说明
分	0～59 的任意整数
时	0～23 的任意整数
日	1～31 的任意整数
月	1～12 的任意整数
周	0～7 的任意整数，其中 0 与 7 都表示星期日

在 crontab 中，时间字段存在一些指定规则（下文称为"时间规则"），*表示所有可能的值，如分钟字段为*，则表示每分钟执行一次任务，当然还有其他时间规则，见表 5-8。

表 5-8 时间规则

时间规则	说明
*	表示匹配该字段的每一个时间点
x-y	表示范围，x～y（含）
x,y	表示列表，也可以包含范围
*/x	表示每隔 x 个时间点就执行一次任务

执行任务有以下 2 种方式。

① 明确指定时间执行。当想要指定每小时的第 15 分钟去执行任务时，应使用"15 * * * *"来进行表示。若是想要指定多个时间点，例如想要指定每小时的第 15 分钟和第 20

分钟去执行任务，可以使用"，"来进行分隔，如"15,20 * * * * "；当然，也可以使用"–"来指定时间范围，如"15-20 * * * *"表示每小时的第 15 分钟和第 20 分钟执行任务。

② 间隔执行。如前文所述，*表示所有可能的值，分钟字段为*则表示每分钟执行一次任务，若是想要每 3 分钟执行一次任务，则可以用/表示间隔，如"*/3 * * * *"。

示例代码如下。

```
0   17  *  *  1-5
    周一到周五每天 17:00 执行一次任务

30  8   *  *  1,3,5
    每周一、周三、周五的 8:30 执行一次任务

0   8-18/2  *  *  *
    自 8:00 到 18:00 每隔 2 小时执行一次任务

1   10  */3  *  *
    每隔 3 天的 10:01 执行一次任务
```

（3）使用配置文件定义周期性计划任务

使用配置文件来定义周期性计划任务，定义 root 用户每分钟输入一次"OK"，修改配置文件如图 5-30 所示。

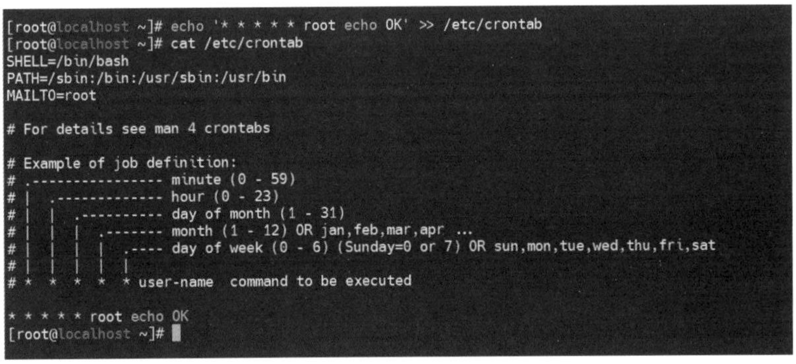

图 5-30　修改配置文件

接下来使用 tail 命令监听 cron 的日志文件。cron 的日志文件存放在/var/log/cron 中，使用 tail -f /var/log/cron 进行监听，如图 5-31 所示。

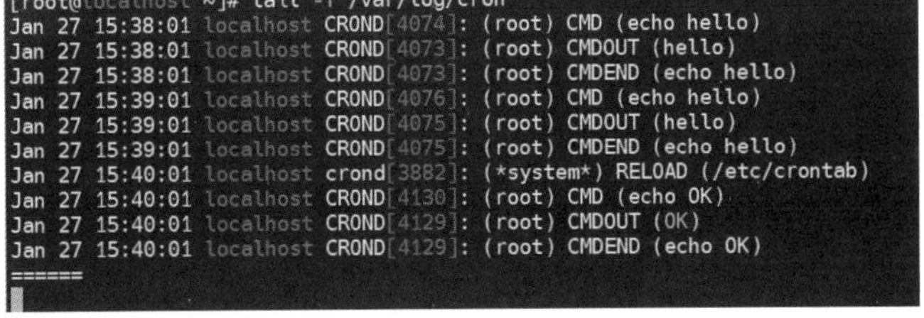

图 5-31　监听 cron 的日志文件

至此，成功完成使用配置文件自定义周期性计划任务。

（4）使用 crontab 命令管理周期性计划任务

如果全部使用配置文件进行周期性计划任务的管理，即把所有用户的周期性计划任务放在同一个配置文件中管理，会导致后续管理不便。所以，我们可以使用 crontab 命令来为每个用户单独管理周期性计划任务，基础语法如下。

```
#基础语法： crontab [-u USERNAME] -e
```

其中，-e 选项用于进行周期性计划任务的创建。-u 选项用于指定周期性计划任务的拥有人，若不指定则使用当前用户身份。

如图 5-32 所示，执行 crontab -e 命令后，系统会自动打开一个图 5-33 所示的文件编辑页面，将任务语法写入，然后使用 ":wq" 保存文件内容并退出。出现图 5-34 所示的页面则代表成功创建了一个周期性计划任务。

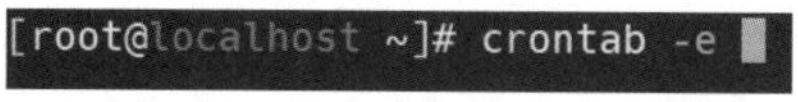

图 5-32　创建周期性计划任务

图 5-33　文件编辑页面

图 5-34　成功创建周期性计划任务

此时，最基本的周期性计划任务就创建成功了。下面可以使用-l 选项查看该任务，如图 5-35 所示。

如图 5-36 所示，想要删除当前用户所有的周期性计划任务时，可以使用-r 选项。若只想删除一个周期性计划任务，可以使用-e 选项，进入文件后删除指定项目所在行。

图 5-35　查看用户的周期性计划任务

图 5-36　删除用户所有的周期性计划任务

5.7　综合实验——自动化系统巡检

在迅速变化的商业环境中，企业对其关键业务系统的可用性和稳定性提出了更高的要求。随着企业业务的不断扩张和企业业务系统的复杂度提升，确保系统正常运行成为至关重要的任务。企业业务系统涉及多个部门和业务流程，系统出现故障可能会导致业务中断、客户服务不可用及造成潜在的经济损失。因此，为了确保业务的连续性和稳定性，我们计划实施一项全面的系统巡检项目。

假设你是公司运维主管，需要根据系统巡检项目的需求，编写一个自动化系统巡检的脚本，并使用计划任务技术，让脚本在每周五 22:00 自动执行系统巡检任务。

5.7.1　业务需求

1．收集企业业务系统的运行状态信息

- 采集服务器 CPU 每 15 分钟的平均负载，将数值记录于巡检结果文件/opt/Check 中，若平均负载超过 CPU 核心数则应提示警告信息"CPU Warning"。
- 收集服务器内存使用率，将数值记录于巡检结果文件/opt/Check 中，确保内存使用率低于 80%，若高于 80%，则应提示警告信息"Memory Warning"。
- 收集服务器磁盘空间使用率，将数值记录于巡检结果文件/opt/Check 中，检测服务器根分区使用情况，应保证根分区使用率低于 70%，若高于 70%，则应提示警告信息"Partition Warning"。

2．用户安全管理

- 应对所有用户进行检测，禁止系统中存在空密码账户，若发现空密码账户，应立刻锁定该用户并将其用户名记录于巡检结果文件/opt/Check 中。
- 设计巡检系统的用户权限管理机制，确保只有管理员可以查看和修改巡检结果。

3．服务安全配置

系统应安装 httpd 与 mariadb-server 服务，并设置开机自动运行与当前启动。

- 检查 httpd、mariadb 与 sshd 服务的状态，确保服务正常运行并设置开机自启，若未设置，则应该将相关信息记录于巡检结果文件/opt/Check 中。
- 收集系统管理员的登录信息，将系统管理员账户的最后一次登录信息记录于巡检结果文件/opt/Check 中。
- systemd-journald 作为系统的日志管理服务，应将其设置为永久保存。
- 检索 journald 日志，应将前一天 err 级别及以上级别的所有日志内容保存至巡检结果文件/opt/Check 中。

4．数据备份需求

- /etc 目录基本涵盖了服务器中所有的配置文件，故应将 /etc 目录备份至/backup/config 目录中，并以/backup/config/etc-YYY-MM-DD 的形式命名，日期应为当天日期。

- 日志文件基本全部存储于服务器/var/log 目录中，日志文件对于故障定位及追责十分重要，故应将/var/log 目录备份至/backup/Log 目录中，并以/backup/Log/log-YYY-MM-DD 的形式命名，日期应为当天。

5.7.2　项目目标

本次系统巡检项目的主要目标是建立一个全面、高效的巡检体系，通过监控和分析业务系统的运行状态，实现对潜在问题的及时发现和解决。具体而言，我们希望实现以下目标。

① 提高业务系统的稳定性和可用性，减少系统故障导致的业务中断。
② 及时发现和解决性能瓶颈，确保系统在高负载情况下仍能稳定运行。
③ 加强对业务数据的保护，提高系统的安全性。
④ 通过数据分析，发现潜在的业务优化机会，为业务决策提供有力支持。
⑤ 减少业务系统故障对企业的经济影响，提高客户满意度。

应尽可能实现巡检过程的自动化，减少人工干预，提高效率，并尽可能保持巡检报告的可读性。

小　结

Shell 语言是一种功能强大的脚本语言，广泛应用于 UNIX-like 系统中的自动化系统管理和编程任务。通过编写脚本，用户可以执行一系列命令，进行文件操作、文本处理、系统配置等。在 Shell 编程中，脚本的执行由解释器负责，而 Bash 是最为常见和强大的一种 Shell。

Shell 脚本以文本文件的形式存在，通过简洁的语法和灵活的控制流结构，开发者可以轻松实现各种复杂任务。Shell 脚本支持变量的处理，条件语句、循环结构、函数等基本编程构造。

文件处理是 Shell 脚本中的重要组成部分，丰富的文件处理命令和文本处理工具为开发者提供了强大的数据处理能力。管道和重定向机制使命令之间的协同更加灵活。

Shell 编程涉及环境变量的使用，这对于配置和控制脚本的行为至关重要。此外，错误处理机制和对错误的基本处理也为编写健壮的脚本提供了支持。

由于 Shell 的通用性和易用性，Shell 不仅适合初学者入门学习，也能满足有经验的开发者对系统进行管理和对自动化脚本进行编写的需求。通过 Shell 编程，用户能够更高效地完成各种任务，提高工作效率。

第 6 章

面向企业的生产案例——网络服务

在各大企业中，确保系统的稳定性和安全性是至关重要的，Linux 操作系统因其卓越性能成为首选。Linux 操作系统不仅以稳定和安全著称，更因其能够支持各种应用服务的运行而备受推崇。无论是购物网站（如淘宝、京东等）还是网络直播网站，都可以在 Linux 操作系统上可靠运行。此外，Linux 操作系统还支持诸如 Web 服务、文件共享服务、邮件服务等多种应用服务。

在企业环境中，根据不同的需求，需要安装和配置各种网络服务，如动态主机配置协议（DHCP）服务和域名系统（DNS）服务。本章将重点介绍 Linux 操作系统在企业网络服务与其配置方面的应用，其中包括 DHCP 服务和 BIND 服务（BIND 是实现 DNS 服务的软件之一）的配置与使用。

6.1 使用 DHCP 自动配置地址

6.1.1 DHCP 简介

DHCP 是典型的 C/S（客户端/服务器）架构。DHCP 服务器会在配置阶段指定 IP 地址池，当客户端网卡启动时，在同一个局域网内会自动获取 DHCP 服务器所指定的 IP 地址池，从而自动获取网络信息（如 IP 地址、子网掩码、网关、DNS 等）。DHCP 基于 UDP 进行传输，客户端通过 67 端口向 DHCP 服务器发送请求，而 DHCP 服务器则会通过 68 端口回应客户端。

DHCP 在企业内部网络中扮演着重要角色。通过 DHCP，管理员可以极大地简化网络配置的过程，不再需要手动配置每个设备的网络信息。相反，DHCP 服务器可以自动为连接到网络上的设备配置这些网络信息，从而节省管理员的时间和精力。

特别是在企业内部的局域网或拥有大量网络设备的场景中，DHCP 的优势更加突出。管理员只需配置好 DHCP 服务器，然后让所有设备自动向该服务器请求获取 IP 地址等网络信息，这样能够更高效地管理和维护网络，减少配置错误和冲突，提高网络的可靠性和稳定性。

下面是 DHCP 服务的相关配置信息。

- 作用域：指定了一系列 IP 地址的集合，表示 DHCP 服务器能够分配的 IP 地址范围。
- 超级作用域：类似于一种作用域嵌套，包含多个作用域。每个作用域都有自己的 IP 地址范围和相关的配置信息。
- 保留地址：这个范围内的 IP 地址不会被 DHCP 自动分配，通常用于为特定设备固定分配 IP 地址。
- 地址池：定义了可用 IP 地址的范围，客户端动态获取的 IP 地址均来自此范围。
- 租约：规定了客户端自动获取的 IP 地址的使用期限，一旦租约到期，客户端便需要重新获取 IP 地址。

通过这些机制，DHCP 服务能够有效地管理和分配 IP 地址，简化网络配置和管理过程，提高网络的灵活性和可维护性。

6.1.2 DHCP 配置文件

在 openEuler 系统中，DHCP 服务默认已经安装，DHCP 组件如图 6-1 所示。

如图 6-2 所示，默认 DHCP 配置文件路径在/etc/dhcp 目录下，在该目录下可以看到一个名为 dhcpd.conf 的配置文件。在此配置文件当中，可以对 DHCP 服务的相关配置信息（如作用域、地址池、租约等）进行修改。

图 6-1 DHCP 组件

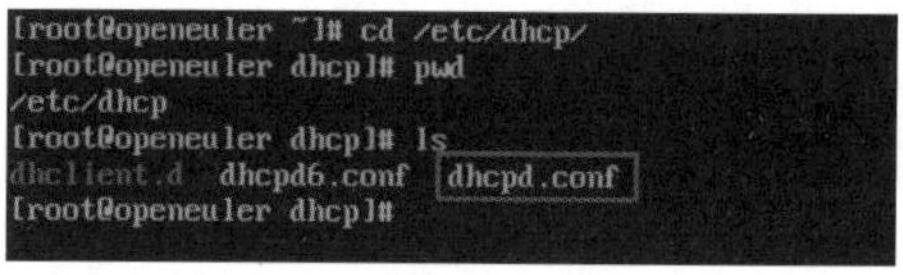

图 6-2 DHCP 配置文件

DHCP 配置文件较为特殊，与其他服务的配置文件不同，它并不包含很多配置项及注释信息，而是仅有一段注释信息，如图 6-3 所示。

图 6-3 DHCP 配置文件的内容

这段注释信息的含义十分简单，它告诉我们：这是 DHCP 配置文件，可以查看/usr/share/doc/dhcp-server/dhcpd.conf.example 文件或查看 dhcpd.conf 的第 5 章来获取帮助。

注释信息有助于引导管理员了解如何开始配置 DHCP 服务器，并提供了相关文档的链接以供参考。管理员可以根据自己的需求，按照文档提供的示例和说明来进行 DHCP 服务器配置，以减少配置过程中的错误和问题，并提高工作效率。

用户可以根据/usr/share/doc/dhcp-server/dhcpd.conf.example 这个模板文件对 DHCP 服务的重要配置项进行初步了解。具体如下。

```
authoritative;                                      #权威的 DHCP 服务器
subnet 192.168.0.0  netmask 255.255.255.0           #指定 DHCP 的作用域
    range 192.168.0.200 192.168.0.254;              #指定 DHCP 分配的地址池
```

```
    option domain-name-servers 172.25.254.254;        #指定 DNS 服务器的 IP 地址
    option domain-name "×××××.net";                   #指定搜索域
        #即 ping server，默认 ping server.×××××.net
    option broadcast-address 192.168.0.255;           #指定广播地址
    option routers 192.168.0.1;                        #指定网关
    default-lease-time 600;  #指定客户端从 DHCP 服务器获取的 IP 地址的默认租约，单位为秒
    max-lease-time 7200;  #指定客户端从 DHCP 服务器获取的 IP 地址的最大租约，单位为秒
}

#为指定的网卡 MAC 地址分配指定的 IP 地址
  host fantasia {                                      #定义主机的名称为 fantasia
        hardware ethernet 08:00:07:26:c0:a5;
#指定主机的硬件（MAC）地址，用于唯一标识主机
        fixed-address 192.168.0.210;                   #指定分配给这个 MAC 地址的 IP 地址
}
```

6.1.3　配置 DHCP 服务

恰巧，我们正好接到一个企业的 DHCP 服务配置项目，我们不妨结合 DHCP 服务配置知识进行一个简单的实战演练，如果能顺利完成任务，相信这家公司的后续业务也会交给我们。

1．业务需求

企业预计使用 6 台服务器搭建一个业务架构，完善初步的 DHCP 分配网络。服务器的基础配置信息见表 6-1。

表 6-1　服务器的基础配置信息

主机名	网卡配置	账户信息	备注
basics.×××××.com	业务网络：192.168.112.100/24 存储网络：10.0.10.100/24	root/Huawei12#$	基础架构服务器
db-1.×××××.com	存储网络：10.0.10.110/24	root/Huawei12#$	数据库服务器
db-2.×××××.com	存储网络：10.0.10.120/24	root/Huawei12#$	数据库服务器
web-1.××××××e.com	业务网络：192.168.112.130/24 存储网络：10.0.10.130/24	root/Huawei12#$	Web 服务器
web-2.××××××.com	业务网络：192.168.112.140/24 存储网络：10.0.10.140/24	root/Huawei12#$	Web 服务器
ha.×××××.com	业务网络：192.168.112.200/24	root/Huawei12#$	Web 网关服务器

企业的需求是在 basics 上搭建一套 DHCP 动态 IP 地址分配服务器，并通过 MAC 地址绑定的方式为其分配指定的 IP 地址。

将 ens32 作为业务网络的网卡，将 ens33 作为存储网络的网卡。相关的 IP 地址配置如下。

- 业务网络的作用域应为 192.168.112.0/24，将网关地址设置为 192.168.112.2，该地址池为 192.168.112.90～192.168.112.180，DNS 地址应指向 192.168.112.100 与 8.8.8.8 名称服务器。

- 存储网络 IP 网段应为 10.0.10.0/24，不设置网关地址，该地址池为 10.0.10.90～10.0.10.180，DNS 地址应指向 10.0.10.100。
- 业务网络应进行 MAC 地址绑定，将 web-1 的业务网卡绑定至 192.168.112.130/24，将 web-2 的业务网卡绑定至 192.168.112.140/24，将 ha 的网卡绑定至 192.168.112.200/24。
- 存储网络应进行 MAC 地址绑定，将 web-1 的存储网卡绑定至 10.0.10.130/24，将 web-2 的存储网卡绑定至 10.0.10.140/24，将 db-1 的网卡绑定至 10.0.10.110/24，将 db-2 的网卡绑定至 10.0.10.120/24。
- 将默认租约设置为 600 秒，将最大租约设置为 7200 秒。

2. 实战——配置 DHCP 服务器

由于都是新购入的服务器，因此我们需要先修改主机名，以避免后期进行服务器配置时误配置到其他的服务器上。修改主机名的代码如下。

```
#basics
[root@localhost ~]#hostnamectl set-hostname basics.××××××.com
[root@localhost ~]#bash
[root@basics ~]#
#db-1
[root@localhost ~]#hostnamectl set-hostname db-1.××××××.com
[root@localhost ~]#bash
[root@db-1 ~]#
#db-2
[root@localhost ~]#hostnamectl set-hostname db-2.××××××.com
[root@localhost ~]#bash
[root@db-2 ~]#
#web-1
[root@localhost ~]#hostnamectl set-hostname web-1.××××××.com
[root@localhost ~]#bash
[root@web-1 ~]#
#web-2
[root@localhost ~]#hostnamectl set-hostname web-2.××××××.com
[root@localhost ~]#bash
[root@web-2 ~]#
#ha
[root@localhost ~]#hostnamectl set-hostname ha.××××××.com
[root@localhost ~]#bash
[root@ha ~]#
```

接下来，我们需要先对 basics 的网络进行基础配置，为两张网卡（ens32 网卡和 ens33 网卡）配置相应的 IP 地址，具体 IP 地址信息如图 6-4 所示，代码如下。

```
#配置业务网络
[root@basics ~]#nmcli connection delete ens32
[root@basics ~]#nmcli connection add ifname ens32 con-name ens32 type ethernet ipv4.addresses 192.168.112.100/24 ipv4.method manual autoconnect yes ipv4.gateway 192.168.112.2 ipv4.dns 8.8.8.8
Connection 'ens32' (b41661c5-38b3-4ddf-81e1-0d8e6376d6f6) successfully added.
[root@basics ~]#nmcli connection up ens32
Connection successfully activated (D-Bus active path: /org/freedesktop/NetworkManager/ActiveConnection/9)
```

```
#配置存储网络
    [root@basics ~]#nmcli connection delete ens33
    [root@basics ~]#nmcli connection add ifname ens33 con-name ens33 type ethernet
ipv4.addresses 10.0.10.100/24 ipv4.method manual autoconnect yes
        Connection 'ens33' (bdf033d9-0d34-4b88-bd80-d06ed26abee4) successfully added.
    [root@basics ~]#nmcli connection up ens33
        Connection successfully activated (D-Bus active path: /org/freedesktop/Netwo
rkManager/ActiveConnection/7)
```

```
[root@bascis ~]# ip a
1: lo: <LOOPBACK,UP,LOWER_UP> mtu 65536 qdisc noqueue state UNKNOWN group default qlen 1000
    link/loopback 00:00:00:00:00:00 brd 00:00:00:00:00:00
    inet 127.0.0.1/8 scope host lo
       valid_lft forever preferred_lft forever
    inet6 ::1/128 scope host
       valid_lft forever preferred_lft forever
2: ens32: <BROADCAST,MULTICAST,UP,LOWER_UP> mtu 1500 qdisc fq_codel state UP group default qlen 1000
    link/ether 00:0c:29:a8:ec:d1 brd ff:ff:ff:ff:ff:ff
    inet 192.168.112.100/24 brd 192.168.112.255 scope global noprefixroute ens32
       valid_lft forever preferred_lft forever
    inet6 fe80::4fc1:e9ce:1d24:3624/64 scope link noprefixroute
       valid_lft forever preferred_lft forever
3: ens33: <BROADCAST,MULTICAST,UP,LOWER_UP> mtu 1500 qdisc fq_codel state UP group default qlen 1000
    link/ether 00:0c:29:a8:ec:db brd ff:ff:ff:ff:ff:ff
    inet 10.0.10.100/24 brd 10.0.10.255 scope global noprefixroute ens33
       valid_lft forever preferred_lft forever
    inet6 fe80::20c:29ff:fea8:ecdb/64 scope link noprefixroute
       valid_lft forever preferred_lft forever
[root@bascis ~]#
```

图 6-4　对 basics 的网络进行基础配置

网络配置完成后，我们就可以直接对 DHCP 配置文件进行修改了，按照企业需求进行修改，代码如下。

```
[root@basics ~]#cat /etc/dhcp/dhcpd.conf
#业务网络 IP 地址分配
    authoritative;
    subnet 192.168.112.0  netmask 255.255.255.0{
        range 192.168.112.90 192.168.112.180;
        option domain-name-servers 192.168.112.100,8.8.8.8;
        option domain-name "xxxxxx.com";
        option broadcast-address 192.168.112.255;
        option routers 192.168.112.2;
        default-lease-time 600;
        max-lease-time 7200;
}
#存储网络 IP 地址分配
    authoritative;
    subnet 10.0.10.0  netmask 255.255.255.0{
        range 10.0.10.90 10.0.10.180;
        option domain-name-servers 10.0.10.100;
        option domain-name "xxxxxx.com";
        option broadcast-address 10.0.10.255;
        default-lease-time 600;
        max-lease-time 7200;
}
```

我们已严格按照企业的需求指定了业务网络与存储网络的 IP 地址分配。此时我们还需要收集其他 5 台服务器的网卡 MAC 地址，以便为这些服务器分配指定的 IP 地址。图 6-5 与图 6-6 列出了部分网络配置信息。

```
[root@db-1 ~]# ip a
1: lo: <LOOPBACK,UP,LOWER_UP> mtu 65536 qdisc noqueue
    link/loopback 00:00:00:00:00:00 brd 00:00:00:00:00:00
    inet 127.0.0.1/8 scope host lo
       valid_lft forever preferred_lft forever
    inet6 ::1/128 scope host
       valid_lft forever preferred_lft forever
2: ens32: <BROADCAST,MULTICAST,UP,LOWER_UP> mtu 1500
    link/ether 00:0c:29:34:87:21 brd ff:ff:ff:ff:ff:ff
    inet6 fe80::20c:29ff:fe34:8721/64 scope link nopre
       valid_lft forever preferred_lft forever
[root@db-1 ~]# _
```

图 6-5　db-1 网卡信息

```
[root@web-1 ~]# ip a
1: lo: <LOOPBACK,UP,LOWER_UP> mtu 65536 qdisc noqueue state UNKNOWN group
    link/loopback 00:00:00:00:00:00 brd 00:00:00:00:00:00
    inet 127.0.0.1/8 scope host lo
       valid_lft forever preferred_lft forever
    inet6 ::1/128 scope host
       valid_lft forever preferred_lft forever
2: ens32: <BROADCAST,MULTICAST,UP,LOWER_UP> mtu 1500 qdisc fq_codel state
    link/ether 00:0c:29:a0:b1:92 brd ff:ff:ff:ff:ff:ff
3: ens33: <BROADCAST,MULTICAST,UP,LOWER_UP> mtu 1500 qdisc fq_codel state
    link/ether 00:0c:29:a0:b1:9c brd ff:ff:ff:ff:ff:ff
    inet6 fe80::5ca:dc63:c9c9:d462/64 scope link noprefixroute
       valid_lft forever preferred_lft forever
[root@web-1 ~]# _
```

图 6-6　web-1 网卡信息

接下来，我们继续修改 basics 的 DHCP 配置文件，添加 MAC 地址绑定的分配信息。图 6-7 所示为完整的 DHCP 配置文件。

```
[root@bascis ~]# cat /etc/dhcp/dhcpd.conf
#
# DHCP Server Configuration file.
#   see /usr/share/doc/dhcp-server/dhcpd.conf.example
#   see dhcpd.conf(5) man page
#
# 业务网络
authoritative;
subnet 192.168.112.0  netmask 255.255.255.0{
   range 192.168.112.90 192.168.112.180;
   option domain-name-servers 192.168.112.100,8.8.8.8;
   option domain-name "××××××.com";
   option broadcast-address 192.168.112.255;
   option routers 192.168.112.2;
   default-lease-time 600;
   max-lease-time 7200;
}
#业务网络绑定
host web-1 {hardware ethernet  00:0c:29:a0:b1:92;fixed-address 192.168.112.130;}
host web-2 {hardware ethernet  00:0c:29:f0:a3:ae;fixed-address 192.168.112.140;}
host ha {hardware ethernet  00:0c:29:db:b4:24;fixed-address 192.168.112.200;}

# 存储网络
authoritative;
subnet 10.0.10.0  netmask 255.255.255.0{
   range 10.0.10.90 10.0.10.180;
   option domain-name-servers 10.0.10.100;
   option domain-name "××××××.com";
   option broadcast-address 10.0.10.255;
   default-lease-time 600;
   max-lease-time 7200;
}
# 存储网络绑定
host db-1 {hardware ethernet 00:0c:29:34:87:21;fixed-address 10.0.10.110;}
host db-2 {hardware ethernet 00:0c:29:93:3e:82;fixed-address 10.0.10.120;}
host web-1-storage{hardware ethernet 00:0c:29:a0:b1:9c;fixed-address 10.0.10.130;}
host web-2-storage{hardware ethernet 00:0c:29:f0:a3:b8;fixed-address 10.0.10.140;}
```

图 6-7　完整的 DHCP 配置文件

```
#存储网络绑定
    host db-1 {hardware ethernet 00:0c:29:34:87:21;fixed-address 10.0.10.110;}
    host db-2 {hardware ethernet 00:0c:29:93:3e:82;fixed-address 10.0.10.120;}
    host web-1-storage{hardware ethernet 00:0c:29:a0:b1:9c;fixed-address 10.0.10.130;}
    host web-2-storage{hardware ethernet 00:0c:29:f0:a3:b8;fixed-address 10.0.10.140;}
#业务网络绑定
    host web-1 {hardware ethernet  00:0c:29:a0:b1:92;fixed-address 192.168.112.130;}
    host web-2 {hardware ethernet  00:0c:29:f0:a3:ae;fixed-address 192.168.112.140;}
```

```
host ha {hardware ethernet  00:0c:29:db:b4:24;fixed-address 192.168.112.200;}
```

如图 6-8 所示，完成 DHCP 服务器的配置后，我们可以使用 dhcpd-t 命令来进行 DHCP 配置文件的检查，如果存在错误，提示信息将会告知我们配置文件的哪一行存在错误。

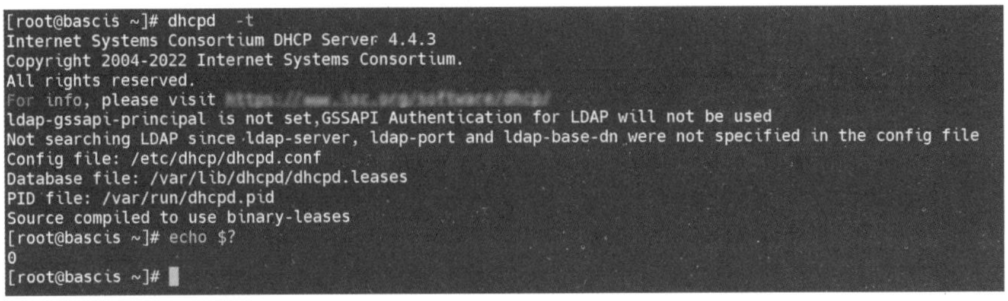

图 6-8　检查 DHCP 配置文件

由于此项目为企业的业务，所以需要对防火墙进行配置，如图 6-9 所示。而后，我们可以使用图 6-10 所示的方式启动 DHCP 服务。

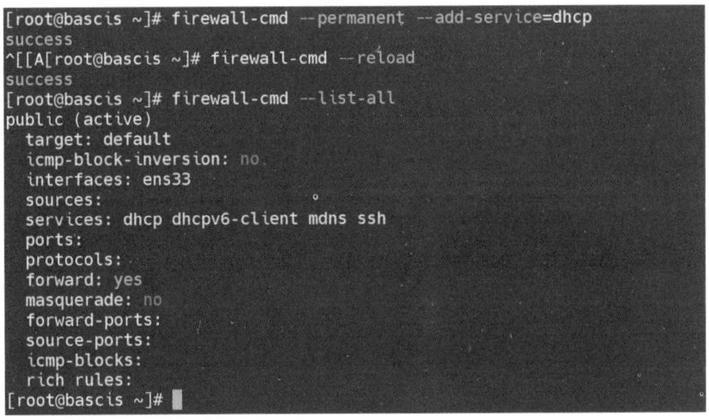

图 6-9　配置防火墙

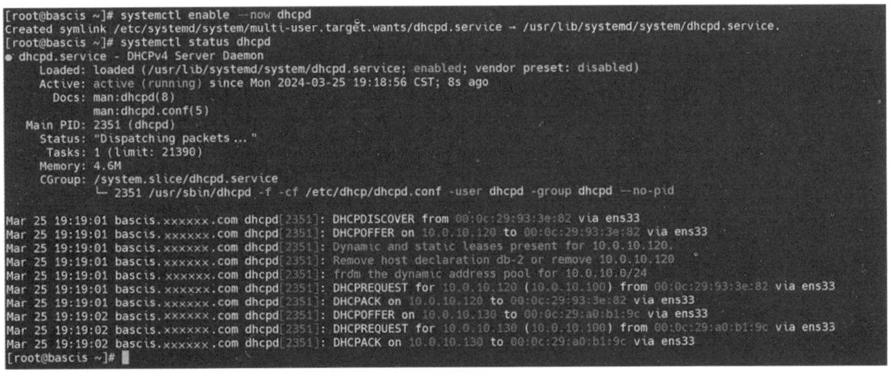

图 6-10　启动 DHCP 服务

如图 6-11 所示，根据 status 查看的部分日志消息，可以看到相应的 IP 地址已经被分配出去；而根据图 6-12，可以看到其他主机的网络配置，并对上述内容进行佐证。

图 6-11　db-1 网络配置

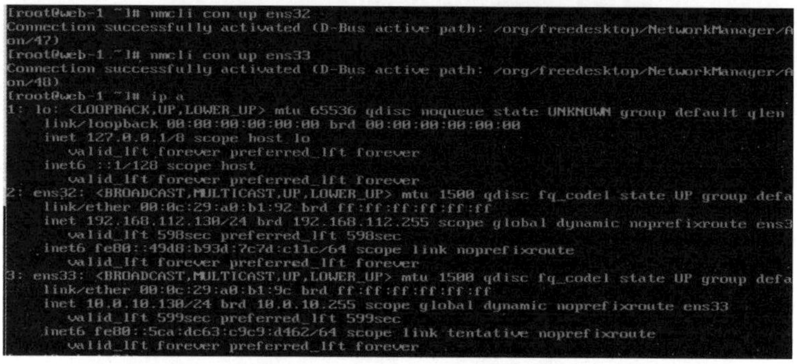

图 6-12　web-1 网络配置

3．备份配置文件

完成配置后，一般都会对服务的配置文件进行备份，以便在配置文件丢失的情况下进行恢复，或在其他业务有相同需求时复用配置文件。将配置文件备份至 basics 的/backup目录中，如图 6-13 所示。

图 6-13　备份配置文件

综上所述，我们满足了企业的 DHCP 服务配置需求。接下来，让我们学习如何进行DNS 服务的配置。

6.2　使用 BIND 服务为网站提供名称解析

6.2.1　DNS 简介

DNS 的主要作用是将主机域名（主机名包含在主机域名中）和主机 IP 地址进行映射，使访问主机的域名等同于访问主机的 IP 地址。在如今的互联网世界中，DNS 已然成为不可或缺的基础设施。

在计算机网络中，虽然通信是通过 IP 地址进行的，但 DNS 的存在使我们能更便捷地访问互联网资源。相比于复杂的 IP 地址，域名更具可读性和易记性，为用户提供了更友好的访问方式。

举例来说，当我们打开浏览器并输入"百度"这个域名时，实际上是在请求一个 IP 地址，而不是直接访问域名。DNS 负责将这个域名解析成对应的 IP 地址，然后将请求发送到相应的服务器上。这样，用户便无须记住复杂的 IP 地址，只需要记住域名即可访问所需资源。

因此，DNS 的存在大大降低了互联网的使用门槛，提高了用户体验感，并推动了互联网的发展和普及。通过域名，用户能够轻松地浏览网站、发送电子邮件、访问网络服务等，而无须担心 IP 地址的复杂性和变化性。

1. 认识域名

nslookup 是一个工具，可以用于查询域名映射的 IP 地址。如图 6-14 所示，"百度"这个域名对应的 IP 地址是 183.2.172.17 和 183.2.172.177。

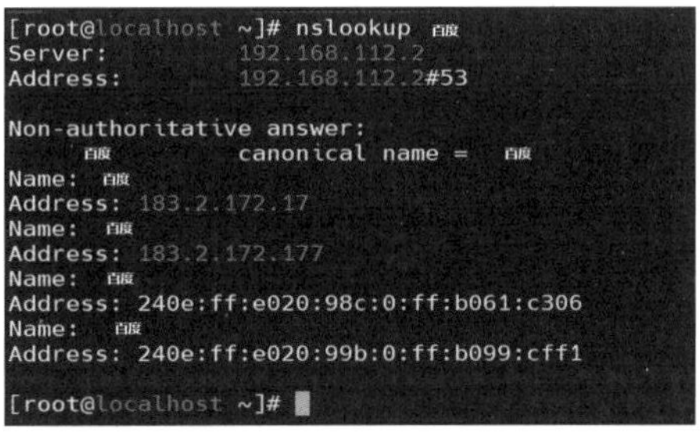

图 6-14　DNS 解析

以 www.××××××.com 为例，域名的组成部分如下。

- 根域：位于域名的最顶层，表现形式是一个"."。
- 顶级域：一般是代表一个类型的组织或某个国家地区的代码，位于域名的最右端（此处为 com）。
- 二级域：用于标识顶级域内的一个组织，更细致地划分域名的拥有者（此处为 ××××××）。
- 子域：位于二级域下，企业组织或用户可以申请，也可以根据需求进行选择（此处为 www）。

2. 常见顶级域名

DNS 的常见组织类顶级域名：用于表示特定的类型组织，具体如下。

- .com：表示商业组织、公司等。
- .org：表示非营利性组织等。
- .net：表示网络组织、网络服务提供商等。
- .edu：表示教育机构、学校等。
- .gov：表示政府机构、部门等。

DNS 的常见国家类顶级域名，表示某个国家或地区，具体如下。

- .cn：表示中国。

- .jp：表示日本。
- .uk：表示英国。
- .us：表示美国。

顶级域名的命名都有着特殊的目的和用途，能够帮助用户辨别域名的类型和功能。

6.2.2 DNS 解析流程

DNS 解析是将域名解析为 IP 地址的过程。DNS 解析有两种解析模式：递归查询、迭代查询。

- 递归查询：在此模式下，客户端向发送本地 DNS 服务器查询请求，如果本地 DNS 服务器在缓存中查询到 IP 地址和域名间的对应关系，则将结果反馈给客户端；如果本地 DNS 服务器没有在缓存中查询到对应关系，则本地 DNS 服务会代替客户端，依次向 DNS 服务器发送请求，直到查询到 IP 地址和域名间的对应关系，然后将结果返回客户端。
- 迭代查询：当客户端向本地 DNS 服务器发送查询请求时，如果本地 DNS 服务器查询到了对应关系，则反馈结果；如果本地 DNS 服务器没有查询到对应关系，则会将下一级 DNS 服务器的地址返回给客户端，客户端再向这台 DNS 服务器发送请求，依次循环直接找到 IP 地址与域名间的对应关系。

递归查询，客户端发送一次请求后，只需要等待查询的结果，无论本地 DNS 服务器是否查询到域名对应的 IP 地址，都会将结果返回给客户端。

迭代查询，客户端需要依次向 DNS 服务器查询对应关系，如果查询到了，DNS 服务器会向客户端返回结果，如果没有查询到，则客户端需要主动向下一级 DNS 服务器发送查询请求。

例如，打开浏览器访问 www.××××××.com 时，DNS 解析流程如图 6-15 所示，具体描述如下。

- 首先浏览器会查询本地缓存，如果查询到 www.××××××.com 和 IP 地址间的对应关系，则将结果返回给客户端，没有查询到则进行下一步。
- 客户端将查询请求发送给本地 DNS 服务器，本地 DNS 服务器会查询本地的缓存和记录，如果查询到则返回结果，如果没有查询到则继续进行下一步。
- 本地 DNS 服务器向根域名服务器发送查询请求，根域名服务器会将".com"顶级域名服务器的 IP 地址返回给本地 DNS 服务器。
- 本地 DNS 服务器接收到根域名服务器返回的 IP 地址后，会发送查询请求给".com"顶级域名服务器，".com"顶级域名服务器会将".××××××"权威域名服务器的 IP 地址返回给本地 DNS 服务器。
- 本地 DNS 服务器接收到".××××××"权威域名服务器的 IP 地址后，会向".××××××"权威域名服务器发送查询请求，如果查询到对应关系则会将 www. ××××××.com 对应的 IP 地址返回给本地 DNS 服务器；如果未查询到对应关系，则将查询失败信息返回给客户端。

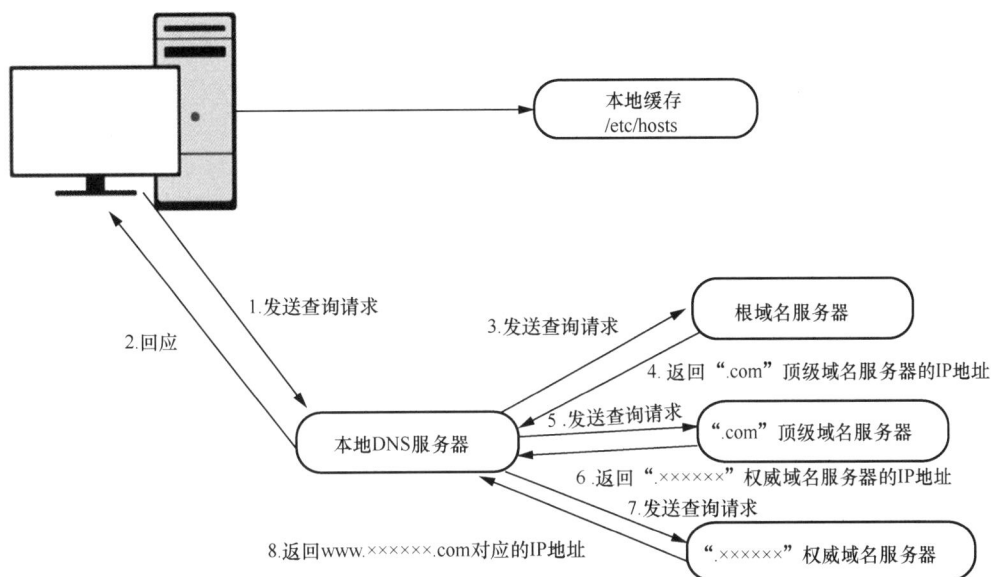

图 6-15 DNS 解析流程

6.2.3 DNS 记录

DNS 记录是指在 DNS 服务器中保存的配置信息，用于将域名解析为对应 IP 地址，将域名和其对应的 IP 地址关联起来，使客户端能够通过域名访问对应的服务器和资源。

常见的 DNS 记录类型如下。

- A 记录：将域名解析为 IPv4 地址。
- CNAME 记录：将域名解析为另外一个域名（别名）。
- AAAA 记录：将域名解析为 IPv6 地址。
- MX 记录：将域名指向邮箱服务器的地址，用于电子邮件路由。
- NS 记录：将子域指定给其他 DNS 服务器进行解析。
- SRV 记录：记录服务器提供的服务，主要用于标识特定服务的地址和端口。
- TXT 记录：主要记录某个域名的信息说明。
- CAA 记录：指定哪些证书被证书颁发机构允许，即证书颁发机构授权。
- PTR 记录：A 记录的反向操作，将 IP 地址解析为域名。
- TTL 值：指解析结果在 DNS 中的缓存时间。

6.2.4 BIND 配置文件详解

BIND 是实现 DNS 服务的一款开源软件，安装 BIND 即可实现配置和管理网络的 DNS 服务。可以创建和管理 DNS 的 Zone（区域），并且为区域中的域名和 IP 地址建立映射关系。

在 openEuler 操作系统中，需要手动安装 BIND 软件包，如图 6-16 所示。

```
[root@openeuler ~]# dnf install bind
Last metadata expiration check: 0:01:21 ago on 2023年11月27日 星期一 14时59分46秒.
Dependencies resolved.
================================================================================
 Package                    Architecture    Version                  Repository    Size
================================================================================
Installing:
 bind                       x86_64          32:9.16.23-9.oe2209       OS           493 k
Installing dependencies:
 bind-dnssec-doc            noarch          32:9.16.23-9.oe2209       OS            51 k
 checkpolicy                x86_64          3.3-1.oe2209              OS           290 k
 policycoreutils-python-utils noarch        3.3-2.oe2209             OS            25 k
 python3-IPy                noarch          1.01-2.oe2209            OS            39 k
 python3-audit              x86_64          1:3.0.1-3.oe2209         OS            75 k
 python3-bind               noarch          32:9.16.23-9.oe2209      OS            71 k
 python3-libselinux         x86_64          3.3-1.oe2209             OS           165 k
 python3-libsemanage        x86_64          3.3-3.oe2209             OS            70 k
 python3-ply                noarch          3.11-2.oe2209            OS            90 k
 python3-policycoreutils    noarch          3.3-2.oe2209             OS           1.7 M
 python3-setools            x86_64          4.4.0-2.oe2209           OS           541 k
Installing weak dependencies:
 bind-dnssec-utils          x86_64          32:9.16.23-9.oe2209      OS           102 k
```

图 6-16 在 openEuler 操作系统中安装 BIND

设置 BIND 服务开机自启，并立即启动服务，具体如下。

```
[root@openEuler ~]#systemctl start named
[root@openEuler ~]#systemctl enable named
```

安装 BIND 软件包后，启动服务的名称是 named，named 是 BIND 的守护进程。所以在实际的使用过程中，虽然安装的软件包是 BIND，但启动的服务是 named。

named 服务默认监听在 UDP 的 53 端口上，用于处理 DNS 查询请求，代码如下。监听端口如图 6-17 所示。

```
[root@openEuler ~]#netstat -unlp | grep :53
```

```
[root@openeuler ~]# netstat -unlp | grep :53
udp        0      0 127.0.0.1:53          0.0.0.0:*                  3686/named
udp        0      0 127.0.0.1:53          0.0.0.0:*                  3686/named
udp        0      0 127.0.0.1:53          0.0.0.0:*                  3686/named
udp        0      0 127.0.0.1:53          0.0.0.0:*                  3686/named
udp        0      0 192.168.122.1:53      0.0.0.0:*                  2180/dnsmasq
udp        0      0 0.0.0.0:5353          0.0.0.0:*                  840/avahi-daemon: r
udp6       0      0 ::1:53                :::*                       3686/named
udp6       0      0 ::1:53                :::*                       3686/named
udp6       0      0 ::1:53                :::*                       3686/named
udp6       0      0 ::1:53                :::*                       3686/named
udp6       0      0 :::5353               :::*                       840/avahi-daemon: r
```

图 6-17 监听端口

named 主配置文件为/etc/named.conf，相关配置说明如下。

- options：全局配置（设置监听端口、允许哪些主机进行访问、指定区域文件存储路径等）。
- logging：日志配置（主要设置服务的日志路径）。
- zone：区域配置（保存根服务器的相关信息）。

相关配置信息如下。

```
#options 配置解释
    listen-on port 53 { 127.0.0.1; };     #设置 IPv4 监听端口为 53
    listen-on-v6 port 53 { ::1; };        #设置 IPv6 监听端口为 53

    directory       "/var/named";         #指定区域文件存储路径
    dump-file       "/var/named/data/cache_dump.db";   #指定缓存数据库文件路径
    statistics-file "/var/named/data/named_stats.txt"; #记录服务运行中的查询次数、缓存
次数等
```

```
    memstatistics-file "/var/named/data/named_mem_stats.txt";   #记录服务运行中的内存
数据
    secroots-file   "/var/named/data/named.secroots";   #保存 DNS 安全扩展的信息
    recursing-file  "/var/named/data/named.recursing";   #保存与递归查询相关的设置参数

    allow-query     { localhost; };   #设置允许访问服务的客户端(any 表示允许所有客户端访问)
    recursion yes;                     #允许递归查询
    dnssec-validation yes;             #启用 DNSSEC 验证，保证 DNS 查询的安全
    managed-keys-directory "/var/named/dynamic";  #指定存放 DNSSEC 的密钥路径
    pid-file "/run/named/named.pid";              #指定保存服务 PID 的文件
    session-keyfile "/run/named/session.key";     #指定 DNS 会话密钥的存储路径
    include "/etc/crypto-policies/back-ends/bind.config"; #引用文件

#logging 配置解释
  channel default_debug {
file "data/named.run";              #日志文件目录
severity dynamic;
};

#zone 配置解释
 zone "." IN {   //                      #指定根域名服务器的配置信息
    .       type hint;
            file "named.ca";              #/var/named/named.ca 为保存的文件
};
```

/etc/named.rfc1912.zones 是 BIND 配置文件之一，此配置文件主要用于设置 DNS 服务器解析的 zone 配置（定义不同的 zone，如正向解析 zone 配置和反向解析 zone 配置等）。相关重要配置信息如下。

```
[root@openEuler ~]#cat   /etc/named.rfc1912.zones
zone "localhost.localdomain" IN {        #正向解析 zone 配置文件标签（将主机名解析为 IP 地址
是正向解析)
            type master;                 #类型: master/slave
            file "named.localhost";      #配置文件名称，默认在/var/named 下
            allow-update { none; };      #允许更新的设备（填写 IP 地址）
};
zone "1.0.0.127.in-addr.arpa" IN {
#反向解析 zone 配置文件标签，需要把 IP 地址的 4 个部分倒过来，并加上后缀
            type master;
            file "named.loopback";
            allow-update { none; };
};
```

定义 zone 配置文件后，还需要配置数据配置文件，主要是配置 DNS 的主机名和 IP 地址间的对应关系，如 A 记录、AAAA 记录等。

数据配置文件位于/var/named/下，系统自带了两个数据配置文件，其中/var/named/named.localhost 是用于正向解析的。

```
[root@openEuler ~]#cat /var/named/named.localhost
$TTL 1D                         #指定域名有效期
@       IN SOA  @ rname.invalid. ( #@表示区域；SOA 表示起始授权机构
            0       ; serial      #序列号
            1D      ; refresh     #更新频率
            1H      ; retry       #更新失败后重试的时间
            1W      ; expire      #更新失败后失效的时间
```

```
                  3H  )    ; minimum          #最小 TTL，指 DNS 记录的最小缓存时间
         NS        @
         A         127.0.0.1
         AAAA      ::1
```
配置部分解析：
　　D 天数
　　H 小时
　　W 一周
　　NS 表示 DNS 服务器
　　@ 在这里表示域名
　　A 表示记录类型，将主机名解析为 IP 地址
　　AAAA 表示将域名解析为另外一个域名

6.2.5　DNS 配置实例

1. 安装 BIND 软件包

检查系统是否安装了 BIND 软件包，如果需要实现 DNS 功能，则必须安装 BIND 软件包，代码如下。

```
#安装 BIND 软件包
   [root@openEuler ~]#dnf install bind -y
```

2. 配置主配置文件/etc/named.conf

如图 6-18 所示，对主配置文件进行修改，把监听的 IP 地址修改为 any，这样即可监听所有的 IP 地址，又使所有主机可以对其进行访问，代码如下。

```
#修改全局配置
   [root@openEuler ~]#cat /etc/named.conf
         listen-on port 53 { any; };          #监听在所有的 IP 地址
         listen-on-v6 port 53 { any; };
         ······默认省略
         allow-query      { any; };            #允许所有主机访问
```

```
options {
        listen-on port 53 { any; };
        listen-on-v6 port 53 { any; };
        directory        "/var/named";
        dump-file        "/var/named/data/cache_dump.db";
        statistics-file "/var/named/data/named_stats.txt";
        memstatistics-file "/var/named/data/named_mem_stats.txt";
        secroots-file    "/var/named/data/named.secroots";
        recursing-file  "/var/named/data/named.recursing";
        allow-query      { any; };
```

图 6-18　修改主配置文件

3. 配置区域文件

在/etc/named.rfc1912.zones 或者直接在/etc/named.conf 文件中添加 zone 文件的导入配置。
在配置文件/etc/named.conf 中添加以下参数内容。

```
[root@openEuler ~]#cp /etc/named.rfc1912.zones /etc/named.rfc1912.zones.bak
[root@openEuler ~]#cat /etc/named.rfc1912.zones
zone "openEuler.com" IN {
        type master;
        file "openEuler.localhost";
        allow-update { none; };
};
zone "0.0.12.in-addr.arpa" IN {
```

```
                type master;
                file "openEuler.loopback";
                allow-update { none; };
};
```

指定 3 个 zone 文件后，需要创建文件进行配置地址解析。

4．配置数据文件/var/named/*

复制原有的模板文件，并且保持文件属性不变（重要）；复制后的文件名称要和配置区域文件/etc/named.conf 中定义的名称保持一致，代码如下。

```
[root@openEuler ~]#cp cp -a /var/named/named.localhost /var/named/openEuler.localhost
[root@openEuler ~]#cp cp -a /var/named/named.loopback /var/named/openEuler.loopback
配置正向解析文件，代码如下。
[root@openEuler ~]#cat /var/named/openEuler.localhost
$TTL 1D
@       IN SOA  openEuler.com rname.invalid. (
                        0       ; serial
                        1D      ; refresh
                        1H      ; retry
                        1W      ; expire
                        3H )    ; minimum
              NS        dns.openEuler.com.
dns     A       12.0.0.188
www     A       12.0.0.188
```

配置反向解析文件，代码如下。

```
[root@openEuler ~]#cat /var/named/openEuler.loopback
$TTL 1D
@       IN SOA  openEuler.com rname.invalid. (
                        0       ; serial
                        1D      ; refresh
                        1H      ; retry
                        1W      ; expire
                        3H )    ; minimum
              NS        dns.openEuler.com.
188     PTR     dns.openEuler.com
188     PTR     www.openEuler.com
```

通过正向解析和反向解析，可以将域名或者主机名解析为 IP 地址，或将 IP 地址解析为对应的域名或者主机名。

5．启动服务并放行防火墙

启动服务并放行防火墙的代码如下。

```
[root@openEuler ~]#systemctl restart named
[root@openEuler ~]#firewall-cmd --permanent --add-service=dns
[root@openEuler ~]#firewall-cmd -reload
```

6．客户端测试

在客户端上配置网络的 DNS 为 DNS 服务器所在的 IP 地址，也就是 12.0.0.188，代码如下。

```
[root@openEuler ~]#cat /etc/resolv.conf
#Generated by NetworkManager
nameserver 12.0.0.188
```

尝试 ping 域名，并使用 nslookup 进行测试，如图 6-19 所示。

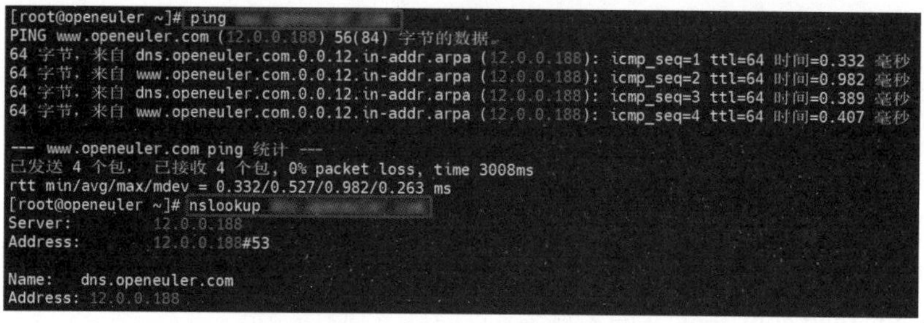

```
[root@openeuler ~]# ping
PING www.openeuler.com (12.0.0.188) 56(84) 字节的数据
64 字节, 来自 dns.openeuler.com.0.0.12.in-addr.arpa (12.0.0.188): icmp_seq=1 ttl=64 时间=0.332 毫秒
64 字节, 来自 dns.openeuler.com.0.0.12.in-addr.arpa (12.0.0.188): icmp_seq=2 ttl=64 时间=0.982 毫秒
64 字节, 来自 dns.openeuler.com.0.0.12.in-addr.arpa (12.0.0.188): icmp_seq=3 ttl=64 时间=0.389 毫秒
64 字节, 来自 www.openeuler.com.0.0.12.in-addr.arpa (12.0.0.188): icmp_seq=4 ttl=64 时间=0.407 毫秒

--- www.openeuler.com ping 统计 ---
已发送 4 个包, 已接收 4 个包, 0% packet loss, time 3008ms
rtt min/avg/max/mdev = 0.332/0.527/0.982/0.263 ms
[root@openeuler ~]# nslookup
Server:        12.0.0.188
Address:       12.0.0.188#53

Name:   dns.openeuler.com
Address: 12.0.0.188
```

图 6-19　客户端测试 ping 域名和使用 nslookup 进行测试

通过图 6-19 所示的测试结果可以看出，正向解析配置成功。下面测试 DNS 的反向解析，将 IP 地址解析到对应的域名上，如图 6-20 所示。

```
[root@openeuler ~]# nslookup 12.0.0.188
188.0.0.12.in-addr.arpa name =              0.0.12.in-addr.arpa.
188.0.0.12.in-addr.arpa name =              0.0.12.in-addr.arpa.
```

图 6-20　DNS 反向解析

6.2.6　配置 DNS 服务

背景描述：作为一家中小型公司的网络管理员，你肩负着维护公司内部局域网的重任。由于公司的机器数量众多，单纯依赖 IP 地址进行访问和连接不仅效率低下，而且极易出错。为了提高网络访问的便捷性和准确性，你决定搭建一个内部 DNS 服务器，用于实现域名解析。在搭建 DNS 服务器的过程中，你需要根据公司的网络架构和需求进行 DNS 服务器配置，并确保 DNS 服务器能够准确解析公司内部的域名。

1．业务需求

企业预计使用 6 台服务器搭建一个业务架构，完善初步的 DNS 分配网络。服务器的基础配置信息见表 6-1。

我们的需求是在 basics（基础虚拟机）上搭建一套 DNS 域名解析服务器，能够将所有的主机名解析为对应的 IP 地址，同时可以将 IP 地址解析为对应的主机名。

使用 ens32 网卡作为业务网络，使用 ens33 网卡作为存储网络，具体说明如下。

- 仅允许 192.168.112.0/24 和 10.0.10.0/24 两个网段访问 DNS 服务器。
- 正向解析的配置文件应该位于/var/named/××××××.com.zone。
- 反向解析的配置文件应该位于/var/named/192.168.112.0.zone 和/var/named/10.0.10.0.zone。

表 6-2 为正向解析配置信息，用户可以对照要求来进行修改。

表 6-2　正向解析配置信息

主机名	解析 IP 地址
basics.××××××.com	192.168.112.100 10.0.10.100
db-1.××××××.com	10.0.10.110

续表

主机名	解析 IP 地址
db-2.××××××.com	10.0.10.120
web-1.××××××.com	192.168.112.130 10.0.10.130
web-2.××××××.com	192.168.112.140 10.0.10.140
ha.××××××.com	192.168.112.200
dz.××××××.com	10.0.10.130 10.0.10.140
wp.××××××.com	192.168.112.130 192.168.112.140
www.××××××.com	192.168.112.200

反向解析配置信息见表 6-3。

表 6-3　反向解析配置信息

IP 地址	解析主机名
192.168.112.100 10.0.10.100	basics.××××××.com
10.0.10.110	db-1.××××××.com
10.0.10.120	db-2.××××××.com
192.168.112.130 10.0.10.130	web-1.××××××.com
192.168.112.140 10.0.10.140	web-2.××××××.com
192.168.112.200	ha.××××××.com
10.0.10.130 10.0.10.140	dz.××××××.com
192.168.112.130 192.168.112.140	wp.××××××.com
192.168.112.200	www.××××××.com

2．实战——配置 DNS 服务器

在 basics 上配置 DNS 服务，以便后端的机器能够解析指定 IP 地址或者主机名。

首先在 basics 上安装 BIND 组件，用于提供 DNS 服务，代码如下。

```
#安装 BIND 组件
  [root@basics ~]#dnf -y install bind
#修改配置文件，只修改以下内容，其余内容无须修改
  [root@basics ~]#VIM /etc/named.conf
```

```
11          listen-on port 53 { any; };
12          listen-on-v6 port 53 { any; };
19          allow-query    { localhost; 192.168.112.0/24; 10.0.10.0/24; };
```

启动及放行服务后，修改配置文件，指定正向解析和反向解析的配置文件，代码如下。

```
#修改 DNS 主配置文件，将以下内容添加到文件中，指定 zone 配置文件
  [root@basics ~]#cat /etc/named.conf
    …
      …
  zone "xxxxxx.com" IN {
        type master;
        file "/var/named/xxxxxx.com.zone";
};
  zone "112.168.192.in-addr.arpa" IN {
        type master;
        file "192.168.112.0.zone";
};
  zone "10.0.10.in-addr.arpa" IN {
        type master;
        file "10.0.10.0.zone";
};
```

接下来配置正向解析的配置文件，代码如下。运行结果如图 6-21 所示。

```
#/var/named/xxxxxx.com.zone 正向解析配置文件
  [root@basics ~]#cat /var/named/xxxxxx.com.zone
  $TTL 300
  @  IN SOA basics.xxxxxx.com. admin.baiscs.xxxxxx.com. (
                  2024020111    ; serial
                  1H            ; refresh
                  5M            ; retry
                  1W            ; expire
                  1M  )         ; minimum
  ; owner TTL   CL  type PDATA
          600   IN  NS   basics.xxxxxx.com.
  basics    IN A 192.168.112.100
  basics    IN A 10.0.10.100
  db-1      IN A 10.0.10.110
  db-2      IN A 10.0.10.120
  web-1     IN A 10.0.10.130
  web-2     IN A 10.0.10.140
  web-1     IN A 192.168.112.130
  web-2     IN A 192.168.112.140
  ha        IN A 192.168.112.200

  dz        IN A 10.0.10.130
  dz        IN A 10.0.10.140
  wp        IN A 192.168.112.130
  wp        IN A 192.168.112.140
  www       IN A 192.168.112.200
```

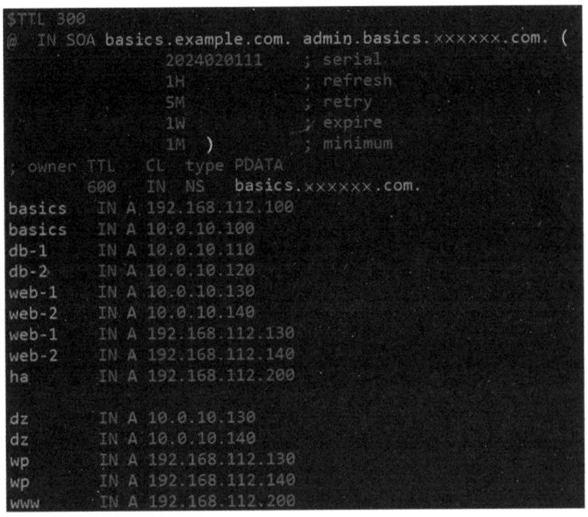

图 6-21　正向解析配置文件内容

配置反向解析的配置文件，文件路径为/var/named/192.168.112.0.zone 和/var/named/10.0.10.0.zone。运行结果如图 6-22 和图 6-23 所示。

```
#/var/named/192.168.112.0.zone 反向解析配置文件
  [root@basics ~]#cat /var/named/192.168.112.0.zone
    $TTL 300
    @  IN SOA basics.××××××.com. admin.basics.××××××.com. (
                        2024020111     ; serial
                        1H             ; refresh
                        5M             ; retry
                        1W             ; expire
                        1M  )          ; minimum
    ; owner TTL   CL  type PDATA
            600    IN   NS    basics.××××××.com.
    100      IN PTR basics.××××××.com.
    130      IN PTR web-1.××××××.com.
    140      IN PTR web-2.××××××.com.
    200      IN PTR ha.××××××.com.

#/var/named/10.0.10.0.zone 反向解析配置文件
  [root@basics ~]#cat /var/named/10.0.10.0.zone
    $TTL 300
    @  IN SOA basics.××××××.com. admin.basics.××××××.com. (
                        2024020111     ; serial
                        1H             ; refresh
                        5M             ; retry
                        1W             ; expire
                        1M  )          ; minimum
    ; owner TTL   CL  type PDATA
            600    IN   NS    basics.××××××.com.
    100      IN PTR basics.××××××.com.
    110      IN PTR db-1.××××××.com.
    120      IN PTR db-2.××××××.com.
    130      IN PTR web-1.××××××.com.
    140      IN PTR web-2.××××××.com.
```

图 6-22 反向解析配置文件 192.168.112.0.zone

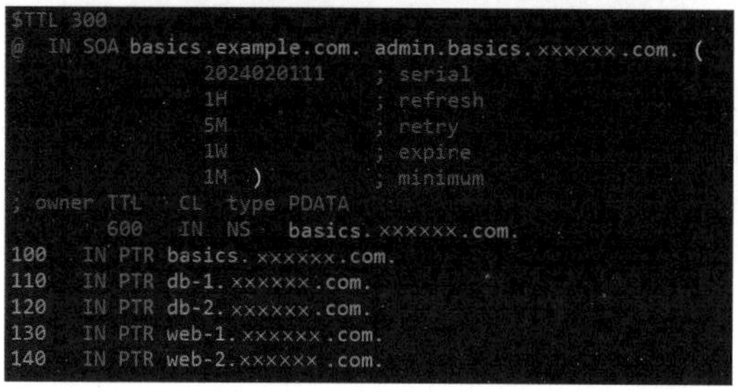

图 6-23 反向解析配置文件 10.0.10.0.zone

上述所有工作完成后，不要忘记重启服务及防火墙放行服务，并设置服务开机自启，代码如下。运行结果如图 6-24 所示。

```
#防火墙放行并设置服务开机自启
[root@basics ~]#firewall-cmd --permanent --add-service=dns
  success
[root@basics ~]#firewall-cmd --reload
  success
[root@basics ~]#systemctl enable --now named
```

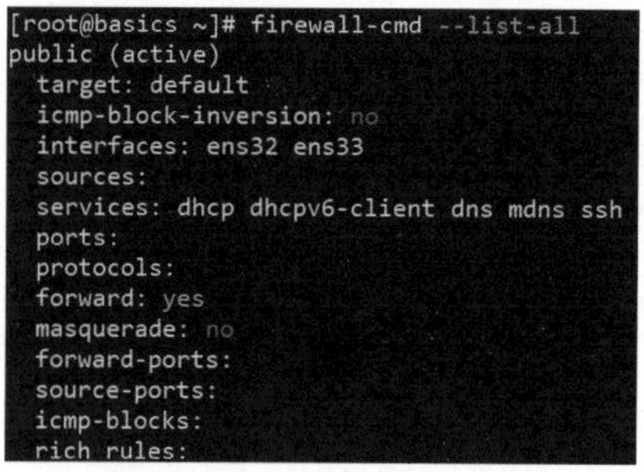

图 6-24 防火墙放行服务

在 basics 上配置 DNS 解析服务后，需要在所有的虚拟机中将 DNS 服务器地址设置为 basics 的主机 IP 地址，并且进行验证操作以确保配置正确，代码如下。

```
#为 web-1 和 web-2 业务网络配置 DNS
[root@web-1 ~]#nmcli connection modify ens32 +ipv4.dns 8.8.8.8 +ipv4.dns 192.168.
12.100  autoconnect yes
[root@web-1 ~]#nmcli connection up ens32
[root@web-2 ~]#nmcli connection modify ens32 +ipv4.dns 8.8.8.8 +ipv4.dns 192.168.
12.100  autoconnect yes
[root@web-2 ~]#nmcli connection up ens32
```

```
#为 web-1 和 web-2 存储网络配置 DNS
  [root@web-1 ~]#nmcli connection modify ens33 +ipv4.dns 10.0.10.100  autoconnect yes
  [root@web-1 ~]#nmcli connection up ens33
  [root@web-2 ~]#nmcli connection modify ens33 +ipv4.dns 10.0.10.100  autoconnect yes
  [root@web-2 ~]#nmcli connection up ens33
```

所有主机服务器配置好 DNS 解析服务后，通过 web-1 服务器进行验证测试，以确保 DNS 解析功能正常运行，如图 6-25 所示。

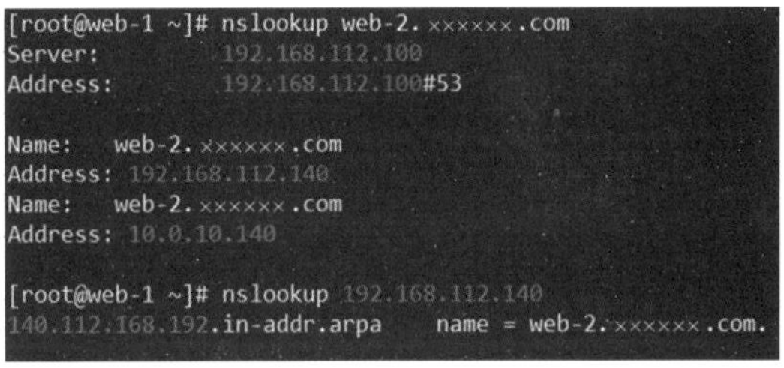

图 6-25　测试 DNS 解析功能

出现图 6-25 所示的内容，说明 DNS 解析服务配置成功，标志着基础架构软件核心组件的重要一环已经完成。

3．备份配置文件

完成配置后，需要对服务的配置文件进行备份，以便在配置文件丢失的情况下进行恢复，或在其他业务有相同需求时复用配置文件。将配置文件备份至 basics 的/backup 目录中，如图 6-26 所示。

图 6-26　备份配置文件

小　　结

本章聚焦于面向企业的生产案例——网络服务，深入探讨了构建自动化、可管理企业网络的核心服务配置。围绕 DHCP 动态主机配置协议和 DNS 域名解析服务两大关键领域展开讨论，通过 BIND 工具实现了域名解析服务的部署与管理。

DHCP 服务作为网络自动化配置的基础，本章系统介绍了其工作原理，重点阐述了 DHCP 配置文件的结构与关键参数设置。通过详细的配置 DHCP 服务流程，读者能够掌握如何实现客户端 IP 地址、网关等网络参数的自动分配，显著提升网络管理效率并减少手动配置错误。

DNS 服务是保障企业内外部服务可达性的基石。本章详细介绍了核心的 DNS 解析流程，明确了各类 DNS 记录的功能与应用场景。针对 BIND 服务的具体实现，深入剖析了 BIND 配置文件，并通过 DNS 配置实例提供了清晰的操作示范。

第 7 章

面向企业的生产案例——存储服务

存储服务作为企业工厂基础设施的关键组成部分，重要性不言而喻，本章将介绍在 Linux 操作系统环境下企业存储服务的配置方法。

7.1 使用 NFS 实现网站数据备份

7.1.1 NFS 简介

NFS（网络文件系统）是网络附加存储中的一种典型协议，它支持在网络上进行文件和目录的共享。NFS 不仅支持 Linux 操作系统之间的文件共享，还支持 UNIX 和 Linux 操作系统之间的文件共享，因为 NFS 兼容许多不同的操作系统，所以 NFS 十分灵活。

NFS 也是典型的 C/S 架构。一般是服务器创建共享目录，并把目录共享出去。客户端则通过网络挂载共享目录，从而实现目录和子目录的共享。

7.1.2 NFS 的安装与使用

NFS 服务由 nfs-utils 提供软件包，服务名为 nfs-server。在安装该服务之前，要确保软件包仓库已经配置成功并且能够正常使用。成功安装 nfs-utils 软件包后，可以通过修改 NFS 的配置文件实现目录的共享。

当前操作的虚拟机为 basics，作为 NFS 服务器，此虚拟机配备了 2 张网卡，分别设置为 NAT 模式和仅主机模式，对应的 IP 地址分别为 192.168.112.100 和 10.0.10.100；同时，另外启动一台虚拟机作为客户端，以测试 NFS 服务器的共享目录能否正常访问。代码如下。

```
#列出 NFS 的配置文件
    [root@basic ~]#rpm -qc nfs-utils
            /etc/idmapd.conf
            /etc/nfs.conf
            /etc/nfsmount.conf
            /etc/request-key.d/id_resolver.conf
            /var/lib/nfs/etab
            /var/lib/nfs/rmtab
#实际上，NFS 配置目录共享并不在以上任意配置文件中，而是一个不存在的文件/etc/exports，接下来配置一个
```

共享目录/data，并且以读写的模式将其共享出去

```
#NFS 服务器操作
    [root@nfs-server ~]#VIM /etc/exports #打开配置文件，编辑内容
        /data *(rw)    #/data 是共享目录，*表示允许所有主机访问，rw 是读写
    [root@nfs-server ~]#systemctl stop firewalld
    [root@nfs-server ~]#systemctl restart nfs-server


#NFS 客户端操作
    [root@nfs-client ~]#showmount -e 12.0.0.188 #查看 NFS 服务的共享目录
        Export list for 12.0.0.188:  #表示 NFS 服务器 12.0.0.188 下的共享目录
            /data  *
    [root@nfs-client ~]#mount -t nfs 12.0.0.188:/data /media #挂载共享目录
    [root@nfs-client ~]#df -Th /media
            12.0.0.188:/data    nfs4    18G  5.7G   12G  34% /media


#把 NFS 服务器的/data 共享目录挂载到客户端的/media 目录下，实现 NFS 目录共享
```

7.1.3　NFS 配置介绍

首先，我们修改/etc/exports 文件，实现目录的共享。编写配置文件时，可以发现有一些共享选项，具体如下。

```
#查看共享目录默认的挂载选项
  [root@nfs-server ~]#exportfs -v
   /data    <world>(sync,wdelay,hide,no_subtree_check,sec=sys,ro,root_squash,no_all_squash)


/data           表示 NFS 的共享目录
<world>         表示该共享目录对所有的主机都可以使用
sync            表示同步，写入数据时是将数据写入底层硬盘
wdelay          表示将多个小的写入请求合并为一个大的请求，然后一次性写入磁盘
hide            表示不共享 NFS 共享目录的子目录
no_subtree_check 表示如果共享子目录，不检查父目录的权限
sec=sys         默认，表示基于文件权限访问
ro              表示共享目录只读
root_squash     表示如果远端是 root 用户创建的文件或者目录，映射到本机上的用户为 nobody
no_all_squash   表示如果远端是普通用户创建的文件或者目录，映射到本机上的用户有相同的 UID 和 GID
```

我们可以看到，NFS 的共享目录实际上有许多默认挂载选项，如果进行目录共享时没有指定共享选项，那么就会使用默认的挂载选项。如果想要对挂载选项进行修改，可以进行以下操作。

```
#打开 NFS 服务器配置文件
  [root@basic ~]#VIM /etc/exports
        /data    *(rw)
            #/data 表示共享目录
            #* 表示任意主机都可以访问此目录，可以是一个 IP 地址，也可以是一个网段
                #例如 192.168.1.1 或 192.168.1.0/24
            #（rw） 共享权限：表示以读写的方式进行共享；括号中的为挂载选项，用逗号隔开多个挂
载选项


#示例
  /share *(rw, root_squash,sync)
```

常见的挂载选项见表 7-1。

表 7-1　常见的挂载选项

挂载选项	作用
ro/rw	只读/读写权限
sync/async	同步/异步
sec=sys	基于文件权限访问
root_squash	限制远程 root 用户，将 root 用户映射为 nobody 用户
no_root_squash	不限制远程 root 用户
all_squash	限制远程普通用户，将普通用户映射为 nobody 用户
no_all_squash	不限制远程普通用户

修改完 NFS 服务器的配置文件后，千万不要忘记进行 NFS 服务的重启。除了在 NFS 服务器设置共享选项外，也可以在客户端设置挂载选项。表 7-2 列出了一些客户端常见的挂载选项。

表 7-2　客户端常见的挂载选项

挂载选项	作用	默认值
suid/nosuid	是否支持 SUID（设置用户 ID）功能	suid
ro/rw	只读或读写权限	rw
dev/nodev	是否支持设备文件	dev
exec/noexec	是否允许可执行文件执行	exec
user/nouser	是否允许普通用户挂载文件系统	user
auto/noauto	是否支持自动挂载	auto

为了帮助读者理解客户端的挂载选项的设置，我们通过一个案例去实现客户端的挂载。例如，在客户端进行挂载时，把默认的 auto 挂载选项修改为 noauto，那么客户端将无法实现永久挂载，也无法通过将配置写入/etc/fstab 文件并执行 mount -a 命令来完成挂载操作，代码如下。

```
#格式，挂载时执行挂载选项
    12.0.0.188:/data    /media    nfs    defaults,（挂载选项）0 0
#进行客户端挂载，将以下内容写入/etc/fstab 文件
    [root@dhcp-client ~]#cat /etc/fstab | grep nfs
        12.0.0.188:/data        /media nfs     defaults,noauto 0 0
    [root@dhcp-client ~]#mount -a
    [root@dhcp-client ~]#df -h | grep media
        /dev/sr0 3.5G  3.5G    0  100% /run/media/root/openEuler-22.09-x86_64
#发现设置 noauto 后，无法通过执行 mount -a 实现挂载
    [root@dhcp-client ~]#mount 12.0.0.188:/data /media
    [root@dhcp-client ~]#df -h | grep media
        /dev/sr0 3.5G  3.5G    0  100% /run/media/root/openEuler-22.09-x86_64
        12.0.0.188:/data        18G  5.7G   12G   34% /media
#发现通过 mount 临时挂载后，/data 共享目录成功挂载
```

客户端进行挂载时，通过修改/etc/fstab 文件可以指定挂载选项，也可以通过 mount -o 挂载选项进行设置，代码如下。

```
#格式，临时挂载时执行挂载选项
    [root@dhcp-client ~]#mount -o ro 12.0.0.188:/data /media
    [root@dhcp-client ~]#mount | grep 12.0.0.188
        12.0.0.188:/data on /media type nfs4 (ro,relatime,vers=4.2,rsize=1048576
,wsize=1048576,namlen=255,hard,proto=tcp,timeo=600,retrans=2,sec=sys,clientaddr=12.0
.0.148,local_lock=none,addr=12.0.0.188)
```

7.1.4　配置 NFS 服务

下面我们将通过一个综合实验，实现 NFS 服务器向不同的应用服务器共享不同的目录。在日常生产环境中，为了便于管理及资源划分，不同的应用服务器（如 Web 服务器、邮件服务器、数据库服务器等）会使用不同的独立存储空间。并且，应用服务器会共享一个单独的共享目录，而不会和其他应用服务器混用。接下来，我们将通过 NFS 共享功能，为不同的应用服务器提供独立的共享目录。

1. 业务需求

随着公司业务的拓展，服务器对存储空间的需要逐渐增加。对于上层应用服务器来说，本地存储空间不一定充足，为了满足业务需求，需要搭建一个 NFS 服务器，将所有业务服务器的核心数据文件保存到 NFS 服务器中，通过 NFS 共享功能共享目录。这样不仅可以使用 NFS 服务器的存储空间，还能够方便管理所有业务主机的数据。

NFS 服务器的基础配置信息见表 7-3。

表 7-3　基础配置信息

主机名	网卡配置	账户信息	备注
basics.××××××.com	业务网络：192.168.112.100/24 存储网络：10.0.10.100/24	root/Huawei12#$	基础架构服务器
db-1.××××××.com	存储网络：10.0.10.110/24	root/Huawei12#$	数据库服务器
db-2.××××××.com	存储网络：10.0.10.120/24	root/Huawei12#$	数据库服务器
web-1.××××××.com	业务网络：192.168.112.130/24 存储网络：10.0.10.130/24	root/Huawei12#$	Web 服务器
web-2.××××××.com	业务网络：192.168.112.140/24 存储网络：10.0.10.140/24	root/Huawei12#$	Web 服务器
ha.××××××.com	业务网络：192.168.112.200/24	root/Huawei12#$	Web 网关服务器

使用 ens32 网卡作为业务网络，使用 ens33 网卡作为存储网络。

我们的需求是配置一套 NFS 共享服务，数据库文件的保存目录使用的是 NFS 服务器的共享目录，以实现在一台机器上统一对数据文件进行管控。具体配置信息如下。

- NFS 服务器机器为 basics，机器上有两张网卡，仅主机模式下 IP 地址为 10.0.10.100，NAT 模式下 IP 地址为 192.168.112.100；在此机器上，创建 6 个共享目录，分别供不同的应用服务器使用，并且只允许指定 IP 地址访问共享目录。
- 共享目录/db-master，允许 IP 地址 10.0.10.110 访问。
- 共享目录/db-slave，允许 IP 地址 10.0.10.120 访问。

- 共享目录/dz-master，允许 IP 地址 10.0.10.130 访问。
- 共享目录/dz-slave，允许 IP 地址 10.0.10.140 访问。
- 共享目录/wp-master，允许 IP 地址 10.0.10.130 访问。
- 共享目录/wp-slave，允许 IP 地址 10.0.10.140 访问。
- 在 NFS 共享选项中，以读写的方式共享并且不打压 root 用户，即客户端的 root 用户在 NFS 服务器也映射为 root 用户。

2. 实战——配置 NFS 服务

在 basics 上安装 NFS 服务，然后创建共享目录并将其共享，代码如下。

```
#安装 NFS 服务（默认系统已经安装，如果未安装请执行以下命令手动进行安装）
    [root@basics ~]#yum install nfs-utils -y
#创建共享目录
    [root@basics ~]#mkdir /db-master /db-slave /dz-master /dz-slave /wp-master /wp-slave
```

接下来修改 NFS 配置文件，将目录共享，以满足需求，代码如下。运行结果如图 7-1 所示。

```
#修改 NFS 的配置文件，/etc/exports
    [root@basics ~]#cat /etc/exports
```

图 7-1　NFS 的配置文件详解

按照要求配置 NFS 服务后，需要重启 NFS 服务使其生效；为了防止防火墙阻挡，还需要放行 NFS 服务，代码如下。

```
#重启 NFS 服务
    [root@basics ~]#systemctl restart nfs-server
    [root@basics ~]#systemctl enable nfs-server
#防火墙放行 NFS 服务
    [root@basics ~]#firewall-cmd --add-service=nfs -permanent
    [root@basics ~]#firewall-cmd --add-service=mountd -permanent
    [root@basics ~]#firewall-cmd --add-service=rpc-bind -permanent
    [root@basics ~]#firewall-cmd -reload
```

防火墙放行 NFS 服务后的验证结果如图 7-2 所示。

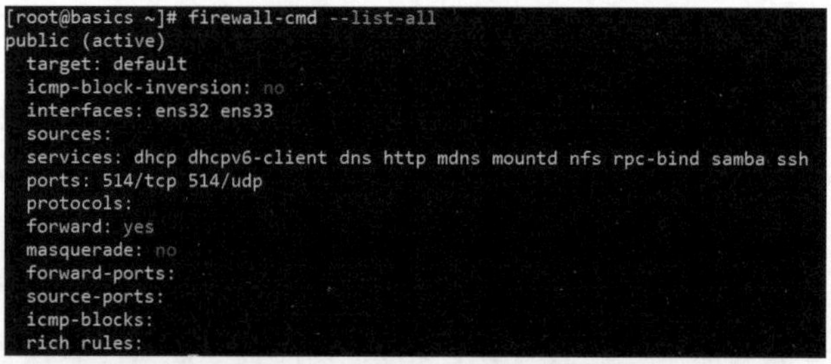

图 7-2　防火墙放行 NFS 服务后的验证结果

登录其他主机，尝试挂载 NFS 共享目录以验证配置是否成功，使用 web-1 主机进行测试，如图 7-3 所示。其他主机的操作步骤与之完全相同。

```
[root@web-1 ~]# df -Th
Filesystem                  Type      Size  Used Avail Use% Mounted on
devtmpfs                    devtmpfs  4.0M     0  4.0M   0% /dev
tmpfs                       tmpfs     467M     0  467M   0% /dev/shm
tmpfs                       tmpfs     187M  5.4M  182M   3% /run
tmpfs                       tmpfs     4.0M     0  4.0M   0% /sys/fs/cgroup
/dev/mapper/openeuler-root  ext4       17G  1.6G   15G  10% /
tmpfs                       tmpfs     467M     0  467M   0% /tmp
/dev/nvme0n1p1              ext4      974M  151M  756M  17% /boot
bascis:/wp-master           nfs4      2.0G  125M  1.9G   7% /mnt
```

图 7-3　共享目录已经远程挂载成功

使用 showmount 命令查询来自 NFS 服务器的共享目录。

```
#如果没有 showmount 命令，请安装 nfs-utils 软件包
[root@web-1 ~]#yum install nfs-utils -y
[root@web-1 ~]#showmount -e basics
Export list for basics:
/wp-slave   10.0.10.140/24
/wp-master  10.0.10.130/24
/dz-slave   10.0.10.140/24
/dz-master  10.0.10.130/24
/db-slave   10.0.10.120/24
/db-master  10.0.10.110/24
#使用 mount 挂载
[root@web-1 ~]#mount basics://wp-master /mnt/
[root@web-1 ~]#df -Th /mnt
    Filesystem        Type  Size  Used Avail Use% Mounted on
    basics:/wp-master nfs4  2.0G  125M  1.9G   7% /mnt
```

以上方式仅为临时挂载，机器重启后，挂载点会自动断开，为了保证能够持久化挂载，需要将其写入/etc/fstab 文件，代码如下。

```
#web-1 和 web-2 主机操作
[root@web-1 ~]#mkdir /wordpress-master /discuz-master
[root@web-1 ~]#echo "basics.××××××.com:/wp-master /wordpress-master nfs defaults
0 0" >> /etc/fstab
[root@web-1 ~]#echo "basics.××××××.com:/dz-master /discuz-master nfs defaults
0 0" >> /etc/fstab

[root@web-2 ~]#mkdir /wordpress-slave /discuz-slave
[root@web-2 ~]#echo "basics.××××××.com:/wp-slave /wordpress-slave nfs defaults
0 0" >> /etc/fstab
[root@web-2 ~]#echo "basics.××××××.com:/dz-slave /discuz-slave nfs defaults
0 0" >> /etc/fstab

#db-1 和 db-2 主机操作
[root@db-1 ~]#mkdir /db-master
[root@db-1 ~]#echo "basics.××××××.com:/db-master /db-master nfs defaults
0 0" >> /etc/fstab
[root@db-2 ~]#mkdir /db-slave
[root@db-2 ~]#echo "basics.××××××.com:/db-slave /db-slave nfs defaults 0 0" >>
/etc/fstab
```

接下来，我们可以执行 mount 命令，对/etc/fstab 文件中没有挂载的条目进行一次性挂

载，代码如下。

```
#web-1 和 web-2 主机操作
   [root@web-1 ~]#mount -a
   [root@web-2 ~]#mount -a

#db-1 和 db-2 主机操作
   [root@db-1 ~]#mount -a
   [root@db-2 ~]#mount -a
```

3. 备份配置文件

修改配置文件后，为了保证配置的安全性、可恢复性，需要将服务的配置文件备份，以便在配置文件发生故障或者丢失的情况下恢复。将 NFS 的配置文件备份到 basics 机器的/backup 目录中，如图 7-4 所示。

```
[root@basics ~]# cp  /etc/exports /backup/
[root@basics ~]#
```

图 7-4　备份配置文件

执行 df 命令进行验证。

7.2　使用 autofs 实现自动挂载

7.2.1　autofs 简介

autofs 是一种实现自动挂载的服务，专门用于文件系统的自动挂载和卸载，它可以更灵活地满足挂载文件系统的需求。例如，在使用文件系统时，只需要触发 autofs 的配置文件，autofs 便会自动帮助用户将文件系统挂载到指定位置；文件系统挂载完成后，用户不想继续使用文件系统时，autofs 会根据用户的配置自动卸载文件系统。这种自动挂载和卸载的机制使挂载文件系统更加便捷，无须人为挂载，在不使用文件系统时自动卸载文件系统还有助于释放系统资源，进一步提高效率。

autofs 的优势如下。
- autofs 可以配合 NFS 共享使用，也支持自动挂载其他类型的文件系统。
- 在客户端配置 autofs，不在服务器配置。
- autofs 是一种服务，方便管理。

7.2.2　autofs 配置

autofs 服务由 autofs 软件包提供，所以使用 autofs 服务之前需要手动进行软件包的安装；并且无须在服务器进行 autofs 配置。接下来我们使用虚拟机进行演示，代码如下。

```
#安装 autofs 软件包
         [root@openEuler-autofs ~]#dnf install autofs -y
```

```
#启动 autofs 服务
        [root@openEuler-autofs ~]#systemctl enable --now autofs
```

安装 autofs 软件包和启动 autofs 服务后，我们就可以开始配置 autofs 的服务了。

如图 7-5 所示，首先，需要介绍 autofs 的主配置文件/etc/auto.master，这个文件定义了自动挂载点的上一级目录及挂载点的触发配置文件。

```
[root@openeuler-autofs ~]# grep -v ^# /etc/auto.master
/misc    /etc/auto.misc
/net     -hosts
+dir:/etc/auto.master.d
+auto.master
```

图 7-5 autofs 主配置文件（去掉注释行）

其次，也可以在 autofs 的子配置目录中配置文件，和在主配置文件中配置效果一致，代码如下。

```
#配置文件解释
/misc       /etc/auto.misc
  #/misc 指的是挂载点的上一级目录，/etc/auto.misc 是触发配置目录，定义了挂载点和挂载选项等信息
/net -hosts
  #/net 指的是网络共享目录的上一级目录，-hosts 指的是共享目录所在的主机
+dir:/etc/auto.master.d
  #指定 autofs 的子配置目录，在此目录下创建配置文件，autofs 依旧能够生效
+auto.master
  #指定 autofs 的主配置文件
```

假设现在需要使用本地 YUM 仓库来安装各类软件，通常需要手动挂载 ISO 介质；而使用 autofs，在想要使用 ISO 介质时 autofs 会自动挂载，安装完软件包不使用 ISO 介质时，autofs 会自动卸载。注意，挂载 ISO 介质指挂载 ISO 镜像文件作为 YUM 仓库介质。

```
#查看本地的 ISO 介质，确保已经将 ISO 镜像连接上;修改 autofs 主配置文件
        [root@web-1 ~]#lsblk | grep rom
         sr0     11:0    1   3.5G 0 rom  /run/media/root/openEuler-22.09-x86_64
        [root@web-1 ~]#VIM /etc/auto.master
         /mnt    /etc/auto.iso
            #/mnt 是挂载点的上一级目录
            #/etc/auto.iso 是触发配置文件，文件名和位置不设要求
        [root@web-1 ~]#VIM /etc/auto.iso
         iso     -fstype=iso9660 :/dev/cdrom
            #iso 表示挂载点，最终挂载到/mnt/iso 上
            #-fstype 表示文件系统类型
            #:/dev/cdrom 表示挂载设备
        [root@web-1 ~]#systemctl restart autofs
            #重启后，autofs 会自动创建挂载点的上一级目录

#开始测试，检验是否实现自动挂载
        [root@web-1 ~]  #cd /mnt/iso
        [root@web-1 iso]#df -h /mnt/iso
        文件系统           1K-块      已用   可用 已用%  挂载点
         /dev/sr0       3635904 3635904      0 100% /mnt/iso
```

通过测试发现，光盘设备/dev/sr0 自动挂载到设置的挂载点/mnt/iso 上，即 autofs 实现了自动挂载，当退出目录时，autofs 也会实现自动卸载，默认的卸载时间是 5 分钟，可以通过修改/etc/autofs.conf 中的 timeout＝300 修改默认的卸载时间。

7.2.3　autofs 和 NFS 集成

在生产环境中，autofs 一般不会用于自动挂载本机上的设备，而是和共享目录结合使用。例如与 NFS 共享结合使用，通过 autofs 实现远程 NFS 共享目录的自动挂载和卸载，减少人工挂载和卸载操作及释放系统资源。那么，如何进行配置呢？下面介绍 NFS 如何和 autofs 的"配合"。

实验准备：两台虚拟机，一台充当 NFS 服务器提供共享目录，一台充当客户端实现 autofs 自动挂载。代码如下。

```
#NFS 服务器配置
        [root@openEuler ~]#VIM /etc/exports
         /share  *(rw)
        [root@openEuler ~]#mkdir /share
        [root@openEuler ~]#touch /share/file
        [root@openEuler ~]#systemctl restart nfs-server
```

根据上述代码，在 NFS 服务器进行操作，创建了一个共享目录/share，并且在/share 目录中创建了一个文件，最后重启了 NFS 服务。在客户端进行 autofs 配置的代码如下。

```
#在客户端进行 autofs 配置
        [root@openEuler ~]#cat /etc/auto.master | grep /nfs
         /nfs    /etc/auto.nfs    #只需要添加这一行内容，其余内容不变
        [root@openEuler ~]#cat /etc/auto.nfs
         file          -rw        12.0.0.188:/share
            #file 表示挂载点；-rw 表示以读写的方式进行挂载；12.0.0.188/share 为挂载设备
        [root@openEuler ~]#systemctl restart autofs
        [root@openEuler-autofs ~]#cd /nfs/file
        [root@openEuler-autofs file]#df /nfs/file
         文件系统            1K-块     已用     可用 已用% 挂载点
         12.0.0.188:/share 18677760 5895168 11939840  34% /nfs/file
        [root@openEuler-autofs file]#ls
         test
```

以上配置实现了 autofs 自动挂载，成功挂载到远端 12.0.0.188/share 中，并且还能够访问该共享目录中的文件。

7.2.4　综合实验——autofs 自动挂载实验

1. 背景描述

在实际业务中，为了实现安全的文件目录共享，公司决定通过搭建一个 NFS 服务器来集中管理员工的 Linux 账户家目录。每位员工在公司的 Linux 操作系统环境中均拥有一个账户，而所有的员工 Linux 账户家目录都将被迁移到 NFS 服务器上，以确保内部文件的安全性。公司计划在两台虚拟机上实现此目标，一台作为 NFS 服务器，另一台作为客户端。

2. 目标实现

① 在 NFS 服务器上，将创建一个共享目录/user_nfs，并确保该目录可被 NFS 共享。

② 在共享目录/user_nfs 中，将为每位员工创建一个对应的家目录。具体地，如为用户 memeda 创建/user_nfs/memeda 目录。

③ 配置 NFS 服务器，确保/user_nfs 目录可以被 NFS 共享给客户端。

④ 在客户端，配置自动挂载服务（如 autofs），以在切换到用户 memeda 时将 NFS 服务器上的/user_nfs/memeda 自动挂载到本地的家目录/rhome/memeda 中。

⑤ 确保挂载后的家目录/rhome/memeda 具有可读写权限，以满足用户的操作需求。

7.3 使用 samba 配置文件共享

7.3.1 samba 简介

samba 是在 Linux 和 UNIX 操作系统上实现 SMB 协议的软件，它通过 SMB 协议在局域网内提供文件共享服务。SMB 是一种客户端/服务器（C/S）型通信协议，允许局域网中的计算机访问远程目录并进行文件共享。包括 Linux、UNIX 和 Windows 在内的不同操作系统都支持 SMB 协议，从而实现跨平台的文件共享。

samba 的核心功能是提供目录共享，允许局域网内的其他计算机通过 samba 客户端连接到 samba 服务器，对共享目录进行读取、写入和修改操作。samba 的实现分为两部分：samba 服务器和 samba 客户端。samba 服务器负责提供共享资源，使不同操作系统的计算机都能访问，而 samba 客户端允许用户连接到 samba 服务器，访问和管理共享目录。通过 samba，用户可以方便地在不同操作系统之间进行文件共享，实现高效的数据交换。samba 服务默认端口为 TCP 端口：139/445，主要在局域网中使用，提供文件共享服务。

注意：在 UNIX 操作系统上实现文件共享的是 SMB 协议；在 Windows 操作系统上实现文件共享的是 CIFS 协议。CIFS 协议是一种以特殊方式实现的 SMB 协议，曾经微软提议将 SMB 协议改名为 CIFS 协议。

7.3.2 samba 的安装和配置文件

openEuler 操作系统上的 samba 相关软件包，如图 7-6 所示。

```
[root@openeuler ~]# rpm -qa | grep samba
samba-common-4.15.3-10.oe2209.x86_64
samba-libs-4.15.3-10.oe2209.x86_64
samba-client-4.15.3-10.oe2209.x86_64
```

图 7-6 samba 相关软件包

对各部分的说明如下。
- samba-common：提供了服务器和客户端公共的配置文件。
- samba-libs：samba 的库文件。
- samba-client：samba 客户端软件包，提供了各种工具命令，用于和 samba 服务器进行交互。
- samba（需要安装）：samba 服务器的主要软件包，提供文件资源共享功能。

1. 安装 samba 软件包

安装 samba 软件包的代码如下。

```
#安装 samba 软件包
    [root@openEuler~]#dnf install -y samba
```

2. samba 配置文件详解

samba 的主配置文件是/etc/samba/smb.conf。

```
[global]                                    #全局配置
        workgroup = SAMBA                   #表示加入的工作组
        security = user                     #表示 samba 服务的安全模式
        passdb backend = tdbsam             #表示管理后端密码的格式是 tdbsam,是一种数据库格式
        printing = cups                     #表示启用打印服务
        printcap name = cups                #表示指定打印机的名字
        load printers = yes                 #表示加载打印服务
        cups options = raw                  #表示 cups 的打印选项

[homes]                                     #用于定义用户家目录的配置
        comment = Home Directories          #描述信息
        valid users = %S, %D%w%S            #允许用户访问
                                                %S 表示所有的 samba 用户
                                                %D 表示工作组名
                                                %w 表示分隔符
        browseable = No                     #是否允许在网络上访问
        read only = No                      #是否只读
        inherit acls = Yes                  #是否继承父目录的 ACL 权限

[printers]                                  #用于定义打印机共享服务
        comment = All Printers              #描述信息
        path = /var/tmp                     #打印机共享路径,指定存储的路径
        printable = Yes                     #共享是否可以打印
        create mask = 0600                  #创建文件时的权限掩码
        browseable = No                     #是否允许在网络上访问

[print$]                                    #用于定义打印机驱动程序共享服务
        comment = Printer Drivers           #描述信息
        path = /var/lib/samba/drivers       #打印机驱动程序共享路径
        write list = @printadmin root       #允许写入共享的用户列表,以逗号分隔;此处表示只允许
root 用户或者 printadmin 组内的用户访问
        force group = @printadmin           #强制创建文件和目录的组是 printadmin
        create mask = 0664                  #创建文件时的权限掩码
        directory mask = 0775               #创建目录时的权限掩码
```

smb.conf 的常见配置参数见表 7-4。

表 7-4　smb.conf 的常见配置参数

path	共享路径
browseable	表示是否允许在网络上查看共享资源
public	是否允许匿名访问
guest ok	是否允许所有人访问共享资源
writable	设置是否读写

path	共享路径
write list	允许写的用户组和用户
comment	描述信息
hosts deny	拒绝主机访问
hosts allow	允许主机访问

7.3.3 samba 的安全模式

为了提升 samba 服务的安全性，可以设置 samba 的 3 种安全模式。该安全模式只能在[global]中进行配置。

设置 samba 的安全模式，代码如下。

```
#在/etc/samba/smb.conf 中配置文件的 global 全局参数
    security = user
```

第 1 种安全模式：user。此模式是 samba 服务默认的安全模式。在此安全模式下，客户端需要访问共享资源时，必须使用系统上已存在的用户账号和密码进行身份验证，通过身份验证后才能够访问 samba 服务器的共享资源。

第 2 种安全模式：share。在此安全模式下，当用户访问共享资源时，只有输入该共享资源的密码才能够访问。该模式适合存在多个共享资源的情况，访问不同的共享资源需要输入不同的密码。

第 3 种安全模式：server。在此安全模式下，samba 服务将身份验证交给其他身份验证服务器，如 AD 域等。

7.3.4 samba 客户端常用命令

samba 客户端常用命令如下。

```
#列出 samba 服务器的共享目录
        smbclient -L 198.168.0.1 -U username        #列出指定 IP 地址的共享资源
#远程登录 samba 服务器
        smbclient //192.168.0.1/publish -U username   #publish 是在配置文件中自定义的共享标
识符
#挂载 samba 的共享目录
        mount -t cifs  //192.168.0.1/publish  /mnt
#将 192.168.0.1 主机上的 publish 目录挂载到本机的/mnt 上
```

7.3.5 配置 samba 服务

随着公司业务的快速发展，公司内部的数据共享和协作需求日益增长。目前，公司员工之间经常需要通过各种方式共享文件和数据，以完成跨部门、跨团队的合作项目。然而，传统的文件共享方式，如通过邮件发送附件或使用移动存储设备，不仅效率低下，还存在数据泄露和丢失的风险。所以为了解决文件共享的安全问题，需要搭建一个 samba 服务器，允许 Windows 操作系统之间、Windows 和 Linux 操作系统之间进行目录共享。

1．业务需求

企业预计将使用 samba 服务创建一个共享目录，为后端所有的服务器提供一个可读可写的目录，用于保存共享的数据文件，服务器的基础配置信息见表 7-3。

要满足的需求如下。

- 在 basics 上创建 samba 共享目录/samba，共享名称为 samba-share。
- 允许其他所有主机访问/samba。
- 其他用户在/samba 下所有新建文件的权限均为 755，新建的目录权限也为 755。
- 要想保证 samba 共享的安全，可以创建一个用户 samba-win，专门作为 samba 共享目录的连接用户，并设置密码为 openEuler，且此用户无法进行登录操作系统。

2．配置 samba 服务

在配置 samba 服务之前，需要检查 basics 机器上是否有对应的 samba 软件包，如果没有，则需要安装 samba 软件包。

```
#安装 samba 软件包
    [root@basics ~]#yum install samba -y
```

创建/samba，将其作为 samba 共享目录共享给其他主机进行访问，代码如下。运行结果如图 7-7 所示。

```
#创建/samba，作为共享目录
    [root@basics ~]#mkdir /samba
    [root@basics ~]#
#在 samba 配置文件中添加以下内容，将其共享
    [root@basics ~]#tail -n 8 /etc/samba/smb.conf
```

```
[root@basics   ~]# mkdir /samba
[root@basics   ~]#
[root@basics   ~]# tail -n 8 /etc/samba/smb.conf
[samba-share]
path  =  /samba
read  only  =  no
guest  ok  =  yes
create  mask  =  0755
directory  mask  =  0755
valid  users  =  samba-win
[root@basics   ~]#
```

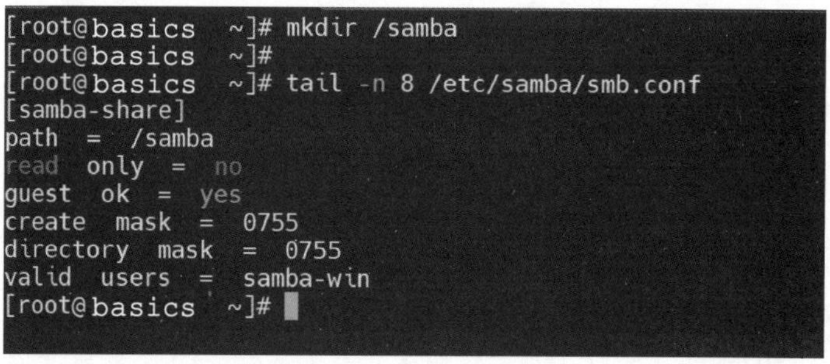

图 7-7　修改 samba 的配置文件

修改 samba 服务的配置文件后，我们需要创建一个 samba 用户，此用户专门用于连接 samba 共享目录。

```
#创建 samba-win 用户，授予目录权限
    [root@basics ~]#useradd -s /sbin/nologin samba-win
    [root@basics ~]#smbpaswd -a samba-win
                 #设置密码为 openEuler
    [root@basics ~]#chown samba-win:samba-win /samba
```

至此，完成了所有操作配置，为了保证企业业务系统的安全，我们还需要让防火墙放行 samba 服务，这样其他主机才能够访问 samba 业务，如图 7-8 所示。

```
[root@basics ~]# firewall-cmd --add-service=samba --permanent
success
[root@basics ~]# firewall-cmd --reload
success
[root@basics ~]# firewall-cmd --list-all
public (active)
  target: default
  icmp-block-inversion: no
  interfaces: ens32 ens33
  sources:
  services: dhcp dhcpv6-client dns http mdns mountd nfs rpc-bind samba ssh
  ports: 514/tcp 514/udp
  protocols:
  forward: yes
  masquerade: no
  forward-ports:
  source-ports:
  icmp-blocks:
  rich rules:
```

图 7-8　防火墙放行 samba 服务

启动 samba 服务，测试能否正常访问 samba 共享目录，分别如图 7-9 和图 7-10 所示。

```
[root@basics ~]# systemctl enable --now smb
[root@basics ~]# systemctl status smb
● smb.service - Samba SMB Daemon
     Loaded: loaded (/usr/lib/systemd/system/smb.service; enabled; vendor preset: disabled)
     Active: active (running) since Wed 2024-03-27 18:45:37 CST; 8s ago
       Docs: man:smbd(8)
             man:samba(7)
             man:smb.conf(5)
   Main PID: 2999 (smbd)
     Status: "smbd: ready to serve connections..."
      Tasks: 3 (limit: 21391)
     Memory: 4.3M
     CGroup: /system.slice/smb.service
             ├─ 2999 /usr/sbin/smbd --foreground --no-process-group
             ├─ 3002 /usr/sbin/smbd --foreground --no-process-group
             └─ 3003 /usr/sbin/smbd --foreground --no-process-group

Mar 27 18:45:37 basics.xxxxxx.com systemd[1]: Starting Samba SMB Daemon...
Mar 27 18:45:37 basics.xxxxxx.com smbd[2999]: [2024/03/27 18:45:37.110267,  0] ../../source3/smbd/se>
Mar 27 18:45:37 basics.xxxxxx.com smbd[2999]:   smbd version 4.17.5 started.
Mar 27 18:45:37 basics.xxxxxx.com smbd[2999]:   Copyright Andrew Tridgell and the Samba Team 1992-20>
Mar 27 18:45:37 basics.xxxxxx.com systemd[1]: Started Samba SMB Daemon.
lines 1-20/20 (END)
```

图 7-9　启动 samba 服务

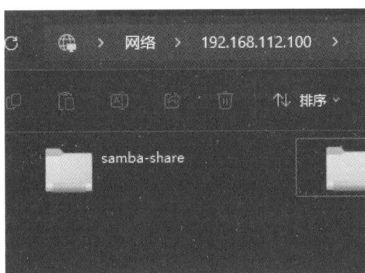

图 7-10　测试 samba 共享目录

3．备份配置文件

修改配置文件后，为保证配置文件的安全性，需要备份配置文件，方便后期恢复。将 samba 配置文件备份到 basics 机器的/backup 目录中，如图 7-11 所示。

```
[root@basics ~]# mkdir -p /backup
[root@basics ~]# cp /etc/samba/smb.conf /backup/
[root@basics ~]# 
```

图 7-11　备份 samba 配置文件

7.3.6 错误点集合

登录 samba 服务器，发现无法在共享目录下创建文件。

例：共享目录为/share，客户端访问共享目录并准备在共享目录下创建文件时目录报错"Permission denied"，代码如下。

```
#将远端的共享目录/share 挂载到客户端的/mnt 上
    [root@basics mnt]# mount -t cifs //12.0.0.188/share /mnt/  -o username=openEuler,password=redhat

#进入/mnt 目录，创建 client 文件
    [root@basics mnt]#touch client
      touch: cannot touch 'client': Permission denied
```

此时需要回到 samba 服务器，查看 samba 是否配置了读写选项，代码如下。

```
[root@basics]#cat /etc/samba/smb.conf
    ......
    ......
    [share]
        comment=share
        path=/share
        read only=no
        public=yes
        guest ok = no
```

可以看出，配置文件配置了读写选项，这证明 samba 配置文件没有问题，此时应该查看/share 共享目录是否有相关权限。因为 samba 服务给予了读写权限，/share 也需要给予对应的权限，代码如下。

```
[root@basics]#ll -d /share
    drwxr-xr-x. 2 root root 4096  1月 25 21:19 /share/
```

如果客户端想要在此目录下创建文件，目录的 other 权限应有写权限（w 权限），但此时 other 权限是 r-x（读和执行权限），没有 w 权限，代码如下。

```
[root@basics]#chmod o+w /share
[root@basics]#ll -d /share
    drwxr-xrwx. 2 root root 4096  1月 25 21:19 /share/
```

给目录加上 w 权限，回到客户端，再次创建文件，代码如下。

```
[root@client ~]#touch /mnt/client
[root@client ~]#ll /mnt/
    -rwxr-xr-x. 1 root root 0 Jan 26 05:32 client
```

7.4 使用 MariaDB 提供数据库服务

7.4.1 MariaDB 的安装

MariaDB 是一个开源的关系型数据库管理系统。MariaDB 遵循原子性、一致性、隔离性和持久性原则。原子性确保事务是不可分割的最小执行单元，事务要么完全执行、要么

完全不执行；一致性确保事务将数据库从一个一致状态转移到另一个一致状态，事务开始之前和之后，数据库都必须保持一致性；隔离性确保一个事务的执行不会受到其他并发事务的影响；持久性确保一旦事务提交，其结果将被永久保存在数据库中，即使系统故障或崩溃也是不受影响的。

MariaDB 是一个典型 C/S 架构，分为服务器和客户端。服务器是专门存储和管理数据的地方，负责数据库的创建、删除、修改、查询等操作。客户端专门负责和服务器建立连接，通过发送请求到服务器执行各种数据库操作。

安装 MariaDB 的操作步骤如下。

① 安装 MariaDB 服务器和客户端，命令如下。

```
[root@openEuler ~]#dnf install mariadb mariadb-server
```

② 通过 systemctl 启动 MariaDB，命令如下。

```
[root@openEuler ~]#systemctl start mariadb
```

7.4.2　MariaDB 的使用

安装完 MariaDB 后，初始化数据库操作是必要的步骤。初始化数据库是为了确保数据库系统的正确配置和设置。执行命令“mysql_secure_installation”可以修改默认的 root 用户密码、移除匿名用户、禁止 root 用户远程登录等。

执行以下命令初始化数据库，执行命令之前先启动数据库。

```
[root@openEuler ~]#mysql_secure_installation
NOTE: RUNNING ALL PARTS OF THIS SCRIPT IS RECOMMENDED FOR ALL MariaDB
      SERVERS IN PRODUCTION USE!  PLEASE READ EACH STEP CAREFULLY!


In order to log into MariaDB to secure it, we'll need the current
password for the root user. If you've just installed MariaDB, and
haven't set the root password yet, you should just press enter here.

Enter current password for root (enter for none): #当前数据库root用户的密码
OK, successfully used password, moving on...

Setting the root password or using the unix_socket ensures that nobody
can log into the MariaDB root user without the proper authorisation.

You already have your root account protected, so you can safely answer 'n'.

Switch to unix_socket authentication [Y/n] n
#使用unix_socket确保没有人可以在未经授权的情况下登录数据库
 ... skipping.

You already have your root account protected, so you can safely answer 'n'.

Change the root password? [Y/n] n                    #是否修改root用户密码
 ... skipping.

By default, a MariaDB installation has an anonymous user, allowing anyone
to log into MariaDB without having to have a user account created for
them.  This is intended only for testing, and to make the installation
go a bit smoother.  You should remove them before moving into a
```

```
production environment.

Remove anonymous users? [Y/n] y                    #是否移除匿名用户
 ... Success!

Normally, root should only be allowed to connect from 'localhost'.  This
ensures that someone cannot guess at the root password from the network.

Disallow root login remotely? [Y/n] y           #是否允许 root 用户远程登录
 ... Success!

By default, MariaDB comes with a database named 'test' that anyone can
access.  This is also intended only for testing, and should be removed
before moving into a production environment.

Remove test database and access to it? [Y/n] y   #是否移除 test 数据库
 - Dropping test database...
 ... Success!
 - Removing privileges on test database...
 ... Success!

Reloading the privilege tables will ensure that all changes made so far
will take effect immediately.

Reload privilege tables now? [Y/n] y                    #是否重新加载权限表
 ... Success!

Cleaning up...

All done!  If you've completed all of the above steps, your MariaDB
installation should now be secure.

Thanks for using MariaDB!
```

安装好数据库且数据库初始化完成后，就可以继续后续的操作了——登录 MariaDB，命令如下。

```
[root@openEuler ~]#mysql -u<username> -p<passwd> -h<ip_address> <db_name>
```

将 username 替换为数据库的用户名，将 passwd 替换为数据库用户的密码，将 ip_address 替换为要访问的远程数据库 IP 地址，将 db_name 修改为要登录的数据库名，如图 7-12 所示。

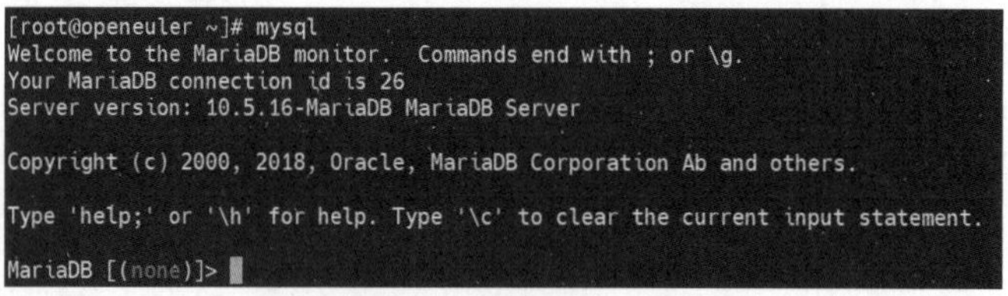

图 7-12　登录数据库

登录成功后，出现的"MariaDB [(none)]>"表示可以在后面输入数据库的相关命令。

7.4.3　MariaDB 的增删改查

对数据库进行操作的前提是必须已登录数据库，并且在登录数据库后，所输入的命令不再是 Shell 基础命令，而是数据库独有的命令—— SQL 语句，需要输入相对应的 SQL 语句对数据库进行操作。在数据库中有表的概念，类似于 excel 表格。每一个数据库中均可以有多张表格。

第一次进入数据库后，该怎么对其进行查询呢？接下来，我们将学习基础的 SQL 语句，以帮助管理 MariaDB 数据库。

在数据库中进行查询的代码如下。

```
MariaDB [(none)]> show databases;
+--------------------+
| Database           |
+--------------------+
| information_schema |
| mysql              |
| performance_schema |
+--------------------+
3 rows in set (0.000 sec)
```

输入相应的 SQL 语句会列出当前的数据库，代码如下。

```
MariaDB [(none)]> show tables;
ERROR 1046 (3D000): No database selected
```

输入"show tables;"可以列出当前数据库中的表，如果出现错误提示，属于正常现象。因为表被存储在一个数据库中，所以我们必须选择一个数据库，再次输入"show tables;"查看数据库中有哪些表，代码如下。

```
MariaDB [(none)]> use mysql;
......
......
MariaDB [mysql]> show tables;
+---------------------------+
| Tables_in_mysql           |
+---------------------------+
| column_stats              |
| columns_priv              |
| db                        |
| event                     |
......
......
......
```

如果想要切换其他数据库，需要执行"use 数据库名"命令进行切换，切换完成后执行用于列出表的 SQL 语句即可。这里每一行都代表一个表。如果我们想要查询表格中的数据就必须执行以下命令。

```
MariaDB [mysql]> show tables;
MariaDB [mysql]> select * from user;
#* 表示所有的信息，user 表示要查询的表格
MariaDB [mysql]> select host,user,password from user;
#可以查看表格中的信息，多个信息之间使用逗号隔开
```

增加数据库的命令如下。

```
MariaDB [mysql]> create database openEuler;
```

执行以上 SQL 语句创建了一个名为 openEuler 的数据库；接下来可以执行"use openEuler"命令切换到 openEuler 数据库。

```
MariaDB [mysql]> use openEuler;
Database changed
MariaDB [openEuler]> show tables;
```

切换数据库后，执行 "show tables;" 命令，发现此数据库中没有任何表格，因此需要新建一个表格来存储数据，即在 openEuler 数据库中，创建一个名为 "students" 的表格，代码如下。

```
#第 1 种写法

MariaDB [openEuler]> create table students (id INT NOT NULL AUTO_INCREMENT,name
VARCHAR(10),age VARCHAR(10),PRIMARY KEY (id));

#第 2 种写法
MariaDB [openEuler]> create table students (
        id INT NOT NULL AUTO_INCREMENT,
        name VARCHAR(10),
        age VARCHAR(10),
        PRIMARY KEY (id)
);
```

在以上 SQL 语句中，我们创建了一个表 students，其中包括 id 字段名称，name 字段命令，age 字段名称；属性 "NOT NULL" 表示此字段不能为空，"VARCHAR" 表示定义了字符串的最大数量是 10，"PRIMARY KEY" 表示定义了主键，"AUTO_INCREMENT" 表示每添加一行则 id 自动增加一个数。

创建表 students 后，需要使用 insert 命令向其中插入数据，name 为 zhangsan，age 为 18。通过 select 命令查询表中的数据内容，代码如下。

```
#插入数据
MariaDB [openEuler]> insert students (name,age) value('zhangsan','18');
  Query OK, 1 row affected (0.001 sec)
MariaDB [openEuler]> select * from students;
  +----+----------+------+
  | id | name     | age  |
  +----+----------+------+
  | 1  | zhangsan | 18   |
  +----+----------+------+
  1 row in set (0.000 sec)
```

使用 update 指定要更新数据的表格，用 set 子句指定要更新的字段及新值，使用 where 子句指定判断条件，代码如下。

```
#修改、更新数据
MariaDB [openEuler]> update students set age = 30 where name = 'zhangsan' ;
  Query OK, 1 row affected (0.001 sec)
MariaDB [openEuler]> select * from students;
  +----+----------+------+
  | id | name     | age  |
  +----+----------+------+
  | 1  | zhangsan | 30   |
  +----+----------+------+
  1 row in set (0.000 sec)
```

使用 delete 删除数据，from 用于指定表格，where 是判断条件。当表 students 中的 name 等于 zhangsan 时，就删除这一行内容，代码如下。

```
#删除数据
MariaDB [openEuler]> delete from students where students.name = 'zhangsan';
```

```
   Query OK, 1 row affected (0.001 sec)
MariaDB [openEuler]> select * from students;
   Empty set (0.000 sec)
#删除表格
MariaDB [openEuler]> drop table students;
#删除库操作
MariaDB [openEuler]> drop database openEuler;
```

如果要删除表格，则直接指定"table"；如果想要删除数据库，则直接指定"database"。

7.4.4 在 MariaDB 中创建和删除用户

在 MariaDB 中，可以使用 CREATE USER 语句创建新用户，使用 DROP USER 语句删除用户。同时，还需要分别使用 GRANT 语句和 REVOKE 语句为用户分配或撤销权限。

1．登录数据库

登录数据库的代码如下。

```
[root@openEuler ~]#mysql -u<username> -p<passwd> -h<ip_address> <db_name>
MariaDB [(none)]> CREATE USER 'username'@'localhost' IDENTIFIED BY 'password';
```

2．创建用户

创建用户的代码如下。

```
MariaDB [(none)]> CREATE USER 'openEuler'@'localhost' IDENTIFIED BY 'password';
```

在代码中，"openEuler"是创建的用户名；"localhost"表示只能本地登录数据库；"password"表示用户的密码。

3．为用户授予权限

为用户授予权限的代码如下。

```
MariaDB [(none)]> GRANT ALL PRIVILEGES ON *.* TO 'openEuler'@'localhost' IDENTIF
IED BY 'password';
```

代码各部分的含义如下。

- ALL PRIVILEGES：表示所有权限。
- openEuler：要赋予权限的用户名。
- localhost：表示用户只能本地登录数据库。
- password：表示用户的密码。
- *.*：表示所有数据库和所有表。

4．刷新权限表

刷新权限表的代码如下。

```
MariaDB [(none)]> FLUSH PRIVILEGES;
```

在每一次赋予权限时，必须刷新权限才能生效。

5．删除用户

删除用户的代码如下。

```
MariaDB [(none)]> DROP USER 'openEuler'@'localhost';
```

数据库中的所有用户信息都被保存在 MySQL 数据库的 user 表中。

7.4.5 MariaDB 主从复制配置

数据库的主从配置是一种比较常见的数据库架构策略，它可以提升数据库的可用性、性能及容错性。数据库中所保存的数据至关重要。在一个网站项目中，如果数据库死机、出现故障、数据丢失，那么网站中所存储的用户个人信息将会全部丢失。这对于一个企业来说是致命的，所以为了保证数据库的高可用和高容错性，数据库主从复制架构被广泛采用，当主服务器发生故障时，备用服务器可以接管，从而降低了系统死机的风险。这种配置确保了数据库服务的持续可用性。

MariaDB 主从复制本质上是一种同步机制，即将主数据库中的数据同步到从数据库上。下面是主从复制的原理。

主从复制的核心是一个二进制日志（bin-log），主数据库中所有的 SQL 语句操作以二进制的方式被记录在日志文件中。

从数据库中有一个复制进程，此进程实时读取主数据库的二进制日志，并且在从数据库上执行此日志文件中的 SQL 语句操作。

1. 搭建 MariaDB 主从复制的准备

首先需要准备两台虚拟机，并安装 MariaDB，注意使用的都是 openEuler 操作系统。相关基础信息见表 7-5。

表 7-5　相关基础信息

主数据库	主机名：master	IP 地址：172.18.0.140
从数据库	主机名：slave	IP 地址：172.18.0.141

2. 配置 MariaDB 主从

① 在两台虚拟机上安装 MariaDB，代码如下。

```
dnf install mariadb-server mariadb -y
```

② 配置主数据库。在主数据库服务器上修改配置文件，开启二进制日志功能。指定"logbin"参数和"server-id"参数，代码如下。

```
[root@master ~]#VIM /etc/my.cnf.d/mariadb-server.cnf
......
......
log-bin=mysql-bin        #开启二进制日志功能
server-id=23             #指定 server-id，为从数据库配置不一样的 id 即可
...
...
```

修改数据库配置文件后，执行"systemctl restart mariadb"命令重启数据库，刷新配置文件，代码如下。

```
[root@master ~]#systemctl restart mariadb
[root@master ~]#firewall-cmd --add-port=3306/tcp -permanent
[root@master ~]#firewall-cmd -reload
```

防火墙放行 3306 端口，此端口是数据库服务的默认监听端口。放行 3306 端口的目的是让从数据库能够访问主数据库服务。

登录 MariaDB 数据库，创建从数据库远程登录的用户及授予权限，代码如下。

```
[root@master ~]#mariadb
......
......
MariaDB [(none)]> grant replication slave on *.* to openEuler@'*' identified by 'openEuler';
  Query OK, 0 rows affected (0.001 sec)

MariaDB [(none)]> show master status;
  +------------------+----------+--------------+------------------+
  | File             | Position | Binlog_Do_DB | Binlog_Ignore_DB |
  +------------------+----------+--------------+------------------+
  | mysql-bin.000003 |     1376 |              |                  |
  +------------------+----------+--------------+------------------+
  1 row in set (0.000 sec)

MariaDB [(none)]> grant all privileges on *.* to 'openEuler'@'*' identified by 'openEuler';
MariaDB [(none)]> flush privileges;
```

创建数据库用户“openEuler”，*表示允许所有的主机登录使用，如果需要指定某个主机登录则可以修改为 IP 地址，用户的密码为“openEuler”。

执行“show master status;”命令查看 File 和 Position 的值，在配置从数据库时需要使用。

3．配置从数据库

在从数据库上修改配置文件，指定“server-id”参数。“server-id”的值保持唯一性即可，不能与其他“server-id”重复，代码如下。

```
[root@master ~]#VIM /etc/my.cnf.d/mariadb-server.cnf
......
......
server-id=24
......
......
```

从数据库配置主数据库信息，代码如下。

```
[root@master ~]#mysql
......
......
MariaDB [(none)]> change master to
    -> master_user='openEuler',
    -> master_password='openEuler',
    -> master_host='172.18.0.140',
    -> master_log_file='mysql-bin.000003',
    -> master_log_pos=1376;

MariaDB [(none)]> start slave;
```

对代码各部分的说明如下。

- master_user：指定在主数据库上创建的用户。
- master_password：指定主数据库上用户的密码。
- master_host：指定主数据库的 IP 地址。
- master_log_file：在主数据库上执行“show master status;”查询的 File 信息。
- master_log_pos：在主数据库上执行“show master status;”查询的 Position 信息。

4．测试主从数据库状态

在从数据库上执行"show slave status\G;"命令，代码如下。

```
MariaDB [(none)]> show slave status\G;
**********1.row**********
Slave_IO_State: Waiting for master to send event
Master_Host: 172.18.0.140
.........
.........
Slave_IO_Running: Yes
Slave_SQL_Running: Yes
.........
......
```

查看从数据库的状态，只需要关注"Slave_IO_Running: Yes""Slave_SQL_Running: Yes"。出现这两行内容说明主从复制数据库搭建成功。

测试：在主数据库中创建一个数据库，关注从数据库中是否创建了同名的数据库，代码如下。

```
MariaDB [(none)]> create database openEuler;
  Query OK, 1 row affected (0.000 sec)

MariaDB [(none)]> show databases;
  +--------------------+
  | Database           |
  +--------------------+
  | information_schema |
  | mysql              |
  | openEuler          |
  | performance_schema |
  +--------------------+
  4 rows in set (0.001 sec)
```

回到从数据库上，查看是否创建了数据库，代码如下。

```
MariaDB [(none)]> show databases;
  +--------------------+
  | Database           |
  +--------------------+
  | information_schema |
  | mysql              |
  | openEuler          |
  | performance_schema |
  +--------------------+
  4 rows in set (0.001 sec)
```

可以发现，在主数据库中创建的"openEuler"数据库同样在从数据库中创建了，这代表成功完成了主从复制配置。

7.4.6 配置 MariaDB 服务

1．业务需求

随着公司进入上升期，来自各界用户的访问量持续增长。短视频的火热进一步提升了公司论坛的知名度，吸引大量用户注册并发布丰富多样的内容。在当今大数据时代，数据量呈指数级增长，单节点数据库已难以承载激增的业务需求，而任何数据丢失都可能带来严重损失。为了确保业务数据的安全性与稳定性，需要在公司业务架构中部署主从数据库，使从数据库作为主数据库的备份，以提升数据可靠性，保障系统的高可用性，为公司的发展奠定坚实基础。服务器的配置信息见表 7-3。

公司现在的需求是在底层数据库服务的基础上，搭建主从数据库，保证从数据库能够同步主数据库的数据信息，并且提供一定的冗余功能。

具体配置说明如下。

- db-1 作为主数据库，db-2 作为从数据库。
- 在主数据库中创建用户"openEuler"，密码为"openEuler"，该用户作为主从数据库之间的数据传输用户。
- 主数据库中的库和表都会同步到从数据库中。

2. 实战——配置主从数据库

因为服务器都是新购入的，所以需要先安装数据库软件，代码如下。

```
#在 db-1 和 db-2 两台虚拟机上安装 MariaDB 组件
    [root@db-1 ~]#dnf install mariadb mariadb-server -y
    [root@db-2 ~]#dnf install mariadb mariadb-server -y
```

接下来，需要在 db-1 主数据库上创建一个数据库用户，专门作为从数据库和主数据库之间的对接用户，代码如下。

```
#在 db-1 虚拟机上登录主数据库，创建数据库连接用户
    [root@db-1 ~]#mysql
    …
    …
    MariaDB [<nonoe>]> CREATE USER 'openEuler'@'%' IDENTIFIED BY 'openEuler';
    MariaDB [(none)]> GRANT REPLICATION SLAVE ON *.* TO ' openEuler'@'%';
    MariaDB [(none)]> flush privileges;
            #执行以下命令，需要得到 log_file、i 及 log_pos 的值
MariaDB [(none)]> show master status;
    +------------------+----------+--------------+------------------+
    | File             | Position | Binlog_Do_DB | Binlog_Ignore_DB |
    +------------------+----------+--------------+------------------+
    | mysql-bin.000002 |    2716  |              |                  |
    +------------------+----------+--------------+------------------+
1 row in set (0.000 sec)
```

在主数据库上，只需要开启二进制日志功能并创建新的数据库用户。接下来，在从数据库上修改配置，对接主数据库用户，代码如下。

```
#在 db-2 虚拟机上登录从数据库，修改配置
    [root@db-2 ~]#mysql
    MariaDB [(none)]> change master to master_user='openEuler', master_password='openEuler', master_host='10.0.10.110', master_log_file='mysql-bin.000002', master_log_pos=2716;
#开启从数据库服务
    MariaDB [(none)]> start slave;
```

配置完毕，还需要防火墙放行对应的数据库服务，代码如下。

```
#db-1 和 db-2 重启所有服务，防火墙放行指定服务
    #防火墙放行
```

```
[root@db-1 ~]#firewall-cmd --permanent --add-service=mysql
[root@db-1 ~]#firewall-cmd --reload
[root@db-2 ~]#firewall-cmd --permanent --add-service=mysql
[root@db-2 ~]#firewall-cmd - reload
#数据库服务启动
[root@db-1 ~]#systemctl enable --now mariadb
[root@db-2 ~]#systemctl enable --now mariadb
```

测试主从数据库同步的运行结果如图 7-13 所示。

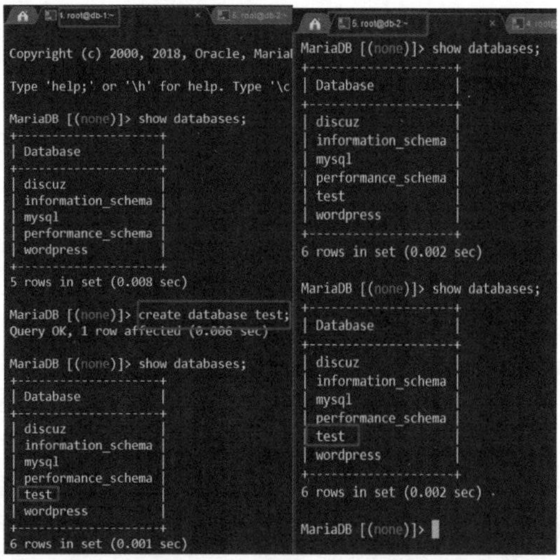

图 7-13　测试主从数据库同步的运行结果

3．备份配置文件

修改配置文件后，为了保证配置的完整性和安全性，需要备份服务的配置文件，以便在配置文件出现故障或者丢失的情况下恢复。将数据库的配置文件备份到 basics 机器的 /backup 目录中，如图 7-14 所示。

图 7-14　备份配置文件

小　结

本章深入探讨了面向企业的生产案例——存储服务，系统介绍了构建企业级数据存储架构的核心技术。本章内容涵盖 NFS 网络文件系统、autofs 自动挂载服务、samba 跨平台文件共享以及 MariaDB 数据库服务，为企业数据管理提供完整的解决方案。

NFS 服务作为实现网站数据备份的核心技术，本章详细阐述了其基本原理与配置流程。重点解析了 NFS 配置介绍的关键参数，并完整演示了从安装到配置 NFS 服务的实践路径，确保读者掌握分布式文件系统的部署能力。

第 8 章

面向企业的生产案例——网站服务

各种各样的网站贯穿我们的生活，大家可能对存储比较陌生，但是每天几乎都会用到网站。在网站服务中，Linux 服务器的占有量遥遥领先。本章主要讲解 Linux 在企业中的网站服务与配置。

8.1 使用 Apache 配置 Web 服务

Apache 是 Apache 软件基金会的一个开源项目，作为网页服务器软件，和 Nginx 一样都可以提供 Web 服务。Apache 历史悠久，具有稳定性，且属于模块化软件，其许多特性都可以通过编写模块来实现，功能可以通过不同的模板来扩展。它可以运行在大多数计算机上，同时支持虚拟主机，允许在一个服务器上配置多个域名，访问不同的域名能够实现不同的效果，每个域名都有属于自己的配置。

8.1.1 Apache 部署安装

在 openEuler 操作系统中，系统源已经自带 Apache 服务的相关软件包。Apache 服务的软件包叫作 httpd，服务也叫作 httpd.server，之所以不叫作"Apache"，是因为大多数发行版本中的 Apache Http Server 的二进制文件和系统服务都叫作 httpd，所以延续了这一风格。

下面使用 yum 命令安装 httpd 软件包，部署一个基本的网站，此服务启动后默认监听"80"端口，所以其他主机访问时需要防火墙放行对应端口号。

查看系统上是否安装了 httpd 软件包，命令如下。

```
[root@openEuler ~]#rpm -qa | grep httpd
```

如果没有列出任何软件包，表示当前系统上没有安装 httpd 软件。

以下安装步骤是通过网络源进行安装，安装之前需要确保当前系统能够访问外部网络并且配置了正确的 openEuler 网络源地址。

① 执行 yum 命令安装 httpd 软件包，命令如下。

```
[root@openEuler ~]#yum install httpd
```

如果出现图 8-1 所示界面，则输入"y"继续安装。

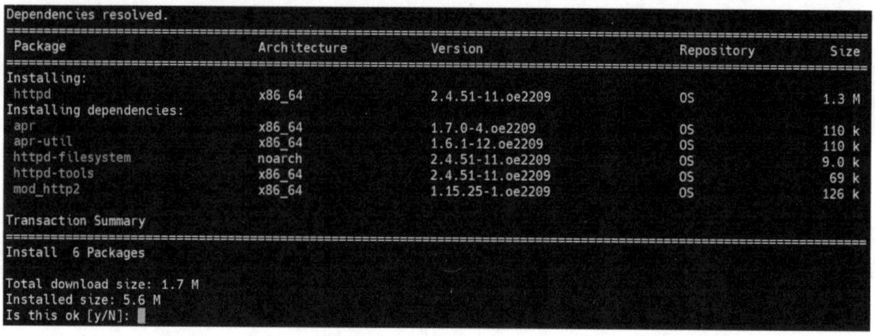

图 8-1　安装 httpd 软件

安装完成后，可以通过"rpm -q httpd"命令查询软件包是否安装成功，具体如下。

```
[root@openEuler ~]#rpm -q httpd
```

如果输出"httpd-2.4.51-11.oe2209.x86_64"则表示 httpd 软件包已经安装成功。

② 启动 httpd 服务，防火墙放行对应监听端口，代码如下。

```
[root@openEuler ~]#systemctl start httpd
[root@openEuler ~]#systemctl enable httpd
  Created symlink /etc/systemd/system/multi-user.target.wants/httpd.service → /usr/
lib/systemd/system/httpd.service.
[root@openEuler ~]#firewall-cmd --add-port=80/tcp -permanent
  success
[root@openEuler ~]#firewall-cmd -reload
```

③ 使用外部主机访问 http 服务测试；使用物理机打开浏览器，输入 httpd 服务的 IP 地址，物理机必须和外部主机（即 httpd 服务器）处于同一个网段。

查看 httpd 服务器所在的 IP 地址，代码如下。

```
[root@openEuler ~]#ifconfig  ens33
ens33: flags=4163<UP,BROADCAST,RUNNING,MULTICAST>  mtu 1500
        inet 172.18.0.140  netmask 255.255.255.0  broadcast 172.18.0.255
        inet6 fe80::fc87:c94b:df84:a1c  prefixlen 64  scopeid 0x20<link>
        ether 00:0c:29:1d:70:c8  txqueuelen 1000  (Ethernet)
        RX packets 28231  bytes 36660183 (34.9 MiB)
        RX errors 0  dropped 0  overruns 0  frame 0
        TX packets 6299  bytes 496891 (485.2 KiB)
        TX errors 0  dropped 0 overruns 0  carrier 0  collisions 0
```

执行"ifconfig"命令查看网络信息，此网络的 IP 地址为 172.18.0.140，则在浏览器中输入"172.18.0.140"进行访问，如图 8-2 所示。

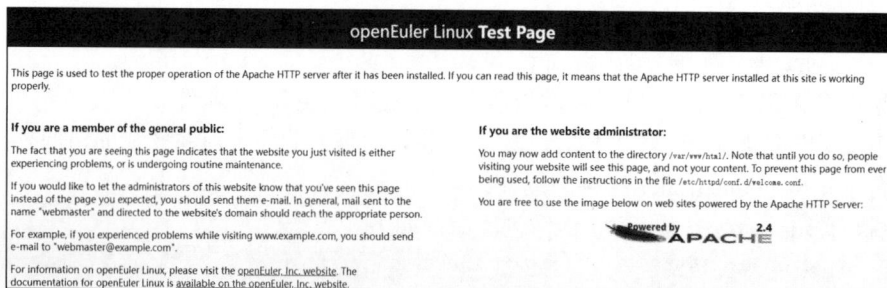

图 8-2　访问 httpd 服务

8.1.2　Apache 配置文件

httpd 服务的主配置文件位于/etc/httpd/conf/httpd.conf，大多数情况下，我们可以修改此文件中的内容以达到预期的效果。也可以选择使用其他配置文件选项，例如"/etc/httpd/conf.d/"，此为主配置文件包含的配置文件的辅助目录，在此目录中的配置文件也同样生效。

默认网站根目录为/var/www/html；所有的网站文件默认都应该存放到此目录下，通过浏览器访问网站才可以正确访问对应的网页。

打开主配置文件，查看 httpd 主配置文件的重要部分，代码如下。

```
[root@openEuler ~]#VIM /etc/httpd/conf/httpd.conf
ServerRoot "/etc/httpd"              #网站的主目录
Listen 80                            #默认的监听端口
User apache
Group apache                         #httpd 服务进程的用户和用户组
DocumentRoot "/var/www/html"         #默认网站根目录
<Directory "/var/www">               #Directory 用于设置目录的访问权限
    AllowOverride None
    #Allow open access:
Require all granted                  #允许所有人访问此目录
Deny from all                        #拒绝所有人访问
Allpo from all                       #允许所有人访问
</Directory>
ServerName www.××××××.com: 80       #通过域名和端口的方式标识此服务器
…
```

除了以上配置内容外，还有其他配置内容，例如默认的访问文件为 index.html。将监听端口号 80 修改为 81，进行访问测试，命令如下。

```
[root@openEuler ~]#sed -i.bak 's/^Listen 80/Listen 81/g' /etc/httpd/conf/httpd.conf
[root@openEuler ~]#firewall-cmd --add-port=81/tcp -permanent
[root@openEuler ~]#firewall-cmd -reload
```

修改配置文件中的 Listen 内容，修改默认的监听端口为 81。由于防火墙的存在，其他主机想要访问 httpd 服务，必须放行 81 端口。并且 SELinux 的存在，允许 81 端口类型。如果修改的端口为其他端口，则需要通过"semanage"命令设置端口类型；例如"semanage port -a -t http_port_t -p tcp 8888"。如果没有 semanage 命令，需要指定"dnf install policycoreutils-python-utils-3.3-2.oe2209.noarch"命令安装 policycoreutils-python-utils 组件。

重启 httpd 服务，进行访问测试，命令如下。

```
[root@openEuler ~]#echo openEuler > /var/www/html/index.html
[root@openEuler ~]#systemctl restart httpd
```

在浏览器中输入 http://172.18.0.140:81。如果输出的页面是"openEuler"，则说明成功修改了配置文件并且能够正常访问。

8.1.3　在 Apache 中配置虚拟主机

在 Apache 中，可以通过配置虚拟主机的方式访问不同域名的不同网页，例如访问 http://a.××××××.com 输出 a 信息，访问 http://b.××××××.com 输出 b 信息。这种方式叫作基于域名的虚拟主机，通过访问不同的域名得到不同的内容。在配置文件中使用 NameVirtualHost 配置虚拟主机。使用文件"/usr/share/doc/httpd/httpd-vhosts.conf"可以查询配置虚拟主机的方法。

配置虚拟主机的内容如下。

```
<VirtualHost *:80>
     ServerAdmin webmaster@dummy-host.××××××.com
     DocumentRoot "/var/www/dummy-host.××××××.com"
     ServerName dummy-host.××××××.com
     ServerAlias www.dummy-host.××××××.com
     ErrorLog "/var/log/httpd/dummy-host.××××××.com-error_log"
     CustomLog "/var/log/httpd/dummy-host.××××××.com-access_log" common
</VirtualHost>
#文件解析
 <VirtualHost *:80> ：*表示主机的所有 IP 地址，":80"表示监听的端口为 80 端口
 ServerAdmin    ：定义网站管理员邮箱地址
 DocumentRoot   ：定义网站根目录
 ServerName     ：网站的域名
 ServerAlias    ：网站的别名
 ErrorLog       ：定义错误日志的路径
 CustomLog      ：定义访问日志路径和格式
```

以上配置内容表示，此虚拟主机监听所有 IP 的 80 端口。访问 dummy-host.××××××.com 和 www.dummy-host.××××××.com 这两个域名将显示网站内容。配置不同的虚拟主机，可以实现不同的效果，每一台虚拟主机都可以有自己独立的配置和内容。

假设需要在服务器上通过基于域名的虚拟主机部署多个 Web 站点，访问不同域名的不同网页。需求如下：

① 有两台虚拟主机，域名分别为××××××.a 和××××××.b。

② 虚拟主机的网站根目录分别是/var/www/××××××.a 和/var/www/××××××.b。

③ 两个虚拟主机默认的监听端口为 80 端口。

实现目标：浏览器访问 http://××××××.a，输出 openEuler.××××××.a；访问 http:// ××××××.b，输出 openEuler. ××××××.b。

1. 配置虚拟主机

创建网站根目录，命令如下。

```
[root@openEuler ~]#mkdir /var/www/××××××.a
[root@openEuler ~]#mkdir /var/www/××××××.b
```

如果创建的网站根目录不在"/var/www"目录下，需要在两个目录下配置 "httpd_sys_content_t"上下文。

2. 创建网页文件

创建网页文件的命令如下。

```
[root@openEuler ~]#echo openEuler.example.a > /var/www/××××××.a/index.html
[root@openEuler ~]#echo openEuler.example.b > /var/www/××××××.b/index.html
```

为域名××××××.a 创建虚拟主机配置；将虚拟主机配置模板复制到 httpd 配置文件目录中，命令如下。

```
[root@openEuler ~]#cp /usr/share/doc/httpd/httpd-vhosts.conf /etc/httpd/conf.d/
[root@openEuler ~]#VIM /etc/httpd/conf.d/ httpd-vhosts.conf
```

使用 VIM 编辑器打开配置文件，修改内容如下。

```
<VirtualHost *:80>
    DocumentRoot "/var/www/×××××.a"
    ServerName ×××××.a
</VirtualHost>

<VirtualHost *:80>
    DocumentRoot "/var/www/×××××.b"
    ServerName ×××××.b
</VirtualHost>
```

DocumentRoot 用于指定网站根目录，ServerName 用于设置主机域名；访问×××××.a 域名则可以访问网站根目录/var/www/×××××.a 的文件；访问×××××.b 域名则可以访问网站根目录/var/www/×××××.b 的文件。由于域名尚未进行解析，所以需要 DNS 执行解析操作。此处在主机内部进行解析，所以只在/etc/hosts 文件中进行本地解析。如果需要对外提供访问，则需要配置 DNS 解析以及防火墙放行指定端口，具体如下。

```
[root@openEuler ~]#echo '172.18.0.140 ×××××.a' >> /etc/hosts
[root@openEuler ~]#echo '172.18.0.140 ×××××.b' >> /etc/hosts
```

3．进行测试

使用 curl 命令访问不同的域名，回显的信息完全不同。如果出现以下内容，则虚拟主机配置成功。

```
[root@openEuler ~]#curl ×××××.a
openEuler.example.a
[root@openEuler ~]#curl ×××××.b
openEuler.example.b
```

8.1.4　配置 Apache 服务

1．业务需求

假如你是一家中小型企业的 IT 运维工程师，最近发现你所在的公司的门户网站都是同一个访问地址。无论是访问门户网站，还是访问论坛网站，使用的都是此域名。底层网页等相关数据文件都是存放在同一个网站根目录下的，你发现这并不安全，所以你决定配置多个 Apache 虚拟主机，使网站的底层都位于同一个服务器，每台虚拟主机都可以独立地运行一个或多个网站。这些虚拟主机之间互相隔离，拥有各自独立的文件系统和域名，使每个网站都可以独立地管理和维护自己的内容。8.1.4 小节服务器的配置信息见表 8-1。

表 8-1　8.1.4 小节服务器的配置信息

主机名	网卡配置	账户信息	备注
basics.×××××.com	业务网络：192.168.112.100/24 存储网络：10.0.10.100/24	root/Huawei12#$	基础架构服务器
db-1.×××××.com	存储网络：10.0.10.110/24	root/Huawei12#$	数据库服务器
db-2.×××××.com	存储网络：10.0.10.120/24	root/Huawei12#$	数据库服务器
web-1.×××××.com	业务网络：192.168.112.130/24 存储网络：10.0.10.130/24	root/Huawei12#$	Web 服务器

续表

主机名	网卡配置	账户信息	备注
web-2.××××××.com	业务网络：192.168.112.140/24 存储网络：10.0.10.140/24	root/Huawei12#$	Web 服务器
ha.××××××.com	业务网络：192.168.112.200/24	root/Huawei12#$	Web 网关服务器

需求如下。

- web-1 上有两台虚拟主机：一台虚拟主机的域名为 wp.××××××.com，此域名监听的 IP 地址为 192.168.112.130:80，网站根目录为/wordpress-master；另一台虚拟主机的域名为 dz.××××××.com，此域名监听的 IP 地址为 10.0.10.130:80，网站根目录为 /discuz-master。
- web-2 上有两台虚拟主机：一台虚拟主机的域名为 wp.××××××.com，此域名监听的 IP 地址为 192.168.112.140:80，网站根目录为/wordpress-slave；另一台虚拟主机的域名为 dz.××××××.com，此域名监听的 IP 地址为 10.0.10.140:80，网站根目录为 /discuz-slave。
- web-1 上的/wordpress-master 目录来自 basics 虚拟机上的 NFS 共享目录/wp-master，discuz-master 目录来自 basics 虚拟机上的 NFS 共享目录/dz-master。
- web-2 上的/wordpress-slave 目录来自 basics 虚拟机上的 NFS 共享目录/wp-slave，discuz-slave 目录来自 basics 虚拟机上的 NFS 共享目录/dz-slave。
- 两台虚拟主机 wp.××××××.com 的配置文件位于/etc/httpd/conf.d/wp.conf；两台虚拟主机 dz.××××××.com 的配置文件位于/etc/httpd/conf.d/dz.conf。
- 确保系统重启后，数据库的挂载点不会失效。
- 在浏览器上访问地址 192.168.112.130，输出 wp.××××××.com；在浏览器上访问地址 10.0.10.130，输出 dz.××××××.com。
- 在浏览器上访问地址 192.168.112.140，输出 wp.××××××.com；在浏览器上访问地址 10.0.10.140，输出 dz.××××××.com。

2. 配置 Apache 服务

配置 Apache 服务前，需要先完成前面的 NFS 实战内容。

首先在 Web 集群上安装 Apache 软件，命令如下。

```
[root@web-1 ~]# yum -y install httpd
[root@web-2 ~]# yum -y install httpd
```

将远程的 NFS 共享目录挂载到本地，Web 集群的主机不再使用本地的存储作为网站根目录，所有的网站根目录的存储空间来自 basics 基础架构服务器，代码如下。

```
#创建挂载点
    [root@web-1 ~]# mkdir /wordpress-master /discuz-master
    [root@web-2 ~]# mkdir /wordpress-master /discuz-slave
#进行永久挂载
    [root@web-1 ~]# echo "basics.××××××.com:/wp-master /wordpress-master nfs defaults
0 0" >> /etc/fstab
    [root@web-1 ~]# echo "basics.  ××××××.com:/dz-master /discuz-master nfs defaults
0 0" >> /etc/fstab
```

```
    [root@web-2 ~]# echo "basics.××××××.com:/wp-slave /wordpress-slavenfs defaults
0 0" >> /etc/fstab
    [root@web-2 ~]# echo "basics.××××××.com:/dz-slave/discuz-slave defaults
0 0" >> /etc/fstab
    [root@web-1 ~]#mount -a
    [root@web-2 ~]#mount -a
```

配置挂载点后，就可以配置虚拟主机来满足企业需求了。首先在 web-1 上创建虚拟主机配置文件，代码如下。

```
#在 web-1 主机上创建配置文件
    [root@web-1 ~]# touch /etc/httpd/conf.d/wp.conf
    [root@web-1 ~]# touch /etc/httpd/conf.d/dz.conf
#在 web-1 上配置虚拟主机，在文件中添加以下内容
    [root@web-1 ~]#cat /etc/httpd/conf.d/wp.conf
      <VirtualHost 192.168.112.130:80>
          DocumentRoot "/wordpress-master"
          ServerName wp.××××××.com
      </VirtualHost>
      <Directory /wordpress-master>
          Require all granted
      </Directory>
    [root@web-1 ~]#cat /etc/httpd/conf.d/dz.conf
      <VirtualHost 10.0.10.130:80>
          DocumentRoot "/discuz-master"
          ServerName dz.××××××.com
      </VirtualHost>
      <Directory /discuz-master>
          Require all granted
      </Directory>
```

web-1 上的虚拟主机配置成功后，在指定的网站根目录下创建网页文件，代码如下。

```
#在虚拟主机的根目录下创建测试文件
    [root@web-1 ~]#echo wp.××××××.com > /wordpress-master/index.html
    [root@web-1 ~]#echo dz.××××××.com > /discuz-master/index.html
#SELinux 修改布尔值，允许 httpd 访问 nfs，并且修改其目录权限
    [root@web-1 ~]#setsebool -P httpd_use_nfs 1
    [root@web-1 ~]#chown -R apahce:apache /wordpress-master/
    [root@web-1 ~]#chown -R apahce:apache /discuz-master/
#防火墙放行服务，重启 apahce 服务
    [root@web-1 ~]#firewall-cmd --permanent --add-service=http
    [root@web-1 ~]#firewall-cmd --reload
    [root@web-1 ~]#systemctl enable -new httpd
```

至此，在 web-1 上的操作全部完成，接下来要在 web-2 上进行同样的操作。

在 web-2 上创建虚拟主机配置文件，代码如下。

```
#在 web-2 上配置虚拟主机，在文件中添加以下内容
  [root@web-2 ~]#cat /etc/httpd/conf.d/wp.conf
      <VirtualHost 192.168.112.140:80>
          DocumentRoot "/wordpress-slave"
          ServerName wp.××××××.com
      </VirtualHost>
      <Directory /wordpress-slave>
          Require all granted
      </Directory>
  [root@web-2 ~]#cat /etc/httpd/conf.d/dz.conf
```

```
        <VirtualHost 10.0.10.140:80>
            DocumentRoot "/discuz-slave"
            ServerName dz.××××××.com
        </VirtualHost>
        <Directory /discuz-slave>
            Require all granted
        </Directory>
```

在 web-2 的指定网站根目录下创建网页文件，代码如下。

```
#在 web-2 的根目录下创建测试文件
    [root@web-2 ~]#echo wp.××××××.com > /wordpress-slave/index.html
    [root@web-2 ~]#echo dz.××××××.com > /discuz-slave/index.html

#使用 SELinux 修改布尔值，允许 httpd 访问 nfs，并且修改其目录权限
    [root@web-2 ~]#setsebool -P httpd_use_nfs 1
    [root@web-2 ~]#chown -R apahce:apache /wordpress-slave/
    [root@web-2 ~]#chown -R apahce:apache /discuz-slave/

#防火墙放行服务，重启 apahce 服务
    [root@web-2 ~]#firewall-cmd --permanent --add-service=http
    [root@web-2 ~]#firewall-cmd --reload
    [root@web-2 ~]#systemctl enable -new httpd
```

至此，所有的配置修改全部完成，可以打开浏览器进行访问。

3．备份配置文件

完成所有的业务配置后，为了保证数据文件的安全性，需要对其配置文件进行备份，以便后续在配置文件丢失或者损坏的情况下能够找回配置内容。将配置文件备份到 basics 的/backup 目录中，代码如下。

```
[root@basic ~]#mkdir -p /backup
[root@web-1 ~]#scp /etc/httpd/conf.d/wp.conf  root@basics:/backup
[root@web-1 ~]#scp /etc/httpd/conf.d/dz.conf  root@basics:/backup
[root@web-2 ~]#scp /etc/httpd/conf.d/wp.conf  root@basics:/backup
[root@web-2 ~]#scp /etc/httpd/conf.d/dz.conf  root@basics:/backup
```

8.2 使用 LAMP 架构构建企业网站

8.2.1 LAMP 架构介绍

LAMP（Linux+Apache+MariaDB+PHP）架构是一种常见的网站架构，常用于搭建 Web 服务器。每一个组件都有自己特定的功能及优点。

- Linux：开源的操作系统，任务的服务都运行在操作系统上。系统就是所有服务的地基，提供稳定、安全和高效的环境。
- Apache：Web 服务软件，用于处理 HTTP 请求。它实现的功能以模块展开，不同的模块提供不同的功能。
- MariaDB：一种关系型数据库，用于存储网站的数据。
- PHP：是一种典型的脚本开发语言，用于处理来自前端的动态内容，常用于开发动

态的 Web 页面,与后端的 MySQL 数据库进行交互。

在 LAMP 架构中,Linux 作为底座基础,所有的软件服务都运行在 Linux 上,Apache 作为强大且高性能的 Web 服务器,MySQL 作为可靠的数据库存储数据,后端的 PHP 语言用于处理动态请求,这些组件结合起来构建了强大的 Web 服务环境。

8.2.2　LAMP 架构的工作原理

当用户打开浏览器访问某个使用 LAMP 架构搭建的网站时,整个访问流程如下。

① 用户输入网址后按"Enter"键,会触发一个 HTTP 请求,浏览器将请求发送到 Apache 服务器,Apache 对请求进行处理。

② 如果用户请求的是静态资源,例如访问图片、文本文档等,Apache 可以直接读取保存的静态资源,然后返回给用户,不需要其他组件参与。

③ 如果用户请求的是动态资源,例如访问的是动态页面,Apache 收到请求后会把请求转发到后端的 PHP(在 Apache 中依靠模块实现),PHP 调用 FastCGI 传给 PHP-FPM 进行处理,PHP 解析完成后,再把脚本信息传给 Apache。

④ 在 PHP 解析的过程中,难免会产生新的数据,可能需要和后端 MariaDB 数据库进行交互,获取或者更新数据。这时 MariaDB 数据库会和 PHP 进行动态连接,执行相应的动作,将数据库产生的结果返回到脚本中。

⑤ Apache 收到后端处理的脚本信息,交给浏览器进行渲染处理,最终用户在浏览器中看到由 PHP 生成的动态页面。

上面讲解工作原理时,涉及一些陌生的名词,例如 FastCGI 和 PHP-FPM。下面先介绍 CGI 再介绍 FastCGI 和 PHP-FPM。

CGI(公共网关接口)是一种标准的网关协议,主要定义了 Web 服务器和应用程序之间的标准。CGI 允许 Web 服务器调用其他工具来处理客户端的请求,并且将处理后的结果反馈给客户端。

FastCGI 逐渐取代了传统的 CGI 模型,是一种改进的 CGI,提高了 Web 服务器和应用程序之间的连接性能。FastCGI 能够支持持久连接,客户端发送请求后,进程会一直保持运行状态等待下一次的请求。

PHP-FPM 是用于管理 FastCGI 的程序,使 FastCGI 能够和 Web 服务器进行通信,从而处理动态内容的请求。

8.2.3　LAMP 架构实战

搭建 LAMP 架构的步骤如下。

步骤一:提前放行防火墙和 SELinux,在搭建 LAMP 架构时,需要做好前置工作,命令如下。

```
[root@openEuler ~]#firewall-cmd --add-port=3306/tcp -permanent
[root@openEuler ~]#firewall-cmd --add-port=80/tcp -permanent
[root@openEuler ~]#firewall-cmd -reload
```

步骤二:安装 Apache。

使用自带的网络源安装 Apache,命令如下。

```
[root@openEuler ~]#dnf install httpd -y
```

安装完成后，运行以下命令查看 Nginx 的版本信息。

```
[root@openEuler ~]#httpd -v
Server version: Apache/2.4.51 (Unix)
```

步骤三：安装 MariaDB，命令如下。

```
[root@openEuler ~]#yum install mariadb-server mariadb -y
```

安装成功后，启动 MariaDB，命令如下。

```
[root@openEuler ~]#systemctl enable --now mariadb
```

步骤四：安装 PHP 等相关软件包，命令如下。

```
[root@openEuler ~]#yum php php-fpm.x86_64  php-mysqlnd.x86_64 php-xml -y
```

安装成功后，查看 PHP 的版本，命令如下。

```
[root@openEuler ~]#php -v
  PHP 8.1.1 (cli) (built: Dec 15 2021 02:00:45) (NTS)
  Copyright (c) The PHP Group
  Zend Engine v4.1.1, Copyright (c) Zend Technologies
```

步骤五：配置 MariaDB，命令如下。

```
#执行命令初始化 MariaDB
        [root@openEuler ~]#mysql_secure_installation
            输入 Y 开始配置
            是否设置 root 密码，n 不设置
            是否切换到套接字身份认证，输入 n
            是否改变 root 密码，输入 n 确定
            是否移除匿名用户，输入 Y 确定
            是否禁止允许远程连接 MySQL，输入 Y 确定
            是否删除 test 数据库，输入 Y 确定
            是否重新加载授权表，输入 Y 确定
```

至此，数据库的初始化工作已经准备完成。

为了检测 PHP 能否正常运行，在 Apache 的根目录下创建一个测试的 PHP 文件；进入 Apache 的根目录，创建文件 phpinfo.php，并且编写内容，命令如下。

```
[root@openEuler ~]#echo '<?php echo phpinfo(); ?>' > /var/www/html/phpinfo.php
```

步骤六：测试。

打开浏览器，访问 http://主机 IP/phpinfo.php，可以看到图 8-3 所示的页面，说明 LAMP 架构已经搭建成功。

PHP Version 8.1.1	php
System	Linux openeuler 5.10.0-106.18.0.68.oe2209.x86_64 #1 SMP Wed Sep 28 07:03:00 UTC 2022 x86_64
Build Date	Dec 15 2021 02:00:45
Build System	Linux obs-worker1639015616-x86-0020 4.19.90-2003.4.0.0036.oe1.x86_64 #1 SMP Mon Mar 23 19:10:41 UTC 2020 x86_64 x86_64 x86_64 GNU/Linux
Server API	FPM/FastCGI
Virtual Directory Support	disabled
Configuration File (php.ini) Path	/etc
Loaded Configuration File	/etc/php.ini
Scan this dir for additional .ini files	/etc/php.d
Additional .ini files parsed	/etc/php.d/20-bz2.ini, /etc/php.d/20-calendar.ini, /etc/php.d/20-ctype.ini, /etc/php.d/20-curl.ini, /etc/php.d/20-exif.ini, /etc/php.d/20-fileinfo.ini, /etc/php.d/20-ftp.ini, /etc/php.d/20-gettext.ini, /etc/php.d/20-iconv.ini, /etc/php.d/20-phar.ini, /etc/php.d/20-sockets.ini, /etc/php.d/20-tokenizer.ini

图 8-3　浏览器访问地址

8.2.4　构建 WordPress 博客网站

1．WordPress 简介

WordPress 是一款开源的个人博客系统，基于 PHP 语言开发。用户可以在支持 PHP 和 MySQL 数据库的服务器上搭建属于个人的博客。

环境准备（搭建 VMware 虚拟机，网络模式为 NAT 模式），IP 地址为 12.0.0.188。

2．搭建 WordPress

① 搭建 LAMP 架构。

② 配置 MariaDB。

进入 MySQL，创建数据库和账户，为后续 WordPress 提供服务；创建 WordPress 数据库、WordPress 用户，设置密码并授权，命令如下。

```
#创建 WordPress 数据库
        create database wordpress;
#创建用户
        create user 'wordpress'@'localhost' identified by 'openEuler@123';
#授权
        grant all privileges on wordpress.* to 'wordpress'@'localhost';
#刷新权限
        flush privileges;
#最后执行 quit 退出数据库
```

③ 安装 WordPress 软件包。

如果系统连接外部网络，可以直接通过网络下载；如果系统无法连接外部网络，需要先在可以连接外部网络的机器上下载所需要的 WordPress 软件包，然后通过上传工具将其上传到指定系统中，命令如下。

```
#下载软件包
[root@openEuler ~]#wget wordpress 地址
#解压压缩包
[root@openEuler ~]#tar -xzf latest.tar.gz
[root@openEuler ~]#mv wordpress/ /
[root@openEuler ~]# chmod -R 777 /wordpress/
```

使用上面的方法，将所需要的软件包都下载下来，随后将所需要的 Web 文件复制到网站根目录下，然后删除源路径下的文件，命令如下。

```
[root@openEuler ~]#cp /wordpress/wp-config-sample.php /wordpress/wp-config.php
[root@openEuler ~]#grep -i db /wordpress/wp-config.php
  define( 'DB_NAME', 'wordpress' );             #修改为创建的数据库名
  define( 'DB_USER', 'wordpress' );             #修改为创建的数据库用户
  define( 'DB_PASSWORD', 'openEuler@123' );     #修改创建的数据库密码
  define( 'DB_HOST', 'localhost' );
  define( 'DB_CHARSET', 'utf8' );
  define( 'DB_COLLATE', '' );
```

由于 SELinux 的存在，需要对创建的目录更改标签，命令如下。

```
[root@openEuler ~]#chcon -t httpd_sys_rw_content_t /wordpress/ -R
```

启动服务，放行防火墙，命令如下。

```
[root@openEuler ~]#systemctl enable --now  httpd
[root@openEuler ~]#firewall-cmd --add-service=http -permanent
```

```
[root@openEuler ~]#firewall-cmd -reload
```

打开浏览器访问 http://IP 地址，打开图 8-4 所示的初始化界面。

图 8-4　WordPress 初始化界面

8.2.5　配置 LAMP 架构

1．业务需求

假如你是一家创业型公司的 IT 工程师，你所在的公司想要搭建一个 WordPress 门户网站作为公司官网，并且为了互相学习交流，你还有意搭建一个 Discuz 论坛平台。结合公司的当前业务，你决定使用 LAMP 架构来搭建一个底层的基础设施。8.2.5 小节服务器的配置信息见表 8-2。

表 8-2　8.2.5 小节服务器的配置信息

主机名	网卡配置	账户信息	备注
basics.××××××.com	业务网络：192.168.112.100/24 存储网络：10.0.10.100/24	root/Huawei12#$	基础架构服务器
db-1.××××××.com	存储网络：10.0.10.110/24	root/Huawei12#$	数据库服务器
db-2.××××××.com	存储网络：10.0.10.120/24	root/Huawei12#$	数据库服务器
web-1.××××××.com	业务网络：192.168.112.130/24 存储网络：10.0.10.130/24	root/Huawei12#$	Web 服务器
web-2.××××××.com	业务网络：192.168.112.140/24 存储网络：10.0.10.140/24	root/Huawei12#$	Web 服务器
ha.××××××.com	业务网络：192.168.112.200/24	root/Huawei12#$	Web 网关服务器

操作的机器应该为 web-1 和 web-2，每一台虚拟机都有两个网站根目录，业务需求是将两台主机做成一个 Web 集群，在集群中制作一个论坛网站和公司门户网站，通过访问不同的 URL 跳转到不同的网站页面。具体要求如下。

① /wordpress-master 作为 web-1 的 WordPress 网站根目录，/discuz-master 作为 web-1 的 Discuz 网站根目录。

② /wordpress-slave 作为 web-2 的 WordPress 网站根目录，/discuz-slave 作为 web-2 的 Discuz 网站根目录。

③ 确定在 web-1 和 web-2 上连接 WordPress 的数据库的用户名都是 openEuler，密码是 Huawei12#$。

④ 确定在 web-1 和 web-2 上连接 discuz 的数据库的用户名都是 discuz，密码是 Huawei12#$。

⑤ 在浏览器上输入 http://192.168.112.130/wordpress-master 显示 WordPress 平台，输入 https://192.168.112.130/discuz-master 显示 Discuz 平台。

⑥ 在浏览器上输入 http://192.168.112.140/wordpress-slave 显示 WordPress 平台，输入 https://192.168.112.140/discuz-slave 显示 Discuz 平台。

⑦ 将 Web 集群和 DB 数据库集群分开，所有 Web 集群后端使用的数据库都来自 DB 主机。

2. 配置 LAMP

在 web-1 和 web-2 上安装需要的源码包和组件，代码如下。

```
#安装需要的http软件包、数据库和PHP相关软件包
    [root@web-1 ~]# yum -y install php php-fpm.x86_64  php-mysqlnd.x86_64 httpd tar
php-xml
    [root@web-2 ~]# yum -y install php php-fpm.x86_64  php-mysqlnd.x86_64 httpd tar
php-xml

#在web-1和web-2上安装需要的源码包
    [root@web-1 ~]#wget wordpress地址
    [root@web-2 ~]#wget wordpress地址
    [root@web-1 ~]#wget -O discuz.zip discuz地址
    [root@web-2 ~]#wget -O discuz.zip discuz地址
```

创建源码包解压后的目录，此目录下存放的都是源码包解压后的相关文件，代码如下。

```
#解压源码包
    [root@web-1 ~]#tar -xzf wordpress-6.4.3-zh_CN.tar.gz
    [root@web-1 ~]#unzip discuz.zip -d discuz
    [root@web-2 ~]#tar -xzf wordpress-6.4.3-zh_CN.tar.gz
    [root@web-2 ~]#unzip discuz.zip -d discuz

#将解压后的目录，移动到指定的网站根目录下（注意删除前面在Apache中创建的index.html）
    [root@web-1 ~]#rm -rf /wordpress-master/*
    [root@web-1 ~]#rm -rf /discuz-master/*
    [root@web-2 ~]#rm -rf /wordpress-slave/*
    [root@web-2 ~]#rm -rf /discuz-slave/*
    [root@web 1 ~]#mv wordpress /wordpress-master
    [root@web-1 ~]#mv discuz /discuz-master
```

```
[root@web-2 ~]#mv wordpress /wordpress-slave
[root@web-2 ~]#mv discuz /discuz-slave
```

由于 Web 集群中的论坛网站和企业门户网站需要数据库的交互，所以需要在 db-1 和 db-2 上启动数据库服务，代码如下。

```
#启动 MariaDB 服务
[root@web-1 ~]#systemctl enable --now mariadb.service
[root@web-2 ~]#systemctl enable --now mariadb.service
```

创建与之对接的数据库用户，代码如下。

```
登录到db-1上的数据库，创建连接用户
[root@db-1 ~]#mysql -uroot -p'Huawei12#$'
#创建指定库
MariaDB [(none)]> create database wordpress;
  Query OK, 1 row affected (0.006 sec)
MariaDB [(none)]> create database discuz;
  Query OK, 1 row affected (0.005 sec)
#创建连接用户并设置密码
MariaDB [(none)]> CREATE USER 'web'@'%' IDENTIFIED BY 'Huawei12#$';
  Query OK, 0 rows affected (0.011 sec)
#清空该用户的所有权限
MariaDB [(none)]> REVOKE ALL PRIVILEGES ON *.* FROM 'web'@'%';
  Query OK, 0 rows affected (0.002 sec)
#为用户赋予权限
MariaDB [(none)]> GRANT ALL PRIVILEGES ON `wordpress`.* TO 'web'@'%';
  Query OK, 0 rows affected (0.003 sec)
MariaDB [(none)]> GRANT ALL PRIVILEGES ON `discuz`.* TO 'web'@'%';
  Query OK, 0 rows affected (0.008 sec)
#刷新权限使其立即生效
MariaDB [(none)]> FLUSH PRIVILEGES;
  Query OK, 0 rows affected (0.001 sec)
```

db-1 配置的数据库内容如图 8-5 所示。

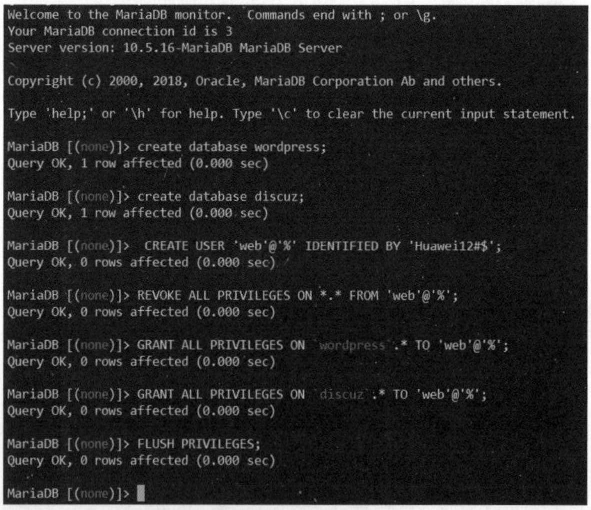

图 8-5 db-1 配置的数据库内容

由于数据库服务做了主从数据库，所以主数据库中的内容会同步到从数据库中，至此在 db-2 上不需要执行任何操作。

在 Web 集群中，主机的网站根目录是通过 NFS 挂载到 basics 基础架构服务器上的目录，默认无法修改其文件标签类型；因为 SELinux 的阻挡，Apache 服务无法访问 NFS 共享目录，所以需要让 SELinux 放行 Apache 服务的应用行为。除此之外，httpd 服务是由 Apache 用户运行的，所以对于目录来说也需要修改网站根目录的相关文件权限，代码如下。

```
#使用 SELinux 修改布尔值，允许 httpd 访问 NFS，并且修改其目录权限
    [root@web-1 ~]#setsebool -P httpd_use_nfs 1
    [root@web-1 ~]#chown -R apahce:apache /wordpress-master/
    [root@web-1 ~]#chown -R apahce:apache /discuz-master/
    [root@web-2 ~]#setsebool -P httpd_use_nfs 1
    [root@web-2 ~]#chown -R apahce:apache /wordpress-slave/
    [root@web-2 ~]#chown -R apahce:apache /discuz-slave/
```

为了满足企业需求，需要配置 Apache 虚拟主机，下面在 web-1 上进行配置，代码如下。

```
#在 web-1 上创建配置文件
    [root@web-1 ~]# touch /etc/httpd/conf.d/wp.conf
    [root@web-1 ~]# touch /etc/httpd/conf.d/dz.conf
#在 web-1 上配置虚拟主机，在文件中添加以下内容
    [root@web-1 ~]#cat /etc/httpd/conf.d/wp.conf
      <VirtualHost 192.168.112.130:80>
          DocumentRoot "/wordpress-master"
          ServerName wp.××××××.com
      </VirtualHost>
      <Directory /wordpress-master>
          Require all granted
      </Directory>
    [root@web-1 ~]#cat /etc/httpd/conf.d/dz.conf
      <VirtualHost 10.0.10.130:80>
          DocumentRoot "/discuz-master"
          ServerName dz.××××××.com
      </VirtualHost>
      <Directory /discuz-master>
          Require all granted
      </Directory>
```

接下来在 web-2 上配置虚拟主机，代码如下。

```
#在 web-2 上配置虚拟主机，在文件中添加以下内容
  [root@web-2 ~]#cat /etc/httpd/conf.d/wp.conf
      <VirtualHost 192.168.112.140:80>
          DocumentRoot "/wordpress-slave"
          ServerName wp.××××××.com
      </VirtualHost>
      <Directory /wordpress-slave>
          Require all granted
      </Directory>
  [root@web-2 ~]#cat /etc/httpd/conf.d/dz.conf
      <VirtualHost 10.0.10.140:80>
          DocumentRoot "/discuz-slave"
          ServerName dz.××××××.com
      </VirtualHost>
      <Directory /discuz-slave>
          Require all granted
      </Directory>
```

重启服务，防火墙放行服务，代码如下。

```
#防火墙放行服务，重启 Apache 服务
    [root@web-1 ~]#firewall-cmd --permanent --add-service=http
    [root@web-1 ~]#firewall-cmd --reload
    [root@web-1 ~]#systemctl enable -new httpd
    [root@web-2 ~]#firewall-cmd --permanent --add-service=http
    [root@web-2 ~]#firewall-cmd --reload
```

所有操作完成后，即可打开浏览器访问测试。

8.3 使用 Nginx 配置网站服务

8.3.1 Nginx 简介

Nginx 是一款开源的 Web 服务软件，不仅能提供 Web 服务，还能提供强大的反向代理、负载均衡。目前在浏览器上看到的各种网页底层大多通过 Web 服务软件实现，用户可以通过访问这些主机来查看指定的内容。反向代理是指使用代理服务器接收来自前端的请求，然后将请求转发给后端的内部服务器，例如 A 可以直接访问 C，但是中间通过 B 将 A 的请求转发给 C，这时 B 就充当反向代理的角色。负载均衡器主要用于将前端的请求分担给后端服务器，根据不同的负载模式来平衡后端服务器的压力。

8.3.2 Nginx 的安装和启动

本小节主要介绍 Nginx 软件的安装，在 Linux 系统中安装软件包一般分为通过 yum 安装或者通过源码包安装。在 openEuler 操作系统中，本地的安装介质中并没有自带 Nginx 的 RPM 包，所以需要通过 Nginx 源码包进行安装。

使用虚拟机 ha 进行实验操作，或者自定义创建一台新的虚拟机进行操作。以下所有操作都是在虚拟机 ha 上进行的，此虚拟机的 IP 地址为 192.168.112.132。

① 安装 Nginx，命令如下。

```
[root@ha ~]#yum install nginx
```

出现图 8-6 所示的信息直接输入"yes"表示同意安装。

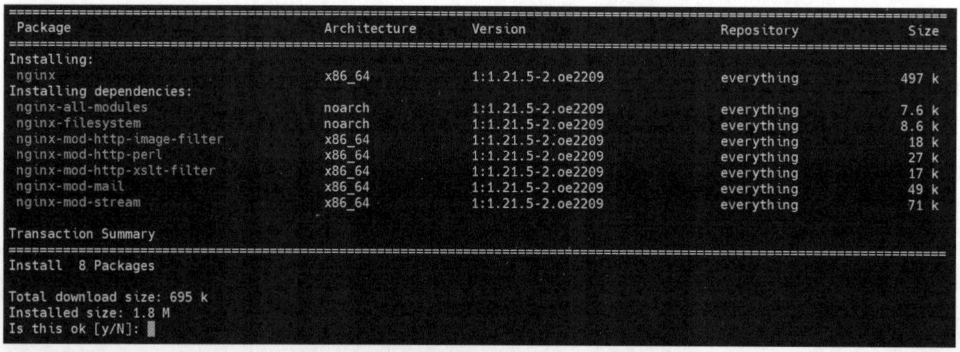

Package	Architecture	Version	Repository	Size
Installing:				
nginx	x86_64	1:1.21.5-2.oe2209	everything	497 k
Installing dependencies:				
nginx-all-modules	noarch	1:1.21.5-2.oe2209	everything	7.6 k
nginx-filesystem	noarch	1:1.21.5-2.oe2209	everything	8.6 k
nginx-mod-http-image-filter	x86_64	1:1.21.5-2.oe2209	everything	18 k
nginx-mod-http-perl	x86_64	1:1.21.5-2.oe2209	everything	27 k
nginx-mod-http-xslt-filter	x86_64	1:1.21.5-2.oe2209	everything	17 k
nginx-mod-mail	x86_64	1:1.21.5-2.oe2209	everything	49 k
nginx-mod-stream	x86_64	1:1.21.5-2.oe2209	everything	71 k

Transaction Summary

Install 8 Packages

Total download size: 695 k
Installed size: 1.8 M
Is this ok [y/N]:

图 8-6　使用 yum 命令安装 Nginx

② 检测系统是否成功安装 Nginx，命令如下。

```
[root@ha ~]#rpm -q nginx
  nginx-1.21.5-2.oe2209.x86_64
```

Nginx 默认监听端口为 80 端口，所以启动 Nginx 服务时，需要确保系统上没有其他服务占据 80 端口；如果 80 端口已经被系统占用，则启动 Nginx 会失败，执行以下命令可以查看系统是否占用 80 端口。

```
[root@ha ~]#netstat -tnlp | grep :80
```

如果没有任何信息回显，则系统没有服务占用 80 端口；如果有，在启动 Nginx 之前请关闭占用此端口的服务或进程。如果是使用 yum 命令安装 Nginx 软件，可以通过 systemctl 进行服务的管理，内容如下。

```
[root@ha ~]#systemctl start nginx      #启动 nginx
[root@ha ~]#systemctl restart nginx    #重启 nginx
[root@ha ~]#systemctl stop nginx       #停止 nginx
[root@ha ~]#systemctl status nginx     #查看 nginx 状态
[root@ha ~]#systemctl enable nginx     #开机自启 nginx
[root@ha ~]#systemctl reload nginx     #重新加载 nginx 配置
```

接下来查看启动 Nginx 后的结果，可以通过命令 curl 或 Firefox 访问。Nginx 欢迎界面如图 8-7 所示。

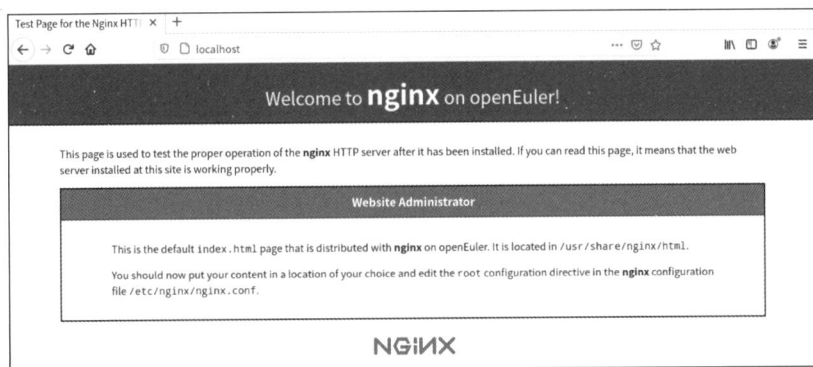

图 8-7　Nginx 欢迎界面

8.3.3　Nginx 的配置文件

如果默认的 80 端口已经被其他服务占用，并且无法关闭，可以通过修改 Nginx 的配置文件达到不同的效果。例如修改 Nginx 的默认端口，配置反向代理或者负载均衡。Nginx 的默认主配置文件在/etc/nginx/nginx.conf，除此之外，在/etc/nginx/conf.d 目录下创建以.conf 结尾的配置文件也会生效。由于 Nginx 的配置文件参数内容过多，本小节只讲述最常用的一些参数。Nginx 主配置文件分为 server 块、events 块和 http 块。

- server 块：指定服务的启动用户、Nginx 工作进程数、日志文件路径、进程 PID 文件路径等。
- events 块：指定每个工作进程允许的最大连接数。
- http 块：连接的超时时间、网页的根目录路径、配置负载均衡、反向代理等。

在 server 块中，定义了访问网站的端口、网站根目录等内容。

下面配置一个 Web 服务网站，网站的根目录下有一个文件 index.html，将内容修改为 openEuler，可以通过浏览器进行访问。

① 打开 Nginx 的主配置文件，查看网站根目录的路径，命令如下，运行结果如图 8-8 所示。

```
[root@ha ~]#VIM /etc/nginx/nginx.conf
```

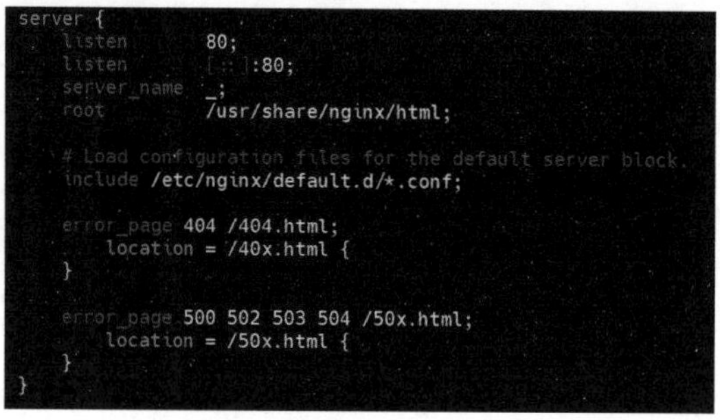

图 8-8　Nginx 配置文件的 server 块

在图 8-8 中，root 这一行内容是网站根目录路径，可以将网站的文件放到此目录下。

② 进入/usr/share/nginx/html 目录，修改指定文件，命令如下。

```
[root@ha ~]    #cd /usr/share/nginx/html
[root@ha html]#cp index.html index.html.bak
[root@ha html]#echo openEuler > index.html
```

可以先使用 cp 命令备份源文件，再通过 echo 命令将内容重定向到文件中。

③ 启动 Nginx 服务，通过 curl 命令访问，命令如下。

```
[root@ha ~]#systemctl start nginx
[root@ha ~]#curl localhost
  openEuler
```

如果打印出的信息是"openEuler"，则表示内容修改成功，此时也可以通过浏览器进行访问。

8.3.4　使用 Nginx 实现负载均衡

Nginx 的负载均衡能够允许客户端的请求被代理到后端多台服务器，将请求平均分发到后端每个服务器上，并且将后端服务器的响应反馈给服务器。这样能够减轻后端服务器的压力，让每一个服务器都参与其中。

Nginx 的负载均衡有以下几种模式。

① 轮询：根据服务器的列表将前端的请求按照顺序轮流分配到后端不同的服务器上。

② 权重轮询：配置不同的权重，可以让某些服务器接收到更多的请求，与轮询类似。

③ IP 哈希：根据客户端的 IP 地址将请求定向到特定的后端服务器。

④ 最小连接数：请求将被发送到当前连接数最少的后端服务器。

修改 Nginx 的配置文件，能够实现负载均衡；在配置文件中，通过"upstream"定义一组后端服务器，将请求发给这一组服务器。

配置负载均衡的示例参数如下。

```
upstream  bc_server {
          server  第一台 web 服务器 IP 地址  或者  url 地址
          server  第二台 web 服务器 IP 地址  或者  url 地址
          ……
}
```

在 server 块中引用负载均衡组，命令如下。

```
server {
    ……
    location / {
    proxy_pass bc_server;
    }
    ……
}
```

通过 "proxy_pass" 将请求发给 bc_server 服务器，步骤如下。

① 配置轮询，命令如下。

```
upstream backend_servers {
    server backend_server1;
    server backend_server2;
    server backend_server3;
}
server {
    location / {
        proxy_pass http://backend_servers;
    }
}
```

② 配置权重轮询，命令如下。

```
upstream backend_servers {
    server backend_server1 weight=3;   #配置权重
    server backend_server2 weight=2;
    server backend_server3 weight=1;
}

server {
    location / {
        proxy_pass http://backend_servers;
    }
}
```

③ 配置 IP 哈希，命令如下。

```
upstream backend_servers {
    ip_hash;
    server backend_server1;
    server backend_server2;
    server backend_server3;
}

server {
    location / {
        proxy_pass http://backend_servers;
    }
}
```

④ 配置最小连接数，命令如下。

```
upstream backend_servers {
    least_conn;
```

```
    server backend_server1;
    server backend_server2;
    server backend_server3;
}

server {
    location / {
        proxy_pass http://backend_servers;
    }
}
```

以上负载均衡模式是较为常见的，Nginx 的负载均衡功能非常灵活，可以根据实际需求进行配置。在配置负载均衡时，需要根据系统的特点、后端服务器的性能、业务需求等，选择适当的负载均衡策略。

下面通过案例介绍配置 Nginx 的负载均衡的方法。

前提准备：准备 3 台虚拟机，2 台充当后端的 Web 服务器，1 台充当负载均衡服务器。

实现目标：客户端访问负载均衡服务器，将客户端请求平均分给后端服务器。Nginx 会对后端的两台 Web 虚拟机（server01 和 server02）进行轮询的负载。

虚拟机环境的准备如下。

- 第一台：主机名 openEuler、IP 地址 12.0.0.100 作为负载均衡服务器。
- 第二台：主机名 server01、IP 地址 12.0.0.110 作为后端 Web 服务器。
- 第三台：主机名 server02、IP 地址 12.0.0.120 作为后端 Web 服务器。
- 负载均衡策略使用无权重的轮询策略。

在虚拟机 openEuler 上进行配置，第一步先检查 Nginx 是否安装，如果没有需要先安装，命令如下。

```
[root@openEuler ~]#yum -y install nginx
```

Nginx 软件安装成功后，要想实现负载均衡功能，需要修改/etc/nginx/nginx.conf 主配置文件，其余内容不做修改，如图 8-9 所示。

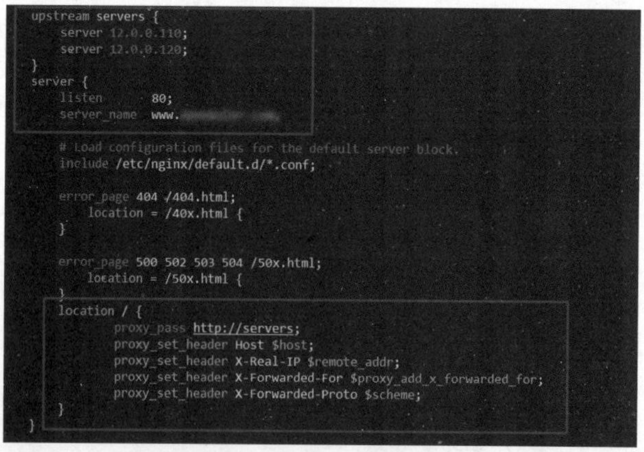

图 8-9　Nginx 的配置

图 8-9 中的代码说明如下。

- location /：这一行定义了一个 location 块，它将匹配所有到达 Nginx 服务器的请求

（因为/是 URL 路径的根）。

- proxy_pass http://servers：这一行告诉 Nginx 将匹配的请求转发到名为 servers 的服务器组。http://servers 是在 Nginx 配置中定义的 upstream 块的名字。
- proxy_set_header Host $host：设置转发到上游服务器的请求头中 Host 参数的值为原始请求中的 Host 头部值，上游服务器能够正确识别请求的原始主机名。
- proxy_set_header X-Real-IP $remote_addr：在转发到上游服务器的请求中，设置 X-Real-IP 头部为原始请求的客户端 IP 地址。
- proxy_set_header X-Forwarded-For $proxy_add_x_forwarded_for：可能访问时需要通过代理服务器，此参数允许服务器追踪请求的来源。
- proxy_set_header X-Forwarded-Proto $scheme：允许记录客户端请求使用的协议，在日志中可以查看客户端是通过 http 访问或者是 https 访问。

修改配置后，重启服务并放行防火墙，命令如下。

```
[root@openEuler ~]#firewall-cmd --permanent --add-service=http
[root@openEuler ~]#firewall-cmd --reload
[root@openEuler ~]#systemctl restart nginx
```

在 openEuler 虚拟机上配置负载均衡后，在虚拟机 server01 和 server02 上配置 Nginx，命令如下。

```
#在 server01 虚拟机上操作,保证 Nginx 监听在 80 端口上
    [root@server01 ~]#yum install -y nginx
    [root@server01 ~]#echo server01 > /usr/share/nginx/html/index.html
    [root@server01 ~]#firewall-cmd --add-port=80/tcp -permanent
    [root@server01 ~]#firewall-cmd -reload

#在 server02 虚拟机上操作,保证 Nginx 监听在 80 端口上
    [root@server02 ~]#yum install -y nginx
    [root@server02 ~]#echo server01 > /usr/share/nginx/html/index.html
    [root@server02 ~]#firewall-cmd --add-port=80/tcp -permanent
    [root@server02 ~]#firewall-cmd -reload
```

最后，通过浏览器访问 openEuler 官网进行测试。

8.3.5　配置 Nginx 负载均衡服务

1. 业务需求

假如你是一家中小型企业的 IT 运维工程师，双十一即将到来，为了避免在节日期间，大量用户访问你所在公司的电商平台，导致后端服务器压力巨大，平台的响应速度减慢，甚至无法访问。所以你决定采用 Nginx 负载均衡方案，在前端部署负载均衡服务器，将前端的用户访问请求均衡地分发到后端的每一个服务器上，让每一个服务器都能够响应到用户的请求，以此来减轻某个服务器的压力。8.3.5 小节服务器的配置信息见表 8-3。

表 8-3　8.3.5 小节服务器的配置信息

主机名	网卡配置	账户信息	备注
basics.××××××.com	业务网络：192.168.112.100/24 存储网络：10.0.10.100/24	root/Huawei12#$	基础架构服务器

主机名	网卡配置	账户信息	备注
db-1.××××××.com	存储网络：10.0.10.110/24	root/Huawei12#$	数据库服务器
db-2.××××××.com	存储网络：10.0.10.120/24	root/Huawei12#$	数据库服务器
web-1.××××××.com	业务网络：192.168.112.130/24 存储网络：10.0.10.130/24	root/Huawei12#$	Web 服务器
web-2.××××××.com	业务网络：192.168.112.140/24 存储网络：10.0.10.140/24	root/Huawei12#$	Web 服务器
ha.××××××.com	业务网络：192.168.112.200/24	root/Huawei12#$	Web 网关服务器

为了防止所有的前端请求都交付给同一个服务器，需要利用 Nginx 搭建一个负载均衡器，均衡地将请求交付给后端每一个服务器，让其减轻服务器的压力，并使用轮询的方式进行负载。具体要求如下。

- 需要设置 Nginx 软件为开机自启。
- 在 ha 服务器上部署一个负载均衡组，组的服务器为 web-1 和 web-2 两台主机，使用 192.168.112.200 IP 地址分别负载后端的 192.168.112.130:80 和 192.168.112.140:80。
- 设置负载均衡算法为无权重轮询。
- 前端访问的域名为 www.××××××.com，通过 basics 基础架构主机的 DNS 服务将其解析为 ha 主机业务网络。

2．配置 Nginx 负载均衡

首先使用 yum 命令，在 ha 主机上安装 nginx 软件包，命令如下。

```
[root@ha ~]#yum -y install nginx -y
```

安装 Nginx 后，修改 Nginx 的主配置文件，如图 8-10 所示；添加负载均衡组 servers，设置负载算法为无权重轮询，命令如下。

```
#修改/etc/nginx/nginx.conf 配置文件
   [root@ha ~]#cat /etc/nginx/nginx.conf
        #在 http 板块中添加 upstream
   http {
    ...
     upstream servers {
       server 192.168.112.130:80;
       server 192.168.112.140:80;
     }
   #在 server 板块中修改以下内容
     server {
       listen        80;
       server_name  www.××××××.com;

       #Load configuration files for the default server block.
       include /etc/nginx/default.d/*.conf;

       error_page 404 /404.html;
           location = /40x.html {

       }
```

```
        error_page 500 502 503 504 /50x.html;
            location = /50x.html {
        }
        location / {
                proxy_pass http://servers;
                proxy_set_header Host $host;
                proxy_set_header X-Real-IP $remote_addr;
                proxy_set_header X-Forwarded-For $proxy_add_x_forwarded_for;
                proxy_set_header X-Forwarded-Proto $scheme;
        }
    }
}
```

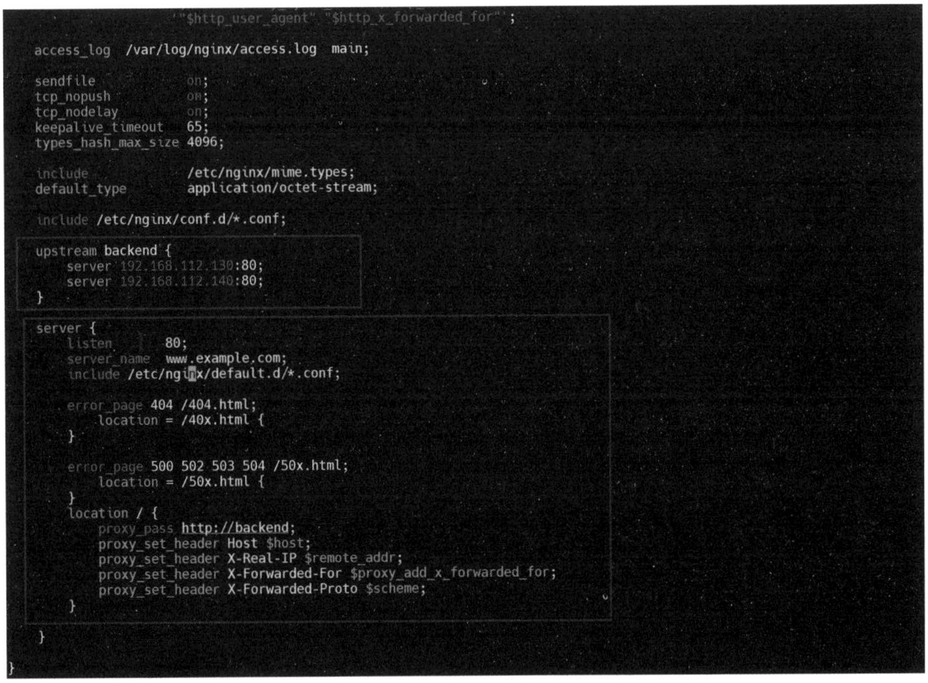

图 8-10　Nginx 配置文件内容

修改 Nginx 的配置文件后，重启服务使其配置生效。除此之外，由于 ha 服务器是生产环境的 Web 网站，外部用户要想访问后端 Web 网站，必须让防火墙放行指定服务，命令如下。

```
[root@ha ~]#firewall-cmd --add-service=httpd -permanent
[root@ha ~]#firewall-cmd --reload
[root@ha ~]#systemctl restart nginx
[root@ha ~]#systemctl enable nginx
```

3．备份配置文件

如图 8-11 所示，为了防止配置文件因为特殊情况导致损坏或者丢失，修改配置文件后需要对其进行备份，备份后的文件应当保存在 basics 机器的/backup 目录中。

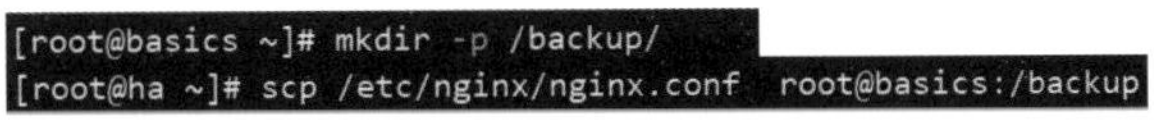

```
[root@basics ~]# mkdir -p /backup/
[root@ha ~]# scp /etc/nginx/nginx.conf  root@basics:/backup
```

图 8-11　备份 Nginx 配置文件

小　结

  本章系统阐述了面向企业的生产案例——网站服务的核心技术体系，深入解析了主流 Web 服务解决方案的部署与优化。本章内容包括 Apache 基础服务、LAMP 全栈架构和 Nginx 高性能应用，为企业构建可靠、灵活、可扩展的 Web 服务平台提供完整路径。

  Apache 服务作为传统 Web 服务的基石，本章重点剖析了 Apache 配置文件的核心结构与参数逻辑。本章通过在 Apache 中配置虚拟主机的专项实践，演示了多站点托管能力，并最终以配置 Apache 服务全流程完成企业级 Web 环境的标准化搭建。

  本章在详解 LAMP 架构介绍及其工作原理的基础上，通过 LAMP 架构实战环节串联 Linux、Apache、MySQL、PHP 的协同配置。构建 WordPress 博客网站的典型应用案例，结合配置 LAMP 架构的标准化流程，为动态网站部署提供了可复用的企业级解决方案。

  Nginx 服务作为高性能 Web 的代表，本章不仅涵盖其核心特性与安装启动流程，更聚焦 Nginx 的配置文件的深度优化。使用 Nginx 实现负载均衡的进阶能力，通过配置 Nginx 负载均衡服务的实战演示，为企业高并发场景下的流量分发与容灾提供了关键技术支撑。